"十三五"江苏省高等学校

（编号：2017-1-061）

环保设备
——原理·设计·应用

（第四版）

刘 宏 主编
郑 铭 主审

化学工业出版社

·北京·

本书着重介绍了污水处理、废气处理、噪声控制等环保设备的原理、设计、运行和管理等知识。每种设备介绍都尽可能结合国内外先进的环保工艺，给出设备特点、适用范围、设计参数、运行原理等知识点，并结合实际提供了部分工程实例。为便于教学参考和学生理解，每章后面均有思考题。为适应新工科人才培养需求，提升学生的工程素质和创新能力，本书设置了独立的课程设计章节。全书文字通俗易懂、图文并茂，在兼顾实用性的同时尽可能准确地体现国内外环境污染治理领域先进技术和发展趋势。

本书可作为高等学校环境科学与工程类专业师生的教学用书，也可供从事环保设备设计制造、环境工程设计、环境工程建设管理等环保产业相关技术人员参考。

图书在版编目（CIP）数据

环保设备：原理·设计·应用/刘宏主编. —4 版.
—北京：化学工业出版社，2019.10（2024.11重印）
ISBN 978-7-122-34884-5

Ⅰ.①环…　Ⅱ.①刘…　Ⅲ.①环境保护设施
Ⅳ.①X505

中国版本图书馆 CIP 数据核字（2019）第 148652 号

责任编辑：董　琳
责任校对：宋　玮　　　　　　　　　　装帧设计：韩　飞

出版发行：化学工业出版社（北京市东城区青年湖南街 13 号　邮政编码 100011）
印　　刷：三河市航远印刷有限公司
装　　订：三河市宇新装订厂
787mm×1092mm　1/16　印张 21¼　字数 574 千字　2024 年 11 月北京第 4 版第 6 次印刷

购书咨询：010-64518888　　售后服务：010-64518899
网　　址：http://www.cip.com.cn
凡购买本书，如有缺损质量问题，本社销售中心负责调换。

定　　价：59.80 元

第四版前言

作为国家确定的七大战略性新兴产业之一的环保产业，已经成为 21 世纪的朝阳产业。处于环保产业链上游的环保设备制造业对专业技术人才的要求高、需求量巨大。建设高质量的环保设备教材对于提高环境科学与工程类专业教学质量和人才培养质量具有重要作用。

《环保设备——原理·设计·应用》教材自 2001 年由化学工业出版社出版发行以来，经许多高校师生使用，反响良好，2006 年入选普通高等教育"十一五"国家级规划教材，2012 年被江苏省教育厅推荐参评普通高等教育"十二五"国家级规划教材，2017年获评"十三五"江苏省高等学校重点教材。为持续提升教材建设质量，锤炼精品教材，在提高环境科学与工程类专业教学质量和人才培养质量中发挥更大作用，突出学生工程能力和创新能力培养，本教材历经三次修订，删旧增新，持续改进，不断增加环保产业新工艺、新设备。本教材着重介绍了污水处理、废气治理、噪声控制等环保设备的原理、设计、运行和管理等知识，并结合实际给出了部分工程实例。为提升学生学习效果，培养学生分析和解决复杂工程问题的能力，在各章后面附有思考题。为适应新工科人才培养需求，提升学生的工程素质和创新能力，独立设置了课程设计章节。

本教材第四版由刘宏负责修订与统稿工作，郑铭主审。参加本版修订的人员还有赵如金、李维斌、艾凤祥、依成武、吴云涛、杜彦生等老师。镇江华东电力设备制造厂有限公司蒋仁宏、何玉洋参与了第四版的修订工作。

参加第一版编写和审校的人员有郑铭、陈万金、刘宏、王明贤、艾凤祥、陈春云。参加第二版编写、修订和审校的人员有郑铭、刘宏、艾凤祥、李维斌、赵如金。参加第三版修订和审校的人员有刘宏、郑铭、赵如金、李维斌、艾凤祥、依成武。对上述人员为本教材建设做出的重要贡献表示真诚的感谢。对江苏大学环境与安全工程学院各位领导与老师对本教材的一贯支持和帮助，以及兄弟院校同行提出的宝贵意见与建议表示诚挚的谢意。

本教材引用了教学、科研、环保产业技术同行撰写的论文、著作、教材、手册等均列在参考文献中，在此表示深切的谢意。

限于编者的学术水平与工程经验，教材中的疏漏和不足之处在所难免，敬请各位读者批评指正。

编者
2019 年 5 月于江苏大学

目　录

第一章 物理法污水处理设备

第一节 预处理设备

一、格栅

1. 格栅的构造与分类

格栅是一种最简单的过滤设备，由一组或多组平行的金属栅条制成框架，斜置于污水流经的渠道中。格栅设于污水处理厂所有处理构筑物之前，或设在泵站前，用于截留污水中粗大的悬浮物或漂浮物，防止其后处理构筑物的管道阀门或水泵堵塞。

按形状，格栅可分为平面格栅、曲面格栅和阶梯式格栅三种；按栅条净间隙，可分为粗格栅（50～100mm）、中格栅（10～40mm）、细格栅（3～10mm）三种；按清渣方式，可分为人工清除格栅和机械清除格栅两种。

2. 格栅的设计计算

（1）格栅的选择

① 格栅的栅条间隙　当格栅设于污水处理系统之前时，采用机械清除栅渣时，栅条间隙为16～25mm；采用人工清除栅渣时，栅条间隙为25～40mm。当格栅设于污水泵前时，栅条间隙采用数据见表1-1。

表 1-1　污水泵型号与栅条间隙的关系

污水泵型号	栅条间隙/mm	栅渣量/[L/(人·d)]	污水泵型号	栅条间隙/mm	栅渣量/[L/(人·d)]
$2\frac{1}{2}$PW,$2\frac{1}{2}$PWL	≤20	4～6	6PW	≤70	0.8
			8PW	≤90	0.5
4PW	≤40	2.7	10PWL	≤110	<0.5

② 格栅栅条断面形状　栅条断面形状可按表1-2选用。圆形断面水力条件好，水流阻力小，但刚度差，一般多采用矩形断面。

表 1-2　栅条断面形状与尺寸

栅条断面	正方形	圆形	矩形	带半圆的矩形	两头半圆的矩形
尺寸 /mm	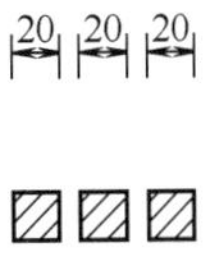		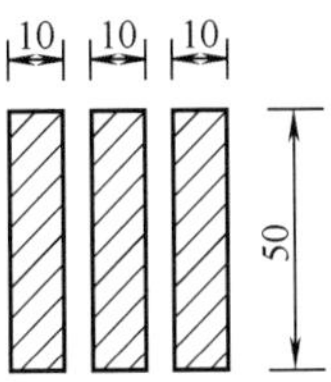	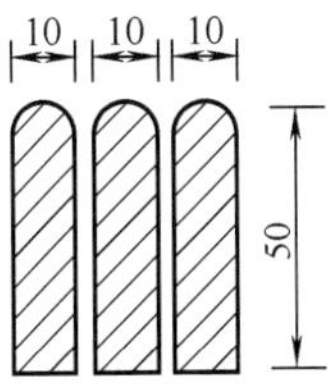	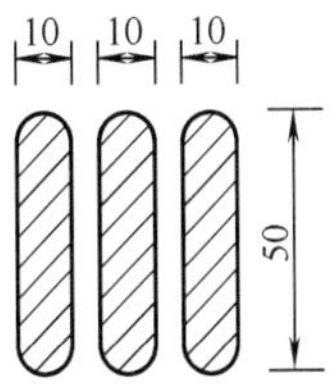

③ 清渣方式　栅渣的清除方法，一般按所需清渣的量而定。每日栅渣量大于0.2m^3时，应采用机械格栅除渣机。为了改善劳动条件，目前，一些小型污水处理厂也采用机械格栅除渣机。

机械格栅除渣机的类型很多，常用几种类型除渣机的适用范围及优缺点见表1-3。

表 1-3 不同类型格栅除渣机的比较

类　型	适 用 范 围	优　点	缺　点
链条式	深度不大的中小型格栅,主要除去长纤维、带状物等生活污水中杂物	①构造简单,制造方便 ②占地面积小	①杂物进入链条和链轮之间时容易卡住 ②套筒滚子链造价高、耐腐蚀性差
移动式伸缩臂	中等深度的宽大格栅,耙斗式适于污水除杂质	①不清渣时,设备全部在水面上,维护检修方便 ②可不停水检修 ③钢丝绳在水面上运行,寿命长	①需三套电动机、减速器,构造较复杂 ②移动时耙齿与栅条间隙的对位较困难
圆周回转式	深度较浅的中小型格栅	①构造简单,制造方便 ②动作可靠,容易检修	①配置圆弧形格栅,制造较难 ②占地面积大
钢丝绳牵引式	固定式适用于中小型格栅,应用深度范围广,移动式适用于宽大格栅	①适用范围广 ②无水下固定部件的设备,维护检修方便	①钢丝绳干湿交替易腐蚀,需采用不锈钢丝绳,货源困难 ②有水下固定部件的设备,维护检修需停水

（2）设计参数

① 格栅截留的栅渣量　栅渣量与栅条间隙、当地的污水特征、污水流量、排水体制等因素有关。当缺乏当地运行资料时,可按下列数据选用。

格栅间隙 16～25mm,栅渣量 0.05～0.10m³ 栅渣/10³ m³ 污水。

格栅间隙 30～50mm,栅渣量 0.01～0.03m³ 栅渣/10³ m³ 污水。

栅渣的含水率一般为 80%,容重约 960kg/m³。

栅渣的收集、装卸设备,应以其体积为考虑依据。污水处理厂内贮存栅渣的容器,不应小于一天截留的栅渣量。

② 水流通过格栅的水头损失　可通过计算确定,一般采用 0.08～0.15m,栅后渠底应比栅前相应降低 0.08～0.15m。栅前渠道内水流速度一般采用 0.4～0.9m/s,污水通过栅条间隙的流速可采用 0.6～1.0m/s。

③ 格栅的倾角　一般采用 45°～75°,人工清除栅渣时取低值。格栅设有栅顶工作台,其高度高出栅前最高设计水位 0.5m,工作台设有安全装置和冲洗设备,工作台两侧过道宽度不小于 0.7m,工作台正面过道宽度按以下标准选择:当人工清除栅渣时,不应小于 1.2m;当机械清除栅渣时,不应小于 1.5m。

（3）计算公式　计算简图见图 1-1。

① 格栅槽的宽度 B 为

$$B = s(n-1) + bn \tag{1-1}$$

$$n = \frac{Q_{\max}\sqrt{\sin\alpha}}{bhv} \tag{1-2}$$

式中　B——格栅槽的宽度,m;

　　　　s——栅条宽度,m;

　　　　n——栅条间隙数量;

　　　　b——栅条间隙,m;

$Q_{\max}$——最大设计流量，m^3/s；

α——格栅的倾角；

h——栅前水深，m；

v——过栅流速，m/s。

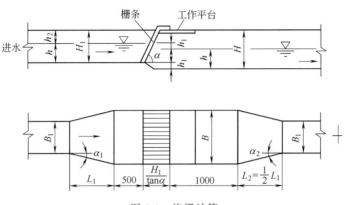

图 1-1　格栅计算

② 通过格栅的水头损失 h_1 为

$$h_1 = k h_0 \tag{1-3}$$

$$h_0 = \xi \frac{v^2}{2g} \sin\alpha \tag{1-4}$$

式中　h_1——通过格栅的水头损失，m；

h_0——计算水头损失，m；

k——系数，格栅受栅渣堵塞时，水头损失增大的倍数，一般取 $k=3$；

g——重力加速度，$9.81 m/s^2$；

ξ——阻力系数，其值与栅条的断面形状有关，可按表 1-4 选用。

表 1-4　格栅间隙的局部阻力系数 ξ

栅条断面形状	公　式	说　明	
矩形	$\xi = \beta \left(\dfrac{s}{b} \right)^{4/3}$	形状系数	$\beta = 2.42$
圆形			$\beta = 1.79$
带半圆的矩形			$\beta = 1.83$
两头半圆的矩形			$\beta = 1.67$
正方形	$\xi = \left(\dfrac{b+s}{\varepsilon b} - 1 \right)^2$	ε 为收缩系数，一般取 0.64	

③ 栅后槽总高度 H 为

$$H = h + h_1 + h_2 \tag{1-5}$$

式中　H——栅后槽总高度，m；

h——栅前水深，m；

h_2——栅前渠道超高，m，一般取 0.3m。

④ 栅槽总长度

$$L = L_1 + L_2 + 1.0 + 0.5 + \frac{H_1}{\tan\alpha} \tag{1-6}$$

$$L_1 = \frac{B - B_1}{2\tan\alpha_1} \tag{1-7}$$

$$L_2 = \frac{L_1}{2} \tag{1-8}$$

$$H_1 = h + h_2 \tag{1-9}$$

式中　L——栅槽总长度，m；

L_1——格栅前部渐宽段的长度，m；

L_2——格栅后部渐窄段的长度，m；

H_1——栅前渠中水深，m；

α_1——进水渠渐宽段展开角度，(°) 一般取 20°；

B——格栅槽宽度，m；

B_1——进水渠宽度，m。

⑤ 每日栅渣量 W

$$W = \frac{Q_{max} W_1 \times 86400}{K_z \times 1000} \tag{1-10}$$

式中　W——每日栅渣量，m^3/d；

W_1——栅渣量，m^3 栅渣$/10^3 m^3$ 污水；

K_z——生活污水流量总变化系数，见表 1-5。

表 1-5　生活污水流量总变化系数 K_z

平均日流量/(L/s)	4	6	10	15	25	40	70	120	200	400	750	1600
K_z	2.3	2.2	2.1	2.0	1.89	1.80	1.69	1.59	1.51	1.40	1.30	1.20

（4）应用举例　某城市最大设计污水流量 $Q_{max} = 0.2 m^3/s$，$K_z = 1.5$，试设计格栅与栅槽。

解：格栅计算草图见图 1-1。设栅前水深 $h = 0.4m$，过栅流速取 $v = 0.9m/s$，采用中格栅，栅条宽度 $s = 10mm$，栅条间隙 $b = 20mm$，格栅安装倾角 $\alpha = 60°$。

① 栅条的间隙数

$$n = \frac{Q_{max}\sqrt{\sin\alpha}}{bhv} = \frac{0.2\sqrt{\sin 60°}}{0.02 \times 0.4 \times 0.9} \approx 26 （个）$$

② 栅槽宽度 $B = s(n-1) + bn = 0.01 \times (26-1) + 0.02 \times 26 = 0.8 （m）$

③ 进水渠道渐宽部分长度

设进水渠道宽 $B_1 = 0.65m$，渐宽部分展开角 $\alpha_1 = 20°$，此时进水渠道内的流速为 $0.77m/s$。

$$L_1 = \frac{B - B_1}{2\tan\alpha_1} = \frac{0.8 - 0.65}{2\tan 20°} \approx 0.22 （m）$$

④ 栅槽与出水渠道连接处的渐窄部分长度

$$L_2 = \frac{L_1}{2} = \frac{0.22}{2} = 0.11 （m）$$

⑤ 通过格栅的水头损失

采用栅条断面为矩形的格栅，取 $k = 3$，由式(1-3)、式(1-4) 得

$$h_1 = kh_0 = k\xi \frac{v^2}{2g}\sin\alpha = k\beta \left(\frac{s}{b}\right)^{4/3} \frac{v^2}{2g}\sin\alpha$$

$$= 3 \times 2.42 \times \left(\frac{0.01}{0.02}\right)^{4/3} \times \frac{0.9^2}{2 \times 9.81}\sin 60° = 0.097 （m）$$

⑥ 栅后槽总高度

取栅前渠道超高 $h_2 = 0.3$m，栅前槽高 $H_1 = h + h_2 = 0.7$m，而

$$H = h + h_1 + h_2 = 0.4 + 0.097 + 0.3 \approx 0.8 \ (\text{m})$$

⑦ 栅槽总长度

$$L = L_1 + L_2 + 1.0 + 0.5 + \frac{H_1}{\tan\alpha} = 0.22 + 0.11 + 1.0 + 0.5 + \frac{0.7}{\tan 60°} = 2.24 \ (\text{m})$$

⑧ 每日栅渣量

取 $W_1 = 0.07$m³ 栅渣/10^3 m³ 污水，由式（1-10）可得

$$W = \frac{Q_{\max} W_1 \times 86400}{K_z \times 1000} = \frac{0.2 \times 0.07 \times 86400}{1.5 \times 1000} = 0.8 \ (\text{m}^3/\text{d})$$

（5）回转阶梯式格栅

回转阶梯式格栅的形状与自动扶梯相似，区别是自动扶梯无间隔。而阶梯式格栅，栅条之间留有空隙，以供水流通过。栅条与栅槽设计可参考前述。其优点是可以自动将截留的悬浮物和漂浮物输送到指定的地方，省去了清渣机械。缺点是结构比较复杂，增加了格栅的成本，常用于工业污水处理之中。

二、沉砂池

沉砂池的作用是去除污水中密度较大的无机颗粒，如泥砂、煤渣等。一般设在泵站、倒虹管、沉淀池前，以减轻水泵和管道的磨损，防止后续处理构筑物管道的堵塞，缩小污泥处理构筑物的容积，提高污泥有机组分的含量，提高污泥作为肥料的价值。常用的沉砂池有平流式沉砂池、曝气沉砂池、多尔沉砂池和钟式沉砂池等。

1. 平流式沉砂池

平流式沉砂池由入流渠、出流渠、闸板、水流部分及沉砂斗组成，见图1-2。它具有截留无机颗粒效果较好、工作稳定、构造简单、排沉砂较方便等优点。

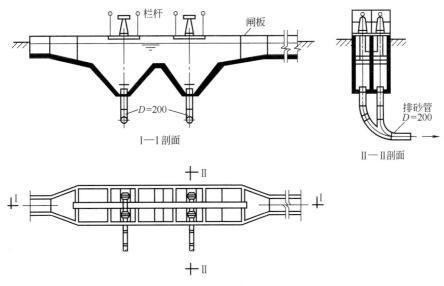

图 1-2 平流式沉砂池

（1）平流式沉砂池的设计要求及参数 平流式沉砂池的设计参数按去除相对密度 2.65、粒径大于 0.2mm 的砂粒确定。主要参数有以下几个。

① 沉砂池的座数或分格数不得少于两个，并宜按并联系列设计。当污水量较小时，可考虑单格工作，一格备用；当污水流量大时，则两格同时工作。

② 设计流量的确定 当污水以自流方式流入沉砂池时，应按最大设计流量计算；当污

水用水泵抽送进入池内时，应按工作水泵的最大可能组合流量计算；当用于合流制处理系统时，应按降雨时的设计流量计算。

③ 最大设计流量时，污水在池内的最大流速为 0.3m/s，最小流速为 0.15m/s。这样的流速范围可基本保证无机颗粒沉降去除，而有机物不能下沉。

④ 最大设计流量时，污水在池内停留时间不少于 30s，一般为 30~60s。

⑤ 设计有效水深应不大于 1.2m，一般采用 0.25~1.0m，每格池宽不宜小于 0.6m，超高不宜小于 0.3m。

⑥ 沉砂量的确定　生活污水的沉砂量按每人每天 0.01~0.02L；城市污水按 $10^6 m^3$ 污水产生沉砂 $30m^3$ 计；沉砂含水率约为 60%，容重 1500kg/m³，贮砂斗的容积按两日以内的沉砂量考虑，斗壁与水平面倾角为 55°~60°。

⑦ 池底坡度一般为 0.01~0.02，并可根据除砂设备要求，考虑池底的形状。

（2）平流式沉砂池的设计计算

① 沉砂池水流部分的长度 L　沉砂池两闸板之间的长度即为水流部分的长度

$$L = vt \tag{1-11}$$

式中　L——沉砂池水流部分的长度，m；

$\quad\quad v$——最大设计流量时的流速，m/s；

$\quad\quad t$——最大设计流量时的停留时间，s。

② 沉砂池过水断面面积 A

$$A = \frac{Q_{max}}{v} \tag{1-12}$$

式中　A——沉砂池过水断面面积，m²；

$\quad\quad Q_{max}$——最大设计流量，m³/s。

③ 沉砂池总宽度 B

$$B = \frac{A}{h_2} \tag{1-13}$$

式中　B——池总宽度，m；

$\quad\quad h_2$——设计有效水深，m。

④ 沉砂斗所需容积 V

$$V = \frac{Q_{max} t X \times 86400}{K_z \times 10^6} \tag{1-14}$$

式中　V——沉砂斗所需容积，m³；

$\quad\quad t$——清除沉砂的时间间隔，d；

$\quad\quad X$——城市污水的沉砂量，m³ 沉砂/10^6m³ 污水，一般取 $30m^3$ 沉砂/10^6m³ 污水；

$\quad\quad K_z$——生活污水流量总变化系数。

⑤ 沉砂池总高度 H

$$H = h_1 + h_2 + h_3 \tag{1-15}$$

式中　H——沉砂池总高度，m；

$\quad\quad h_1$——超高，m，取 0.3m；

$\quad\quad h_3$——贮砂斗的高度，m。

⑥ 核算最小流量时，污水流经沉砂池的最小流速是否在规定的范围内。

$$v_{min} = \frac{Q_{min}}{n\omega} \tag{1-16}$$

式中　Q_{min}——最小流量，m³/s；

$\quad\quad n$——最小流量时工作的沉砂池座数；

ω——最小流量时沉砂池中水流断面面积，m^2。

$v_{min} \geqslant 0.15 m/s$，则设计符合要求。

（3）平流式沉砂池的排砂装置 平流式沉砂池常用的排砂方式与装置主要有重力排砂与机械排砂两类。

图 1-2 为砂斗加底闸，进行重力排砂，排砂管直径 200mm。图 1-3 为砂斗加贮砂罐及底闸，进行重力排砂。砂斗中的沉砂经碟阀进入钢制贮砂罐，贮砂罐中的上清液经旁通水管流回沉砂池，最后，沉砂经碟阀入运砂车。这种排砂方法的优点是排砂的含水率低，排砂量容易计算，缺点是沉砂池需要高架或挖小车通道。

图 1-4 为机械排砂法的一种单口泵吸式排砂机。沉砂池为平底，砂泵、真空泵、吸砂管、旋流分离器，均安装在行走桁架上。桁架沿池长方向往返行走排砂。经旋流分离器分离的水分回流到沉砂池，沉砂可用小车、皮带运送器等运至晒砂场或贮砂池。这种排砂方法自动化程度高，排砂含水率低，工作条件好，池高较低。机械排砂法还有链板刮砂法、抓斗排砂法等。中、大型污水处理厂应采用机械排砂。

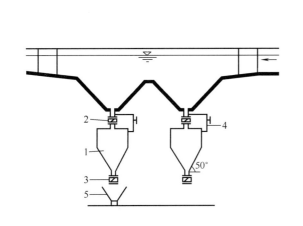

图 1-3 平流式沉砂池重力排砂法

1—贮砂罐；2,3—手动或电动碟阀；4—旁通水管；5—运砂车

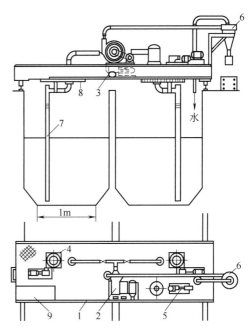

图 1-4 单口泵吸式排砂机

1—桁架；2—砂泵；3—桁架行走装置；4—回转装置；5—真空泵；6—旋流分离器；7—吸砂管；8—齿轮；9—操作台

（4）应用举例 设计人口数为 130000，最大设计流量 200L/s，最小设计流量 100L/s，每两日除砂一次，每人每日沉砂量为 0.02L，超高取 0.3m。试设计平流式沉砂池。

解： 取设计流速 $v = 0.3 m/s$，最大流量时停留时间 $t = 30s$。

① 沉砂池长度 L

$$L = vt = 0.3 \times 30 = 9（m）$$

② 沉砂池水流断面面积 A

$$A = \frac{Q_{max}}{v} = \frac{0.2}{0.3} = 0.67（m^2）$$

③ 沉砂池有效水深 h_2

采用 2 个分格，每格宽度 $b=0.6$m，总宽度 $B=1.2$m。

$$h_2=\frac{A}{B}=\frac{0.67}{1.2}=0.558 \ (\text{m}) \ (<1.2\text{m，合理})$$

④ 沉砂斗所需容积 V

$$V=\frac{130000\times0.02\times2}{1000}=5.2 \ (\text{m}^3)$$

⑤ 沉砂斗各部分尺寸计算　沉砂池的每一分格设 2 个沉砂斗，则共有 4 个沉砂斗。每个沉砂斗容积 V_1 为

$$V_1=\frac{V}{4}=\frac{5.2}{4}=1.3 \ (\text{m}^3)$$

设砂斗中贮砂高度为 h_3，斗底尺寸为 0.5m×0.6m，斜壁与水平面夹角为 55°，则有

$$V_1=\left[\left(\frac{2h_3}{\tan55°}+0.5\right)+0.5\right]\times\frac{h_3}{2}\times0.6=1.3(\text{m}^3)$$

解得 $h_3=1.44$m。

沉砂斗的实际高度应比贮砂高度大些，取砂斗实际高度为 1.84m。

沉砂斗上部尺寸为 3.1m×0.6m。

⑥ 验算最小流速 $v_{\min}$

$$v_{\min}=\frac{Q_{\min}}{n\omega}=\frac{0.1}{1\times0.6\times0.558}=0.3 \ (\text{m/s}) \ (>0.15\text{m/s，合格})$$

⑦ 沉砂池的进水部分　沉砂池一般设置细格栅，格栅间隙 0.02~0.025m。沉砂池按远期流量一次设计，施工时，为避免因近远期水量的变化，或提升水泵的剩余水头等因素，造成池内水量小、扬程高的现象，应考虑在沉砂池进水部分采取消能和整流措施。

当沉砂池采用进水井进水时，可取进水井流速 $v_0\geq0.2$m/s，则可得进水井断面面积，即得进水井宽度 b_1，此即为栅前渠道的宽度。

沉砂池有效宽度 B 即为格栅栅槽宽度。按格栅计算公式，可求得沉砂池进水格栅尺寸。

⑧ 贮砂池计算与布置　贮砂池直接设于高架沉砂池的下面，池底为 5% 斜坡，坡向一端设有不锈钢格栅，以利沉渣脱水。脱水后的沉渣用车定期外运。

平流式沉砂池计算草图见图 1-5。

2. 曝气沉砂池

普通平流式沉砂池的主要缺点是沉砂中约夹杂 15% 的有机物，对被有机物包覆的砂粒截留效果也不佳，沉砂易于腐化发臭，增加了沉砂后续处理的难度。日益广泛使用的曝气沉砂池，则可以在一定程度上克服这些缺点。图 1-6 为曝气沉砂池剖面图。曝气沉砂池的水流部分是一个矩形渠道，在沿池壁一侧的整个长度距池底 0.6~0.9m 处安设曝气装置，曝气沉砂池的下部设置集砂槽，池底有 $i=0.1$~0.5 的坡度，坡向另一侧的集砂槽，以保证砂粒滑入。

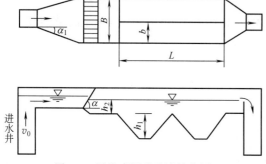

图 1-5　平流式沉砂池计算草图

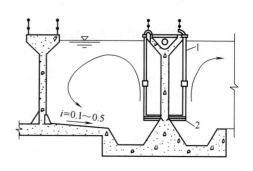

图 1-6　曝气沉砂池剖面图
1—压缩空气管；2—空气扩散板

（1）曝气沉砂池的设计参数

① 污水在曝气沉砂池过水断面周边的最大旋转速度为 0.25～0.30m/s，在池内的水平前进流速为 0.08～0.12m/s。如考虑预曝气的作用，可将曝气沉砂池过水断面增大 3～4 倍。

② 最大设计流量时，污水在池内的停留时间为 1～3min。如考虑预曝气，则可延长池身，使停留时间为 10～30min。

③ 有效水深取 2～3m，宽深比取 1.0～1.5，长宽比取 5。若池长比池宽大得多，则应考虑设置横向挡板，池的形状应尽可能不产生偏流或死角，在集砂槽附近安装纵向挡板。

④ 曝气装置安装在池的一侧，距池底 0.6～0.9m，空气管上应设置调节空气的阀门，曝气穿孔管孔径为 2.5～6.0mm，曝气量为 0.2m^3/m^3 污水或 3～5$m^3/(m^2 \cdot h)$。

⑤ 曝气沉砂池的进水口应与水在沉砂池内的旋转方向一致，出水口常用淹没式，出水方向与进水方向垂直，并宜考虑设置挡板。

（2）曝气沉砂池的设计计算

① 曝气沉砂池总有效容积 V

$$V = Q_{max} t \times 60 \tag{1-17}$$

式中 V——曝气沉砂池总有效容积，m^3；

Q_{max}——最大设计流量，m^3/s；

t——最大设计流量时的停留时间，min。

② 水流断面面积 A

$$A = \frac{Q_{max}}{v_1} \tag{1-18}$$

式中 A——水流断面面积，m^2；

v_1——最大设计流量时的水平流速，m/s。

③ 池子总宽度 B

$$B = \frac{A}{h_2} \tag{1-19}$$

式中 B——池子总宽度，m；

h_2——设计有效水深，m。

④ 沉砂池长度 L

$$L = \frac{V}{A} \tag{1-20}$$

⑤ 每小时所需的空气量 q

$$q = d Q_{max} \times 3600 \tag{1-21}$$

式中 q——每小时所需空气量，m^3/h；

d——每立方米污水所需空气量，m^3。

空气量也可按单位池长所需的空气量进行计算。单位池长所需的空气量见表 1-6，供参考。

表 1-6 单位池长所需的空气量

曝气管水下浸没深度/m	最低空气用量/[$m^3/(m \cdot h)$]	达到良好除砂效果的最大空气量/[$m^3/(m \cdot h)$]	曝气管水下浸没深度/m	最低空气用量/[$m^3/(m \cdot h)$]	达到良好除砂效果的最大空气量/[$m^3/(m \cdot h)$]
1.5	12.5～15.0	30	3.0	10.5～14.0	28
2.0	11.0～14.5	29	4.0	10.0～13.5	25
2.5	10.5～14.0	28			

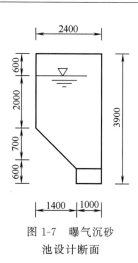

图 1-7 曝气沉砂
池设计断面

（3）应用举例　某污水处理厂最大设计流量 $Q_{max}=1.2\,m^3/s$，含砂量为 $0.02\,L/m^3$ 污水，污水在池中的停留时间 $t=2.0\,min$，污水在池内的水平流速 $v_1=0.1\,m/s$。若每两日排砂一次，试确定曝气沉砂池的有效尺寸及砂斗尺寸。

解： ① 曝气沉砂池的容积

$$V=Q_{max}t\times 60=1.2\times 2.0\times 60=144\ (m^3)$$

② 沉砂池设计成两格，每格容积为

$$V_1=\frac{1}{2}V=72\ (m^3)$$

③ 每格沉砂池水流断面面积

$$A=\frac{Q_{max}}{2v_1}=\frac{1.2}{2\times 0.1}=6.0\ (m^2)$$

④ 设曝气沉砂池过水断面形状如图 1-7 所示，池宽 2.4m，池底坡度 0.5，超高 0.6m，全池总深 3.9m。

⑤ 曝气沉砂池实际过水断面面积

$$F=2.4\times 2.0+\left(\frac{2.4+1.0}{2}\right)\times 0.7=6.0\ (m^2)$$

⑥ 池长

$$L=v_1t=0.1\times 2.0\times 60=12\ (m)$$

⑦ 沉砂斗容量（砂斗断面为矩形，长度同沉砂池）
$$V'=0.6\times 1.0\times 12=7.2\ (m^3)$$

⑧ 每格沉砂池实际沉砂量

$$V_1'=\frac{0.02\times 0.6}{1000}\times 86400\times 2=2.1\ (m^3)<7.2\ (m^3)$$

⑨ 设曝气管浸水深度为 2.5m，查表 1-6 可得单位池长所需空气量为 $28\,m^3/(m\cdot h)$，则所需空气量为

$$28\times 12\times (1+15\%)\times 2\times \frac{1}{60}=12.9\ (m^3/min)$$

式中，（1+15%）为考虑到进出口条件而增加的池长。

取供气量为 $13\,m^3/min$，则每格沉砂池供气量为 $6.5\,m^3/min$。

3. 多尔沉砂池

多尔沉砂池是一个浅的方形水池，如图 1-8 所示。在池的一边设有与池壁平行的进水槽，并在整个池壁上设有整流器，以调节和保持水流的均匀分布，污水经沉砂池使砂粒沉淀，在另一侧的出水堰溢流排出。沉砂池底的砂粒由刮砂机刮入排砂坑。砂粒用往复式刮砂机械或螺旋式输送器进行淘洗，以去除有机物。刮砂机上装有桨板，用以产生一股反方向的水流，将从砂上洗下来的有机物带走，回流到沉砂池中，而淘净的砂粒及其他无机杂粒，由排砂机排出。

多尔沉砂池的面积根据要求去除的砂粒直径和污水温度确定，可查图 1-9。最大设计流速为 0.3m/s。多尔沉砂池的设计参数见表 1-7。

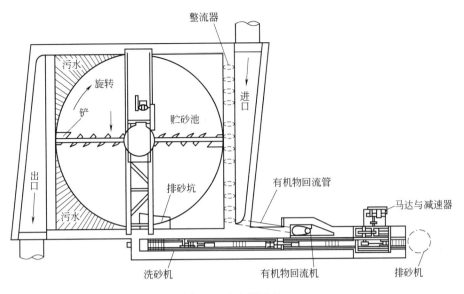

图 1-8 多尔沉砂池

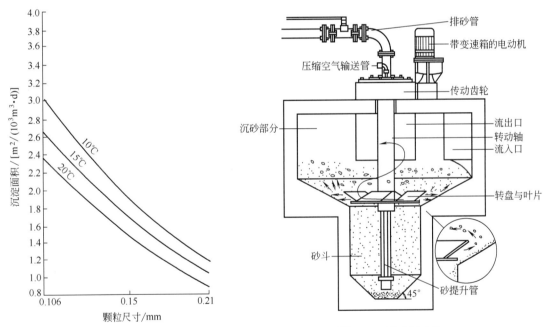

图 1-9 多尔沉砂池计算面积图

图 1-10 钟式沉砂池

表 1-7 多尔沉砂池的设计参数

沉砂池直径/m		3.0	6.0	9.0	12.0
最大流量/(m³/s)	要求去除砂粒直径为 0.21mm	0.17	0.70	1.58	2.80
	要求去除砂粒直径为 0.15mm	0.11	0.45	1.02	1.81
沉砂池深度/m		1.1	1.2	1.4	1.5
最大设计流量时的水深/m		0.5	0.6	0.9	1.1
洗砂器宽度/m		0.4	0.4	0.7	0.7
洗砂器斜面长度/m		8.0	9.0	10.0	12.0

4. 钟式沉砂池

钟式沉砂池是一种利用机械力控制水流流态与流速，加速砂粒沉淀，并使有机物随水流带走的沉砂装置，如图1-10所示。污水由流入口切线方向流入沉砂区，利用电动机及传动装置带动转盘和斜坡式叶片，由于所受离心力的不同，把砂粒甩向池壁，掉入砂斗，有机物则被送回污水中。调整转速，可达到最佳沉砂效果。沉砂用压缩空气经砂提升管、排砂管清洗后排出，清洗水回流至沉砂区。

根据污水处理量的不同，钟式沉砂池可分为不同型号。各部分尺寸见图1-11及表1-8。

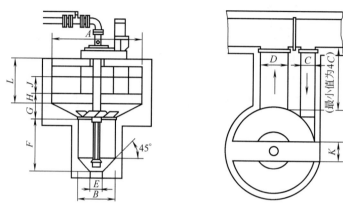

图 1-11   钟式沉砂池各部分尺寸

表 1-8   钟式沉砂池型号及尺寸　　　　　　　　　　　　　　　　单位：mm

型号	流量/(L/s)	A	B	C	D	E	F	G	H	J	K	L
50	50	1830	1000	305	610	300	1400	300	300	200	800	1100
100	110	2130	1000	380	760	300	1400	300	300	300	800	1100
200	180	2430	1000	450	900	300	1350	400	300	400	800	1150
300	310	3050	1000	610	1200	300	1550	450	300	450	800	1350
550	530	3650	1500	750	1500	400	1700	600	510	580	800	1450
900	880	4870	1500	1000	2000	400	2200	1000	510	600	800	1850
1300	1320	5480	1500	1100	2200	400	2200	1000	610	630	800	1850
1750	1750	5800	1500	1200	2400	400	2500	1300	750	700	800	1950
2000	2200	6100	1500	1200	2400	400	2500	1300	890	750	800	1950

三、调节池

1. 调节池的类型

无论是工业污水还是城市污水，其水量和水质随时都有变化。工业污水的波动比城市污水大，水量和水质的变化将严重影响水处理设施的正常工作。为解决这一矛盾，在水处理系统前一般都要设调节池，以调节水量和水质。此外，酸性污水和碱性污水还可以在调节池内中和；短期排出的高温污水也可利用调节池以平衡水温。

调节池在结构上可分为砖石结构、混凝土结构、钢结构。

如除了水量调节外，还需进行水质调节，则需对池内污水进行混合。混合的方法主要有水泵强制循环、空气搅拌、机械搅拌、水力混合。

目前常用的是利用调节池特殊的结构形式进行差时混合，即水力混合。主要有对角线出水调节池和折流调节池。

图1-12为对角线出水调节池。其特点是出水槽沿对角线方向设置，同一时间流入池内

的污水，由池的左、右两侧经过不同时间流到出水槽。从而达到自动调节、均和的目的。为防止污水在池内短路，可以在池内设置若干纵向隔板。池内设置沉渣斗，污水中的悬浮物在池内沉淀，通过排渣管定期排出池外。当调节池容积很大，需要设置的沉渣斗过多时，可考虑将调节池设计成平底，用压缩空气搅拌污水，以防沉砂沉淀。空气用量为 1.5～3 $m^3/(m^2 \cdot h)$。调节池有效水深为 1.5～2m，纵向隔板间距为 1～1.5m。

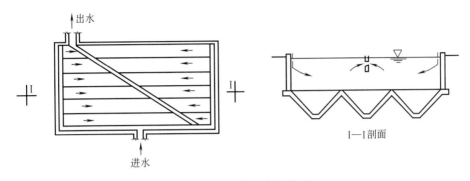

图 1-12　对角线出水调节池

如果调节池利用堰顶溢流出水，则只能调节水质的变化，而不能调节水量的波动。若后续处理构筑物要求处理水量也比较均匀，则需要使调节池内的工作水位能够上、下自由波动，以贮存盈余，补充短缺。若处理系统为重力自流，调节池出水口应超过后续处理构筑物的最高水位，可考虑采用浮子等定量设备，以保持出水量的恒定；若这种方法在高程布置上有困难，可考虑设吸水井，通过水泵抽送。

图 1-13 为折流调节池。池内设置许多折流隔墙，使污水在池内来回折流。配水槽设于调节池上，通过许多孔口溢流投配到调节池的各个折流槽内，使污水在池内混合、均衡。调节池的起端（入口）入流量可控制在总流量的 1/4～1/3。剩余流量可通过其他各投配口等量地投入池内。

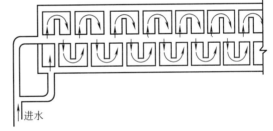

图 1-13　折流调节池

2. 调节池的设计计算

调节池的容积主要是根据污水浓度和流量的变化范围以及要求的均和程度来计算。

计算调节池的容积，首先要确定调节时间。当污水浓度无周期性地变化时，则要按最不利情况即浓度和流量在高峰时的区间计算。采用的调节时间越长，污水越均匀。可假设一调节时间，计算不同时段拟定调节时间内的污水平均浓度，如高峰时段的平均浓度大于所求得的平均浓度，则应增大调节时间，直到满足要求为止。如计算出初拟调节时间的平均浓度过小，则可重新假设一个较小的调节时间计算。

当污水浓度呈周期性变化时，污水在调节池内的停留时间即为一个变化周期的时间。

污水经过一定时间的调节后，其平均浓度可按下式计算：

$$C = \sum_{i=1}^{n} \frac{C_i q_i t_i}{qT} \tag{1-22}$$

式中　C——T 小时内的污水平均浓度，mg/L；

q——T 小时内的污水平均流量，m^3/h；

C_i——污水在 t_i 时段内的平均浓度，mg/L；

q_i——污水在 t_i 时段内的平均流量，m^3/h；

t_i——各时段时间，h，其总和等于 T。

所需调节池的容积为

$$V = qT = \sum_{i=1}^{n} q_i t_i \tag{1-23}$$

若采用对角线出水调节池时

$$V = \frac{qT}{1.4} \tag{1-24}$$

式中，1.4 为考虑污水在池内不均匀流动的容积利用经验系数。

3. 应用举例

某化工厂的酸性污水日平均流量为 $1000m^3/d$，污水流量及盐酸浓度见表 1-9。求 6h 的平均浓度和调节池的容积。

解：将表 1-9 中的数据绘制成浓度和流量变化曲线，见图 1-14。

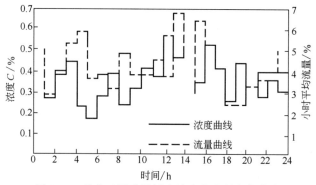

图 1-14 某化工厂酸性污水浓度和流量变化曲线

从图 1-14 可看出污水流量和浓度较高的时段在 12～18h 之间。此 6h 的污水平均浓度为：

$$C = \frac{5700 \times 37 + 4700 \times 68 + 3000 \times 40 + 3500 \times 64 + 5300 \times 40 + 4200 \times 40}{37 + 68 + 40 + 64 + 40 + 40}$$

$$= 4340 \ (\text{mg/L})$$

采用对角线出水调节池，其容积为

$$V = \frac{1}{1.4} \sum q_i t_i = \frac{1}{1.4} \times (37 + 68 + 40 + 64 + 40 + 40) = 206 \ (\text{m}^3)$$

表 1-9 某化工厂污水流量与浓度的变化

时间/h	流量/(m³/h)	浓度/(mg/L)	时间/h	流量/(m³/h)	浓度/(mg/L)
0～1	50	3000	12～13	37	5700
1～2	29	2700	13～14	68	4700
2～3	40	3800	14～15	40	3000
3～4	53	4400	15～16	64	3500
4～5	58	2300	16～17	40	5300
5～6	36	1800	17～18	40	4200
6～7	38	2800	18～19	25	2600
7～8	31	3900	19～20	25	4400
8～9	48	2400	20～21	33	4000
9～10	38	3100	21～22	36	2900
10～11	40	4200	22～23	40	3700
11～12	45	3800	23～24	50	3100

调节池有效水深取 1.5m，面积为 137m²，取池宽 6m，池长 23m，纵向隔板间距为 1.5m，将池宽分为 4 格，沿调节池长度方向设 3 个沉渣斗，宽度方向设 2 个沉渣斗，共 6 个沉渣斗。沉渣斗倾角取 45°。

四、除油装置

1. 隔油池

隔油池是利用自然上浮法进行油水分离的装置。常用的主要类型有平流式隔油池、平行板式隔油池、倾斜板式隔油池、小型隔油池等。

(1) 平流式隔油池及其设计与计算　图 1-15 为使用较为广泛的传统平流式隔油池 (API)。污水从池的一端流入，从另一端流出。在隔油池中，由于流速降低，相对密度小于 1.0 而粒径较大的油珠上浮到水面上，相对密度大于 1.0 的杂质沉于池底。在出水一侧的水面上设集油管。集油管一般用直径为 200～300mm 的钢管制成，沿其长度方向在管壁的一侧开有切口，集油管可以绕轴线转动。平时切口在水面上，当水面浮油达到一定厚度时，转动集油管，使切口浸入水面油层之下，油进入管内，再流到池外。

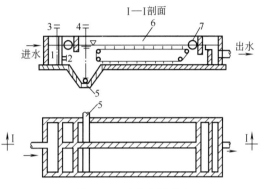

图 1-15　平流式隔油池
1—配水槽；2—进水孔；3—进水井；4—排渣阀；
5—排渣管；6—刮油刮泥机；7—集油管

大型隔油池还设置由钢丝绳或链条牵引的刮油刮泥设备。刮油刮泥机的刮板在池面上的移动速度，选取与池中水流速度相等，以减少对水流的影响。刮集到池前部污泥斗中的沉渣，通过排泥管适时排出。排泥管直径一般为 200mm。池底应有坡向污泥斗的 0.01～0.02 的坡度，污泥斗倾角为 45°。

隔油池表面用盖板覆盖，以防火、防雨和保温。寒冷地区还应在池内设置加温管，由于刮泥机跨度规格的限制，隔油池每个格间的宽度一般为 6.0m、4.5m、3.0m、2.5m 和 2.0m。采用人工清除浮油时，每个格间的宽度不宜超过 3.0m。

平流式隔油池可去除的最小油珠粒径一般为 100～150μm。此时油珠的最大上浮速度不高于 0.9mm/s。这种隔油池的优点是，构造简单，便于运行管理，除油效果稳定。缺点是池体大，占地面积多。

隔油池的设计计算一般有两种方法。

① 按油珠上浮速度进行设计计算　隔油池表面面积按下式计算：

$$A = \alpha \frac{Q}{u} \tag{1-25}$$

式中　A——隔油池表面面积，m²；

Q——污水设计流量，m³/h；

u——油珠的设计上浮速度，m/h；

α——对隔油池表面积的修正系数，该值与池容积利用率和水流紊动状况有关。

表 1-10 为 α 值与速度比 v/u 值的关系（v 为水流速度）。

表 1-10　α 值与速度比 v/u 值的关系

v/u	20	15	10	6	3
α	1.74	1.64	1.44	1.37	1.28

设计上浮速度 u 值可通过污水净浮试验确定。按试验数据绘制油水分离效率与上浮速

度之间的关系曲线，然后再根据应达到的效率选定设计上浮速度 u 值。

此外，也可以根据修正的 Stokes 公式计算求得。

$$u = \frac{\beta g d^2 (\rho_w - \rho_0)}{18\mu\psi} \tag{1-26}$$

式中　u——静止水中，直径为 d 的油珠的上浮速度，m/s；

　　　ρ_w——水的密度，kg/m^3；

　　　ρ_0——油珠的密度，kg/m^3；

　　　d——可上浮最小油珠的粒径，m；

　　　μ——水的绝对黏度，Pa·s；

　　　g——重力加速度，m/s^2；

　　　ψ——污水中油珠非圆形的修正系数，一般取 $\psi \approx 1.0$。

　　　β——考虑污水悬浮物引起的颗粒碰撞的阻力系数，其值可按下式计算。

$$\beta = \frac{4 \times 10^4 + 0.8S^2}{4 \times 10^4 + S^2} \tag{1-27}$$

式中　S——污水中悬浮物浓度。一般 β 值可取 0.95。

隔油池的过水断面面积为

$$A_c = \frac{Q}{v} \tag{1-28}$$

式中　A_c——隔油池的过水断面面积，m^2；

　　　v——污水在隔油池中的水平流速，m/h，一般取 $v \leqslant 15u$，但不宜大于 15mm/s，
　　　　　一般取 2～5mm/s。

隔油池每个格间的有效水深和池宽比（h/b）宜取 0.3～0.4。有效水深一般为
1.5～2.0m。

隔油池的长度应为

$$L = \alpha(v/u)h \tag{1-29}$$

隔油池每个格间的长宽比（L/b）不宜小于 4.0。

② 按污水在隔油池内的停留时间进行设计计算　隔油池的总容积为

$$W = Qt \tag{1-30}$$

式中　W——隔油池的总容积，m^3；

　　　Q——隔油池的污水设计流量，m^3/h；

　　　t——污水在隔油池内的设计停留时间，h，一般采用 1.5～2.0h。

隔油池的过水断面面积 A_c 为

$$A_c = \frac{Q}{3.6v} \tag{1-31}$$

式中　Q——隔油池的污水设计流量，m^3/h；

　　　v——污水在隔油池中的水平流速，mm/s。

隔油池格间数 n 为

$$n = \frac{A_c}{bh} \tag{1-32}$$

式中　b——隔油池每个格间的宽度，m；

　　　h——隔油池工作水深，m。

按规定，隔油池的格间数不得少于 2。

隔油池的有效长度 L 为

$$L = 3.6vt \tag{1-33}$$

式中符号意义同前。

隔油池建筑高度 H 为

$$H=h+h' \tag{1-34}$$

式中 h'——隔油池超高，m，一般不小于0.4m。

（2）平行板式隔油池 平行板式隔油池（PPI）是平流式隔油池的改良型，如图1-16所示。在平流式隔油池内沿水流方向安装数量较多的倾斜平板，不仅增加了有效分离面积，也提高了整流效果。

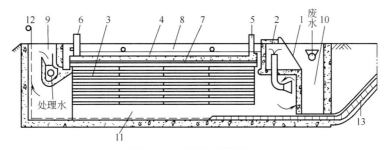

图1-16 平行板式隔油池

1—格栅；2—浮渣箱；3—平行板；4—盖子；5—通气孔；6—通气孔及溢流管；7—油层；
8—净水；9—净水溢流管；10—沉砂室；11—泥渣室；12—卷扬机；13—吸泥软管

（3）倾斜板式隔油池 倾斜板式隔油池（CPI）是平行板式隔油池的改良型，如图1-17所示。该装置采用波纹形斜板，板间距20～50mm，倾斜角为45°。污水沿板面向下流动，从出水堰排出。水中油珠沿板的下表面向上流动，然后用集油管汇集排出。水中悬浮物沉到斜板上表面并滑入池底经排泥管排出。该隔油池的油水分离效率较高，停留时间短，一般不大于30min，占地面积小。波纹斜板由聚酯玻璃钢制成。

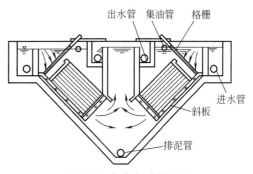

图1-17 倾斜板式隔油池

上述三种隔油池的性能比较见表1-11。

表1-11 API、PPI、CPI隔油池的性能比较

项 目	API	PPI	CPI
除油效率/%	60～70	70～80	70～80
占地面积（处理量相同时）	1	1/2	1/3～1/4
可能去除的最小油珠粒径/μm	100～150	60	60
最小油珠的上浮速度/（mm/s）	0.9	0.2	0.2
分离油的去除方式	刮板及集油管集油	利用压差自动流入管内	集油管集油
泥渣去除方式	刮泥机将泥渣集中到泥渣斗	用移动式的吸泥软管或刮泥设备排除	重力
平行板的清洗	—	定期清洗	定期清洗
防火防臭措施	浮油与大气接触，有着火危险，臭气散发	表面为清水，不易着火，臭气也不多	有着火危险，臭气比较少
附属设备	刮油刮泥机	卷扬机、清洗设备及装平行板用的单轨吊车	—
基建费	低	高	较低

（4）小型隔油池 小型隔油池用于处理小水量的含油污水，有多种池型，图1-18和图1-19为常见的两种。前者用于公共食堂、汽车库及其他含有少量油脂的污水处理。这种形

式已有标准（S217—8—6）。池内水流速度一般为 0.002～0.01m/s，食用油污水一般不大于 0.005m/s，停留时间为 0.5～1.0min。废油和沉淀物定期人工清除。后者用于处理含汽油、柴油、煤油等污水。污水经隔油后，再经焦炭过滤器进一步除油。池内设有浮子撇油器排除废油，浮子撇油器如图 1-20 所示。池内水平流速为 0.002～0.01m/s，停留时间 2～10min，排油周期一般 5～7d。

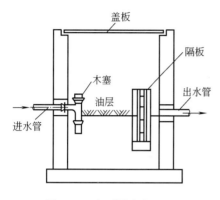

图 1-18　小型隔油池（一）

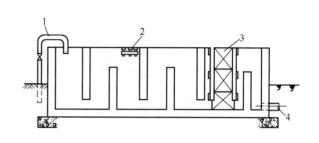

图 1-19　小型隔油池（二）
1—进水管；2—浮子撇油器；3—焦炭过滤器；4—排水管

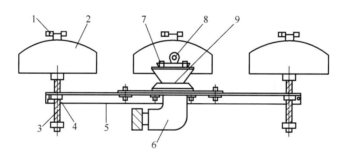

图 1-20　浮子撇油器
1—调整装置；2—浮子；3—调节螺栓；4—管座；5—浮子臂；6—排油管；7—盖；8—柄；9—吸油口

2. 除油罐

除油罐为油田污水处理的主要除油装置。它可去除浮油和分散油，其构造如图 1-21 所示。含油污水通过进水管配水室的配水支管和配水头流入除油罐内，污水在罐内自上而下缓慢流动，靠油水的密度差进行油水分离，分离出的废油浮至水面，然后流入集油槽，经过出油管流出。污水则经集水头、集水干管、中心柱管和出水总管流出罐外。

为防止油层温度过低发生凝固现象，在油层部位及集油槽内均设有加热盘管，热源可用蒸汽或热水，见图 1-22。在罐内还设有 U 形溢流管，以防污水溢罐。为防止发生虹吸作用，在 U 形管顶和中心柱上部开设小孔。

（1）配水和集水系统　为配水和集水均匀，可采用如下两种方式。

① 穿孔管式　即根据罐体的大小设若干条配水管和集水管。这种方式，孔眼易堵塞，造成短流，使污水在罐中的停留时间缩短，降低除油效果。

② 梅花点式　将配水或集水的喇叭口设计成梅花形。配水喇叭口朝上，集水喇叭口朝下，集水管与配水管错开布置，夹角呈 45°，见图 1-23。这种方式不仅配水或集水比较均匀，而且不易堵塞，目前使用较广泛。

（2）出水方式　为控制出水水质，出水系统常采用以下两种方式。

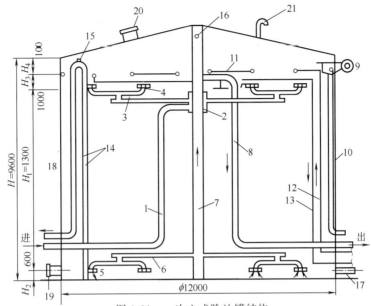

图 1-21 一次立式除油罐结构

1—进水管；2—配水室；3—配水管；4—配水头；5—集水头；6—集水管；7—中心柱管；8—出水管；

9—集油槽；10—出油管；11—盘管；12—蒸汽管；13—回水管；14—溢流管；15—通气管；

16—通气孔；17—排泥管；18—罐体；19—人孔；20—透光孔；21—通气孔

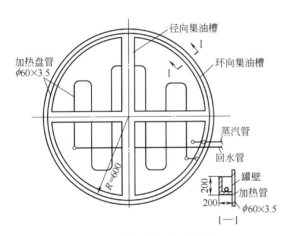

图 1-22 集油槽和加热盘管

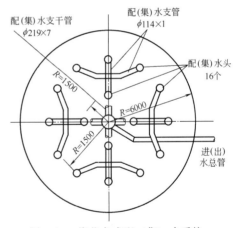

图 1-23 梅花点式配（集）水系统

① 管式 为控制液面，出水经中心柱向上，至一定高度后，由出水管引至下部排出，见图 1-21。按这种方式出水，出水管内水面至集油槽上沿的距离，按下式计算。

$$h = \left(1 - \frac{\gamma_o}{\gamma_w}\right)h_1 + \Delta h \qquad (1-35)$$

式中 h——出水管内水面至集油槽上沿的距离，m；

γ_o——污油的密度，kg/m^3；

γ_w——水的密度，kg/m^3；

h_1——油层厚度，m；一般取 1～1.5m；

Δh——出水管系统水头损失，m。

② 槽式 如图 1-24 所示。出水水位可根据现场情况用可调堰进

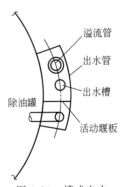

图 1-24 槽式出水
方式示意

行调节，从而保证油层的高度，目前使用较为广泛。

除油罐内可加斜板或斜管来提高除油效率。

第二节 沉 淀 池

沉淀池是分离悬浮物的一种主要处理构筑物，用于水及污水的处理、生物处理的后处理以及最终处理。沉淀池按其功能可分为进水区、沉淀区、污泥区、出水区及缓冲层五个部分。进水区和出水区是使水流均匀地流过沉淀池。沉淀区也称澄清区，是可沉降颗粒与污水分离的工作区。污泥区是污泥贮存、浓缩和排出的区域。缓冲区是分隔沉淀区和污泥区的水层，保证已沉降颗粒不因水流搅动而再行浮起。

常用沉淀池的类型有平流式沉淀池、辐流式沉淀池、竖流式沉淀池和斜板（管）沉淀池四种。沉淀池的优缺点及适用条件见表1-12。

表 1-12 沉淀池的优缺点及适用条件

类 型	优 点	缺 点	适 用 条 件
平流式	①沉淀效果好 ②对水量和水温的变化有较强的适应能力 ③处理流量大小不限 ④施工方便 ⑤平面布置紧凑	①池子配水不易均匀 ②采用多斗排泥时，每个泥斗需单设排泥管排泥，操作工作量大。采用机械排泥时，设备和机件浸于水中，易锈蚀	①适用于地下水位较高和地质条件较差的地区 ②大、中、小型水厂及污水处理厂均可采用
竖流式	①占地面积小 ②排泥方便，运行管理简单	①池深大，施工困难 ②对水量和水温变化的适应性较差 ③池子直径不宜过大	适用于小型污水处理厂（站）
辐流式	①对大型污水处理厂（>50000m³/d），比较经济适用 ②机械排泥设备已定型化，排泥较方便	①排泥设备复杂，要求具有较高的运行管理水平 ②施工质量要求高	①适用于地下水位较高的地区 ②适用于大、中型水厂和污水处理厂

一、平流式沉淀池

1. 平流式沉淀池的结构设计

平流式沉淀池污水从池的一端流入，从另一端流出，水流在池内做水平运动，池平面形状呈长方形，可以是单格或多格串联。池的进口端底部或沿池长方向，设有一个或多个贮泥斗，贮存沉积下来的污泥。图1-25是使用比较广泛的一种平流式沉淀池。下面主要介绍平流式沉淀池的入流装置、出流装置和排泥装置的形式和特点。

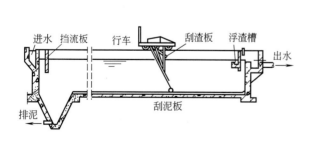

图 1-25 设行车刮泥机的平流式沉淀池

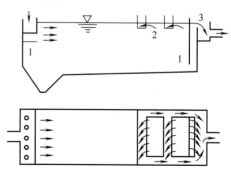

图 1-26 平流式沉淀池的进出口装置形式
1—挡板；2—淹没堰；3—自由堰

（1）入流装置和出流装置　沉淀池的入流装置由设有侧向或槽底潜孔的配水槽、挡流板组成，起均匀布水与消能作用。配水槽侧面穿孔时，挡流板是竖向的（见图1-25），挡流板入水深不小于0.25m，高出水面以上0.15~0.2m，距流入槽0.5m。配水槽底部穿孔时，挡流板是横向的，大致在1/2池深处（见图1-26）。

出流装置由流出槽与挡板组成。流出槽设自由溢流堰，溢流堰严格水平，既可保证水流均匀，又可控制沉淀池水位。为此溢流堰常采用锯齿形堰，见图1-27。这种出水堰易于加工及安装，出水比平堰均匀，常用钢板制成，齿深50mm，齿距200mm，直角，用螺栓固定在出口的池壁上。池内水位一般控制在锯齿高度的1/2处为宜。溢流堰最大负荷不宜大于2.9L/(m·s)（初次沉淀池），2.0L/(m·s)（二次沉淀池）。为了减少负荷，改善出

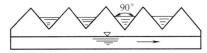

图1-27　出口锯齿形溢流堰

水水质，溢流堰可采用多槽沿程布置（见图1-26），如需阻挡浮渣随水流走，流出堰可采用潜孔出流。出流挡板入水深0.3~0.4m，距溢流堰0.25~0.5m。

（2）排泥装置与方法　沉淀池的沉积物应及时排出。排泥装置与方法一般有以下几种。

① 静水压力法　利用池内的静水位，将污泥排出池外，如图1-28所示。排泥管直径通常取200mm，下端插入污泥斗，上端伸出水面以便清通。静水压力$H=1.5$m（初次沉淀池），0.9m（二次沉淀池）。为使池底污泥能滑入污泥斗，池底应有0.01~0.02的坡度。为减小池的总深度，也可采用多斗式平流沉淀池，如图1-29所示。

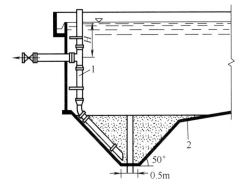

图1-28　沉淀池静水压力排泥

1—排泥管；2—集泥斗

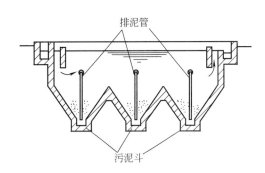

图1-29　多斗式平流沉淀池

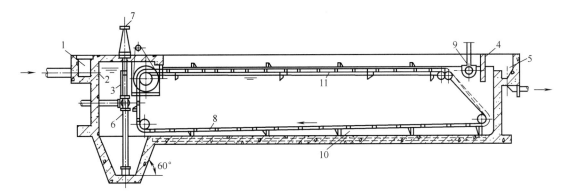

图1-30　设有链带刮泥机的平流式沉淀池

1—进水槽；2—进水孔；3—进水挡板；4—出水挡板；5—出水槽；6—排泥管；
7—排泥闸门；8—链带；9—排渣管槽（可转动）；10—刮板；11—链带支撑

② 机械排泥法 图 1-25 为行走小车刮泥机，小车沿池壁顶的导轨往返行走，刮板将沉泥刮入污泥斗，浮渣刮入浮渣槽。整套刮泥机都在水面上，不易腐蚀，易于维修。图 1-30 为设有链带刮泥机的平流式沉淀池。链带装有刮板，沿池底缓慢移动，速度约为 1m/min，将沉泥缓慢推入污泥斗，当链带刮板转到水面时，又可将浮渣推入浮渣槽。链带式刮泥机的缺点是机件长期浸于污水中，易被腐蚀，难以维修。被刮入污泥斗的沉泥，可用静水压力法或螺旋泵排出池外。上述两种机械排泥法主要适用于初次沉淀池。对于二次沉淀池，由于活性污泥的密度小，含水率高达 99％以上，呈絮状，不可能被刮除，可采用单口扫描泵吸式排泥机，使集泥和排泥同时完成，如图 1-31 所示。采用机械排泥，平流式沉淀池可采用平底，可大大减小池深。

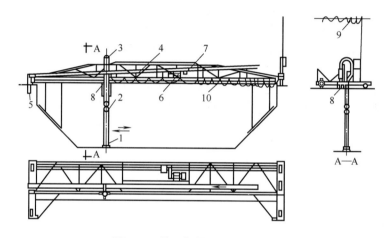

图 1-31 单口扫描泵吸式排泥机

1—吸口；2—吸泥泵及吸泥管；3—排泥管；4—排泥槽；5—排泥渠；6—电机与驱动机构；

7—桁架；8—小车电机及猫头吊；9—桁架电源引入线；10—小车电机电源引入线

2. 平流式沉淀池的设计与计算

平流式沉淀池设计的主要内容有：确定沉淀区、污泥区的尺寸；池总高度；流入、流出装置以及排泥设备等。

（1）沉淀区尺寸计算 沉淀区尺寸的计算有两种方法。

第一种计算方法：当没有原水的沉淀试验资料时，按沉淀时间和水平流速或选定的表面负荷进行计算。

① 沉淀池的总面积

$$A = Q_{\max}/q \tag{1-36}$$

式中 A——沉淀池总面积，m^2；

$Q_{\max}$——最大设计流量，m^3/h；

q——表面负荷，$m^3/(m^2 \cdot h)$。城市污水一般可取 $1.5 \sim 3.0 m^3/(m^2 \cdot h)$。

② 沉淀池长度

$$L = 3.6vt \tag{1-37}$$

式中 L——沉淀池长度，m；

v——最大设计流量时的水平流速，mm/s，一般为 $5 \sim 7mm/s$；

t——沉淀时间，h，一般初次沉淀池为 $1 \sim 2h$，二次沉淀池为 $1.5 \sim 2.5h$。

③ 沉淀区有效水深

$$h_2 = qt \tag{1-38}$$

式中　h_2——沉淀区有效水深，m，一般采用 $2\sim4$m，长度与有效水深之比不小于 8。

④ 沉淀区有效容积

$$V_1=Ah_2=Q_{\max}t \tag{1-39}$$

式中　V_1——沉淀区有效容积，m^3。

⑤ 沉淀池总宽度

$$B=\frac{A}{L} \tag{1-40}$$

式中　B——沉淀池总宽度，m。

⑥ 沉淀池的座数或分格数

$$n=\frac{B}{b} \tag{1-41}$$

式中　n——沉淀池的座数或分格数；

　　　b——每座（或分格）池的宽度，m，一般要求池的长宽比不小于 4，长度与深度之比多采用 $8\sim12$ 左右。若采用机械排泥，池的宽度应考虑结合机械桁架的跨度确定。

第二种计算方法：如已做过沉淀试验，取得了与所需去除率相对应的最小沉速 u_0 值，则沉淀池的设计表面负荷 $q=u_0$，其他计算公式同前。

⑦ 复核沉淀池中水流的稳定性　沉淀池尺寸确定后，可用弗罗德数的大小复核沉淀池中水流的稳定性。其计算公式如下。

$$F_r=\frac{v^2}{Rg} \tag{1-42}$$

$$R=W/P$$

式中　F_r——水流稳定性指数，一般控制在 $1\times10^{-4}\sim1\times10^{-5}$；

　　　v——平均水平流速，cm/s；

　　　g——重力加速度，cm/s^2；

　　　R——水力半径，cm；

　　　W——水流断面面积，cm^2；

　　　P——湿周，cm。

（2）污泥区计算　按每日污泥量和排泥的时间间隔设计。

每日产生的污泥量为

$$W=\frac{SNt}{1000} \tag{1-43}$$

式中　W——每日污泥量，m^3/d；

　　　S——每人每日产生的污泥量，L/(人·d)，生活污水的污泥量见表 1-13；

　　　N——设计人口数；

　　　t——两次排泥的时间间隔，d。

表 1-13　生活污水沉淀产生的污泥量

沉淀时间/h	污　泥　量		污泥含水率/%
	g/(人·d)	L/(人·d)	
1.5	$17\sim25$	$0.4\sim0.66$	95
		$0.5\sim0.83$	97
1.0	$15\sim22$	$0.36\sim0.6$	95
		$0.44\sim0.73$	97

如已知污水悬浮物浓度与去除率，污泥量可按下式计算。

$$W = \frac{Q(c_0 - c_1) \times 100}{\gamma(100 - p)} t \qquad (1\text{-}44)$$

式中　Q——每日污水量，m^3/d；

　　c_0，c_1——进、出水悬浮物浓度，kg/m^3；

　　　γ——污泥容重，kg/m^3，当污泥主要为有机物且含水率很高时，可近似取 $1000kg/m^3$；

　　　p——污泥含水率，%，一般城市污水为 95%～97%；

　　　t——排泥时间间隔，d。

污泥斗的容积为

$$V = \frac{1}{3} h_4 (f_1 + f_2 + \sqrt{f_1 f_2}) \qquad (1\text{-}45)$$

式中　V——污泥斗的容积，m^3；

　　h_4——污泥区高度，m；

　　f_1——污泥斗的上口面积，m^2；

　　f_2——污泥斗的下口面积，m^2。

（3）沉淀池的总高度

$$H = h_1 + h_2 + h_3 + h_4 \qquad (1\text{-}46)$$

式中　H——沉淀池的总高度，m；

　　h_1——沉淀池超高，一般取 0.3m；

　　h_2——沉淀区有效水深，m；

　　h_3——缓冲区高度，非机械排泥时，取 0.5m；机械排泥时，缓冲层的上缘应高出刮泥板 0.3m；

　　h_4——污泥区高度，m，根据污泥量、池底坡度、污泥斗高度及是否采用刮泥机决定。

（4）沉淀池数目　沉淀池数目不少于两座，并应考虑一座发生故障时，另一座能负担全部流量的可能性。

（5）应用举例　某城市污水排放量为 $10000m^3/d$，悬浮物浓度 c_0 为 250mg/L。试设计一平流式沉淀池，使处理后污水中悬浮物浓度不超过 50mg/L，污泥含水率为 97%。通过试验得到如图1-32所示的沉淀曲线。

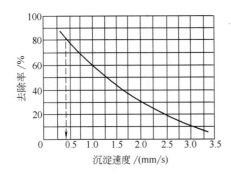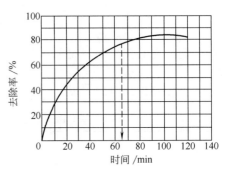

图 1-32　沉淀曲线

解：① 设计参数的确定

a. 应达到的沉淀效率

$$\eta = \frac{250-50}{250} \times 100\% = 80\%$$

b. 表面负荷及沉淀时间 根据沉淀曲线，当去除率为80%时，应去除的最小颗粒的沉速为0.4mm/s（1.44m/h），即表面负荷为$q_0 = 1.44 m^3/(m^2 \cdot h)$，沉淀时间$t_0 = 65 min$。

c. 设计表面负荷与设计沉淀时间 为使设计留有余地，将表面负荷缩小1.5倍，沉淀时间放大1.75倍。即

$$q = \frac{q_0}{1.5} = \frac{1.44}{1.5} = 0.96 \ [m^3/(m^2 \cdot h)]$$

$$t = 1.75 t_0 = 1.75 \times 65 = 113.75 (min) = 1.9 \ (h)$$

设计处理的污水量为

$$Q_{max} = \frac{10000}{24} = 416.7 \ (m^3/h)$$

② 沉淀区各部分尺寸的确定

a. 沉淀池总有效沉淀面积

$$A = \frac{Q_{max}}{q} = \frac{416.7}{0.96} = 434.06 \ (m^2)$$

采用2座沉淀池，每个池的表面积为$A_1 = 217 m^2$，处理量为$Q_1 = 208.35 m^3/h$。

b. 沉淀池有效水深

$$h_2 = qt = 0.96 \times 1.9 = 1.82 \ (m)$$

c. 沉淀池长度 每个池宽b取6m，则池长为

$$L = \frac{A_1}{b} = \frac{217}{6} = 36.17 \ (m)$$

取$L = 36.5 m$

长宽比$\frac{L}{b} = 6 > 4$，符合要求。

③ 污泥区尺寸计算

a. 每日产生的污泥量

$$W = \frac{Q_{max}(c_0 - c_1) \times 100}{\gamma(100-p)} = \frac{10000 \times (250-50) \times 100}{1000 \times 1000 \times (100-97)} = 66.7 \ (m^3)$$

每个沉淀池的污泥量为$W_1 = \frac{W}{2} = 33.3 m^3$。

b. 污泥斗的容积 取污泥区高度$h_4 = 2.8 m$，则污泥斗容积

$$V = \frac{1}{3}h_4(f_1 + f_2 + \sqrt{f_1 f_2}) = \frac{1}{3} \times 2.8 \times (36 + 0.16 + \sqrt{36 \times 0.16}) = 36 (m^3) > 33.3 \ (m^3)$$

即每个污泥斗可贮存1d的污泥量，设2个污泥斗，则可容纳2d的污泥量。

④ 每个沉淀池的结构尺寸

a. 沉淀池的总高度（采用机械刮泥设备）

$$H = h_1 + h_2 + h_3 + h_4 = 0.3 + 1.82 + 0.6 + 2.8 = 5.52 \ (m)$$

b. 沉淀池的总长度 流入口至挡板距离取0.5m，流出口至挡板的距离取0.3m。则沉淀池总长度为

$$L' = 0.5 + 0.3 + 36.5 = 37.3 \ (m)$$

平流式沉淀池设计计算见图1-33。

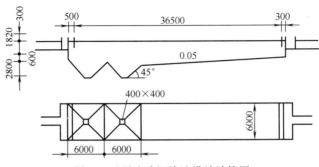

图 1-33　平流式沉淀池设计计算图

二、竖流式沉淀池

1. 竖流式沉淀池的构造

竖流式沉淀池水流方向与颗粒沉淀方向相反，其截留速度与水流上升速度相等。当颗粒发生自由沉淀时，其沉淀效果比平流式沉淀池低得多。当颗粒具有絮凝性时，则上升的小颗粒和下沉的大颗粒之间相互接触、碰撞而絮凝，使粒径增大，沉速加快。另一方面，沉速等于水流上升速度的颗粒将在池中形成一悬浮层，对上升的小颗粒起拦截和过滤作用，因而沉淀效率比平流式沉淀池更高。

竖流式沉淀池多为圆形或方形，直径或边长为 4～7m，一般不大于 10m。沉淀池上部为圆筒形的沉淀区，下部为截头圆锥状的污泥斗，两层之间为缓冲层，约 0.3m，见图 1-34。

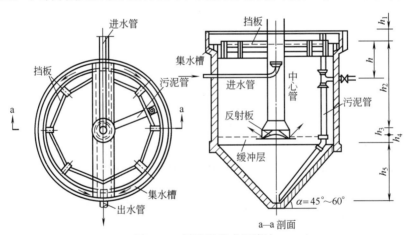

图 1-34　圆形竖流式沉淀池

污水从中心管自上而下流入，经反射板向四周均匀分布，沿沉淀区的整个断面上升，澄清水由池四周集水槽收集。集水槽大多采用平顶堰或三角形锯齿堰，堰口最大负荷为 1.5L/(m·s)。如池径大于 7m，为集水均匀，可设置辐射式的集水槽与池边环形集水槽相通。沉淀池贮泥斗倾角为 45°～60°，污泥可借静水压力由排泥管排出，排泥管直径应不小于 200mm，静水压力为 1.5～2.0m。排泥管下端距池底不大于 2.0m，管上端超出水面不小于 0.4m。为了防止漂浮物外溢，在水面距池壁 0.4～0.5m 处设挡板，挡板伸入水面以下 0.25～0.3m，伸出水面以上 0.1～0.2m。

竖流式沉淀池中心管内的流速对悬浮物的去除有很大影响。无反射板时，中心管内流速应不大于 30mm/s；末端设有喇叭口及反射板时，可提高到 100mm/s。具体尺寸见图 1-35。污水从喇叭口与反射板之间的间隙流出的速度不应大于 20mm/s。

为保证水流自下而上做垂直运动，要求径深比 $D:h_2 \leqslant 3:1$。

2. 竖流式沉淀池的设计与计算

竖流式沉淀池的设计计算与平流式沉淀池相似，污水在池中的上升速度 v 等于或小于指定去除效率颗粒的最小沉速 u_0，过水断面面积等于池表面积与中心管的面积之差。中心管的有效面积按最大设计流量计算。

（1）最小沉速 u_0 和沉淀时间 t 的确定　根据污水中悬浮物的浓度 c_1 及排放污水中允许含有的悬浮物浓度 c_2，求出应当达到的去除率 η_0，然后根据沉淀曲线确定与去除率相应的最小沉速 u_0 及所需要的沉淀时间 t。

（2）中心管面积与直径

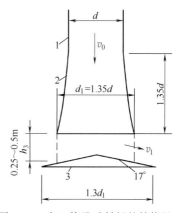

$$A_1 = \frac{q_{\max}}{v_0} \tag{1-47}$$

$$d_0 = \sqrt{\frac{4A_1}{\pi}} \tag{1-48}$$

图 1-35　中心管及反射板的结构尺寸
1—中心管；2—喇叭口；3—反射板

式中　A_1——中心管有效面积，m^2；

　$q_{\max}$——每池的最大设计流量，m^3/s；

　v_0——中心管内流速，m/s；

　d_0——中心管有效直径，m。

（3）沉淀池的有效水深，即中心管的高度

$$h_2 = 3.6vt \tag{1-49}$$

式中　h_2——沉淀池的有效水深，m；

　v——污水在沉淀区的上升流速，mm/s，如有沉淀试验资料，v 等于拟去除的最小颗粒的沉速 u，如无沉淀试验资料，则取 $0.5\sim1.0mm/s$；

　t——沉淀时间，h，一般采用 $1.0\sim2.0h$。

（4）中心管喇叭口到反射板之间的间隙高度

$$h_3 = \frac{q_{\max}}{v_1 \pi d_1} \tag{1-50}$$

式中　h_3——中心管喇叭口到反射板之间的间隙高度，m；

　v_1——污水从间隙流出的速度，m/s，一般不大于 $0.02m/s$。

　d_1——喇叭口直径，m，$d_1 = 1.35d_0$。

（5）沉淀池有效断面面积，即沉淀区面积

$$A_2 = \frac{q_{\max}}{v} \tag{1-51}$$

式中　A_2——沉淀池有效断面面积，m^2。

（6）沉淀池总面积和池径

$$A = A_1 + A_2 \tag{1-52}$$

$$D = \sqrt{\frac{4A}{\pi}} \tag{1-53}$$

式中　A——沉淀池总面积，m^2；

　D——沉淀池的直径，m。

（7）截头圆锥部分容积

$$V_1 = \frac{\pi h_5}{3}(R^2 + Rr + r^2) \tag{1-54}$$

式中　V_1——截头圆锥部分容积，m^3；

　　　h_5——污泥室截头圆锥部分高度，m；

　　　r——截头圆锥下部半径，m；

　　　R——截头圆锥上部半径，m。

（8）沉淀池总高度

$$H=h_1+h_2+h_3+h_4+h_5 \tag{1-55}$$

式中　H——沉淀池总高度，m；

　　　h_1——超高，m，一般取 0.3m；

　　　h_4——缓冲层高度，m，一般取 0.3m。

3. 应用举例

某污水处理厂最大污水量为 100L/s，由沉淀试验确定设计上升流速为 0.7mm/s，沉淀时间为 1.5h。试确定竖流式沉淀池各部分尺寸。

解： ① 采用 4 个沉淀池，每池最大设计流量为

$$q_{max}=\frac{1}{4}\times 0.100=0.025\ (m^3/s)$$

② 中心管内流速 v_0 取 0.03m/s，则中心管面积为

$$A_1=\frac{q_{max}}{v_0}=\frac{0.025}{0.03}=0.83\ (m^2)$$

中心管直径为

$$d_0=\sqrt{\frac{4A_1}{\pi}}=\sqrt{\frac{4\times 0.83}{\pi}}=1.0\ (m)$$

喇叭口直径为　$d_1=1.35d_0=1.35\ (m)$

反射板直径为　$d_2=1.3d_1=1.3\times 1.35=1.76\ (m)$

③ 沉淀池有效水深，即中心管高度

$$h_2=3.6vt=3.6\times 0.7\times 1.5=3.8\ (m)$$

④ 中心管喇叭口至反射板之间的间隙高度（v_1 取 0.02m/s）

$$h_3=\frac{q_{max}}{v_1\pi d_1}=\frac{0.025}{0.02\times \pi\times 1.35}=0.3\ (m)$$

⑤ 沉淀池总面积及沉淀池直径

每个沉淀池沉淀区面积为

$$A_2=\frac{q_{max}}{v}=\frac{0.025}{0.0007}=35.7\ (m^2)$$

每个沉淀池总面积为

$$A=A_1+A_2=0.83+35.7=36.5\ (m^2)$$

每个沉淀池直径为

$$D=\sqrt{\frac{4A}{\pi}}=\sqrt{\frac{4\times 36.5}{\pi}}=6.82\ (m)$$

取 $D=7.0m$。

⑥ 污泥斗高度及污泥斗容积

取截头圆锥下部直径为 0.4m，污泥斗倾角为 45°，则

$$h_5=\frac{7.0-0.4}{2}\tan45°=3.3\ (m)$$

污泥斗容积为

$$V_1 = \frac{\pi h_5}{3}(R^2 + Rr + r^2) = \frac{\pi \times 3.3}{3} \times (3.5^2 + 3.5 \times 0.2 + 0.2^2) = 44.87 \text{ (m}^3)$$

⑦ 沉淀池的总高度

$$H = h_1 + h_2 + h_3 + h_4 + h_5 = 0.3 + 3.8 + 0.3 + 0.3 + 3.3 = 8.0 \text{ (m)}$$

⑧ 集水系统

为收集处理水，沿池周边设排水槽并增设辐射排水槽，槽宽为 $b' = 0.2$m，排水槽内径为 $D = 7.0$m。

槽周长为 $\qquad C = \pi D - 4b' = \pi \times 7.0 - 4 \times 0.2 = 21.2 \text{ (m)}$

辐射槽长为 $\qquad L' = 4 \times 2 \times (7.0 - 1.0) = 48 \text{ (m)}$

排水槽总长为 $\qquad L = C + L' = 21.2 + 48 = 69.2 \text{ (m)}$

排水槽每米长的负荷为

$$q_{max}/L = 25/69.2 = 0.36 \text{ [L/(m·s)]} < 1.5 \text{ [L/(m·s)]}$$

符合设计要求。

三、辐流式沉淀池

1. 普通辐流式沉淀池

（1）普通辐流式沉淀池的构造 普通辐流式沉淀池呈圆形或正方形，直径（或边长）一般为 6～60m，最大可达 100m，中心深度为 2.5～5.0m，周边深度为 1.5～3.0m。污水从辐流式沉淀池的中心进入，由于直径比深度大得多，水流呈辐射状向周边流动，沉淀后的污水由四周的集水槽排出。由于是辐射状流动，水流过水断面逐渐增大，而流速逐渐减小。

图 1-36 为中心进水周边出水机械排泥的普通辐流式沉淀池。池中心处设中心管，污水从池底进入中心管，或用明槽自池的上部进入中心管，在中心管周围常有用穿孔障板围成的流入区，使污水能沿圆周方向均匀分布。为阻挡漂浮物，出水槽堰口前端可加设挡板及浮渣收集与排出装置。

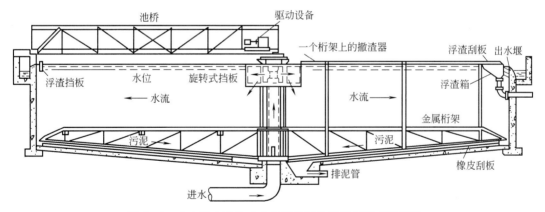

图 1-36 中心进水周边出水机械排泥的普通辐流式沉淀池

普通辐流式沉淀池大多采用机械刮泥（尤其是池径大于 20m 时，几乎都用机械刮泥），将全池沉积污泥收集到中心泥斗，再借静压力或污泥泵排出。刮泥机一般为桁架结构，绕池中心转动，刮泥刀安装在桁架上，可中心驱动或周边驱动。池底坡度一般为 0.05，坡向中心泥斗，中心泥斗的坡度为 0.12～0.16。

除机械刮泥的辐流式沉淀池外，常将池径小于 20m 的辐流式沉淀池建成方形，污水沿中心管流入，池底设多个泥斗，使污泥自动滑入泥斗，形成斗式排泥。

（2）普通辐流式沉淀池的设计

① 每个沉淀池的表面积和池径

$$A_1 = \frac{Q_{\max}}{nq_0} \tag{1-56}$$

$$D = \sqrt{\frac{4A_1}{\pi}} \tag{1-57}$$

式中 A_1——每个沉淀池的表面积，m^2；

$Q_{\max}$——最大设计流量，m^3/h；

n——池数（不少于2）；

q_0——表面负荷，$m^3/(m^2 \cdot h)$，可通过试验确定，无试验时，一般初次沉淀池采用 $2 \sim 4 m^3/(m^2 \cdot h)$，二次沉淀池采用 $1.5 \sim 3.0 m^3/(m^2 \cdot h)$；

D——每个沉淀池的直径，m。

② 沉淀池有效水深

$$h_2 = q_0 t = \frac{Q_{\max} t}{nA_1} \tag{1-58}$$

式中 h_2——沉淀池有效水深，m；

t——沉淀时间，h，一般初次沉淀池采用 $1 \sim 2h$，二次沉淀池采用 $1.5 \sim 2.5h$。

池径与水深比宜取 $6 \sim 12$。

③ 沉淀池总高度

$$H = h_1 + h_2 + h_3 + h_4 + h_5 \tag{1-59}$$

式中 h_1——沉淀池超高，m，取 $0.3m$；

h_2——有效水深，m；

h_3——缓冲层高度，m，与刮泥机有关，可采用 $0.5m$；

h_4——沉淀池坡底落差，m；

h_5——污泥斗高度，m。

（3）应用举例 某城市污水处理厂的最大设计流量为 $Q_{\max} = 2450 m^3/h$，设计人口为 $N = 34$ 万，采用机械刮泥，试设计普通辐流式沉淀池。

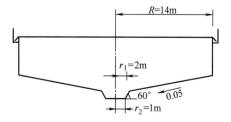
图 1-37 普通辐流式沉淀池设计计算草图

解：设计计算草图见图 1-37。

① 取表面负荷 $q_0 = 2 m^3/(m^2 \cdot h)$，池数 $n = 2$

$$A_1 = \frac{Q_{\max}}{nq_0} = \frac{2450}{2 \times 2} = 612.5 \ (m^2)$$

沉淀池直径为

$$D = \sqrt{\frac{4A_1}{\pi}} = \sqrt{\frac{4 \times 612.5}{\pi}} = 27.9 \ (m)$$

取 $D = 28m$。

② 沉淀池有效水深

取沉淀时间 $t = 1.5h$

$$h_2 = q_0 t = 2 \times 1.5 = 3.0 \ (m)$$

径深比为 $D/h_2 = 28/3.0 = 9.3$，符合要求。

③ 沉淀池总高度

每池每天的污泥量为

$$W_1 = \frac{SNt}{1000n} = \frac{0.5 \times 34 \times 10^4 \times 4}{1000 \times 2 \times 24} = 14.2 \ (m^3)$$

式中，S 取 $0.5 L/(人 \cdot d)$，采用机械刮泥，污泥在斗内贮存时间取 $t = 4h$。

污泥斗高度为

$$h_5 = (r_1 - r_2)\tan\alpha = (2-1)\times\tan60° = 1.73 \text{ （m）}$$

坡底落差为

$$h_4 = (R - r_1)\times0.05 = (14-2)\times0.05 = 0.6 \text{ （m）}$$

污泥斗容积为

$$V_1 = \frac{\pi h_5}{3}(r_1^2 + r_1 r_2 + r_2^2) = \frac{\pi\times1.73}{3}(2^2 + 2\times1 + 1^2) = 12.7 \text{ （m}^3\text{）}$$

池底可贮存污泥的体积为

$$V_2 = \frac{\pi h_4}{3}(R^2 + R r_1 + r_1^2) = \frac{\pi\times0.6}{3}(14^2 + 14\times2 + 2^2) = 143.3 \text{ （m}^3\text{）}$$

沉淀池共可贮存污泥体积为 $V_1 + V_2 = 12.7 + 143.3 = 156$ （m³）＞14.2 （m³），符合要求。

沉淀池总高度为

$$H = h_1 + h_2 + h_3 + h_4 + h_5 = 0.3 + 3.0 + 0.5 + 0.6 + 1.73 = 6.13 \text{ （m）}$$

④ 沉淀池周边处的高度为

$$H' = h_1 + h_2 + h_3 = 0.3 + 3.0 + 0.5 = 3.8 \text{ （m）}$$

2. 向心辐流式沉淀池

（1）向心辐流式沉淀池的结构特点　普通辐流式沉淀池为中心进水，中心导流筒内流速达 100mm/s，作为二次沉淀池使用时，活性污泥在其间难以絮凝，这股水流向下流动的动能较大，易冲击底部沉泥，池子的容积利用系数较小（约48%）。向心辐流式沉淀池是圆形，周边为流入区，而流出区既可设在池中心 ［图1-38 （a）］，也可设在池周边 ［图1-38 （b）］。由于结构上的改进，在一定程度上可以克服普通辐流式沉淀池的缺点。

向心辐流式沉淀池有5个功能区，即配水槽、导流絮凝、沉淀区、出水区和污泥区。

配水槽设于周边，槽底均匀开设布水孔及短管。

导流絮凝区：作为二次沉淀池时，由于设有布水孔及短管，使水流在区内形成回流，促进絮凝作用，从而可提高去除率；且该区的容积较大，向下的流速较小，对底部沉泥无冲击现象。底部水流的向心流动可将沉泥推入池中心的排泥管。

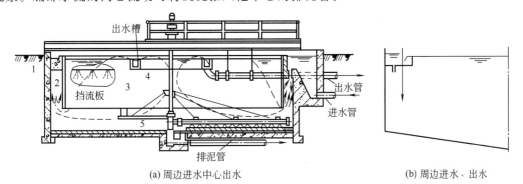

(a) 周边进水中心出水　　　　　　(b) 周边进水、出水

图 1-38　向心辐流式沉淀池

1—配水槽；2—导流絮凝区；3—沉淀区；4—出水区；5—污泥区

出水槽的位置可设在 R 处、$R/2$ 处、$R/3$ 处或 $R/4$ 处。根据实测资料，不同位置出水槽的容积利用系数见表1-14。

表 1-14　出水槽不同位置的容积利用系数

出水槽位置	容积利用系数/%	出水槽位置	容积利用系数/%
R 处	93.6	$R/3$ 处	87.5
$R/2$ 处	79.7	$R/4$ 处	85.7

可见向心辐流式沉淀池的容积利用系数比普通辐流式沉淀池有显著提高。最佳出水槽位置设在 R 处（即周边进、出水），也可设在 $R/3$ 或 $R/4$ 处。

（2）向心辐流式沉淀池的设计

① 配水槽　采用环形平底槽，等距离设布水孔，孔径一般取 $50\sim100$mm，并加 $50\sim100$mm 长度的短管，管内流速为 $0.3\sim0.8$m/s。

$$v_n=\sqrt{2t\mu}\,G_m \tag{1-60}$$

$$G_m^2=\left(\frac{v_1^2-v_2^2}{2t\mu}\right)^2 \tag{1-61}$$

式中　v_n——配水孔平均流速，m/s，一般为 $0.3\sim0.8$m/s；

t——导流絮凝区平均停留时间，s，池周有效水深为 $2\sim4$m 时，t 取 $360\sim720$s；

μ——污水的运动黏度，与水温有关；

G_m——导流絮凝区的平均速度梯度，一般可取 $10\sim30$s^{-1}；

v_1——配水孔水流收缩断面的流速，m/s，$v_1=v_n/\varepsilon$，ε 为收缩系数，因设有短管，取 $\varepsilon=1$；

v_2——导流絮凝区平均向下流速，m/s，$v_2=Q_1/f$；

Q_1——每池的最大设计流量，m^3/s；

f——导流絮凝区环形面积，m^2。

② 导流絮凝区　为了施工安装方便，宽度 $B\geqslant0.4$m，与配水槽等宽，并用式（1-61）验算 G_m 值。若 G_m 值在 $10\sim30$s^{-1} 之间，为合格。否则需调整 B 值重新计算。

③ 沉淀区　向心辐流式沉淀池的表面负荷可高于普通辐流式沉淀池的 2 倍，即可取 $3\sim4$m^3/(m$^2\cdot$h)。

④ 出水槽　可用锯齿堰出水，使每齿的出水流速均较大，不易在齿角处积泥或滋生藻类。

其他设计同普通辐流式沉淀池。

（3）应用举例　某城市污水处理厂最大设计流量为 50000m^3/d，曝气池回流污泥比为 0.5，水温为 20℃，试计算周边进水、出水的向心辐流式沉淀池的参数。

解：① 采用两座池，表面负荷取 3m^3/(m$^2\cdot$h)，沉淀区面积为

$$A_1=\frac{Q}{2q_0\times24}=\frac{50000}{2\times3\times24}=347\ (\text{m}^2)$$

沉淀区直径为

$$D=\sqrt{\frac{4A_1}{\pi}}=\sqrt{\frac{4\times347}{\pi}}=21\ (\text{m})$$

② 配水槽　设计流量应加上回流污泥量，即 $50000+0.5\times50000=75000$m^3/d。设配水槽宽 $B=0.6$m，水深 0.5m，配水槽流速为

$$v=\frac{75000}{2\times24\times0.6\times0.5\times3600}=1.45\ (\text{m/s})$$

导流絮凝区停留时间取 600s，$G_m=20$s^{-1}，水温为 20℃时，运动黏度 $\mu=1.06\times10^{-6}$ m^2/s，配水孔平均流速为

$$v_n=\sqrt{2t\mu}\,G_m=\sqrt{2\times600\times1.06\times10^{-6}}\times20=0.71\ (\text{m/s})$$

孔径取 $\phi50$mm，每池配水槽内的孔数为

$$n = \frac{75000}{2 \times 0.71 \times \frac{\pi}{4} \times 0.05^2 \times 86400} = 312 \text{（个）}$$

孔距为

$$l = \frac{\pi(D+B)}{n} = \frac{\pi(21+0.6)}{312} = 0.214 \text{（m）}$$

③ 导流絮凝区：导流絮凝区的平均流速为

$$v_2 = \frac{Q}{N\pi(D+B) \times B \times 86400} = \frac{75000}{2\pi(21+0.6) \times 0.6 \times 86400} = 0.011 \text{（m/s）}$$

式中　N——池数。

用式（1-61）核算 G_m 值，则

$$G_m = \left(\frac{v_1^2 - v_2^2}{2t\mu}\right)^{1/2} = \left(\frac{0.71^2 - 0.011^2}{2 \times 600 \times 1.06 \times 10^{-6}}\right)^{1/2} = 19.9 \text{（s}^{-1}\text{）}$$

G_m 值在 $10 \sim 30 \text{s}^{-1}$ 之间，符合要求。

四、斜板（管）沉淀池

1. 斜板（管）沉淀池的工作原理

见图 1-39，设原有沉淀池长度为 L，宽度为 B，高度为 H，池表面积为 $A=LB$。若将沉淀池分为四层，则每层高度为 $H/4$。设水平流速（v）和沉速（u_0）不变，则分层后的沉降轨迹线坡度不变。从图中可看出，沉淀池长度可缩小到 $L/4$。如仍保持原来的沉降效率，则池体积可缩小到原来的 $1/4$。设沉淀池长度（L）不变，由图 1-40 可见，流速可增加至 $4v$，即分层后的流量可增加 4 倍。设颗粒沉速（u_i）和流量（Q）不变，沉淀池分层后沉淀面积增加 4 倍，其斜板沉淀效率（η_E）为

$$\eta_E = \frac{u_i}{Q/nA} = n\frac{u_i}{Q/A} = n\eta$$

式中　n——分层数；

η——水平隔板沉淀效率。

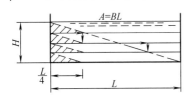

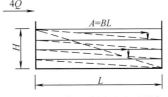

图 1-39　沉淀池分层后长度缩小　　　　　　图 1-40　沉淀池分层后流速增加

为了解决排泥问题，可用四层斜板代替水平隔板，如图 1-41 所示。则水平投影总面积也为 $4A$，而沉降间距同样为 $H/4$，沉淀效率也增加 4 倍。

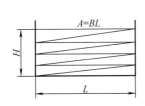

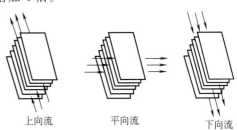

图 1-41　斜板分层沉淀效率的提高　　　　　　图 1-42　斜板沉淀池水流方向示意

斜板沉淀池水力半径大大减小，从而雷诺数 Re 大为降低，弗罗德数 Fr 大为提高，改善了沉淀池水流稳定条件。斜板沉淀池的 Fr 值一般为 $10^{-3} \sim 10^{-4}$，Re 值为 $100 \sim 1000$。

可满足水流的稳定性和层流的条件。

斜板（管）沉淀池按水流的流向，一般可分为上向流、平向流和下向流三种，见图1-42。

下向流水流方向与沉泥滑动方向相同，亦称同向流。上向流水流方向与沉泥滑动方向相反，亦称异向流。此节主要介绍异向流斜板（管）沉淀池的构造与设计。

2. 斜板（管）沉淀池的构造

图1-43为斜管沉淀池平面及剖面图。斜板（管）与水平面呈60°角。斜管断面形状呈六角形并组成蜂窝状斜管堆。水由下向上流动，颗粒沉于斜管底部，颗粒积累到一定程度后便会自行下滑。清水在池上部由穿孔管收集，污泥则由设于池底部的穿孔排泥管排出。

工程上常采用异向流斜板（管）沉淀池。异向流斜板（管）长度通常为1.0m，斜板净距（或斜管孔径）一般为80～100mm，倾角为60°，斜板（管）区上部水深为0.7～1.0m，底部缓冲层为1.0m。

斜板可用塑料板、玻璃钢板或木板。斜管除上述材料外，还可用酚醛树脂涂刷的纸蜂窝。

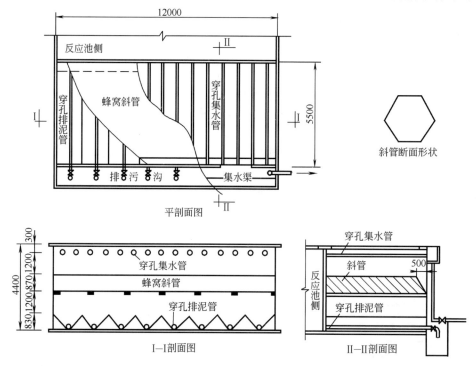

图1-43　斜管沉淀池的布置

3. 斜板（管）沉淀池的设计

（1）设计要求与参数

① 进水方向　升流式异向流斜板（管）沉淀池的进水方向有三种，如图1-44所示。其中（b）、（c）两种进水方向较好。方式（a）的进水直接冲击沉淀颗粒，不利于颗粒下沉。

② 整流配水墙　为使水流能均匀进入斜板（管）下的配水区，在入口处应考虑采取整流措施。可采用缝隙栅条配水，缝隙前狭后宽；也可用穿孔墙。整流配水孔的流速一般小于0.15m/s。

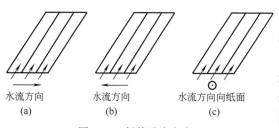

图1-44　斜管进水方向

③ 倾斜角 θ　倾斜角越小，沉淀面积越大，效果越好。据理论分析，$\theta=45°$时，效果最好。在实际运用时，为使排泥通畅，倾斜角应取 60°。

④ 斜管长度 l　斜管长度分为两段，进口处段为过渡段，过渡段以上为分离段。过渡段长度为

$$l_1 = 0.058 \frac{vd^2}{\mu}$$

式中　l_1——斜管过渡段长度，mm；

$\quad\quad v$——水流速度，mm/s；

$\quad\quad d$——斜管直径，mm；

$\quad\quad \mu$——水的运动黏度，mm^2/s。

通常 $l_1=200mm$。分离段长度为

$$l_2 = \left(\frac{Su_0 - u_0 \sin\theta}{u_0 \cos\theta} \right) \times d$$

式中　l_2——斜管分离段长度，mm；

$\quad\quad u_0$——最小颗粒沉降速度，mm/s；

$\quad\quad S$——水力特征参数。

斜管长度 $l=l_1+l_2$，通常取 1.0m。

⑤ 斜板间距、斜管管径及断面形状　从沉淀效率上考虑，斜板间距越小越好。但从施工安装和排泥方面考虑，斜板间距不宜小于 50mm 和大于 150mm。斜管管径（多边形内切圆直径）一般大于 50mm。

斜管断面形状对水流影响不大。生产上多采用正六角形、圆管形、波形石棉瓦（玻璃钢）拼成椭圆形等。

（2）异向流斜板计算　设斜板长度为 l，倾斜角为 θ（见图 1-45）。当颗粒以 v 的速度上升 $(l+l_1)$ 的距离所需时间和以 u_0 的速度沉降的距离所需时间相同时，颗粒从 a 点运动到 b 点，有

$$\frac{l_2}{u_0} = \frac{l+l_1}{v} \tag{1-62}$$

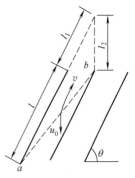

图 1-45　颗粒在异向流斜板间的沉降轨迹

设有 n 块斜板，则每块斜板的水平间距为 $\dfrac{L}{n}$，L 为起端斜板到终端斜板的水平距离。

$$\frac{\frac{L}{n}\tan\theta}{u_0} = \frac{l + \frac{L}{n}\sec\theta}{v} \tag{1-63}$$

斜板中的过水流量为与水流垂直的过水断面面积乘流速，即

$$Q = vW = vLB\sin\theta \tag{1-64}$$

则

$$v = \frac{Q}{LB\sin\theta}$$

代入式（1-63）移项得

$$u_0 = \frac{\frac{L}{n}\tan\theta \times Q}{\left(l + \frac{L}{n}\sec\theta \right)LB\sin\theta} = \frac{Q}{nBl\cos\theta + LB} \tag{1-65}$$

式中　$nBl\cos\theta$——全部斜板的水平断面投影；

$\quad\quad LB$——沉淀池的水表面积。即异向流斜板沉淀池中，处理水量与斜板总面积的水平投影及液面面积之和成正比：

$$Q = u_0(A_斜 + A_原) \tag{1-66}$$

在实际应用中，由于进出口构造、水温、沉积物等影响，不可能全部利用斜板的有效容积，设计沉淀池时应乘以斜板效率 η（一般取 $0.6\sim0.8$）。

$$Q_设 = \eta u_0(A_斜 + A_原) \tag{1-67}$$

（3）应用举例　某污水处理站最大设计流量为 $300m^3/h$，采用斜板沉淀池。由沉淀试验曲线可知，要求悬浮物去除率为 70% 时，颗粒截留速度为 $u_0 = 1.7m/h = 0.47mm/s$。斜板内水流的上升速度采用 $v = 4mm/s$，斜板倾角 $\theta = 60°$。试设计斜板沉淀池。

解： ① 沉淀池的长度与宽度

由式 $Q = \eta v LB \sin\theta$

式中，η 为斜板效率，取值 0.6，代入上式得

$$\frac{300}{3600} = 0.6 \times 0.004 LB \sin60°$$

$$LB = 40 \ (m^2)$$

取沉淀池长度 $L = 8m$，宽度 $B = 5m$。

② 斜板净间距与块数

斜板长度 l 取 $1m$，将 $l_1 = \dfrac{l_2}{\sin\theta}$ 代入式（1-62）得

$$l_2 = \frac{lu_0}{v - \dfrac{u_0}{\sin\theta}} = \frac{1 \times 0.47}{4 - \dfrac{0.47}{\sin60°}} = 0.137 \ (m)$$

每块斜板的水平间距 x 为

$$x = \frac{l_2}{\tan\theta} = \frac{0.137}{\tan60°} = 0.08 \ (m)$$

为便于安装，取 $x = 0.10m$。

斜板块数 n 为

$$n = \frac{L}{x} + 1 = \frac{8}{0.1} + 1 = 81 \ (块)$$

③ 沉淀时间，即水流流经斜板所需的时间

$$t = \frac{l}{v} = \frac{1000}{4} = 250(s) = 4.17 \ (min)$$

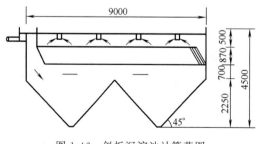

图 1-46　斜板沉淀池计算草图

沉淀池前端进水部分长度取 $0.5m$，后端死水区长度取 $1 \times \cos\theta = 1 \times \cos60° = 0.5m$，如果不计斜板厚度，则沉淀池总长度为 $L' = 0.5 + 8 + 0.5 = 9m$。斜板下部配水区及缓冲层高度之和取 $0.7m$，斜板上部清水区高度取 $0.5m$，超高取 $0.18m$，沉淀池采用两个贮泥斗，底坡为 $45°$，采用四条出水槽，槽距为 $2m$。计算草图见图 1-46。

④ 斜板沉淀池水力条件复核

a. 断面水力半径 R

$$R = \frac{过水断面面积（沉淀单元）}{湿周（W）} = \frac{\dfrac{B}{2} \times x}{2 \times \left(\dfrac{B}{2} + x\right)} = \frac{\dfrac{500}{2} \times 10}{2 \times \left(\dfrac{500}{2} + 10\right)} = 4.8 \ (cm)$$

b. 雷诺数 Re

由于 $v=4\text{mm/s}=0.4\text{cm/s}$，20℃时，水的运动黏度 $\mu=0.0101\text{cm}^2/\text{s}$

$$Re=\frac{vR}{\mu}=\frac{0.4\times4.8}{0.0101}=190<200$$

c. 弗罗德数 Fr

$$Fr=\frac{v^2}{Rg}=\frac{0.4^2}{4.8\times981}=0.34\times10^{-4}$$

斜板沉淀池的弗罗德数一般在 $10^{-3}\sim10^{-4}$ 之间，可以满足水流的稳定性和层流的条件。

第三节　气浮装置

一、气浮技术的基本原理

气浮技术的基本原理是向水中通入空气，使水中产生大量的微细气泡，并促使其黏附于杂质颗粒上，形成密度小于水的浮体，在浮力作用下，上浮至水面，实现固-液或液-液分离。

关于微细气泡和颗粒之间的接触吸附机理通常有两种情况。一是絮凝体内裹带微细气泡，絮凝体越大，这一倾向越强烈，越能阻留气泡。例如，稳定的乳化液中油珠带负电较强，一般需投加混凝剂，压缩油珠双电层，使油珠脱稳，容易与气泡吸附在一起。二是气泡与颗粒的吸附，这种吸附力是由两相之间的界面张力引起的。根据作用于气-固-液三相之间的界面张力，可以推测这种吸附力的大小。图 1-47 为气-固-液三相体系，在三相接触点上，由气-液界面与固-液界面构成的 θ 角称接触角（以对着水的角为准），$\theta>90°$ 者为疏水性物质，$\theta<90°$ 者为亲水性物质，这可从图 1-48 中颗粒与水接触面积的大小看出。若以 σ_{SL} 代表固-液界面张力，σ_{GL} 为气-液界面张力（即表面张力），σ_{GS} 为气-固界面张力，根据三相接触点处力的平衡关系，有

$$\sigma_{GS}=\sigma_{SL}+\sigma_{GL}\cos\theta$$

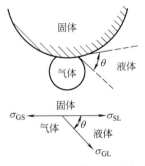

图 1-47　气-固-液体系的平衡关系

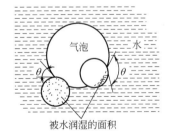

图 1-48　亲水性和疏水性物质的接触角

当 $\theta=0°$ 时，固体表面完全被润湿，气泡不能吸附在固体表面；当 $0°<\theta<90°$ 时，固体与气泡的吸附不够牢固，容易在水流的作用下脱附；当 $\theta>90°$，则容易发生吸附。对于亲水性物质，一般需加浮选剂，改变其接触角，使其易与气泡吸附。浮选剂的种类很多，如松香油、煤油产品，脂肪酸及其盐类等。为降低水的表面张力，有时还加入一定数量的表面活性剂作为起泡剂，使水中气泡形成稳定的微细气泡，因为水中的气泡越细小其总表面积越大，吸附水中悬浮物的机会越多，有利于提高气浮效果。但水中表面活性剂过多会严重地促使乳化，使气浮效果明显降低。

二、电解气浮

1. 电解气浮装置

电解气浮是在直流电的作用下，采用不溶性的阳极和阴极直接电解污水，正负两极产生氢和氧的微细气泡，将污水中颗粒状污染物带至水面进行分离的一种技术。此外，电解气浮还具有降低 BOD、氧化、脱色和杀菌的作用，对污水负荷变化适应性强，生成污泥量少，占地少，无噪声。常用处理水量一般为 $10\sim20m^3/h$。由于电耗及操作运行管理、电极结垢等问题，较难适应处理水量大的场合。

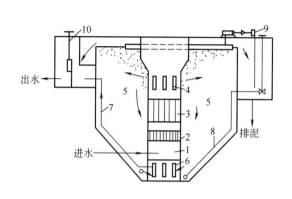

图 1-49　竖流式电解气浮池

1—入流室；2—整流栅；3—电极组；4—出流孔；5—分离室；6—集水孔；7—出水管；8—排沉泥管；9—刮渣机；10—水位调节器

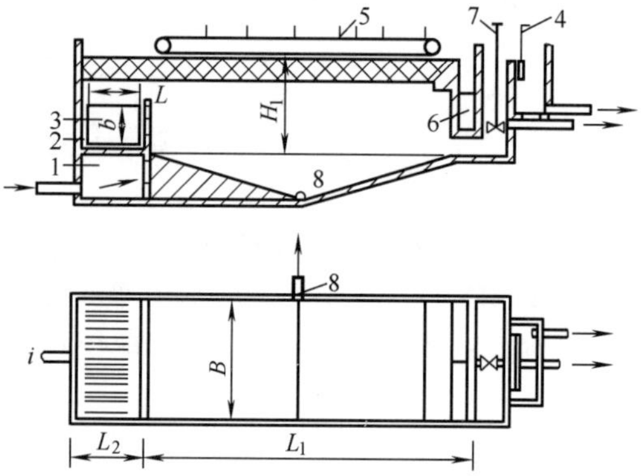

图 1-50　双室平流式电解气浮池

1—入流室；2—整流栅；3—电极组；4—出口水位调节器；5—刮渣机；6—浮渣室；7—排渣阀；8—污泥排出口

电解气浮装置可分为竖流式和平流式两种，如图 1-49 和图 1-50 所示。

2. 平流式电解气浮装置的工艺设计

电解气浮池的设计包括确定装置总容积、电极室容积、气浮分离室容积、结构尺寸及电气参数。以双室平流式电解气浮池为例，介绍其工艺设计与计算。

（1）对不同处理能力的装置，池宽与刮渣板宽度可按表 1-15 选用。

表 1-15　沉淀池宽度与刮渣板宽度

处理污水量 /(m³/h)	宽　度/mm		处理污水量 /(m³/h)	宽　度/mm	
	单　池	刮渣板		单　池	刮渣板
＜90	2000	1975	120～130	3000	2975
90～120	2500	2475			

（2）电极板块数 n 按下式计算

$$n=\frac{B-2l+e}{\delta+e} \tag{1-68}$$

式中　B——电解池的宽度，mm；

　　　l——极板面与池壁的距离，mm，取 100mm；

　　　e——极板净距，mm，$e=15\sim20mm$；

　　　δ——极板厚度，mm，$\delta=6\sim10mm$。

（3）电极作用表面积 S 按下式计算

$$S=\frac{EQ}{i} \tag{1-69}$$

式中 S——电极作用表面积，m^2；

Q——污水设计流量，m^3/h；

E——比电流，$A \cdot h/m^3$；

i——电极电流密度，A/m^2。

通常，E、i 值应通过试验确定，也可按表 1-16 取值。

表 1-16 不同污水的 E、i 值

污水种类		$E/(A \cdot h/m^3)$	$i/(A/m^2)$
皮革污水	铬鞣剂	300~500	50~100
	混合鞣剂	300~600	50~100
皮毛污水		100~300	50~100
肉类加工污水		100~270	100~200
人造革污水		15~20	40~80

（4）极板面积 A 用下式计算

$$A = \frac{S}{n-1} \tag{1-70}$$

式中 A——极板面积，m^2。

极板高度 b 可取气浮分离室澄清层高度 h_1，极板长度 $L_1 = A/b$（m）。

（5）电极室长度 L

$$L = L_1 + 2l \tag{1-71}$$

电极室的总高度 H 为

$$H = h_1 + h_2 + h_3 \tag{1-72}$$

式中 H——电极室的总高度，m；

h_1——澄清层高度，m，取 1.0~1.5m；

h_2——浮渣层高度，m，取 0.4~0.5m；

h_3——超高，m，取 0.3~0.5m。

（6）气浮分离时间 t 由试验确定，一般为 0.3~0.75h。

电极室容积为 $\qquad V_1 = BHL$

分离室容积为 $\qquad V_2 = Qt$

电解气浮池容积为 $\qquad V = V_1 + V_2$

三、布气气浮

1. 叶轮气浮装置及其计算

（1）叶轮气浮设备构造 图 1-51 为叶轮气浮设备示意。气浮池底部设有叶轮叶片，由池上部的电机驱动，叶轮上部装设带有导向叶片的固定盖板，叶片与直径成 60°角，盖板与叶轮间有 10mm 的间距，而导向叶片与叶轮之间有 5~8mm 的间距，盖板上开有 12~18 个孔径为 20~30mm 的孔洞，盖板外侧的底部空间装有整流板。

叶轮在电机驱动下高速旋转，在盖板下形成负压，从进气管吸入空气，污水由盖板上的小孔进入。在叶轮的搅动下，空气被粉碎成细小的气泡，并与水充分混合形成水气混合体甩出导向叶片之外，导向叶片可使阻力减小。再经整流板稳流后，在池体内平稳地垂直上升，形成的泡沫不断地被缓慢转动的刮板刮出槽外。图 1-52 为叶轮盖板的构造。

叶轮直径一般为 200~400mm，最大不超过 700mm，叶轮转速多采用 900~1500r/min，圆周线速度为 10~15m/s，气浮池充水深度与吸入的空气量有关，通常为 1.5~2.0m。

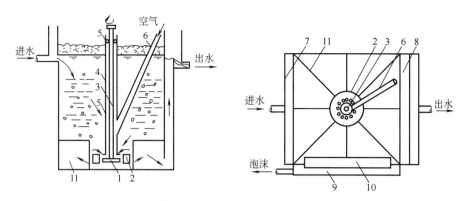

图 1-51　叶轮气浮设备构造示意

1—叶轮；2—盖板；3—转轴；4—轴套；5—轴承；6—进气管；7—进水槽；

8—出水槽；9—浮渣槽；10—刮渣板；11—整流板

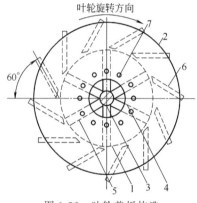

图 1-52　叶轮盖板构造

1—叶轮；2—盖板；3—转轴；
4—轴套；5—叶轮叶片；6—导
向叶片；7—循环进水孔

叶轮与导向叶片间的间距也会影响吸气量的大小，该间距若超过 8mm，则会使进气量大大降低。

叶轮气浮设备适用于处理水量不大，污染物浓度较高的污水。除油效率可达 80％左右。

(2) 叶轮气浮池的设计计算

① 气浮池总容积

$$W = \alpha Q t \tag{1-73}$$

式中　W——气浮池总容积，m^3；

Q——处理污水量，m^3/min；

t——气浮延续时间，min，一般为 16～20min；

α——系数，一般取 1.1～1.4，多取较大值。

② 气浮池总面积

$$F = \frac{W}{h} \tag{1-74}$$

式中　F——气浮池总面积，m^2；

h——气浮池的工作水深，m，可用下式求得。

$$h = \frac{H}{\rho}$$

式中　H——气浮池的静水压力，m，$H = \phi \dfrac{u^2}{2g}$；

ϕ——压力系数，其值为 0.2～0.3；

u——叶轮的圆周线速度，m/s；

ρ——气水混合体的容重，kg/L，一般为 0.67kg/L。

气浮池多采用正方形，边长不宜超过叶轮直径的 6 倍，即 $l = 6D$（D 为叶轮直径）。因此，每个气浮池的表面积一般取 $f = 36D^2$。

③ 平行工作的气浮池数目（或叶轮数）

$$m' = \frac{F}{f} \tag{1-75}$$

式中　m'——平行工作的气浮池数目；

F——气浮池总面积，m^2；

f——每个气浮池的表面积，m^2。

一个叶轮能够吸入的水气混合体量

$$q = \frac{Q \times 1000}{60m'(1-\alpha)} \tag{1-76}$$

式中 q——吸入的水气混合体量，L/s；

α——曝气系数，可根据试验确定，一般取 0.35。

④ 叶轮转速

$$n = \frac{60u}{\pi D} \tag{1-77}$$

式中 n——叶轮转速，r/min。

⑤ 叶轮所需功率

$$N = \frac{\rho Hq}{102\eta} \tag{1-78}$$

式中 N——叶轮所需功率，kW；

η——叶轮效率，一般取 $0.2 \sim 0.3$；

H——气浮池中的静水压力，m；

q——单个叶轮所吸入的水气混合体量，L/s。

电机功率可取 1.2N。

2. 其他布气气浮装置

（1）扩散板曝气气浮 压缩空气通过具有微细孔隙的扩散板或微孔管，使空气以微小气泡的形式进入水中，进行气浮。装置如图 1-53 所示。

该方法简单方便，但缺点较多，主要是空气扩散装置的微孔易于堵塞，气泡较大，气浮效果不好等。

（2）射流气浮 射流气浮是采用以水带气的方式向污水中混入空气进行气浮的方法。射流器构造如图 1-54 所示。

由喷嘴射出的高速水流使吸入室内形成真空，从而使吸气管吸入空气。气水混合物在喉管内进行激烈的能量交换，空气被粉碎成微细的气泡。进入扩散段后，动能转化为势能，进一步压缩气泡，增大了空气在水中的溶解度，随后进入气浮池。射流器各部分尺寸的最佳值一般通过试验确定。当进水压力为 $3 \sim 5 \text{kg/cm}^2$ 时，喉管直径 d_2 与喷嘴直径 d_1 的最佳比值为 $2.0 \sim 2.5$。

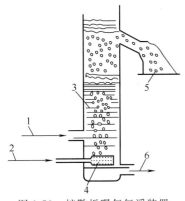

图 1-53 扩散板曝气气浮装置

1—进水；2—进气；3—分离柱；4—微孔陶瓷扩散板；5—浮渣；6—出水

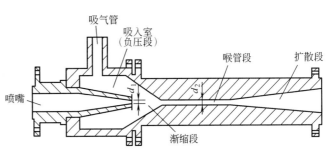

图 1-54 射流器的构造

（3）水泵吸水管吸气气浮 该方法设备简单，但由于受水泵工作特性限制，吸入空气量一般不能大于吸水量的10%（按体积计），否则将会破坏水泵吸水管的负压工作。此外，气泡在水泵内破碎不够完全，形成的气泡粒度较大，气浮效果不好。

四、溶气气浮

1. 溶气气浮简介

溶气气浮是使空气在一定压力作用下，溶解于水中，并达到过饱和的状态，然后再突然使溶气水在常压下将空气以微细气泡的形式从水中逸出，进行气浮。溶气气浮形成的气泡细小，其初粒度为80μm左右。而且在操作过程中，还可以人为地控制气泡与污水的接触时间。因此，溶气气浮的净化效果较好，特别在含油污水、含纤维污水处理方面已得到广泛应用。

根据气泡在水中析出所处压力的不同，溶气气浮可分为加压溶气气浮和溶气真空气浮两种类型。前者，空气在加压条件下溶入水中，而在常压下析出；后者是空气在常压或加压条件下溶入水中，而在负压条件下析出。加压溶气气浮是国内外最常用的气浮法。

（1）溶气真空气浮 图1-55为溶气真空气浮池。由于在负压条件下运行，溶解在水中的空气易于呈过饱和状态，从而大量地以气泡形式从水中析出，进行气浮。析出的空气数量取决于水中溶解的空气量和真空度。

溶气真空气浮的主要优点是：空气溶解所需压力比压力溶气低，动力设备和电能消耗较少。其最大缺点是：气浮在负压条件下运行，一切设备部件都要密封在气浮池内，使得气浮池构造复杂，运行、维护及维修极为不便。此外，该方法只适用于污染物浓度不高的污水。

溶气真空气浮池多为圆形，池面压力多取29.9～39.9kPa，污水在池内的停留时间为5～20min。

（2）加压溶气气浮 加压溶气气浮工艺由空气饱和设备、空气释放设备和气浮池等组成。其基本工艺流程有全溶气流程、部分溶气流程和回流加压溶气流程三种。

① 全溶气流程 如图1-56所示。是将全部污水进行加压溶气，再经减压释放装置进入气浮池进行固液分离。其特点是电耗高，气浮池容积小。

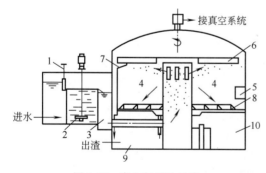

图1-55 真空气浮池示意

1—入流调节器；2—曝气器；3—消气井；4—分离区；
5—环形出水槽；6—刮渣板；7—集渣槽；8—池底
刮泥板；9—出渣室；10—操作室（包括抽真空设备）

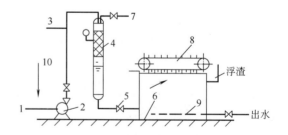

图1-56 全溶气气浮工艺流程

1—原水进入；2—加压泵；3—空气进入；4—压力溶气
罐（含填料层）；5—减压阀；6—气浮池；7—放气阀；
8—刮渣机；9—集水系统；10—化学药剂

② 部分溶气流程 如图1-57所示。该流程是将部分污水进行加压溶气，其余污水直接送入气浮池。其特点是电耗少，溶气罐的容积较小。但因部分污水加压溶气所能提供的空气量较少，若想提供与全溶气相同的空气量，则必须加大溶气罐的压力。

③ 回流加压溶气流程 如图1-58所示。该流程将部分出水进行回流加压，污水直接送入气浮池。该方法适用于含悬浮物浓度高的污水处理，但气浮池的容积较前两者大。

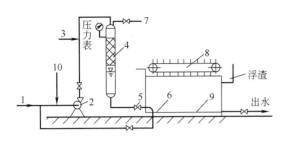

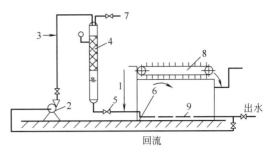

图 1-57　部分溶气气浮工艺流程

1—原水进入；2—加压泵；3—空气进入；4—压力溶气
罐（含填料层）；5—减压阀；6—气浮池；7—放气阀；
8—刮渣机；9—集水系统；10—化学药剂

图 1-58　回流加压溶气气浮工艺流程

1—原水进入；2—加压泵；3—空气进入；4—压力溶气
罐（含填料层）；5—减压阀；6—气浮池；7—放气阀；
8—刮渣机；9—集水管及回流清水管

2. 加压溶气气浮法的主要设备

（1）溶气释放器　目前国内最常用的溶气释放器是获得国家发明奖的 TS 型溶气释放器
及其改良型 TJ 型溶气释放器和 TV 型专利溶气释放器。其主要特点是，释气完全，在
0.15MPa 以上即能释放溶气量的 99% 左右；可在较低的压力下工作，在 0.2MPa 以上时即
能取得良好的净水效果，电耗低；释出的气泡微
细，气泡平均直径为 $20 \sim 40 \mu m$，气泡密集，附
着性能良好。

① TS 型溶气释放器　TS 型溶气释放器外
形见图 1-59，性能见表 1-17。

② TJ 型溶气释放器　为扩大单个释放器出
流量和作用范围，以及克服 TS 型溶气释放器较

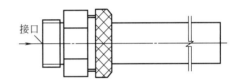

图 1-59　TS 型溶气释放器外形

易被水中杂质所堵塞而设计了 TJ 型溶气释放器。该释放器堵塞时，可通过上接口抽真空，
提起器内的舌簧，以清除杂质。其外形见图 1-60，性能见表 1-18。

表 1-17　TS 型溶气释放器性能

型　号	溶气水支管接口直径/mm	不同压力(MPa)下的流量/(m³/h)					作用直径/cm
		0.1	0.2	0.3	0.4	0.5	
TS-Ⅰ	15	0.25	0.32	0.38	0.42	0.45	25
TS-Ⅱ	20	0.52	0.70	0.83	0.93	1.00	35
TS-Ⅲ	20	1.01	1.30	1.59	1.77	1.91	50
TS-Ⅳ	25	1.68	2.13	2.52	2.75	3.10	60
TS-Ⅴ	25	2.34	3.47	4.00	4.50	4.92	70

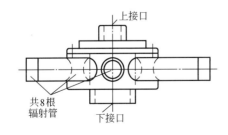

图 1-60　TJ 型溶气释放器外形

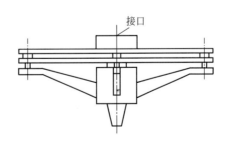

图 1-61　TV 型溶气释放器外形

③ TV 型专利溶气释放器　TV 型溶气释放器布水均匀，接通压缩空气即可使下盘下移，增大水流通道而使堵塞物排出，为防止腐蚀而采用了不锈钢材质。其外形见图 1-61，性能见表 1-19。该产品专利号为 86206538。

表 1-18　TJ 型溶气释放器性能

型号	规格	溶气水支管接口直径/mm	抽真空管接口直径/mm	不同压力(MPa)下的流量/(m³/h)								作用直径/cm
				0.15	0.2	0.25	0.3	0.35	0.4	0.45	0.5	
TJ-Ⅰ	8×(15)	25	15	0.98	1.08	1.18	1.28	1.38	1.47	1.57	1.67	50
TJ-Ⅱ	8×(15)	25	15	2.10	2.37	2.59	2.81	2.97	3.14	3.29	3.45	70
TJ-Ⅲ	8×(25)	50	15	4.03	4.61	5.15	5.60	5.98	6.31	6.74	7.01	90
TJ-Ⅳ	8×(32)	65	15	5.67	6.27	6.88	7.50	8.09	8.69	9.29	9.89	100
TJ-Ⅴ	8×(40)	65	15	7.41	8.70	9.47	10.55	11.11	11.75			110

表 1-19　TV 型溶气释放器性能

型号	规格/cm	溶气水支管接口直径/mm	不同压力(MPa)下的流量/(m³/h)								作用直径/cm
			0.15	0.2	0.25	0.3	0.35	0.4	0.45	0.5	
TV-Ⅰ	φ15	25	0.95	1.04	1.13	1.22	1.31	1.4	1.48	1.51	40
TV-Ⅱ	φ20	25	2.00	2.16	2.32	2.48	2.64	2.8	2.96	3.18	60
TV-Ⅲ	φ25	40	4.08	4.45	4.81	5.18	5.54	5.91	6.18	6.64	80

注：以上三种释放器均由上海同济大学水处理技术开发中心附属工厂生产。

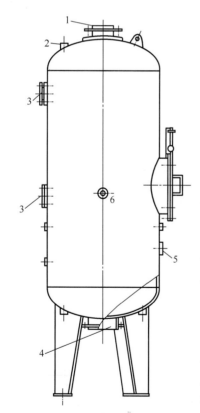

图 1-62　喷淋式填料罐
1—进水管；2—进气管；3—观察窗(进出料孔)；4—出水管；5—液位传感器；6—放气管

（2）压力溶气罐　压力溶气罐有多种形式，推荐采用能耗低、溶气效率高的空气压缩机供气的喷淋式填料罐。其构造如图 1-62 所示。其特点如下。

① 该压力溶气罐用普通钢板卷焊而成。但其设计、制作需按一类压力容器要求考虑。

② 该压力溶气罐的溶气效率与无填料的溶气罐相比约高出 30%。在水温 20～30℃范围内，释气量约为理论饱和溶气量的 90%～99%。

③ 可应用的填料种类很多，如瓷质拉西环、塑料斜交错淋水板、不锈钢圈填料、塑料阶梯环等。阶梯环具有较高的溶气效率，可优先考虑。不同直径的溶气罐需配置不同尺寸的填料，填充高度一般取 1m 左右。当溶气罐直径超过 500mm 时，考虑到布水的均匀性，可适当增加填料高度。

④ 由于布气方式、气流流向等因素对填料罐溶气效率几乎没有影响，因此，进气的位置及形式一般无需多加考虑。

⑤ 为自动控制罐内最佳液位，采用了浮球液位传感器，当液位达到了浮球传感器下限时，即指令关闭进气管上的电磁阀；反之，当液位达到上限时，指令开启电磁阀。

⑥ 溶气水的过流密度（溶气水流量与罐的截面积之比）有一个优化的范围。根据同济大学试验结果所推荐的 TR 型压力溶气罐的型号、流量的适用范围及各项主要参数见表 1-20。

表 1-20　压力溶气罐的主要参数

型号	罐直径/mm	适用流量/(m³/h)	使用压力/MPa	进水管管径/mm	出水管管径/mm	罐总高(包括支脚)/mm
TR-2	200	3～6	0.2～0.5	40	50	2550
TR-3	300	7～12	0.2～0.5	70	80	2580
TR-4	400	13～19	0.2～0.5	80	100	2680
TR-5	500	20～30	0.2～0.5	100	125	3000
TR-6	600	31～42	0.2～0.5	125	150	3000
TR-7	700	43～58	0.2～0.5	125	150	3180
TR-8	800	59～75	0.2～0.5	150	200	3280
TR-9	900	76～95	0.2～0.5	200	250	3330
TR-10	1000	96～118	0.2～0.5	200	250	3380
TR-12	1200	119～150	0.2～0.5	250	300	3510
TR-14	1400	151～200	0.2～0.5	250	300	3610
TR-16	1600	201～300	0.2～0.5	300	350	3780

注：该系列产品由上海同济大学水处理技术开发中心附属工厂生产。

（3）气浮池　气浮池的布置形式较多，根据待处理水的水质特点、处理要求及各种具体条件，目前已经建成了许多种形式的气浮池，其中有平流与竖流、方形与圆形等布置，同时也出现了气浮与反应、气浮与沉淀、气浮与过滤等工艺一体化的组合形式。

平流式气浮池在目前气浮净水工艺中使用最为广泛，常采用反应池与气浮池合建的形式，如图 1-63 所示。污水进入反应池（可用机械搅拌、折板、孔室旋流等形式）完成反应后，将水流导向底部，以便从下部进入气浮接触室，延长絮体与气泡的接触时间，池面浮渣刮入集渣槽，清水由底部集水管集取。该形式的优点是池身浅、造价低、构造简单、管理方便；缺点是与后续处理构筑物在高程上配合较困难、分离部分的容积利用率不高等。

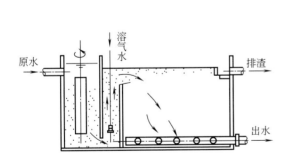

图 1-63　平流式气浮池

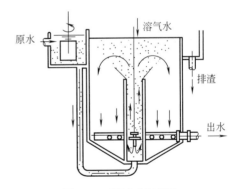

图 1-64　竖流式气浮池

较常用的还有竖流式气浮池，如图 1-64 所示。其优点是接触室在池中央，水流向四周扩散，水力条件比平流式单侧出流要好，便于与后续构筑物配合；缺点是与反应池较难衔接，容积利用率低。

综合式气浮池常分为三种：气浮-反应一体式；气浮-沉淀一体式；气浮-过滤一体式。

由此可见，气浮池的工艺形式是多样化的，实际应用时需根据原污水水质、水温、建造条件（如地形、用地面积、投资、建材来源）及管理水平等方面综合考虑。

此外，常用气浮设备还有加压泵、空气压缩机、刮渣机等。常用空气压缩机型号及性能见表 1-21。桥式刮渣机规格及主要技术参数见表 1-22；行星式刮渣机规格及主要技术参数见表 1-23。

表 1-21　常用空气压缩机型号及性能

型　　号	气量/(m³/min)	最大压力/MPa	电动机功率/kW	配套适用气浮池范围/(m³/d)
Z-0.036/7	0.036	0.7	0.37	<5000
Z-0.08/7	0.08	0.7	0.75	<10000
Z-0.12/7	0.12	0.7	1.1	<15000
Z-0.36/7	0.36	0.7	3	<40000

表 1-22　桥式刮渣机规格及主要技术参数

型号	气浮池净宽/m	轨道中心距/m	驱动减速机型号	电机功率/kW	电机转速/(r/min)	行走速度/(m/min)	轨道型号
TQ-1	2～2.5	2.23～2.73		0.75	—	—	
TQ-2	2.5～3	2.73～3.23		0.75	1000	5.36	8kg/m
TQ-3	3～4	3.23～4.23		0.75	—	—	
TQ-4	4～5	4.23～5.23	SJWD 减速器附带电机	1.1	—	—	
TQ-5	5～6	5.23～6.23		1.1	1500	4.8	11kg/m
TQ-6	6～7	6.23～7.23		1.1	—	—	
TQ-7	7～8	7.23～8.23		1.5	—	—	
TQ-8	8～9	8.23～9.23		1.5	—	—	

表 1-23　行星式刮渣机规格及主要技术参数

型号	池体直径 D/m	轨道中心圆直径/m	电机型号及功率/kW	电机转速/(r/min)	行走速度/(m/min)
JX-1	2～4	D+0.1	AO-5624,0.12	1440	—
JX-2	4～6	D+0.16	AO-6314,0.18	1440	4～5
JX-3	6～8	D+0.2	AO-6324,0.25	1440	—

3. 加压溶气气浮法的设计计算

（1）设计要点

① 充分研究探讨待处理水的水质条件，分析采用气浮工艺的合理性和适用性。有条件的情况下，应进行小型试验或模型试验，并根据试验结果选择适当的溶气压力及回流比（指溶气水量与待处理水量的比值）。通常溶气压力取 0.2～0.4MPa，回流比取 5%～25%。

② 根据试验选定的混凝剂及其投加量和完成絮凝的时间及难易程度，确定反应形式和反应时间，一般较沉淀反应时间短，取 5～10min 为宜。

③ 确定气浮池的池型，应根据对处理水质的要求、净水工艺与前后构筑物的衔接、周围地形和建筑物的协调、施工难易程度及造价等因素，综合加以考虑。反应池宜与气浮池合建。为避免打破絮体，应注意水流的衔接。进入气浮池接触室的流速宜控制在 0.1m/s 以下。

④ 接触室必须为气泡与絮体提供良好的接触条件，其宽度还应考虑易于安装和检修的要求。水流上升速度一般取 10～20mm/s，水流在室内的停留时间不宜小于 60s。接触室内的溶气释放器应根据确定的回流量、溶气压力及各种型号释放器的作用范围选定。

⑤ 气浮分离室需根据带气絮体上浮分离的难易程度选择水流（向下）流速，一般取 1.5～3.0mm/s，即分离室的表面负荷率取 5.4～10.8m³/(m²·h)。

⑥ 气浮池的有效水深一般取 2.0～2.5m，池中水流停留时间一般为 10～20min。

⑦ 气浮池的长宽比无严格要求，一般以单格宽度不超过 10m、长度不超过 15m 为宜。

⑧ 浮渣一般采用刮渣机定期排除。集渣槽可设置在池的一端、两端或径向。刮渣机的行车速度宜控制在 5m/min 以内。

⑨ 气浮池集水应力求均匀，一般采用穿孔集水管，集水管的最大流速宜控制在 0.5m/s 左右。

⑩ 压力溶气罐一般采用阶梯环做填料，通常填料层高度取 $1\sim1.5\mathrm{m}$。这时罐直径一般根据过水截面负荷率 $100\sim200\mathrm{m}^3/(\mathrm{m}^2\cdot\mathrm{h})$ 选取，罐高为 $2.5\sim3.0\mathrm{m}$。

（2）设计计算（不包括一般处理构筑物的常规计算）

① 气浮所需空气量

$$Q_\mathrm{g}=QR'\alpha_\mathrm{c}\psi \tag{1-79}$$

式中　Q_g——气浮所需空气量，$\mathrm{L/h}$；

Q——气浮池设计水量，m^3/h；

R'——试验条件下的回流比，%；

α_c——试验条件下的释气量，$\mathrm{L/m}^3$；

ψ——水温校正系数，取 $1.1\sim1.3$（主要考虑水的黏度影响，试验时水温与冬季水温相差大者取高值）。

② 加压溶气水量

$$Q_\mathrm{p}=\frac{Q_\mathrm{g}}{736\eta pK_\mathrm{T}} \tag{1-80}$$

式中　Q_p——加压溶气水量，m^3/h；

p——选定的溶气压力，MPa；

K_T——溶解度系数，可根据水温查表 1-24；

η——溶气效率，对装阶梯环填料的溶气罐可查表 1-25。

表 1-24　不同温度下的 K_T 值

温度/℃	0	10	20	30	40
K_T	3.77×10^{-2}	2.95×10^{-2}	2.43×10^{-2}	2.06×10^{-2}	1.79×10^{-2}

表 1-25　阶梯环填料罐（层高 1m）的水温、压力与溶气效率间的关系表

水温/℃	5			10			15		
溶气压力/MPa	0.2	0.3	0.4~0.5	0.2	0.3	0.4~0.5	0.2	0.3	0.4~0.5
溶气效率/%	76	83	80	77	84	81	80	86	83
水温/℃	20			25			30		
溶气压力/MPa	0.2	0.3	0.4~0.5	0.2	0.3	0.4~0.5	0.2	0.3	0.4~0.5
溶气效率/%	85	90	90	88	92	92	93	98	98

③ 接触室的表面积　选定接触室中水流的上升流速 v_c 后，按下式计算。

$$A_\mathrm{c}=\frac{Q+Q_\mathrm{p}}{v_\mathrm{c}} \tag{1-81}$$

式中　A_c——接触室的表面积，m^2。

接触室的容积一般应按停留时间大于 60s 进行复核，接触室的平面尺寸如长宽比等数据的确定，应考虑施工的方便和释放器的合理布置等因素。

④ 分离室的表面积　选定分离速度（分离室的向下平均水流速度）v_s 后，按下式计算。

$$A_\mathrm{s}=\frac{Q+Q_\mathrm{p}}{v_\mathrm{s}} \tag{1-82}$$

式中　A_s——分离室的表面积，m^2。

对矩形池子分离室的长宽比一般取 $(1\sim2):1$。

⑤ 气浮池的净容积　选定池的平均水深 H（一般指分离室深）后，按下式计算。

$$W=(A_\mathrm{c}+A_\mathrm{s})H \tag{1-83}$$

式中　W——气浮池的净容积，m^3。

同时以池内停留时间 t 进行校核，一般要求 t 为 $10\sim20\mathrm{min}$。

⑥ 溶气罐直径　选定过流密度 I 后，溶气罐直径按下式计算。

$$D_d = \sqrt{\frac{4 \times Q_p}{\pi I}} \tag{1-84}$$

式中　D_d——溶气罐直径，m。

一般对于空罐 I 选用 $1000 \sim 2000 m^3/(m^2 \cdot d)$，对填料罐 I 选用 $2500 \sim 5000 m^3/(m^2 \cdot d)$。

⑦ 溶气罐高度

$$Z = 2Z_1 + Z_2 + Z_3 + Z_4 \tag{1-85}$$

式中　Z——溶气罐高度，m；

Z_1——罐顶、底封头高度（根据罐直径而定），m；

Z_2——布水区高度，m，一般取 $0.2 \sim 0.3m$；

Z_3——贮水区高度，m，一般取 $1.0m$；

Z_4——填料层高度，m，当采用阶梯环时可取 $1.0 \sim 1.3m$。

⑧ 空压机额定气量

$$Q'_g = \psi' \times \frac{Q_g}{60 \times 1000} \tag{1-86}$$

式中　Q'_g——空压机额定气量，m^3/min；

ψ'——安全系数，一般取 $1.2 \sim 1.5$。

4. 应用举例

某厂电镀车间酸性污水中重金属离子含量为：$c(Cr^{6+}) = 14.4 mg/L$，$c(Cr^{3+}) = 5.7 mg/L$，$c(Fe_总) = 10.5 mg/L$，$c(Cu) = 16.0 mg/L$。现决定采用的处理工艺是先向污水中投加硫酸亚铁和氢氧化钠生成金属氢氧化物絮凝体，然后用气浮法分离絮渣。根据小型试验结果，经气浮处理后，出水中各种重金属离子含量均达到了国家排放标准。浮渣含水率在 96% 左右。

试验时压力溶气罐采用 $0.3 \sim 0.35 MPa$ 压力，溶气水量占 $25\% \sim 30\%$。试设计加压溶气气浮池。

解：（1）设计原则与设计依据　为充分利用电镀车间原有的污水调节池，并考虑可占用的面积有限，故处理设备必须尽量紧凑，并尽可能竖向发展。为此，拟采用立式反应气浮池，并将气浮设备置于调节池之上。加药设备放在气浮池操作平台上。由于出水中含盐量较高，影响溶气效果，故采用镀件冲洗水作为溶气水。

（2）确定基本设计参数　处理污水量 Q 为 $20 m^3/h$；分离室停留时间 t_s 取 $10min$；反应时间 t 取 $6min$；溶气水回流比 R 取 30%；接触室上升流速 v_c 取 $10mm/s$；溶气压力采用 $0.3MPa$；气浮分离速度 v_s 取 $2.0mm/s$；填料罐过流密度 I 取 $3000 m^3/(m^2 \cdot d)$。

（3）设计计算

① 反应-气浮池　采用旋流式圆台形反应池及立式气浮池。计算草图见图 1-65。

a. 气浮池接触室直径 d_c　选定接触室上升流速 $v_c = 10mm/s$，则接触室表面积为

$$A_c = \frac{Q(1+R)}{v_c} = \frac{20(1+0.30)}{3600 \times 10 \times 10^{-3}} = 0.72 \; (m^2)$$

$$d_c = \sqrt{\frac{4 \times A_c}{\pi}} = \sqrt{\frac{4 \times 0.72}{\pi}} = 0.96 \; (m)$$

取 $1.0m$。

b. 气浮池直径 D　选定分离速度 $v_s = 2.0mm/s$，则分离室表面积为

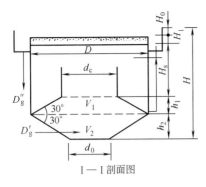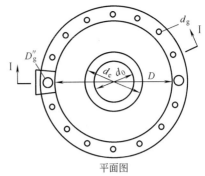

I—I 剖面图   平面图

图 1-65   反应-气浮池计算草图

$$A_s = \frac{Q(1+R)}{v_s} = \frac{20(1+0.3)}{3600 \times 2 \times 10^{-3}} = 3.61(\text{m}^2)$$

$$D = \sqrt{\frac{4 \times (A_c + A_s)}{\pi}} = \sqrt{\frac{4 \times (0.72 + 3.61)}{\pi}} = 2.35(\text{m})$$

取 2.4m。

   c. 分离室水深 H_s 选定分离室停留时间 $t_s = 10\text{min}$，则
$$H_s = v_s t_s = 2 \times 10^{-3} \times 10 \times 60 = 1.2(\text{m})$$

   d. 气浮池容积 W
$$W = (A_c + A_s) H_s = (0.72 + 3.61) \times 1.2 = 5.2(\text{m}^3)$$

   e. 反应池容积 V
$$V = V_1 + V_2$$

其中圆台 V_1 的高度 h_1 为
$$h_1 = \frac{D - d_c}{2} \times \tan 30° = \frac{2.4 - 1.0}{2} \times 0.577 = 0.4(\text{m})$$

取圆台 V_2 的底径 $d_0 = 0.8\text{m}$，则其高度 h_2 为
$$h_2 = \frac{D - d_0}{2} \times \tan 30° = \frac{2.4 - 0.8}{2} \times 0.577 = 0.46(\text{m})$$
$$V = V_1 + V_2 = 0.96 + 1.0 = 1.96(\text{m}^3)$$

根据基本设计参数，反应时间 $t = 6\text{min}$，反应池体积 V' 应为
$$V' = \frac{Qt}{60} = \frac{20 \times 6}{60} = 2(\text{m}^3)$$

现 V 略小于 V'，其实际反应时间为
$$t' = \frac{60V}{Q} = \frac{60 \times 1.96}{20} = 5.88(\text{min})$$

   f. 反应-气浮池高度   浮渣层高度 H_1 取 5cm，干舷 H_0 取 15cm，则其总高度 H 为
$$H = H_0 + H_1 + H_s + h_1 + h_2 = 0.15 + 0.05 + 1.2 + 0.4 + 0.46 = 2.26(\text{m})$$

   g. 集水系统   气浮池集水采用 14 根均匀分布的支管，每根支管中流量 q 为
$$q = \frac{Q(1+R)}{14} = \frac{20(1+0.3)}{14} = 1.86(\text{m}^3/\text{h}) = 0.000516(\text{m}^3/\text{s})$$

   查有关的管渠水力计算表可得支管直径 d_g 为 25mm。管中流速为 0.95m/s，支管内水头损失为
$$h_\text{支} = \left(\xi_\text{进} + \lambda \frac{L}{d_g} + \xi_\text{弯} + \xi_\text{出}\right) \frac{v_\text{支}^2}{2g} = \left(0.5 + 0.02 \times \frac{1.80}{0.025} + 0.3 + 1.0\right) \times \frac{0.95^2}{2 \times 9.81} = 0.15(\text{m})$$

出水总管直径 D_g 取 125mm，管中流速为 0.54m/s。总管上端装水位调节器。

反应池进水管靠近池底（切向），其直径 D'_g 取 80mm，管中流速为 1.12m/s。

气浮池排渣管直径 D''_g 取 150mm。

② 溶气释放器　根据溶气压力 0.3MPa、溶气水量 6m³/h 及接触室直径 1.0m 的情况，可选用 TJ-Ⅱ型释放器 1 只，释放器安装在距离接触室底部约 5cm 处的中心。

③ 压力溶气罐　按过流密度 $I=3000\text{m}^3/(\text{m}^2 \cdot \text{d})$ 计算溶气罐直径 D_d

$$D_d = \sqrt{\frac{4 \times Q_p}{\pi I}} = \sqrt{\frac{4 \times 6 \times 24}{3.14 \times 3000}} = 0.25(\text{m})$$

选用标准直径 $D_d=300$mm，TR-Ⅲ型压力溶气罐 1 只。

④ 空气压缩机所需用释气量 Q_g

$$Q_g = QR'\alpha_c\psi = 20 \times 30\% \times 53 \times 1.2 = 381.6(\text{L/h})$$

式中，R'、α_c 值均为 20℃试验时取得。因试验温度与生产中最低水温相差不大，故 ψ 取 1.2。所需空气压缩机的额定气量为

$$Q'_g = \psi'\frac{Q_g}{60 \times 1000} = 1.4 \times \frac{381.6}{60 \times 1000} = 0.009(\text{m}^3/\text{min})$$

选用 Z-0.025/6 空压机间歇工作。

⑤ 刮渣机　选用 TX-Ⅰ型行星式刮渣机 1 台。

第四节　过滤装置

一、快滤池

1. 工作原理

(1) 工艺流程　图 1-66 为普通快滤池的透视图。滤池本身包括滤料层、承托层、配水系统、集水渠和洗砂排水槽五个部分。快滤池管廊内有原水进水、清水出水、冲洗排水等主要管道和与其相配的控制闸阀。

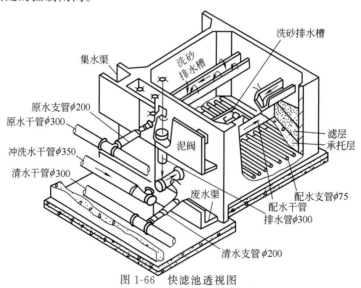

图 1-66　快滤池透视图

快滤池的运行过程主要是过滤和冲洗两个过程的交替循环。过滤是生产清水过程，待过滤进水经来水干管和洗砂排水槽流入滤池，经滤料层过滤截留水中悬浮物质，清水则经配水系统收集，由清水干管流出滤池。在过滤中，由于滤层不断截污，滤层孔隙逐渐减小，水流

阻力不断增大，当滤层的水头损失达到最大允许值时，或当过滤出水水质接近超标时，则应停止滤池运行，进行反冲洗。一般滤池一个工作周期应大于 8～12h。

滤池反冲洗时，水流逆向通过滤料层，使滤层膨胀、悬浮，借水流剪切力和颗粒碰撞摩擦力清洗滤料层并将滤层内污物排出。反冲洗水一般由冲洗水箱或冲洗水泵供给，经滤池配水系统进入滤池底部反冲洗；冲洗污水由洗砂排水槽、污水渠和排污管排出。

（2）过滤机理　快滤池分离悬浮颗粒涉及多种因素和过程，一般分为三类，即迁移机理、附着机理和脱落机理。

① 迁移机理　悬浮颗粒脱离流线而与滤料接触的过程就是迁移过程。引起颗粒迁移的原因主要如下。

a. 筛滤　比滤层孔隙大的颗粒被机械筛分，截留于过滤表面上，然后这些被截留的颗粒形成孔隙更小的滤饼层，使过滤水头增加，甚至发生堵塞。显然，这种表面筛滤没能发挥整个滤层的作用。但在普通快滤池中，悬浮颗粒一般都比滤层孔隙小，筛滤对总去除率贡献不大。

b. 拦截　随流线流动的小颗粒，在流线会聚处与滤料表面接触。其去除率与颗粒直径的平方成正比，与滤料粒径的立方成反比。

c. 惯性　当流线绕过滤料表面时，具有较大动量和密度的颗粒因惯性冲击而脱离流线碰撞到滤料表面上。

d. 沉淀　如果悬浮物的粒径和密度较大，将存在一个沿重力方向的相对沉淀速度。在净重力作用下，颗粒偏离流线沉淀到滤料表面上。沉淀效率取决于颗粒沉速和过滤水速的相对大小和方向。此时，滤层中的每个小孔隙起着一个浅层沉淀池的作用。

e. 布朗运动　对于微小悬浮颗粒（如 $d < 1\mu m$），由于布朗运动而扩散到滤料表面。

f. 水力作用　由于滤层中的孔隙和悬浮颗粒的形状是极不规则的，在不均匀的剪切流场中，颗粒受到不平衡力的作用不断地转动而偏离流线。

在实际过滤中，悬浮颗粒的迁移将受到上述各种机理的作用，它们的相对重要性取决于水流状况、滤层孔隙形状及颗粒本身的性质（粒度、形状、密度等）。

② 附着机理　由上述迁移过程而与滤料接触的悬浮颗粒，附着在滤料表面上不再脱离，就是附着过程。引起颗粒附着的因素主要有以下几种。

a. 接触凝聚　在原水中投加凝聚剂，压缩悬浮颗粒和滤料颗粒表面的双电层后，但尚未生成微絮凝体时，立即进行过滤。此时水中脱稳的胶体很容易与滤料表面发生凝聚，即发生接触凝聚作用。快滤池操作通常投加凝聚剂，因此接触凝聚是主要附着机理。

b. 静电引力　由于颗粒表面上的电荷和由此形成的双电层产生静电引力和斥力。悬浮颗粒和滤料颗粒带异号电荷则相吸，反之则相斥。

c. 吸附　悬浮颗粒细小，具有很强的吸附趋势，吸附作用也可能通过絮凝剂的架桥作用实现。絮凝物的一端附着在滤料表面，而另一端附着在悬浮颗粒上。某些聚合电解质能降低双电层的排斥力或者在两表面活性点间起键的作用而改善附着性能。

d. 分子引力　原子、分子间的引力在颗粒附着时起重要作用。分子引力可以叠加，其作用范围有限（通常小于 $50\mu m$），与两分子间距的 6 次方成反比。

③ 脱落机理　普通快滤池通常用水进行反冲洗，有时先用或同时用压缩空气进行辅助表面冲洗。在反冲洗时，滤层膨胀一定高度，滤料处于流化状态。截留和附着于滤料上的悬浮物受到高速反冲洗水流的冲刷而脱落；滤料颗粒在水流中旋转、碰撞和摩擦，也使悬浮物脱落。反冲洗效果主要取决于冲洗强度和时间。当采用同向流冲洗时，还与冲洗流速的变动有关。

（3）过滤效率的影响因素　过滤是悬浮颗粒与滤料的相互作用，悬浮物的分离效率受到这两方面因素的影响。

① 滤料的影响

a. 粒度　过滤效率与粒径 d^n（$1<n<3$）成反比，即粒度越小过滤效率越高，但水头损失也增加越快。在小滤料过滤中，筛分与拦截机理起重要作用。

b. 形状　角形滤料的表面积比同体积球形滤料的表面积大，因此，孔隙率相同时角形滤料的过滤效率高。

c. 孔隙率　球形滤料的孔隙率与粒径关系不大，一般都在 0.43 左右。但角形滤料的孔隙率取决于粒径及其分布，一般为 0.48～0.55。较小的孔隙率会产生较高的水头损失和过滤效率，而较大的孔隙率提供较大的纳污空间和较长的过滤时间。但悬浮物容易穿透。

d. 厚度　滤床越厚，滤液越清，操作周期越长。

e. 表面性质　滤料表面不带电荷或者带有与悬浮颗粒表面电荷相反的电荷，有利于悬浮颗粒在其表面上吸附和接触凝聚。通过投加电解质或调节 pH 值可改变滤料表面的动电位。

② 悬浮物的影响

a. 粒度　几乎所有过滤机理都受悬浮物粒度的影响。粒度越大，越易被筛滤去除。向原水投加混凝剂，待其生成适当粒度的絮体或微絮体后进行过滤，可以提高过滤效果。

b. 形状　角形颗粒因比表面积大，其去除效率比球形颗粒高。

c. 密度　颗粒密度主要通过沉淀、惯性及布朗运动机理影响过滤效率，因这些机理对过滤贡献不大，故影响程度较小。

d. 浓度　过滤效率随原水浓度升高而降低，浓度越高，穿透越易，水头损失增加越快。

e. 温度　温度影响密度及黏度，进而通过沉淀和附着机理影响过滤效率。降低温度对过滤不利。

f. 表面性质　悬浮物的絮凝特性、动电位等主要取决于表面性质，因此，颗粒表面性质是影响过滤效率的重要因素。常通过添加适当的絮凝剂来改善表面性质。凝聚过滤法就是在原水加药脱稳后尚未形成微絮体时进行过滤。该方法投药量少，过滤效果好。

2. 装置与滤料

（1）装置

① 滤床种类　用于给水和污水过滤的快滤池，按所用滤床层数分为单层滤料、双层滤料和三层滤料滤池。如图 1-67 所示。

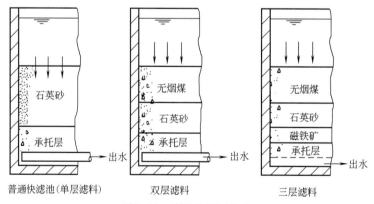

普通快滤池（单层滤料）　　双层滤料　　三层滤料

图 1-67　快滤池不同类型

a. 单层滤料滤池　一般单层滤料普通快滤池适用于给水，在污水处理中仅适用于一些清洁的工业污水处理。经验表明，当用于污水二级处理出水时，由于滤料粒径过细，短时间内会在砂层表面发生堵塞。因此适用于污水二级处理出水的单层滤料滤床应采用另外两种形式：一种是单层粗砂深层滤床滤池，特别适用于生物膜硝化和脱氮系统，滤床滤料粒径通常为 1.0～2.0mm（最大使用到 6mm），滤床厚 1.0～3.0m，滤速达 3.7～37m/h，并尽可能采用均匀滤料。由于所用滤料粒径较粗，即使污水所含颗粒较大，当负荷很大时也能取得较好的过滤效果；另一种是采用单层滤料不分层滤床。粒径大小不同的单一滤料均匀混合组成滤床与气水反冲洗联合使用。气水反冲洗时只发生膨胀，约为 10% 左右，不使其发生水力筛分分层现象，因此，滤床整个深度上孔隙大小分布均匀，有利于增大下部滤床去除悬浮杂质的能力。不分层滤床的有效粒径与双层滤料滤池上层滤料粒径大致相同，通常为 1～2mm，并保持池深与粒径比在 800～1000。

　　b. 双层滤料滤池　组成双层滤料滤床的种类如下：无烟煤和石英砂；陶粒和石英砂；纤维球和石英砂；活性炭和石英砂；树脂和石英砂；树脂和无烟煤等。以无烟煤和石英砂组成的双层滤料滤池使用最为广泛。双层滤料滤池属于反粒度过滤，截留杂质能力强，杂质穿透深，产水能力大，适于在给水和污水过滤处理中使用。

　　新型普通双层滤料滤池，一种是均匀-非均匀双层滤料滤池，将普通双层滤池上层级配滤料改装均匀粗滤料，即可进一步提高双层滤池的生产能力和截污能力。上层均匀滤料可采用均匀陶粒，也可采用均匀煤粒、塑料 372b、ABS 颗粒。均匀-非均匀双层滤料的厚度与普通双层滤池相同。另一种是均匀双层滤料滤池，上层采用 1.0～2.0mm 的均匀陶粒或煤粒，下层采用 0.7～0.9mm 的石英砂。滤床厚度与普通双层滤池相同或稍厚一些，床深与粒径比大于 800～1000。均匀双层滤料滤池也属于反粒度过滤，截留杂质能力可提高 1.5 倍左右。

　　c. 三层滤料滤池　三层滤料滤池最普遍的形式是上层为无烟煤（相对密度为 1.5～1.6），中层为石英砂（相对密度为 2.6～2.7），下层为磁铁矿（相对密度为 4.7）或石榴石（相对密度为 4.0～4.2）。这种借密度差组成的三层滤料滤池更能使水由粗滤层流向细滤层呈反粒度过滤，使整个滤层都能发挥截留杂质作用，减少过滤阻力，保持很长的过滤时间。

　　② 承托层　承托层的作用，一是防止过滤时滤料从配水系统中流失；二是在反冲洗时起一定的均匀布水作用。承托层一般采用天然砾石，其组成见表 1-26。

表 1-26　大阻力配水系统承托层

层　　　次		粒　　径/mm	厚　　度/mm
上	1	2～4	100
↓	2	4～8	100
	3	8～16	100
下	4	16～32	100

　　（2）滤料的选择　滤料的种类、性质、形状和级配等是决定滤层截留杂质能力的重要因素。滤料的选择应满足以下要求。

　　① 滤料必须具有足够的机械强度，以免在反冲洗过程中很快地磨损和破碎。一般磨损率应小于 4%，破碎率应小于 1%，磨损破碎率之和应小于 5%。

　　② 滤料化学稳定性要好。不少国家对滤料盐酸可溶率的上限值有所规定，如日本规定不大于 3.5%，美国规定不大于 5%，法国规定大于 2%，并且对不同滤料其值有所不同。

　　③ 滤料应不含有对人体健康有害及有毒物质，不含对生产有害、影响生产的物质。

　　④ 滤料的选择应尽量采用吸附能力强、截污能力大、产水量高、过滤出水水质好的滤料，以利于提高水处理厂的技术经济效益。

　　此外，选用滤料宜价廉、货源充足和就地取材。

　　具有足够的机械强度、化学稳定性好和对人体无害的分散颗粒材料均可作为水处理滤料，如石英砂、无烟煤粒、矿石粒以及人工生产的陶粒滤料、瓷料、纤维球、塑料颗粒、聚苯乙烯泡沫珠等，目前应用最为广泛的是石英砂和无烟煤。

3. 设计与计算

（1）滤速与滤池面积　普通快滤池用于给水和清净污水的滤速可采用 5～12m/h；粗砂快滤池用于处理污水时流速可采用 3.7～37m/h；双层滤料滤池的滤速采用 4.8～24m/h；三层滤料滤池的滤速一般可与双层滤料滤池相同。

滤池面积按下式计算。

$$F=\frac{Q}{vT} \tag{1-87}$$

式中　F——滤池总面积，m^2；

Q——设计日污水量，m^3/d；

v——滤速，m/h；

T——滤池的实际工作时间，h，$T=T_0-t_0-t_1$；

T_0——滤池的工作周期，h；

t_0——滤池停运后的停留时间，h；

t_1——滤池反冲洗时间，h。

（2）滤池个数及尺寸　滤池的个数一般应通过技术经济比较来确定，但不应少于两个，每个滤池面积为

$$f=\frac{F}{N} \tag{1-88}$$

式中　f——单个滤池面积，m^2；

N——滤池的个数。

单个滤池面积$\leqslant 30m^2$ 时，长宽比一般为 1∶1；当单个滤池面积$>30m^2$ 时，长宽比为 $(1.25∶1)\sim(1.5∶1)$。当采用旋转式表面冲洗措施时，长宽比为 1∶1、2∶1 或 3∶1。

4. 应用举例

设计日处理污水量为 $2500m^3$ 的双层滤料滤池。

解：（1）设计污水量为 $Q=1.05\times2500m^3/d=2625m^3/d$。其中考虑了 5% 的水厂自用水量（包括反冲洗用水）。

（2）设计参数　滤速 $v=5$m/h，冲洗强度 $q=13\sim16$L/(s·m^2)，冲洗时间为 6min。

（3）计算

① 滤池面积及尺寸　滤池工作时间为 24h，每次冲洗 6min，停留 40min，滤池实际工作时间为

$$T=T_0-t_0-t_1=24-\frac{40}{60\times2}-\frac{6}{60\times2}=23.62(h)$$

$$F=\frac{Q}{vT}=\frac{2625}{5\times23.62}=22.227(m^2)$$

采用两个滤池，则每个滤池面积为

$$f=\frac{F}{N}=11.114(m^2)$$

设计滤池长宽比 $\frac{L}{B}=1$，滤池尺寸为

$$L=B=\sqrt{11.114}=3.33(m)$$

校核强制滤速　　　$$v'=\frac{Nv}{N-1}=10(m/h)$$

② 滤池总高

承托层高度：H_1 采用 0.45m；

滤料层高度：无烟煤层取 450mm，砂层取 300mm，滤料层高度 $H_2=750mm=0.75m$；

滤料上水深：H_3 采用 1.5m；

超高：H_4 采用 0.3m；

滤板高度：H_5 采用 0.12m。

滤池总高：$H=H_1+H_2+H_3+H_4+H_5=3.12(m)$

③ 滤池反冲洗水头损失

a. 管式大阻力配水系统水头损失为

$$h_2=\left(\frac{q}{10\alpha\mu}\right)^2\times\frac{1}{2g}$$

设计支管直径 $d=75mm$，壁厚 $b=5mm$，孔眼 $d=9mm$，孔口流量系数 $\mu=0.68$，配水系统开孔比 $\alpha=0.25\%$，$q=14L/(s\cdot m^2)$，代入上式得 $h_2=3.5m$。

b. 经砾石承托层水头损失计算如下（式中 H_1 为层厚）

$$h_3=0.022H_1q=0.022\times0.45\times14=0.14(m)$$

c. 滤料层水头损失及富余水头为

$$h_4=2.0(m)$$

d. 反冲洗水泵扬程 H＝滤池高度＋清水池高度＋管道、滤层水头损失

$$H=3.12+3+(3.5+0.14+2.0)=11.76(m)$$

二、其他类型滤池的设计与计算

1. 无阀滤池的设计与计算

(1) 进水系统 当滤池采用双格组合时，为使配水均匀，要求进水分配箱两堰口标高、厚度及粗糙度尽可能相同。堰口标高可按下式确定。

堰口标高＝虹吸辅助管管口标高＋进水及虹吸上升管内各项水头损失之和

＋保证堰上自由出流的高度(10~15cm)

为防止虹吸管工作时因进水中带入空气而可能产生提前破坏虹吸现象，宜采取下列措施。

① 在滤池即将冲洗前，进水分配箱应保持有一定水深，一般考虑箱底与滤池冲洗水箱相平。

② 进水管内流速一般采用 0.5~0.7m/s。

③ 为安全起见，进水管 U 形存水弯的底部中心标高可放在排水井井底标高处。

(2) 无阀滤池面积和冲洗水箱高度可按下列公式计算

$$F=\alpha\frac{Q}{v} \tag{1-89}$$

$$H_{冲}=\frac{60Fqt}{1000F'} \tag{1-90}$$

式中 F——滤池的净面积，m^2；

F'——冲洗水箱净面积，m^2，$F'=F+f_2$，f_2 为连通渠及斜边壁厚面积；

Q——设计水量，m^3/h；

v——滤速，m/h；

α——考虑反冲洗水量增加的百分数，%，一般取 5%；

q——反冲洗强度，$L/(s\cdot m^2)$；

t——冲洗历时，min；

$H_{冲}$——冲洗水箱高度，m。

2. 虹吸滤池的设计与计算

(1) 虹吸滤池平面布置 可以设计成圆形、矩形或多边形。

（2）分格数及滤池面积　每座虹吸滤池由若干格组成，分格数、滤池面积可按下列公式计算。

$$n \geqslant \frac{3.6q}{v} + 1 \tag{1-91}$$

$$F = \frac{\frac{24}{23}Q_{处}}{v} \tag{1-92}$$

$$Q_{处} = 1.05Q_{净} \tag{1-93}$$

$$f = \frac{F}{n} \tag{1-94}$$

式中　n——分格数，个，一般取 6～8 个；

F——滤池总面积，m^2；

$Q_{处}$——滤池处理水量，m^3/h；

$Q_{净}$——净产水量，m^3/h；

v——设计滤速，m/h；

f——单格面积，取 $f < 50m^2$；

q——反冲洗强度，$L/(s \cdot m^2)$。

（3）进水虹吸管设计流速　取 0.4～0.6m/s。

（4）排水虹吸管设计流速　取 1.4～1.6m/s。

（5）滤池深度

$$H = H_1 + H_2 + H_3 + H_4 + H_5 + H_6 + H_7 + H_8 \tag{1-95}$$

式中　H_1——滤池底部空间高度，m，采用 0.3～0.5m；

H_2——配水系统结构高度，m；

H_3——承托层高度，m；

H_4——滤料层高度，m；

H_5——排水槽顶高出砂面距离，m；

H_6——排水槽顶与出水堰顶高差，m；

H_7——最大允许水头损失，m；

H_8——滤池超高，m，一般取 0.2～0.3m。

（6）真空系统　包括抽真空设备（真空泵、水射器等）、真空罐、管道、闸门等；设计真空系统时应能在 2～5min 内使虹吸管投入工作。

（7）自动冲洗装置　虹吸滤池的冲洗操作和冲洗后自动投入过滤运行易于实现自动控制。可采用电动控制，也可采用水力自动控制，后者使用较多。

3. 移动冲洗罩滤池的设计与计算

（1）滤池总面积和分格数

$$F = 1.05\frac{Q}{\bar{v}} \tag{1-96}$$

$$f = F/n \tag{1-97}$$

$$n < \frac{60T}{t+s} \tag{1-98}$$

式中　Q——净产水量，m^3/h；

$\bar{v}$——平均滤速，m/h；

f——每一滤格净面积，m^2；

T——滤池总过滤周期，h；

n——分格数；

t——各滤格冲洗时间，min；

s——罩体移动和两滤格间运行时间，min。

（2）每一滤格反冲洗流量

$$q_{格}＝fq \tag{1-99}$$

式中　$q_{格}$——滤格的反冲洗流量，L/s；

q——反冲洗强度，L/(s·m^2)。

（3）流速　出水虹吸管流速一般采用 0.9～1.3m/s；反冲洗虹吸管流速一般采用 0.7～1.0m/s。

（4）泵　冲洗泵一般可选用农业灌溉水泵、油浸式潜水泵或轴流泵等。

（5）出水虹吸管管顶高程　出水虹吸管管顶高程 G 是影响滤池稳定的一个控制因素。高程 G 应控制在液面到液面以下 10cm 范围内。

（6）自控系统　滤池一般配有自动控制系统。目前采用的自控系统有：①PMOS 集成电路程序控制系统，采用 CHK-2 型程控器作为控制元件；②采用时间继电器作为指令元件。

4. 上向流滤池的设计与计算

（1）滤速　过滤过程中，滤料在水中的重力大于水流动力时，滤床是稳定的。当滤速超过某一数值时，滤层就会出现膨胀或流化现象，此时的水流速度称为初始流化速度。清洁滤层的初始流化速度可用下式计算（$Re＜10$ 时）

$$v_{f}＝\frac{(\rho_{s}-\rho)gd^2}{1980\mu\alpha^2}×\frac{m_0}{1-m_0} \tag{1-100}$$

式中　v_{f}——清洁滤层初始流化速度，cm/s；

ρ_{s}——滤料的密度，g/cm^3；

ρ——污水的密度，g/cm^3；

d——滤料的粒径，cm；

g——重力加速度，cm/s^2；

μ——污水的动力黏度，P(1P＝10^{-1}Pa·s)；

m_0——清洁滤层孔隙率；

α——滤料的形状系数。

上向流滤池的设计滤速 $v＜v_{f}$。

（2）上向流滤池的滤料配级　上部石英砂层粒径 d 采用 1～2mm，厚度 1.0～1.5m；中部砂层 d 采用 2～3mm，厚度 300mm；下部粗砂 d 采用 10～16mm，厚度 250mm。

上部设遏制格栅时，格栅开孔面积按 75% 计算。

三、滤池的反冲洗

（1）反冲洗水的供给　供给反冲洗水的方式有两种：冲洗水泵和冲洗水塔。前者投资较低，但操作较麻烦，在冲洗的短时间内耗电量大，往往会使厂区内供电网负荷陡然骤增；后者造价较高，但操作简单，允许在较长时间内向水塔输水，专用水泵小，耗电较均匀。如有地形或其他条件可利用时，建造冲洗水塔较好。

① 冲洗水塔　水塔中的水深不宜超过 3m，以免冲洗初期和末期的冲洗强度相差过大。水塔应在冲洗间隙时间内充满。水塔容积按单个滤池冲洗水量的 1.5 倍计算。即

$$V＝\frac{1.5Ftq×60}{1000}＝0.09Ftq \tag{1-101}$$

式中　V——水塔容积，m^3；

t——冲洗历时，min；

q——冲洗强度，$L/(s \cdot m^2)$；

F——滤池面积，m^2。

水塔底高出滤池排水槽顶的距离按下式计算。

$$H_0 = h_1 + h_2 + h_3 + h_4 + h_5 \tag{1-102}$$

式中　h_1——从水塔至滤池的管道中总水头损失，m；

h_2——滤池配水系统水头损失，m；

h_3——承托层水头损失，m；

h_4——滤料层水头损失，m；

h_5——备用水头，m，一般取 $1.5 \sim 2.0m$。

$$h_2 = \left(\frac{q}{10\alpha\beta}\right)^2 \times \frac{1}{2g} \tag{1-103}$$

式中　q——反冲洗强度，$L/(s \cdot m^2)$；

α——孔眼流量系数，一般为 $0.65 \sim 0.7$；

β——孔眼总面积与滤池面积之比，采用 $0.2\% \sim 0.25\%$；

g——重力加速度，$9.81m/s^2$。

$$h_3 = 0.022qH \tag{1-104}$$

式中　H——承托层厚度，m。

$$h_4 = (\gamma_s - 1)(1 - m_0)l_0 \tag{1-105}$$

式中　γ_s——滤料相对密度；

m_0——滤料膨胀前孔隙率；

l_0——滤料膨胀前厚度，m。

② 水泵冲洗　水泵流量按冲洗强度和滤池面积计算。水泵扬程 H 为

$$H = H_0 + h_1 + h_2 + h_3 + h_4 + h_5 \tag{1-106}$$

式中　H_0——排水槽顶与清水池最低水位之差，m；

h_1——从清水池至滤池的冲洗管道中总水头损失，m。

其余符号同前。

(2) 反冲洗工艺参数

① 冲洗强度　砂滤层的冲洗强度可根据冲洗所用的水量，以及冲洗时间和滤池面积来计算。

$$冲洗强度\ q = \frac{冲洗水量}{滤池面积 \times 冲洗时间}$$

当用水塔冲洗时，可根据水塔的水位标尺算出冲洗所用的水量。当用水泵冲洗时，测定冲洗强度的方法与测滤速时一样，就是测定滤池内冲洗水的上升速度，再换算成冲洗强度。但应在水位低于洗水槽口时测定。

② 滤层膨胀率　开始反冲洗后，滤料层失去稳定而逐渐流化，滤料层界面不断上升。滤池中滤料层增加的百分率称为膨胀率，膨胀率可由下式表示。

$$e = \frac{L - L_0}{L_0} \times 100\% \tag{1-107}$$

式中　e——膨胀率；

L_0——过滤时稳定滤层厚度，cm；

L——反冲洗时流化滤层厚度，cm。

滤料层膨胀过程中滤料颗粒间孔隙不断加大。在某一反冲洗强度时，流化滤料层的孔隙

率与膨胀率的关系可由下式决定。

$$\varepsilon = 1 - \frac{1-\varepsilon_0}{1+e} \tag{1-108}$$

式中 ε_0——稳定滤层（洁净滤料）的孔隙率；

ε——膨胀率为 e 时滤层的孔隙率。

反冲洗时，为了保证滤料颗粒有足够的间隙使污物迅速随水排出滤池，滤层膨胀率应大一些。但膨胀率过大时，单位体积中滤料的颗粒数变少，颗粒碰撞和摩擦的机会也减少，对清洗不利。设计时根据最佳反冲洗速度下的膨胀率来控制反冲洗较为方便。一般情况下，单层石英砂滤料滤池的膨胀率为 20%～30%，上向流滤池为 30% 左右，双层滤料滤池为 40%～50%。

③ 冲洗历时 滤池反冲洗必须经历足够的冲洗时间。若冲洗时间不足，滤料得不到足够的水流剪切和碰撞摩擦时间，则清洗不干净。一般普通快滤池冲洗历时不少于 5～7min，普通双层滤料滤池不少于 6～8min。

（3）辅助清洗

① 表面冲洗 过滤含有机物质较多的原水时，滤层表面往往生成由滤料颗粒、悬浮物和黏性物质结成的泥球。为了破坏泥球，提高冲洗质量，常用压力水进行表面冲洗。表面冲洗装置主要有固定喷嘴表面冲洗器和悬臂式旋转冲洗器两种。冲洗器置于滤层之上，压力为 $(24.5～39.2)×10^4 Pa$ 的水流由喷嘴喷出，砂粒受到喷射水流的剧烈搅动，使表面附着的悬浮物脱落，随冲洗水排出。

固定冲洗器结构简单，但清洗效果不佳。旋转冲洗器距滤层表面 50mm，转速为 5r/min，冲洗强度为 0.5～0.8L/(s·m²)，喷嘴处水流速度可达 30m/s，能射入滤层 100mm。喷嘴与水平面倾角为 24°～25°，孔嘴相距 200mm。

为使深层滤料也能清洗得更为洁净，也可在滤层表面下设冲洗器。采用表面冲洗或表面和表面下联合冲洗时，应与反冲洗同时进行。

② 空气辅助清洗 到目前为止，还没能从理论上推导出水-气联合冲洗的最佳空气冲洗强度。根据经验，对单一滤料的石英砂及无烟煤滤池，采用的空气冲洗强度范围为 160～270L/(s·m²)，冲洗历时 3～4min。

（4）冲洗水的排除 滤池的冲洗污水由洗砂排水槽和集水渠排出。过滤时，它们往往也是均匀分布进滤水的设备。

① 洗砂排水槽 底部呈三角形断面的洗砂排水槽如图 1-68 所示。通常设计始端深度为末端深度的一半。洗砂排水槽的排水流量 Q 按下式计算。

$$Q = qab \tag{1-109}$$

式中 Q——排水流量，L/s；

q——反冲洗强度，L/(s·m²)；

a——两洗砂排水槽间的中心距，m，一般为 1.5～2.2m；

b——洗砂排水槽的长度，m，一般不大于 6m。

槽底为三角形断面，断面模数 x 按下式求出。

$$x = \frac{1}{2}\sqrt{\frac{qab}{1000v}} \tag{1-110}$$

式中 x——排水槽断面模数，m，见图 1-68；

v——排水槽出口流速，一般取 0.6m/s。

槽底距砂面高度为

$$H_e = eL + 2.5x + \delta + 0.075 \tag{1-111}$$

式中 H_e——槽底距砂面高度，m；

  e——滤层最大膨胀率；

  L——滤层厚度，m；

  δ——槽底厚度，m。

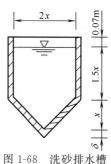

图 1-68 洗砂排水槽

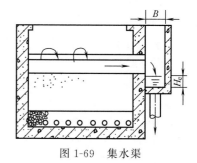

图 1-69 集水渠

② 集水渠 各洗砂排水槽的冲洗污水汇集于集水渠中。洗砂排水槽底位于集水渠始端水面上，高度不小于 $0.05\sim0.2$m，如图 1-69 所示。矩形集水渠渠底距排水槽底高度 H_e 可按下式计算。

$$H_e = 1.73\left(\frac{q_x^2}{gB^2}\right)^{\frac{1}{3}}(\text{m}) \tag{1-112}$$

式中 q_x——滤池冲洗流量，m^3/s；

  B——渠宽，m，一般不大于 0.7m；

  g——重力加速度，$9.81\text{m}/\text{s}^2$。

第五节 离心分离设备

一、水力旋流器

1. 压力式旋流分离器

（1）工作原理 压力式旋流分离器上部呈圆筒形，下部为截头圆锥体，如图 1-70 所示。含悬浮物的污水在水泵或其他外加压力的作用下，从切线方向进入旋流分离器后发生高速旋转，在离心力的作用下，固体颗粒物被抛向器壁，并随旋流下降到底部出口。澄清后的污水或含有较细微粒的污水，则形成螺旋上升的内层旋流进入出流室，由出水管排出。

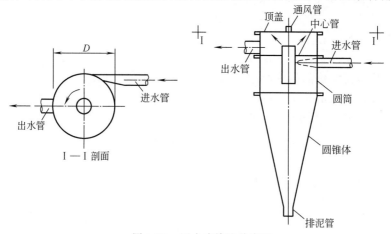

图 1-70 压力式旋流分离器

压力式旋流分离器可用于去除密度较大的悬浮固体，如砂粒、铁屑等。该设备的分离效率与悬浮颗粒直径有密切关系。图 1-71 为某一污水颗粒直径与分离效率的关系曲线。由图可以看出，颗粒直径≥20μm时，其分离效率可接近 100%；颗粒直径为 8μm 时，其分离效率只有 50%。一般将分离效率为 50% 的颗粒直径称为极限直径，它是判别水力旋流器分离程度的主要参数之一。由于悬浮颗粒的性质千差万别，计算极限直径的经验公式很多，计算结果相差亦较大。为了准确计算与评价，应对污水进行可行性试验。

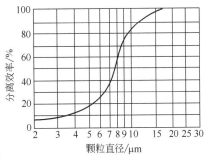

图 1-71　颗粒直径与分离效率的关系曲线

（2）设计与计算

① 压力旋流分离器的设计　通常先确定分离器的几何尺寸，然后求出该设备的处理水量及分离颗粒极限直径，最后选定设备台数。旋流器的直径一般在 500mm 左右，这是由于离心速度与旋转半径成反比的缘故。流量较大时，可采用几台旋流器并联工作。

② 压力旋流分离器的几何尺寸

a. 圆筒高度 H_0：$1.70D$，D 为圆筒直径；

b. 器身锥角 θ：$10°\sim15°$；

c. 进水管直径 d_1：$(0.25\sim0.4)D$，一般管中流速取 $1\sim2\mathrm{m/s}$；

d. 进水收缩部分的出口宜做成矩形，其顶水平，其底倾斜 $3°\sim5°$，出口流速一般在 $6\sim10\mathrm{m/s}$ 之间；

e. 中心管直径 d_0：$(0.25\sim0.35)D$；

f. 出水管直径 d_2：$(0.25\sim0.5)D$。

③ 处理水量

$$Q=KDd_0\sqrt{\Delta pg} \tag{1-113}$$

式中　Q——处理水量，$\mathrm{L/min}$；

K——流量系数，$K=5.5d_1/D$；

Δp——进、出口压差，Pa，一般取 $0.1\sim0.2\mathrm{Pa}$；

g——重力加速度，$\mathrm{cm/s^2}$；

D——分离器上部圆筒直径，cm；

d_0——中心管直径，cm。

2. 重力式旋流分离器

（1）工作原理　图 1-72 所示为某钢铁厂处理轧钢污水的重力式旋流分离器。污水利用进、出口的水位差压力，由进水管沿切线方向进入旋流器底部形成旋流，在离心力和重力作用下，悬浮颗粒被甩向器壁并向器底集中，使水得到净化。污水中的油类则浮在水面上，可用油泵收集。

重力式旋流分离器的设备容积较大，但电耗比压力式旋流分离器低。

（2）设计与计算

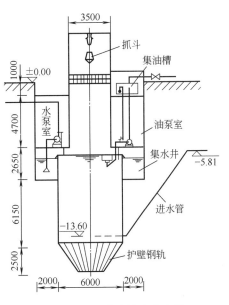

图 1-72　重力式旋流分离器

① 重力式旋流分离器的表面负荷大大低于压力式旋流分离器，一般为 $25 \sim 30 [\mathrm{m^3/(h \cdot m^2)}]$；

② 进水管流速：$1.0 \sim 1.5 \mathrm{m/s}$；

③ 污水在池内停留时间：$15 \sim 20 \mathrm{min}$；

④ 池内有效深度：$H_0 = 1.2D$，进水口到渣斗上缘应有 $0.8 \sim 1.0 \mathrm{m}$ 保护高，以免冲起沉渣；

⑤ 池内水头损失 ΔH 可按下式计算。

$$\Delta H = 1.1 \left(\sum \xi \frac{v^2}{2g} + li \right) + \alpha \frac{v^2}{2g} \tag{1-114}$$

式中　ΔH——进水管的全部水头损失，m；

$\sum \xi$——总局部阻力系数和；

v——进水管喷口处流速，m/s；

l——进水管长度，m；

i——进水管单位长度沿程损失；

α——阻力系数，一般取 4.5。

二、离心机

1. 工作原理

离心机是依靠一个可以随转动轴旋转的圆筒（又称转鼓），在传动设备驱动下产生高速旋转，液体也随同旋转，由于其中不同密度的组分产生不同的离心力，从而达到分离的目的。在污水处理领域中，离心机常用于污泥脱水和分离回收污水中的有用物质，例如从洗羊毛污水中回收羊毛脂等。

离心机的种类很多，按分离因素 α 分类，有高速离心机（$\alpha > 3000$）、中速离心机（$\alpha = 1500 \sim 3000$）和低速离心机（$\alpha = 1000 \sim 1500$）。按几何形状可分为转筒离心机（有圆锥形、圆筒形、锥筒形）、盘式离心机和板式离心机等。

图 1-73 为离心机的构造原理。工作时将欲分离的液体注入转鼓中（间歇式）或流过转鼓（连续式），转鼓绕轴高速旋转，即产生分离作用。转鼓有两种：一种是壁上有孔和并贴滤布，工作时液体在惯性作用下穿过滤布和壁上小孔排出，而固体截留在滤布上，称

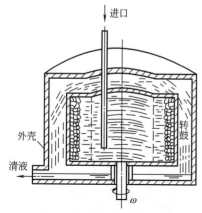

图 1-73　离心机的构造原理

为过滤式离心机；另一种壁上无孔，工作时固体贴在转鼓内壁上，清液从紧靠转轴的孔隙或导管连续排出，称为沉降式离心机。

离心机设备紧凑、效率高，但结构复杂，只适用于处理小批量的污水、污泥脱水和很难用一般过滤法处理的污水。

2. 设计与计算

污泥离心脱水设计与计算的主要数据是离心机的水力负荷（即单位时间处理的污泥体积，$\mathrm{m^3/h}$）和固体负荷（即单位时间处理的固体物质量，kg/h）。现行采用的设计方法有三种：经验设计法、实验室离心机试验法和按比例模拟试验法。一般认为最后一种方法较好，介绍如下。

应用几何模拟理论，将原型离心机按比例模拟成模型离心机进行试验，并将模型离心机的机械因素及试验所得的工艺因素按比例放大成原型离心机。模拟理论有两个：一个是根据离心机所能承担的水力负荷进行模拟，称为 $\sum$ 理论；另一个是根据离心机所能承担的固体

负荷进行模拟，称为 β 理论。

（1）Σ 理论模型机与原型机的关系

$$\Sigma = \frac{\omega^2}{g \ln \dfrac{r_2}{r_1}} \qquad (1\text{-}115)$$

$$Q = \Sigma v V \qquad (1\text{-}116)$$

$$\frac{Q_1}{Q_2} = \frac{\Sigma_1}{\Sigma_2} \qquad (1\text{-}117)$$

式中 Σ_1，Σ_2——模型机和原型机的 Σ 值，按式（1-115）计算；

$\quad Q_1$，Q_2——模型机和原型机的最佳投配速率，m^3/h；

$\qquad v$——污泥颗粒沉降速度，m/s；

$\qquad V$——液相层体积，m^3；

$\qquad \omega$——旋转角速度，s^{-1}；

$\quad r_1$，r_2——离心机旋转轴到污泥顶面及离心机底面的半径，m。

（2）β 理论模型机与原型机的关系

$$\beta = \Delta\omega S N \pi D Z \qquad (1\text{-}118)$$

$$\frac{Q_{S1}}{\beta_1} = \frac{Q_{S2}}{\beta_2} \qquad (1\text{-}119)$$

式中 β_1，β_2——模型机和原型机的 β 值，按式（1-118）计算；

$\quad Q_{S1}$，Q_{S2}——模型机和原型机的最佳投配速率，m^3/h；

$\qquad \Delta\omega$——转筒和输送器间的转速差，s^{-1}；

$\qquad S$——螺旋输送器的螺距，cm；

$\qquad N$——输送器导程数；

$\qquad D$——转筒直径，cm；

$\qquad Z$——液相层厚度，cm。

按两种理论模拟计算的结果，如果都与实际相近似，此时，水力负荷与固体负荷都达到了极限值，离心机可发挥出最大效用。

第六节　磁分离设备

一、磁分离原理

一切宏观的物体在某种程度上都具有磁性，但按其在外磁场作用下的特性可分为三类：①铁磁性物质，这类物质在外磁场作用下能迅速达到磁饱和，磁化率大于零并和外磁场强度成复杂的函数关系，离开磁场后有剩磁；②顺磁性物质，磁化率大于零，但磁化强度小于铁磁性物质，在外磁场作用下表现出较弱的磁性，磁化强度和外磁场强度呈线性关系，只有在温度低于 4K 时，才可能出现磁饱和现象；③反磁性物质，磁化率小于零，在外磁场作用下，逆磁场磁化，使磁场减弱。各种物质磁性差异正是磁分离技术的基础。物质的磁性强弱可由磁化率表示。一些物质的磁化率列于表 1-27。

水中颗粒状物质在磁场里要受磁力、重力、惯性力、黏滞力以及颗粒间相互作用力的影响。磁分离技术就是有效地利用磁力，克服与其抗衡的重力、惯性力、黏滞力（磁过滤、磁盘）或利用磁力和重力，使颗粒凝聚后沉降分离（磁凝聚）。

二、磁分离设备

磁分离设备按工作原理可分为磁凝聚分离、磁盘分离和高梯度磁分离三种；按产生磁场

表 1-27 一些物质的磁化率

物质名称	温度/℃	磁化率/×10^{-6}	物质名称	温度/℃	磁化率/×10^{-6}
Al	常温	+16.5	PbO	常温	−42.0
Al_2O_3	常温	−37.0	Mg	常温	+13.1
$Al_2(SO_4)_3$	常温	−93.0	$Mg(OH)_2$	288	−22.1
Cr	273	−180	Mn	293	+529.0
Cr_2O_3	300	+1960	MnO	293	+4350
$Cr_2(SO_4)_3$	293	+11800	Mn_2O_3	293	+14100
Co	—	铁磁性	$MnSO_4$	293	+13660
Cu	296	−5.46	Mo	293	+89.0
CuO	289.6	+238.9	Mo_2O_3	常温	−42.0
Fe	—	铁磁性	Ni	—	铁磁性
FeO	293	+7200	$Ni(OH)_2$	常温	+4500
Fe_2O_3	1033	+3586	Ti	293	+153.0
Pb	289	−23.0	Ti_2O_3	293	+125.6

的方法可分为永磁磁分离和电磁磁分离（包括超导电磁磁分离）；按工作方式可分为连续式磁分离和间断式磁分离；按颗粒物去除方式可分为磁凝聚沉降分离和磁力吸着分离。在此着重介绍高梯度磁分离器。

1. 高梯度磁分离器的工作原理

磁过滤分离是依靠磁场和磁偶极之间的相互作用。磁偶极本身会按磁场内的磁力线取向，与磁力线不平行时，磁偶极就受到转矩的作用，如果磁场存在梯度，偶极的一端就会比另一端处于更强的磁场中并受到较大的力，其大小和磁偶极矩及磁场梯度成正比。

磁场中磁通变化越大，即磁力线密度变化越大，梯度越高。高梯度磁分离过滤就是在均匀磁场内，装填表面曲率半径极小的磁性介质，靠近其表面就产生局部的疏密磁力线，从而构成高梯度磁场，如图 1-74 所示。因此，产生高梯度磁场不仅需要高的磁场强度，而且要有适当的磁性介质。可用作介质的有不锈钢毛及软铁制的齿板、铁球、铁钉、多孔板等。对介质的要求如下。

① 可产生高的磁力梯度。以不锈钢毛为例，某根钢毛附近产生的磁力梯度与钢毛直径成反比，因此钢毛直径要细，捕集粒径 1~10μm 的颗粒，不锈钢毛的最佳直径为 3~30μm。

② 可提供大量的颗粒捕集点。钢毛越细，捕获表面积越大，捕集点也越多。当钢毛半径为颗粒半径的 2.96 倍时，磁力对磁性颗粒的作用力最大。

③ 孔隙率大，阻力小，以便于水流通过。钢毛一般可使孔隙率达到 95%。

④ 矫顽力小，剩磁强度低，退磁快，使外磁场除去后易于将吸着在介质上的颗粒冲洗下来。

⑤ 应具有一定的机械强度和耐腐蚀性，以利于长期过滤。冲洗后不应产生折断、压实等妨碍正常工作的形变。

2. 高梯度磁分离器的设计与计算

高梯度磁分离器的结构见图 1-75。它是一个空心线圈，内部装置一个圆筒状容器，其内填充介质以封闭磁路，在线圈外有作为磁路的轭铁，轭铁用厚软铁板制成，以减少直流磁场产生的涡流。为使圆筒容器内部形成均匀磁场固定填充介质，在介质上下两端装置磁片。

为了正确地设计和使用高梯度磁分离器，应注意以下几个问题。

（1）磁场强度 所需的磁场强度应根据处理水中悬浮物的磁性而定。对于钢铁污水，磁场强度为 0.3T 左右，铸造厂污水为 0.1T 左右，而处理河水或其他弱磁性物质，则要求磁场强度至少达到 0.5T 以上，投加磁性种子则要求 0.3T 左右。

（2）介质 按梯度大、吸附面积大、捕集点多、阻力小、剩磁低的要求，以钢毛最好。钢毛直径为 10~100μm。几种钢毛的质量组成见表 1-28。

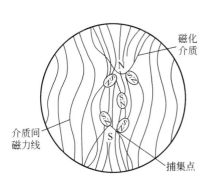

图 1-74 高梯度磁场对颗粒的作用

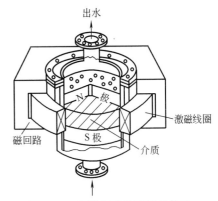

图 1-75 高梯度磁分离器的构造

表 1-28 几种钢毛的质量组成 单位:%

组分		铬	锰	硅	碳	硫	钴	镍	钼	铜	铁
种类	1	9～20	0.01～1.0	0.01～3	0.01～0.04	0.15～1.0	0.02～1.0	—	—	—	其余
	2	16.8	0.55	0.46	0.075	0.015		—	—	—	其余
	3	29.10	0.64	0.29	0.28	—		<0.10	<0.05	0.11	其余

（3）介质的悬浮物 SS 负荷 随着分离器工作时间的增长，磁性颗粒会逐渐聚积在介质内，堵塞水流通道，减少捕集点，使分离效率下降。分离效果降到允许的下限值时，捕集颗粒的总量（干燥时的质量）和介质的体积比称为介质的 SS 负荷（Q）。

$$Q = \frac{捕集的悬浮物总量(g)}{介质体积(cm^3)}$$

当颗粒为强磁性物质时，Q 为 5～7g/cm³；颗粒为顺磁体时，Q 为 1～1.2g/cm³。

（4）滤速 一般可采用 100～500m/h。

（5）电源 采用硅整流直流电源，电源功率由所需的磁场强度决定。

高梯度磁分离器的计算可按下列步骤进行。

① 根据悬浮物的比磁化率，选定滤速。处理强磁性颗粒可选用较高滤速，如 500m/h；对顺磁性颗粒，应选用较低滤速，如 100m/h。

② 根据处理水量和滤速选定过滤器筒体内径，同时确定线圈内径。介质孔隙率取 95%。

③ 根据污水的悬浮物浓度、处理水量和介质体积核算介质负荷。如果负荷高于适宜值，应适当增加过滤器直径或长度，以便增加介质体积。

④ 根据要求达到的磁场强度，确定可选用的导线。磁场强度小于 0.2T 时，一般可用实心扁铜线，强迫风冷；大于 0.2T 时，宜用空心铜导线，水冷却。然后根据技术经济条件，初步确定可供选用的电源，并对电源容量和导线规格进行选择。如方形外包双玻璃丝空心铜导线电流密度为 5A/mm²。当自然通风冷却时，电流密度不大于 1.5A/mm²。确定电源容量的同时可选定导线截面。

⑤ 线圈圈数可用下式计算

$$N = \frac{B\sqrt{4r^2 + L^2}}{10\mu_0 I} \tag{1-120}$$

式中 　N——线圈的圈数；

I——电流强度，A；

r——线圈半径，cm；

L——线圈长度，cm；

μ_0——磁介质磁导率，H/m；

B——线圈内中心所要求的磁感应强度，T，$B = \mu_0 H$；

H——磁场强度，$(1000/4\pi)$A/m。

⑥ N 确定后，根据所需的绕线高度及导线外径，算出每层线圈数、层数及线圈外径。

三、两秒钟分离机

日本在 20 世纪 70 年代开发了两秒钟分离机的磁分离技术。该方法是在水中投入粒径为 $10\mu m$ 以下的微细磁性铁粉，投量约为水中悬浮物的同量或两倍，均匀混合，投入混凝剂，必要时调整 pH 值，缓慢搅拌，进行反应，以磁性铁粉为核心，与非磁性的悬浮物一起凝聚成团，然后用装有永久磁铁块的若干块旋转圆盘组成的两秒钟分离机（图 1-76），用磁力将凝聚体瞬时吸附，水即清澈透明。吸有凝聚体的圆盘以 $1/4 \sim 1$r/min 的速度从水中转出水面。凝聚体自动脱水，成为含水率低的泥渣，用刮刀将其从圆盘上刮落。磁性铁粉可以用离心法从泥渣中回收。永久磁铁的磁场强度约为 0.15T。每块圆盘处理水量为 $1 \sim 2 m^3/h$。

该方法以特有的极快速分离的特点在生产上得到了实际应用。

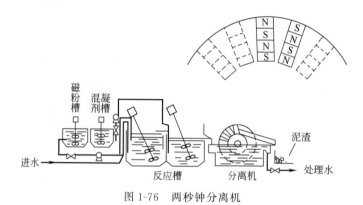

图 1-76　两秒钟分离机

思　考　题

1. 某城市最大设计污水流量 $Q_{max} = 0.5$ m^3/s，$K_z = 1.35$，试设计格栅与栅槽。

2. 某城镇人口数为 3.5 万，最大设计污水流量为 100L/s，最小设计污水流量为 50L/s，每两日除砂一次，每人每日沉砂量为 0.021L，超高取 0.3m，试设计平流式沉砂池。

3. 某污水处理厂最大设计流量 $Q_{max} = 1.4 m^3/s$，污水含砂量为 $0.015L/m^3$，污水在池中的停留时间为 3min，污水在池中水平流速 $v_1 = 0.1 m/s$。若每两日排砂一次，试确定曝气沉砂池的有效尺寸及砂斗尺寸。

4. 气浮装置有哪些类型？各自优缺点是什么？各自适用的场合是什么？

5. 加压溶气气浮法空气压缩机的额定气量是如何选择的？气浮池接触室的直径及气浮池容积，反应池溶气集水系统及压力罐的设计方法是什么？

6. 影响滤池过滤效率的因素有哪些？如何提高过滤效率？

7. 某钢铁厂酸洗车间污水中重金属离子含量为：$c(Cr^{6+}) = 12.2 mg/L$，$c(Cr^{3+}) = 6 mg/L$，$c(Fe_总) = 14.5 mg/L$，$c(Cu) = 10.5 mg/L$。现采用在污水中先投加硫酸亚铁和氢氧化钠生成金属氢氧化物絮凝体，然后用气浮法分离絮渣。根据小型试验结果，经气浮处理后，出水中各种重金属离子含量均达到了国家排放标准。浮渣含水率在 96% 左右。

试验时压力溶气罐采用 $0.3 \sim 0.35 MPa$ 压力，溶气水量占 $25\% \sim 30\%$。已知：

处理污水量 Q 为 $20 m^3/h$；　　　　　分离室停留时间 t_s 取 10min；

反应时间 t 取 6min；　　　　　　　　溶气水量占处理水量的比值 R 为 25%；

接触室上升流速 v_c 取 10mm/s；　　　溶气压力采用 0.3MPa；

气浮分离速度 v_s 取 2.0mm/s；　　　　填料罐过流密度 I 取 3000m³/(m²·d)；

实验时释气量为 50L/m³。

试用旋流式圆台形反应池及立式气浮池，设计其气浮装置。

8. 试设计日处理污水量为 3000m³ 的双层滤料滤池。

滤池工作时间为 24h，冲洗强度 $q=15$L/(s·m²)，冲洗时间为 6min，滤速 $v=6$m/h，考虑 5% 的水厂自用水量。

9. 试设计冲洗水塔。已知滤池面积 30m²，冲洗强度 30L/(s·m²)，冲洗时间为 15min，水塔到滤池管道中的总水力损失为 3.5m，承托层厚度 H 为 0.5m，滤料的相对密度 γ_0 为 1.05，滤料膨胀前孔隙率为 0.43，滤料膨胀前厚度 1.5m。

10. 试设计直径 D 为 500mm 的压力式旋流分离器，并绘出其结构示意图。

11. 已知初沉池的污水设计流量为 1200m³/h，悬浮固体浓度为 200mg/L。沉淀效率为 55%，根据沉淀曲线查得 $u_0=2.8$m/h。若采用竖流式沉淀池，试求池数及沉淀区的有效尺寸。

第二章 化学法污水处理设备

第一节 混凝设备

一、混凝剂的投配方法及设备

1. 调配方法与设备

混凝剂的投配分干法和湿法。干投法是将经过破碎易于溶解的药剂直接投放到被处理的水中。干投法占地面积小，但对药剂的粒度要求较严，投配量较难控制，对机械设备的要求较高，劳动条件较差，目前较少采用。湿投法是将药剂配制成一定浓度的溶液，再按处理水量大小定量投加。

在溶药池内将固体药剂溶解成浓溶液。其搅拌可采用水力、压缩空气或机械等方式，如图 2-1～图 2-3 所示。一般投药量小时用水力搅拌，投药量大时用机械搅拌。溶药池体积一般为溶液池体积的 0.2～0.3 倍。

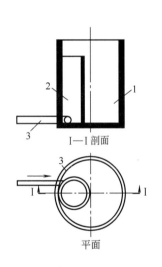

图 2-1 混凝剂的水力调制
1—溶液池；2—溶药池；
3—压力水管

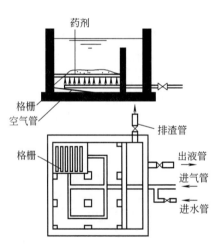

图 2-2 混凝剂的压缩空气调制

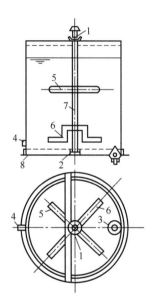

图 2-3 混凝剂的机械调制
1,2—轴承；3—异径管箍；
4—出管；5—桨叶；6—锯齿
角钢桨叶；7—立轴；8—底板

溶液池应采用两个池交替使用。其体积可按下式计算。

$$W = \frac{24 \times 100 aQ}{1000 \times 1000 \times bn} = \frac{aQ}{417bn} \tag{2-1}$$

式中　W——溶液池的体积，m^3；

a——混凝剂最大用量，mg/L；

Q——处理水量，m^3/h；

b——溶液浓度，%，以药剂固体质量分数计算，一般取 10%～20%；

n——每昼夜配制溶液的次数，一般为 $2 \sim 6$ 次，手工操作时不宜多于 3 次。

设备及管道应考虑防腐。

2. 投药设备

投药设备包括投加和计量两部分。

（1）投加方式及设备

① 高位溶液池重力投加装置　依靠药液的高位水头直接将混凝剂溶液投入管道内。

② 虹吸定量投加装置　利用变更虹吸管进口、出口高度差 H 控制投配量。见图 2-4。

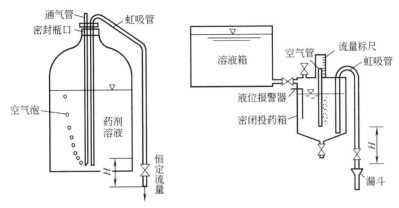

图 2-4　虹吸定量投加装置

③ 水射器投加装置　该系统利用射流原理，将压力水喷入混合室形成真空，吸入配好的药液，其设备简单，使用方便，工作可靠，常用于向压力管内投加药液和药液的提升。图 2-5 为水射器的结构。

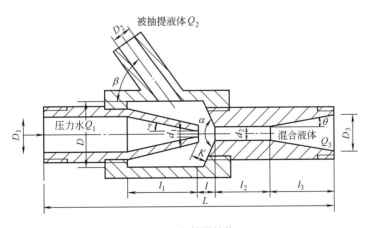

图 2-5　水射器结构

④ 水泵投加　可用耐酸泵与转子流量计配合使用，也可采用计量泵，不另设计量设备。

（2）计量设备

① 孔口计量装置　见图 2-6 及图 2-7。利用苗嘴和孔板等装置使恒定水位下孔口自由出流时的流量为稳定流量。可改变孔口断面来控制流量。

② 浮子或浮球阀定量控制装置　见图 2-8 及图 2-9。因溶液出口处水头 H 不变，流量也不变，可通过变更孔口尺寸来控制投配量。

③ 转子流量计　根据水量大小选择成套转子流量计的产品进行测量。

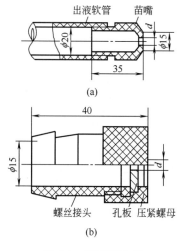

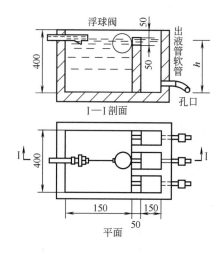

图 2-6　苗嘴和孔板

图 2-7　孔口计量

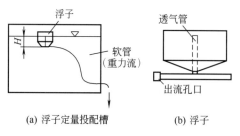

图 2-8　浮子定量控制装置

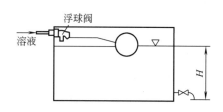

图 2-9　浮球阀定量控制装置

二、混合与搅拌设备

混合设备是完成凝聚过程的重要设备。它能保证在较短的时间内将药剂扩散到整个水体，并使水体产生强烈紊动，为药剂在水中的水解和聚合创造了良好的条件。一般混合时间约为 2min 左右，混合时的流速应在 1.5m/s 以上。常用的混合方式有水泵混合、隔板混合和机械混合。

1. 水泵混合

将药剂加于水泵的吸水管或吸水喇叭口处，利用水泵叶轮的高速转动达到快速而剧烈混合目的，取得良好的混合效果，不需另建混合设备，但需在水泵内侧、吸入管和排放管内壁衬以耐酸、耐腐材料，同时要注意进水管处的密封，以防水泵汽蚀。当泵房远离处理构筑物时不宜采用，因已形成的絮体在管道出口一经破碎难于重新聚结，不利于以后的絮凝。

2. 隔板混合

图 2-10 为分流隔板式混合槽。槽内设隔板，药剂于隔板前投入，水在隔板通道间流动过程中与药剂充分混合。混合效果比较好，但占地面积大，水头损失也大。

图 2-11 为多孔隔板式混合槽，槽内设若干穿孔隔板，水流经小孔时做旋流运动，使药剂与原水充分混合。当流量变化时，可调整淹没孔口数目，以适应流量变化。缺点是水头损失较大。

隔板间距为池宽的两倍，也可取 60～100cm，流速取值在 1.5m/s 以上，混合时间一般为 10～30s。

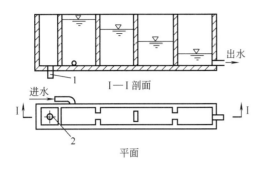

图 2-10　分流隔板式混合槽

1—溢流管；2—溢流堰

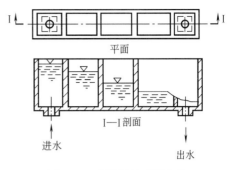

图 2-11　多孔隔板式混合槽

3. 机械混合

多采用结构简单、加工制造容易的桨板式机械搅拌混合槽，如图 2-12 所示。混合槽可采用圆形或方形水池，高（H）3～5m，叶片转动圆周速度为 1.5m/s 以上，停留时间 10～15s。

为加强混合效果，可在内壁设四块固定挡板，每块挡板宽度 b 取（1/10～1/12）D（D 为混合槽内径），其上、下缘距静止液面和池底皆为 $D/4$。

池内一般设带两叶的平板搅拌器，搅拌器距池底（0.5～0.75）D_0（D_0 为桨板直径）。

当 $H:D \leqslant 1.2～1.3$ 时，搅拌器设一层桨板；

当 $H:D > 1.2～1.3$ 时，搅拌器可设两层桨板；

如 $H:D$ 的值很大，则可多设几层桨板。每层间距为（1.0～1.5）D_0，相邻两层桨板 90° 交叉安装。

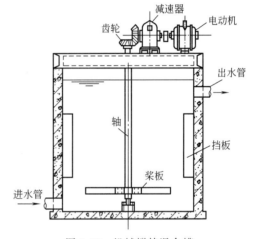

图 2-12　机械搅拌混合槽

搅拌器桨板直径 $D_0 = (1/3～2/3)D$；搅拌器桨板宽度 $B = (0.1～0.25)D_0$。

机械搅拌混合槽的主要优点是混合效果好且不受水量变化的影响，适用于各种规模的处理厂，缺点是增加了机械设备，相应增加了维修工作量。

三、反应设备

反应设备根据其搅拌方式可分为水力搅拌反应池和机械搅拌反应池两大类。水力搅拌反应池有平流式或竖流式隔板反应池、回转式隔板反应池、涡流式反应池等形式。各种不同类型反应池的优、缺点以及适用条件列于表 2-1 中。

1. 隔板反应池的设计

隔板反应池主要有往复式和回转式两种，见图 2-13 及图 2-14。往复式隔板反应池是在一个矩形水池内设置许多隔板，水流沿两隔板之间的廊道往复前进。隔板间距（廊道宽度）自进水端至出水端逐渐增加，从而使水流速度逐渐减小，以避免逐渐增大的絮体在水流剪切力下破碎。水流在廊道间往返流动，造成颗粒碰撞聚集达到絮凝效果，水流的能量消耗来自反应池内的水位差。

表 2-1　不同类型反应池的优、缺点与适用条件

反应池类型	优　点	缺　点	适用条件
往复式(平流式或竖流式)隔板反应池	反应效果好,构造简单,施工方便	容积较大,水头损失大	水量大于 $1000m^3/h$ 且水量变化较小
回转式隔板反应池	反应效果良好,水头损失较小,构造简单,管理方便	池较深	水量大于 $1000m^3/h$ 且水量变化较小,改建或扩建旧有设备
涡流式反应池	反应时间短,容积小,造价低	池较深,截头圆锥形,池底难以施工	水量小于 $1000m^3/h$
机械搅拌反应池	反应效果好,水头损失小,可适应水质水量的变化	部分设施处于水下,维护不便	大小水量均适用

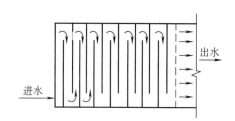

图 2-13　往复式隔板反应池

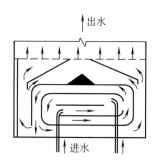

图 2-14　回转式隔板反应池

往复式隔板反应池在水流转角处能量消耗大,但对絮体成长并不有利。在 180°的急剧转弯处,虽会增加颗粒碰撞概率,但也易使絮体破碎。为减少不必要的能量消耗,于是将 180°转弯改为 90°转弯,形成回转式反应池。为便于与沉淀池配合,水流自反应池中央进入,逐渐转向外侧。廊道内水流断面由中央至外侧逐渐增大,原理与往复式相同。

(1) 设计参数及要点

① 池数一般不少于两座,反应时间为 20～30min,色度高、难沉淀的细颗粒较多时宜采用高值。

② 池内流速应按高速设计,进口流速一般为 0.5～0.6m/s,出口流速一般为 0.2～0.3m/s。通常用改变隔板的间距以达到改变流速的要求。

③ 隔板净间距应大于 0.5m,小型反应池采用活动隔板时可适当减小间距。进水管口应设挡板,避免水流直冲隔板。

④ 反应池超高一般取 0.3m。

⑤ 隔板转弯处的过水断面面积应为廊道断面面积的 1.2～1.5 倍。

⑥ 池底坡向排泥口的坡度一般取 2‰～3‰,排泥管直径不小于 150mm。

⑦ 速度梯度 (G) 与反应时间 (t) 的乘积 Gt 可间接表示整个反应时间内颗粒碰撞的总次数,可用来控制反应效果。当原水浓度低,平均 G 值较小或处理要求较高时,可适当延长反应时间,以提高 Gt 值,改善反应效果。一般平均 G 值在 20～70s^{-1} 之间为宜,Gt 值应控制在 10^4～10^5 之间。

(2) 设计计算

① 反应池容积 V 的设计

$$V = \frac{Qt}{60} \tag{2-2}$$

式中　V——反应池总容积，m^3；

　　　Q——设计处理水量，m^3/s；

　　　t——反应时间，min。

②　反应池内水头损失计算

a. 廊道内沿程水头损失

$$h_f = \frac{n^2}{R^{4/3}} v^2 l \tag{2-3}$$

式中　n——廊道内池壁及池底粗糙系数，经水泥砂浆粉刷后，可取 $n=0.014$；

　　　v——廊道内水流速度，m/s；

　　　l——廊道长度，m；

　　　R——廊道内水力半径，m。

b. 水流转弯处局部水头损失

$$h_j = \xi \frac{v_{it}^2}{2g} \tag{2-4}$$

式中　ξ——局部阻力系数，180°转弯的往复隔板取 3，90°转弯的回转隔板取 1；

　　　v_{it}——转弯处水流速度，m/s；

　　　g——重力加速度，$9.81 m/s^2$。

隔板反应池廊道宽度通常分为几段，每段内又有几个转弯，亦即几个廊道，每段内的廊道宽度相等，流速也相同。如果按段计算，每段内的总水头损失 h_i 应为

$$h_i = m_i \left(\frac{n^2}{R^{4/3}} v_i^2 l + \xi \frac{v_{it}^2}{2g} \right) \tag{2-5}$$

式中　h_i——第 i 段廊道内沿程和局部水头损失之和；

　　　m_i——第 i 段的水流转弯次数；

　　　v_i——第 i 段廊道内水流速度，m/s；

　　　v_{it}——第 i 个转弯处水流速度，m/s。

整个反应池的总水头损失应为各段水头损失之和。回转式隔板反应池则按圈分段，计算方法与往复式相同，只是 ξ 值不同。

c. 反应池总的平均速度梯度

$$\overline{G} = \sqrt{\frac{\rho g \sum h_i}{\mu t}} \tag{2-6}$$

式中　$\overline{G}$——平均速度梯度，s^{-1}；

　　　ρ——水的密度，$1000 kg/m^3$；

　　　g——重力加速度，$9.81 m/s^2$；

　　　μ——水的动力黏度，$kg \cdot s/m^2$；

　　　t——反应时间，s。

（3）应用举例　某水厂设计日产量 150000t。设计两组处理构筑物，采用往复式隔板反应池配平流式沉淀池。试计算隔板反应池。

解：①　设计参数

反应时间：$t=20 min$；

平均水深：$H=2.8 m$（考虑与沉淀池配合）；

池宽：$B=24 m$（考虑与沉淀池配合）；

超高：0.3m；

廊道分段流速（6 段）：$v_1=0.55\text{m/s}$，$v_2=0.50\text{m/s}$，$v_3=0.40\text{m/s}$，

$\qquad\qquad\qquad v_4=0.30\text{m/s}$，$v_5=0.25\text{m/s}$，$v_6=0.20\text{m/s}$。

② 反应池长度及廊道宽度计算

反应池设计流量为

$$Q=\frac{150000\times1.05}{2\times24}=3281.25\ (\text{m}^3/\text{h})=0.9115\ (\text{m}^3/\text{s})$$

（1.05 是考虑了水厂自用水量为日产水量的 5%）。

反应池净长度（隔板净间距之和）

$$L'=\frac{Qt}{BH}=\frac{3281.25\times20}{24\times2.8}\times\frac{1}{60}=16.28\ (\text{m})$$

根据廊道内设计流速 v_i，可得各段廊道宽度 $\quad b_i=\dfrac{Q}{Hv_i}=\dfrac{0.9115}{2.8v_i}$

计算结果见表 2-2。

表 2-2　廊道宽度计算表

分 段 编 号	1	2	3	4	5	6
设计流速 v_i/(m/s)	0.55	0.50	0.40	0.30	0.25	0.20
各段廊道宽度 b_i/m	0.59	0.65	0.81	1.08	1.30	1.63
各段廊道数 m_i	3	3	3	3	3	2

廊道净宽总和：

$$\sum b_i=3\times(0.59+0.65+0.81+1.08+1.30)+2\times1.63=16.55\ (\text{m})$$

廊道净宽 $\sum b_i$ 应与絮凝池净长度 L' 相一致，现相差 $16.55-16.28=0.27$（m），可将池净长度加大 0.27m。

隔板厚度取 0.12m，则反应池总长为

$$L=16.55+0.12\times17=18.59\approx19\ (\text{m})$$

③ 水头损失计算

a. 各段廊道平均水力半径　$R_i=\dfrac{Hb_i}{2H+b_i}=\dfrac{2.8B}{5.6+b_i}$

计算结果见表 2-3。

表 2-3　廊道水力半径计算表

分 段 编 号	1	2	3	4	5	6
廊道宽度 b_i/m	0.59	0.65	0.81	1.08	1.30	1.63
平均水力半径 R_i/m	0.27	0.29	0.35	0.45	0.53	0.63

b. 由式（2-5）可得各段廊道水头损失 $h_i=m_i\left(\dfrac{0.014^2\times24}{R_i^{1.33}}v_i^2+\dfrac{3}{2g}v_{it}^2\right)$

计算结果见表 2-4。

总水头损失 $\sum h_i=0.092+0.075+0.045+0.024+0.016+0.007=0.26$（m）

④ 平均速度梯度 $\overline{G}$ 及 $\overline{G}t$ 值的计算

按水温 20℃计，$\mu=1\times10^{-3}\text{Pa·s}$，$\rho=1000\text{kg/m}^3$；1～5 段，各段廊道总长度为 $l=m_iB=3\times24=72$（m）；第 6 段廊道总长为 $2\times24=48$（m）。计算各段廊道所需絮凝时间 $t_i=m_il/v_i$，并用式（2-6）计算各段廊道的速度梯度 G_i。计算结果见表 2-5。

反应池总的平均速度梯度 $\overline{G}$ 为

$$\overline{G}=\sqrt{\frac{\rho g\sum h_i}{\mu t}}=\sqrt{\frac{1000\times9.81\times0.26}{1\times10^{-3}\times20\times60}}=46\ (\text{s}^{-1})$$

表 2-4 各段廊道水头损失计算表

分 段 编 号	1	2	3	4	5	6
各段廊道数 m_i	3	3	3	3	3	2
各段廊道流速 v_i/(m/s)	0.55	0.50	0.40	0.30	0.25	0.20
转弯流速 $v_{it}=0.7v_i$/(m/s)	0.39	0.35	0.28	0.21	0.18	0.14
平均水力半径 R_i/m	0.27	0.29	0.35	0.45	0.53	0.63
各段廊道水头损失 h_i/m	0.092	0.075	0.045	0.024	0.016	0.007

注：$v_{it}=0.7v_i$ 为设计取用值；粗糙系数取 $n=0.014$。

表 2-5 各段廊道速度梯度计算表

分 段 编 号	1	2	3	4	5	6
各段廊道水头损失 h_i/m	0.092	0.075	0.045	0.024	0.016	0.007
絮凝时间 t_i/s	131	144	180	240	288	360
各段廊道速度梯度 G_i/s^{-1}	83.0	71.5	49.5	31.3	23.3	13.8

$$\overline{G}t=46\times20\times60=5.52\times10^4$$

符合反应池的设计要求。

2. 机械搅拌反应池的设计

机械搅拌反应池根据转轴的位置可分为水平轴式和垂直轴式两种，垂直轴式应用较广，水平轴式操作和维修不方便，目前较少应用。

（1）设计参数及要点

① 池数一般不少于 2 座。

② 每座池一般设 3～4 挡搅拌器，各搅拌器之间用隔墙分开以防水流短路，垂直搅拌轴设于池中间。

③ 搅拌叶轮上桨板中心处的线速度自第一挡 0.5～0.6m/s 逐渐减小至 0.2～0.3m/s。线速度的逐渐减小，反映了速度梯度 G 值的逐渐减小。

④ 垂直轴式搅拌器的上桨板顶端应设于池子水面下 0.3m 处，下桨板底端设于距池底 0.3～0.5m 处，桨板外缘与池侧壁间距不大于 0.25m。

⑤ 桨板宽度与长度之比 $b/l=1/10$～$1/15$，一般采用 $b=0.1$～0.3m。每台搅拌器上桨板总面积宜为水流截面的 10%～20%，不宜超过 25%，以免池水随桨板同步旋转，减弱絮凝效果。水流截面积是指与桨板转动方向垂直的截面积。

⑥ 所有搅拌轴及叶轮等机械设备应采取防腐措施。轴承与轴架宜设于池外，以免进入泥沙，致使轴承严重磨损和轴杆折断。

（2）设计计算

① 反应池容积的设计　可采用式（2-2）计算反应池容积，反应时间 t 通常取 20～30min。

② 搅拌器功率的计算　机械反应池的絮凝效果主要取决于搅拌器的功率及功率的合理施用。搅拌功率的大小取决于旋转时各桨板的线速度和桨板面积。以图 2-15 为例，当桨板旋转时，水流对桨板的阻力就是桨板施于水的推力。在桨板 dA 面积上的水流阻力为

$$dF_i=C_D\rho\frac{v_0^2}{2}dA \tag{2-7}$$

式中　dF_i——水流对面积为 dA 的桨板的阻力，N；

C_D——阻力系数，取决于桨板的长宽比；

v_0——水流与桨板的相对速度，m/s；

ρ——水的密度，kg/m^3。

阻力 dF_i 在单位时间内所做的功即为桨板克服水的阻力所耗的功率。即

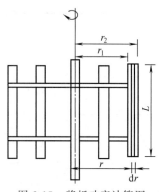

图 2-15　桨板功率计算图

$$dP_i = dF_i v_0 = C_D \rho \frac{v_0^3}{2} dA = \frac{C_D \rho}{2} v_0^3 l \, dr = \frac{C_D \rho}{2} \omega_0^3 r^3 l \, dr \qquad (2-8)$$

式中　dP_i——dF_i 在单位时间内所做的功，W；

　　　l——桨板长度，m；

　　　r——旋转半径，m；

　　　ω_0——相对于水的旋转角速度，rad/s。

将式（2-8）积分可得

$$P_i = \frac{C_D \rho}{8} l \omega_0^3 (r_2^4 - r_1^4) \qquad (2-9)$$

由于桨板外缘旋转半径 r_2 与内缘旋转半径 r_1 的关系为 $r_1 = r_2 - b$（b 为桨板宽度）；一块桨板面积 $A = lb$；桨板外缘旋转线速度 $v_{io} = r_2 \omega_0$。将上述关系式代入式（2-9），可得

$$P_i = \frac{C_D \rho}{8} K_i A_i v_{io}^2 \qquad (2-10)$$

$$K_i = 4 + 4 \frac{b}{r_2} - 6 \left(\frac{b}{r_2}\right)^2 - \left(\frac{b}{r_2}\right)^3 \qquad (2-11)$$

式中　P_i——叶轮外侧 i 桨板施于水流的功率，W；

　　　A_i——i 桨板面积，m^2；

　　　v_{io}——i 桨板外缘相对于水流的旋转线速度，称相对线速度，m/s；

　　　b——i 桨板宽度，m；

　　　r_2——i 桨板外缘旋转半径，m；

　　　K_i——宽径比系数，取决于桨板宽度与外缘旋转半径之比，可按式（2-11）计算，也可查按此式绘制的图 2-16。

式中阻力系数 C_D 取决于桨板宽长比 b/l，当 $b/l < 1$ 时，$C_D = 1.1$，水处理中桨板宽长比通常符合 $b/l < 1$ 的条件，故取 $C_D = 1.1$。设计中相对线速度可采用 0.75 倍的旋转线速度，即 i 桨板外缘速度 $v_i = 0.75 v_{io}$，水的密度 $\rho = 1000 kg/m^3$，将以上数据代入式（2-10）可得

$$P_i = 58 K_i A_i v_i^3 \qquad (2-12)$$

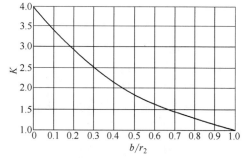

图 2-16　K 与 b/r_2 的关系曲线

对于旋转轴上任何一块桨板，都可按式（2-12）计算其功率。设叶轮内侧桨板以 j 符号记，则一根轴上内、外侧全部桨板功率之和 P 为

$$P = m_i P_i + m_j P_j = 58 (m_i K_i A_i v_i^3 + m_j K_j A_j v_j^3) \qquad (2-13)$$

式中　m_i——外侧桨板数；

　　　m_j——内侧桨板数。

③ G 及 Gt 值的核算　当每台搅拌器功率求出后，分别计算各池子的速度梯度 G。以第 3 格池子为例，则

$$G_1 = \sqrt{\frac{3P_1}{\mu V}} \qquad G_2 = \sqrt{\frac{3P_2}{\mu V}} \qquad G_3 = \sqrt{\frac{3P_3}{\mu V}}$$

式中符号下标为搅拌器或池格编号；V 为第 3 格池子的有效总容积，每格容积为 $V/3$。

整个反应池的平均速度梯度$\overline{G}$计算公式如下。

$$\overline{G}=\sqrt{\frac{1}{3}(G_1^2+G_2^2+G_3^2)}=\sqrt{\frac{P_1+P_2+P_3}{\mu V}} \tag{2-14}$$

（3）应用举例　某印染厂来自印染、染色、整装及漂染车间的污水流量为$6000\mathrm{m}^3/\mathrm{d}$。在生物接触氧化池后设置机械反应池和沉淀池。混凝剂采用氯化铝并投加少量聚丙烯酰胺以提高絮凝效果。试进行机械反应池设计。

解：① 反应池尺寸计算

a. 反应池容积计算

设计流量

$$Q=\frac{6000}{24}=250（\mathrm{m}^3/\mathrm{h}）$$

反应时间取

$$t=20\mathrm{min}$$

反应池容积

$$V=\frac{Qt}{60}=\frac{250\times20}{60}=83.3（\mathrm{m}^3）$$

b. 反应池串联格数及尺寸

为配合沉淀池尺寸，反应池采用 3 格串联，设置 3 台搅拌机。每格有效尺寸为：

$$B=2.6\mathrm{m}\qquad L=2.6\mathrm{m}\qquad H=4.2\mathrm{m}$$
$$V=3BLH=3\times2.6\times2.6\times4.2=85\mathrm{m}^3$$

反应池超高取 0.3m，池子总高度应为 4.5m。反应池分格隔墙上的过水孔道上下交错布置。见图 2-17。

② 搅拌设备设计

a. 叶轮直径及桨板尺寸

叶轮外缘距池子内壁距离取 0.25m，叶轮直径为：$D=2.6-2\times0.25=2.1（\mathrm{m}）$。

每根旋转轴上安装 8 块桨板。桨板长度取 $l=1.4\mathrm{m}$，宽度取 $b=0.12\mathrm{m}$。

b. 桨板中心点旋转半径及转速

桨板中心点旋转半径为

$$R=0.48+\frac{0.33+2\times0.12}{2}=0.765（\mathrm{m}）$$

每台搅拌机桨板中心点旋转线速度取，则

第一格　$v_1=0.5\mathrm{m/s}$

第二格　$v_2=0.35\mathrm{m/s}$

第三格　$v_3=0.2\mathrm{m/s}$

则每台搅拌机转速为

第一格　$n_1=\dfrac{60v_1}{2\pi R}=\dfrac{60\times0.5}{2\pi\times0.765}=6.24（\mathrm{r/min}）$

第二格　$n_2=\dfrac{60v_2}{2\pi R}=\dfrac{60\times0.35}{2\pi\times0.765}=4.37（\mathrm{r/min}）$

第三格　$n_3=\dfrac{60v_3}{2\pi R}=\dfrac{60\times0.2}{2\pi\times0.765}=2.5（\mathrm{r/min}）$

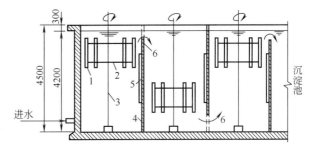
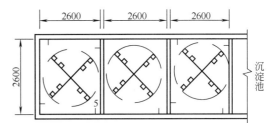

图 2-17　垂直轴式机械搅拌反应池
1—桨板；2—叶轮；3—旋转轴；
4—隔墙；5—挡板；6—过水孔道

c. 桨板旋转功率计算

（a）桨板旋转线速度按表2-6计算。

表2-6　桨板旋转线速度

分　格	桨板外缘线速度 $v=2\pi rn/60(\text{m/s})$	
	外侧桨板	内侧桨板
	$v_i=2\pi r_i n_i/60=0.11n_i$	$v_j=2\pi r_j n_i/60=0.063n_i$
第一格	$0.11\,n_1=0.11\times6.24=0.69$	$0.063\,n_1=0.063\times6.24=0.39$
第二格	$0.11\,n_2=0.11\times4.37=0.48$	$0.063\,n_2=0.063\times4.37=0.28$
第三格	$0.11\,n_3=0.11\times2.5=0.28$	$0.063\,n_3=0.063\times2.5=0.16$

（b）每台搅拌机上桨板总面积为

$$A=8bl=8\times0.12\times1.4=1.344\ (\text{m}^2)$$

桨板总面积与反应池过水截面积之比为

$$\frac{A}{BH}=\frac{1.344}{2.6\times4.2}=12.3\%\ （小于25\%，符合要求）$$

（c）求桨板宽径比系数 K 值（三台搅拌器完全相同）

外侧桨板　$b/r_2=0.12/1.05=0.11$　　　　查图2-16可得 $K_i=3.4$

内侧桨板　$b/r_1=0.12/0.6=0.2$　　　　　查图2-16可得 $K_j=2.95$

（d）求每台搅拌器功率

第一格　$P_1=58A(K_i v_i^3+K_j v_j^3)=58\times1.344\times(3.4\times0.69^3+2.95\times0.39^3)=100.7\ (\text{W})$

第二格　$P_2=58\times1.344\times(3.4\times0.48^3+2.95\times0.28^3)=34.4\ (\text{W})$

第三格　$P_3=58\times1.344\times(3.4\times0.28^3+2.95\times0.16^3)=6.8\ (\text{W})$

③ 配用电动机功率　电动机总机械效率取 $\eta_1=0.75$，传动效率取 $\eta_2=0.7$，则配用电动机功率为

第一格　$N_1=\dfrac{P_1}{\eta_1\eta_2}=\dfrac{100.7}{0.75\times0.7}=192\ (\text{W})$

第二格　$N_2=\dfrac{P_2}{\eta_1\eta_2}=\dfrac{34.4}{0.75\times0.7}=65.5\ (\text{W})$

第三格　$N_3=\dfrac{P_3}{\eta_1\eta_2}=\dfrac{6.8}{0.75\times0.7}=13\ (\text{W})$

④ $\overline{G}$ 及 $\overline{G}t$ 值的核算（按水温20℃计，$\mu=1\times10^{-3}\text{Pa}\cdot\text{s}$）

第一格　$G_1=\sqrt{\dfrac{3P_1}{\mu v}}=\sqrt{\dfrac{3\times100.7}{1\times85}\times10^3}=60\ (\text{s}^{-1})$

第二格　$G_2=\sqrt{\dfrac{3P_2}{\mu v}}=\sqrt{\dfrac{3\times34.4}{1\times85}\times10^3}=35\ (\text{s}^{-1})$

第三格　$G_3=\sqrt{\dfrac{3P_3}{\mu v}}=\sqrt{\dfrac{3\times6.8}{1\times85}\times10^3}=16\ (\text{s}^{-1})$

反应池总平均速度梯度 $\overline{G}$ 为

$$\overline{G}=\sqrt{\frac{1}{3}(G_1^2+G_2^2+G_3^2)}=\sqrt{\frac{1}{3}(60^2+35^2+16^2)}=41\ (\text{s}^{-1})$$

$$\overline{G}t=41\times20\times60=4.9\times10^4$$

经验算，$\overline{G}$ 与 $\overline{G}t$ 值均较合适。

3. 涡流式反应池的设计要点

涡流式反应池的结构如图2-18所示。下半部为圆锥形，水从锥底部流入，形成涡流，

涡流边扩散边上升，锥体面积也逐渐扩大，上升速度逐渐由大变小，这样有利于絮凝体的形成。

涡流式反应池的设计参数及要点如下。

① 池数不少于 2 座，底部锥角呈 30°～45°，超高取 0.3m，反应时间 6～10min。

② 入口处流速取 0.7m/s，上侧圆柱部分上升流速取 4～6cm/s。

③ 在周边设积水槽收集处理水，也可采用淹没式穿孔管收集处理水。

④ 每米工作高度的水头损失控制在 0.02～0.05m。

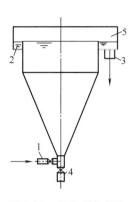

图 2-18　涡流式反应池
1—进水管；2—圆周集水槽；
3—出水管；4—放水阀；
5—格栅

四、澄清池

1. 澄清池基本原理

澄清池是一种将絮凝反应过程与澄清分离过程综合于一体的构筑物。

在澄清池中沉泥被提升起来并使之处于均匀分布的悬浮状态，在池中形成高浓度稳定的活性泥渣层。该层悬浮物浓度为 3～10g/L。原水在澄清池中由下向上流动，泥渣层由于重力作用在上升水流中处于动态平衡状态。当原水通过活性泥渣层时，利用接触絮凝原理，原水中的悬浮物便被活性泥渣层阻留下来，使水获得澄清，清水在澄清池上部被收集。

泥渣悬浮层上升流速与泥渣的体积浓度有关。即

$$\mu' = \mu(1-C_V)^m \tag{2-15}$$

式中　μ'——泥渣悬浮层上升流速；

　　μ——分散颗粒沉降速度；

　　C_V——体积浓度；

　　m——系数，无机颗粒 $m=3$，絮凝颗粒 $m=4$。

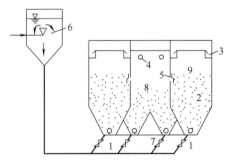

图 2-19　悬浮澄清池流程图
1—穿孔配水管；2—泥渣悬浮层；
3—穿孔集水槽；4—强制出水管；
5—排泥窗口；6—气水分离室；
7—穿孔排泥管；8—浓缩室；
9—澄清室

正确选用上升流速，保持良好的泥渣悬浮层，是澄清池取得较好处理效果的基本条件。

2. 澄清池的工作特征及类型

（1）澄清池的工作特征　澄清池的工作效率取决于泥渣悬浮层的活性与稳定。泥渣悬浮层是在澄清池中加入较多的混凝剂，并适当降低负荷，经过一定时间运行后逐步形成的。为使泥渣悬浮层始终保持絮凝活性，必须让泥渣层处于新陈代谢的状态。即一方面形成新的活性泥渣，另一方面排除老化了的泥渣。

（2）澄清池的类型　澄清池从工作原理上可分为泥渣悬浮型和泥渣循环型两大类。

① 泥渣悬浮澄清池

a. 悬浮澄清池　图 2-19 为悬浮澄清池流程图。原水由池底进入，靠向上的流速使絮凝体悬浮。因絮凝作用，悬浮层逐渐膨胀，超过一定高度时，通过排泥窗口排入泥渣浓缩室，经压实后定期排出池外。这种澄清池在进水量或水温发生变化时，悬浮层工作不稳定，目前较少采用。

b. 脉冲澄清池　图 2-20 为脉冲澄清池。进水通过配水竖井，向池内脉冲式间歇进水。在脉冲作用下，池内悬浮层一直周期性地处于膨胀和压缩状态，进行一上一下的运动。这种

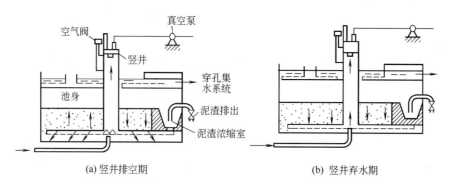

(a) 竖井排空期　　　　　　　　　　(b) 竖井弃水期

图 2-20　脉冲澄清池

脉冲作用使悬浮层的工作稳定，断面上的浓度分布均匀，并加强了颗粒的接触碰撞，改善了混合絮凝的条件，从而提高了净水效果。

② 泥渣循环澄清池

a. 机械加速澄清池　机械加速澄清池是将混合、絮凝反应及沉淀工艺综合在一个池内，如图 2-21 所示。池中心有一个转动叶轮，将原水和加入的药剂同澄清区沉降下来的回流泥浆混合，促进较大絮体的形成。泥浆回流量是进水量的 3~5 倍，可通过调节叶轮开启度来控制。为保持池内悬浮层浓度的稳定，要排除多余的污泥，所以在池内设有 1~3 个泥渣浓缩斗。当池子直径较大或进水含砂量较高时，需装设机械刮泥机。该池的优点是效率较高且比较稳定；对原水水质和处理水量的变化适应性较强；操作运行比较方便，应用较广泛。

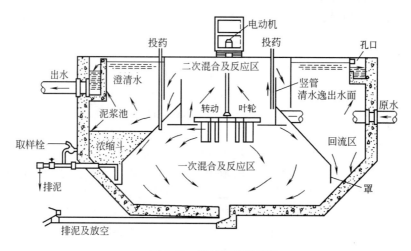

图 2-21　机械加速澄清池

b. 水力循环加速澄清池　图 2-22 为水力循环加速澄清池。原水由底部进入池内，经喷嘴喷出。喷嘴上面为混合室、喉管和第一反应室。喷嘴和混合室组成一个射流器，喷嘴高速水流将池子锥形底部含有大量絮凝体的水吸进混合室，与进水掺和后，经第一反应室喇叭口溢流进入第二反应室。吸进去的流量称为回流，为进口流量的 2~4 倍。第一反应室和第二反应室构成一个悬浮层区，第二反应室的出水进入分离室，相当于进水量的清水向上流向出口，剩余流量则向下流动，经喷嘴吸入与进水混合，再重复上述水流过程。该池无需机械搅拌设备，运行管理比较方便；锥底角度大，排泥效果好。但反应时间较短，造成运行上不够稳定，不能适用于处理大水量。

3. 澄清池的设计与计算

（1）澄清池池型选择 见表 2-7。

（2）澄清池设计主要技术参数 见表 2-8。

（3）机械加速澄清池设计参数及要点 澄清池中各部分是相互牵制、互相影响的，计算往往不能一次完成，需在设计过程中做相应的调整。

① 原水进水管、配水槽 原水进水管流速一般在 1m/s 左右，进水管接入环形配水槽后向两侧环形配水，配水槽断面设计流量按 1/2 计算。配水槽和缝隙的流速均采用 0.4m/s 左右。

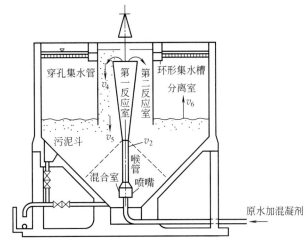

图 2-22 水力循环加速澄清池

表 2-7 各种澄清池的优缺点及适用条件

类别	优　点	缺　点	适用条件
机械加速澄清池	①单位面积产水量大，处理效率高 ②处理效果较稳定，适应性较强	①需机械搅拌设备 ②维修较麻烦	①进水悬浮物含量＜5g/L，短时间允许 5～10g/L ②适用于大、中型水厂
水力循环加速澄清池	①无机械搅拌设备 ②构筑物较简单	①投药量较大 ②消耗水头大 ③对水质、水温变化适应性差	①进水悬浮物含量＜2g/L，短时间允许 5g/L ②适用于中、小型水厂
脉冲澄清池	①混合充分，布水较均匀 ②池深较浅，便于平流式沉淀池改建	①需要一套真空设备 ②水头损失大，周期较难控制 ③对水质、水量变化适应性较差	适用于大、中、小型水厂
悬浮澄清池（无穿孔底板）	①构造较简单 ②能处理高浊度水（双层式加悬浮层底部开孔）	①需设水气分离室 ②对水量、水温较敏感，处理效果不够稳定 ③双层式池深较大	①进水悬浮物含量＜3g/L，用单池；3～10g/L，宜用双池 ②每小时流量变化＜10%，水温变化＜1℃

表 2-8 澄清池设计主要技术参数

类　　型		清　水　区		悬浮层高度/m	总停留时间/h
		上升流速/(mm/s)	高度/m		
机械加速澄清池		0.8～1.1	1.5～2.0	—	1.2～1.5
水力循环加速澄清池		0.7～1.0	2.0～3.0	3～4(导流筒)	1.0～1.5
脉冲澄清池		0.7～1.0	1.5～2.0	1.5～2.0	1.0～1.3
悬浮澄清池	单层	0.7～1.0	2.0～2.5	2.0～2.5	0.33～0.5(悬浮层) 0.4～0.8(清水区)
	双层	0.6～0.9	2.0～2.5	2.0～2.5	—

② 反应室　水在池中总停留时间一般为 1.2～1.5h。第一反应室、第二反应室停留时间一般控制在 20～30min。第二反应室计算流量为出水量的 3～5 倍（考虑回流）。第一反应室、第二反应室（包括导流室）和分离室的容积比一般控制在 2：1：7。第二反应室和导流室的流速一般为 40～60mm/s。

③ 分离室　上升流速一般采用 0.8～1.1mm/s。当处理低温、低浊度水时可采用 0.7～0.9mm/s。

④ 集水槽　集水方式可选用淹没孔集水槽或三角堰集水槽。孔径为 20～30mm，过孔流速为 0.6m/s，集水槽中流速为 0.4～0.6m/s，出水管流速为 1.0m/s 左右。

穿孔集水槽设计流量应考虑超载系数 β，取值 1.2～1.5。

⑤ 泥渣浓缩室　根据澄清池的大小，可设泥渣浓缩斗 1～3 个，泥渣斗容积为澄清池容积的 1%～4%，小型池可只用底部排泥。进水悬浮物含量＞1g/L 或池径≥24m 时，应设机械排泥装置。搅拌一般采用叶轮搅拌，叶轮提升流量为进水流量的 3～5 倍。叶轮直径一般为第二反应室内径的 0.7～0.8 倍。叶轮外缘线速度为 0.5～1.0m/s。

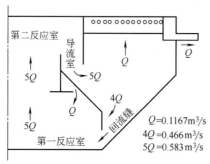

第二反应室
导流室
5Q
5Q
5Q
Q
Q
4Q
Q
回流缝
第一反应室
$Q = 0.1167\text{m}^3/\text{s}$
$4Q = 0.466\text{m}^3/\text{s}$
$5Q = 0.583\text{m}^3/\text{s}$

图 2-23　机械加速澄清池各部分设计流量

（4）机械加速澄清池设计计算应用举例　某水厂供水量 800m^3/h，进水悬浮物含量＜1000mg/L，出水悬浮物含量＜10mg/L，决定采用机械加速澄清池，试计算尺寸。

解：① 流量计算　水厂本身用水量占供水量的 5%，采用两座池，每座池的设计流量 $Q = (800/2) \times 1.05 = 420\text{m}^3/\text{h} = 0.1167\text{m}^3/\text{s}$，各部分设计流量见图 2-23。

② 澄清池面积

a. 第二反应室面积　该室为圆筒形，根据流量 $Q' = 5Q = 0.583\text{m}^3/\text{s}$，采用流速 $v = 50\text{mm/s}$，算得面积为 11.7m^2，直径为 3.86m。考虑导流板所占体积及反应室壁厚，取第二反应室内径为 3.9m，外径为 4.0m。设第二反应室停留时间为 8min，按回流泥渣量 5Q 计，算得其容积为 28m^3，高度为 $H_1 = 2.39\text{m}$。

b. 导流室　流量 $Q' = 5Q = 0.583\text{m}^3/\text{s}$，流速采用 $v = 50\text{mm/s}$，算得面积为 11.7m^2，内径为 5.56m，外径为 5.66m。水流从第二反应室出口溢入导流室，算得周长为 12.56m，取溢流速度为 0.05m/s，得反应室壁顶以上水深为 0.93m。

c. 分离室　上升流速取 1.1mm/s，按流量 $Q = 0.1167\text{m}^3/\text{s}$，算得环形面积为 106$\text{m}^2$。
澄清池总面积（第二反应室、导流室、分离室面积之和）为 129.4m^2，内径为 12.5m。

③ 澄清池高度　见图 2-24。澄清池停留时间取 1h，算得有效容积为 420m^3。考虑池结构所占体积 15m^3，则池总容积为 435m^3。筒体部分体积（筒体高度取 $H_4 = 1.76\text{m}$）为 $V_1 = \pi D^2 H_4 / 4 = 216\text{m}^3$，锥体部分体积 $V_2 = 435 - 216 = 219\text{m}^3$。斜壁角度为 45°，根据截头圆锥体公式 $V_2 = (R^2 + rR + r^2)\pi H_5 / 3$。将 $R = 6.25\text{m}$，$V_2 = 219\text{m}^3$，$r = R - H_5$ 代入得 $H_5 = 2.98\text{m}$。池底直径 $D_T = 12.5 - 2H_5\tan45° = 6.54\text{m}$，池底坡度为 5%，计算得增加池深为 0.16m。超高取 0.3m。澄清池总高度为 5.2m。

④ 第一反应室　根据以上计算结果，按比例绘制澄清池的断面图，取伞形板坡度为 45°，使伞形板下侧的圆筒直径较池底直径稍大，以便泥渣回流时能从斜壁下滑到第一反应室。如图 2-24 所示。

⑤ 穿孔集水槽

a. 孔口布置　采用池壁环形集水槽和 8 条辐射式集水槽，前者一侧开孔，后者两侧开

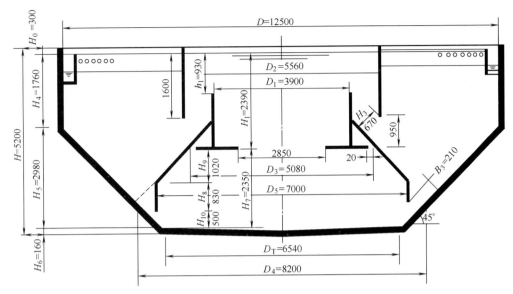

图 2-24 澄清池计算图

孔。设孔口中心线上的水头为 0.05m，所需孔口总面积为

$$\sum f = \frac{\beta Q}{\mu \sqrt{2gh}} = \frac{1.2 \times 0.1167}{0.62\sqrt{2 \times 9.81 \times 0.05}} = 0.228 \ (\text{m}^2) = 2280 \ (\text{cm}^2)$$

选用直径为 25mm，单孔面积为 4.91cm²，则孔口总数 $n = 2280/4.91 = 464$（个）

假设环形集水槽所占宽度为 0.38m，辐射集水槽所占宽度为 0.32m。则

8 条辐射槽开孔部分长度 $2 \times 8[(12.5-5.66)/2-0.38] = 48.64$（m）

环形槽开孔部分长度 $\pi \times (12.5-2 \times 0.38) - 8 \times 0.32 = 34.32$（m）

开孔集水槽总长度 $48.64 + 34.32 = 82.96$（m）

孔口间距 $82.96/464 = 0.18$（m）

b. 集水槽断面尺寸

集水槽沿程流量逐渐增大，按槽的出口处最大流量计算断面尺寸。每条辐射集水槽的开孔数为 $48.64/(8 \times 0.18) = 34$ 个，孔口流速为

$$v = \frac{\beta Q}{\sum f} = \frac{1.2 \times 0.1167}{0.228} = 0.61 \ (\text{m/s})$$

每槽计算流量 $q = 0.61 \times 4.91 \times 4.91 \times 10^{-4} \times 34 = 0.05 \ (\text{m}^3/\text{s})$

辐射槽的宽度 $B = 0.9 \times 0.05^{0.4} = 0.27\text{m}$，为施工方便取槽宽 0.3m。

考虑槽外超高 0.1m，孔上水头 0.05m，槽内跌落水头 0.08m，槽内水深 0.15m，则穿孔集水槽总高度为 0.38m。

环形槽内水流从两个方向汇流至出口，槽内流量按 $Q/2 = 0.06\text{m}^3/\text{s}$ 计，环形槽宽度 $B = 0.9 \times 0.06^{0.4} = 0.29\text{m}$，环形槽起端水深 $H_0 = B = 0.29\text{m}$，辐射槽内水流入环形槽应为自由落水，跌落高度取 0.08m，则环形槽总高度 $H = 0.29 + 0.08 + 0.38 = 0.75\text{m}$。

⑥ 搅拌设备

a. 提升叶轮 根据经验，叶轮内径为第二反应池内径的 0.7 倍，即 $d = 0.7D_1 = 0.7 \times 3.9 = 2.73\text{m}$，取 $d = 2.8\text{m}$。叶轮外缘线速度采用 $v = 0.5 \sim 1.5\text{m/s}$，叶轮转速 $n = 60v/\pi d = 3.4 \sim 10.3\text{r/min}$。

设提升水头为 0.1m，提升流量为 0.584m³/s，取 $n = 10\text{r/min}$。则比转数为

$$n_s = \frac{3.65 n \sqrt{Q'}}{H^{0.75}} = \frac{3.65 \times 10 \times \sqrt{0.584}}{0.1^{0.75}} = 157$$

当 $n_s = 157$ 时，$d/d_0 = 2$，因此叶轮内径 $d_0 = 1.4\text{m}$。叶轮设 8 片桨板，径向辐射式对称布置以便于装拆，如图 2-25 所示。

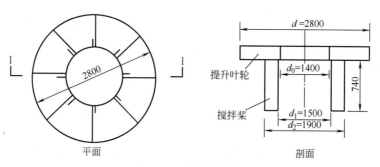

图 2-25 搅拌设备图

b. 搅拌桨 搅拌桨长度取第一反应室高度的 1/3，即 $2.22/3 = 0.74\text{m}$，桨板宽度取 0.2m。桨板总面积为 $8 \times 0.2 \times 0.74 = 1.18\text{m}^2$，第一反应室平均纵剖面积为

$$\frac{1}{2}(D_3 + D_5) \times H_9 + D_5 H_8 + \frac{1}{2}(D_5 + D_T) \times H_{10} + \frac{1}{2} D_T H_6 = 15.9\text{m}^2$$

桨板总面积占第一反应室截面积的 $1.18/15.9 = 7.42\%$（符合 $5\% \sim 10\%$ 的要求）。

桨板外缘线速度采用 1.0m/s，则桨板外缘直径 $d_2 = \frac{60v}{\pi n} = \frac{60 \times 1.0}{\pi \times 10} = 1.9$ （m）

桨板内缘直径 $d_1 = 1.9 - 0.2 \times 2 = 1.5\text{m}$。

c. 电动机功率 电动机功率按叶轮提升功率（N_1）和桨板搅拌功率（N_2）确定。

$$N_1 = \frac{\gamma Q' H}{102 \eta_1}$$

式中 γ——水的容重，1000kg/m^3；

Q'——提升流量，按 $5Q$ 计；

η_1——叶轮效率，取 0.5；

H——提升水头，按经验公式计算 $H = \left(\frac{nd}{87}\right)^2$ 计算。

经计算得 $H = 0.104$ （m），$N_1 = 1.30$ （kW）。

$$N_2 = \frac{mkl\omega^3}{4} \times \frac{r_2^4 - r_1^4}{102 \eta_2} = \frac{C_D \gamma}{2g} \times \frac{ml\omega^3}{4} \times \frac{r_2^4 - r_1^4}{102 \eta_2}$$

式中 C_D——阻力系数，取 1.10；

γ——水的容重，1000kg/m^3；

l——桨板长度，m；

ω——旋转角速度（$\omega = 2\pi n/60 = 1.05n \text{ rad/s}$）；

m——桨板数；

g——重力加速度，9.81m/s^2；

r_2——桨板外缘旋转半径（$r_2 = d_2/2 = 0.95\text{m}$）；

r_1——桨板内缘旋转半径（$r_1 = d_1/2 = 0.75\text{m}$）；

η_2——桨板机械效率，取 0.75。

经计算得桨板搅拌功率：$N_2 = 0.71$ （kW）

传动效率 η' 取 60%，则电动机功率为

$$N = \frac{N_1 + N_2}{\eta'} = \frac{1.3 + 0.71}{0.6} = 3.35 \ (kW)$$

第二节　电　解　槽

一、电解槽的类型

电解槽是利用直流电进行溶液氧化还原反应，污水中的污染物在阳极被氧化，在阴极被还原或者与电极反应产物作用，转化为无害成分被分离除去。利用电解可以处理：各种离子状态的污染物，如 CN^-、AsO_2^-、Cr^{6+}、Cd^{2+}、Pb^{2+}、Hg^{2+} 等；各种无机和有机耗氧物质，如硫化物、氨、酚、油和有色物质等；致病微生物。

电解法能够一次除去多种污染物，例如，氰化镀铜污水经过电解处理，CN^- 在阳极被氧化的同时，Cu^{2+} 在阴极被还原沉积。电解装置结构紧凑，占地面积小，一次性投资少，易于实现自动化。药剂用量少，废液量少。通过调节电压和电流，可以适应较大幅度的水量与水质变化。但电耗和可溶性阳极材料消耗较大、副反应多，电极易钝化。

一般连续处理工业污水的电解槽多为矩形。按槽内的水流方向可分为回流式与翻腾式两种。按电极与电源母线连接方式可分为单极式与双极式。

图 2-26 为单电极回流式电解槽。槽中多组阴、阳电极交替排列，构成许多折流式水流通道。电极板与总水流方向垂直，水流在极板间做折流运动，因此水流的流线长，接触时间长，死角少，离子扩散与对流能力好，阳极钝化现象也较为缓慢。但这种槽型的施工检修以

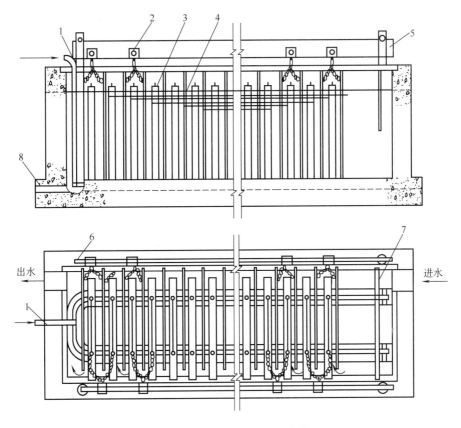

图 2-26　单电极回流式电解槽

1—压缩空气管；2—螺钉；3—阳极板；4—阴极板；5—母线；6—母线支座；7—水封板；8—排空阀

及更换极板比较困难。

图 2-27 为翻腾式电解槽。槽中水流方向与极板面平行,水流在槽中极板间作上下翻腾流动。这种槽型电极利用率较高,施工、检修、更换极板都很方便。极板分组悬挂于槽中,极板(主要是阳极板)在电解消耗过程中不会引起变形,可避免极板与极板、极板与槽壁互相接触,从而减少了漏电现象,实际生产中多采用这种槽型。

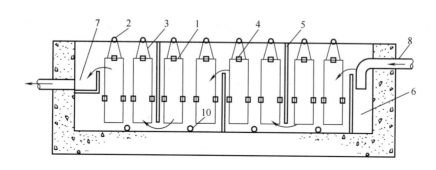

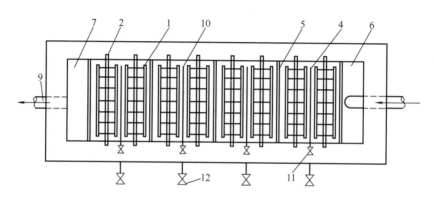

图 2-27 翻腾式电解槽

1—电极板;2—吊管;3—吊钩;4—固定卡;5—导流板;6—布水槽;7—集水槽;
8—进水管;9—出水管;10—空气管;11—空气阀;12—排空阀

电解槽电源的整流设备应根据电解所需的总电流和总电压进行选择。电解所需的电压和电流,既取决于电解反应,也取决于电极与电源的连接方式。

对单极式电解槽,当电极串联后,可采用高电压、小电流的电源设备,若电极并联,则要采用低电压、大电流的电源设备。采用双极式电解槽,仅两端的极板为单电极,与电源相连。中间的极板都是感应双电极,即极板的一面为阳极,另一面为阴极。双极式电解槽的槽电压取决于相邻两单电极的电位差和电极对的数目。电流强度取决于电流密度以及一个单电极(阴极或阳极)的表面积,与双电极的数目无关。因此,可采用高电压、小电流的电源设备,以减少投资。另外,在单极式电解槽中,有可能由于极板腐蚀不均匀等原因造成相邻两极板接触,引起短路事故。而在双极式电解槽中极板腐蚀较均匀,即使相邻极板发生接触,变为一个双电极,也不会发生短路现象。因此采用双极式电极可缩小极板间距,提高极板有效利用率,降低造价和运行费用。

二、电解槽的工艺设计

电解槽的设计,主要是根据污水流量及污染物种类和浓度等因素合理选定极水比、极距、电流密度、电解时间等参数,从而确定电解槽的尺寸和整流器的容量。

1. 电解槽有效容积

$$V = \frac{QT}{60} \qquad (2-16)$$

式中　V——电解槽有效容积，m^3；

　　　Q——污水设计流量，m^3/h；

　　　T——操作时间，min。

对连续式操作，T 即为电解时间，一般为 $20 \sim 30min$。对间歇式操作，T 为轮换周期，包括注水时间、沉淀排空时间和电解时间，一般为 $2 \sim 4h$。

2. 阳极面积

阳极面积（A）可由选定的极水比和已求出的电解槽有效容积（V）推得，也可由选定的电流密度（i）和总电流（I）推得。

3. 电流

电流 I 应根据污水情况和要求的处理程度由试验确定。对含 Cr^{6+} 污水，也可由下式计算。

$$I = \frac{KQc}{S} \qquad (2-17)$$

式中　I——电流，A；

　　　K——每克 Cr^{6+} 还原成 Cr^{3+} 所需的电量，$A \cdot h/gCr$，一般为 $4.5A \cdot h/gCr$ 左右；

　　　c——污水含 Cr^{6+} 浓度，mg/L；

　　　S——电极串联数，在数值上等于串联极板数减 1。

4. 电压

电解槽的槽电压等于极间电压和导线上的电压降之和，即

$$U = SU_1 + U_2 \qquad (2-18)$$

式中　U——电解槽的槽电压，V；

　　　U_1——极间电压，V，一般为 $3 \sim 7.5V$，应由试验确定；

　　　U_2——导线上的电压降，V，一般为 $1 \sim 2V$。

选择整流设备时，电流和电压值应分别比按式（2-17）、式（2-18）计算的值大 $30\% \sim 40\%$，用以补偿极板的钝化和腐蚀等因素引起的整流器效率降低。

5. 电能消耗

$$N = \frac{IU}{1000Qe} \quad (kW \cdot h/m^3) \qquad (2-19)$$

式中　N——电能消耗，$kW \cdot h/m^3$；

　　　e——整流器效率，一般取 0.8 左右。其余符号意义同上。

最后对设计的电解槽进行核算，使

$$A_{实际} > A_{计算}, \quad I_{实际} > I_{选定}, \quad t_{实际} > t_{选定}$$

除此之外，设计时还应考虑下列问题。

① 电解槽长宽比取（$5 \sim 6$）：1，深宽比取（$1 \sim 1.5$）：1。电解槽进出水端要求设有配水和稳流装置，以利于均匀布水并维持良好流态。

② 极板间距应适当，一般为 $30 \sim 40mm$。过大则电压要求高，电耗大；过小不仅安装不便，而且极板材料消耗量高。所以极板间距应综合考虑多种因素确定。

③ 空气搅拌可减少浓差极化，防止槽内积泥，但增加 Fe^{2+} 的氧化，降低电解效率。因此空气量要适当，一般每立方米污水需空气量 $0.1 \sim 0.3m^3/min$。空气入池前要除油。

④ 阳极在氧化剂和电流的作用下，会形成一层致密的不活泼而又不溶解的钝化膜，使电阻和电耗增加。可以通过投加适量 NaCl、增加水流速度、采用机械去膜以及电极定期

（如 2d）换向等方法防止钝化。

⑤ 耗铁量主要与电解时间、pH 值、盐浓度和阳极电位等有关，此外还与实际操作条件有关。如 i 太高、t 太短，均会使耗铁量增加。电解槽停用时，要放入清水浸泡，否则会使极板氧化加剧，增加耗铁量。

⑥ 冰冻地区的电解槽应设在室内，其他地区可设在棚内。

第三节　氯氧化设备

氯作为氧化剂可氧化污水中的氰、硫、酚、氨氮及去除某些染料而脱色等，也可用来进行消毒。作为氧化剂的氯可有如下形态：氯气、液氯、漂白粉、漂粉精、次氯酸钠和二氧化氯等。氯气是一种具有刺激性气味的黄绿色有毒气体；液氯是压缩氯气后变为琥珀色的透明液体，可用氯瓶贮存远距离运输；漂粉精可加工成片剂，称为氯片；次氯酸钠可利用电解食盐水的方法，在现场由次氯酸钠发生器制备。

氯氧化处理工艺的主要设备有反应池和投药设备。反应池可按污水量的水力停留时间设计。投药设备包括调节 pH 值的药剂（如碱液和酸液）的投加设备（可参照 2.1 进行设计）及氯的投加设备。

氯的投加设备视所用的氯氧化剂而异，常用的氯氧化剂有液氯和漂白粉。投氯量可按氯氧化方程式的理论需氯量加 10%～15% 计算，或通过试验确定。

氯氧化含氰电镀污水，第一阶段的理论需氯量为　$CN^- : Cl_2 = 1 : 2.73$

第二阶段的理论需氯量为　$CN^- : Cl_2 = 1 : 4.10$

完成两阶段的总理论需氯量为　$CN^- : Cl_2 = 1 : 6.83$

根据需氯量进行投氯设备的设计和选型。

一、加氯机

1. 氯瓶

液氯在钢瓶内贮存和运输。使用时，液氯转变为氯气加入水中，氯瓶内压力一般为 6～8atm（1atm＝101.325kPa），所以不能在太阳下曝晒或放在高温场所，以免气化时压力过高发生爆炸。卧式氯瓶有两个出氯口，使用时务必使两个出氯口的连线垂直于水平面。上出氯口为气态氯，下出氯口为液态氯，如图 2-28 所示。与加氯机进氯口相连的是上出氯口。立式氯瓶在投氯量较小时使用，竖放安装，出氯口朝上。

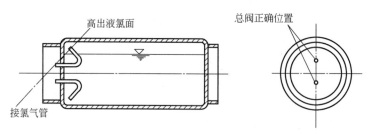

图 2-28　卧式氯瓶

2. 加氯机

加氯机种类繁多（见表 2-9），工作原理基本相同，图 2-29 为 ZJ 型转子加氯机示意图。来自氯瓶的氯气首先进入旋风式分离器，再通过弹簧膜和控制阀进入转子流量计和中转玻璃罩，经水射器与压力水混合，溶解于水后被输送至加氯点。

表 2-9　各种加氯机的特性

名　称	型　号	加氯量/(kg/h)	特　点
转子加氯机	ZJ-1 ZJ-2	5～45 2～10	①加氯量稳定,控制较准 ②水源中断时能自动破坏真空,防止压力水倒流入氯瓶等易腐蚀部件 ③价格较高
转子真空加氯机	LS80-3 LS80-4	1～5 0.3～3	①构造及计量简单、体积较小 ②可自动调节真空度,防止压力水倒流入氯瓶等 ③水射器工作压力为 $5×10^5Pa$,水压不足时加氯量将减少
随动式加氯机	SDX-Ⅰ SDX-Ⅱ	0.008～0.5 0.5～1.5	①加氯机可随水泵启、停,自动进行加氯 ②适宜于深井泵房的加氯
加氯机	MJL-Ⅰ MJL-Ⅱ	0.1～3.0 2～18	设有二道止回阀和一道安全阀,可防止突然停水时压力水倒流入加氯机和氯瓶
真空式加氯机	JSL-73-100 JSL-73-200 JSL-73-300 JSL-73-400 JSL-73-500 JSL-73-600 JSL-73-700 JSL-73-800 JSL-73-900 JSL-73-1000	0.1 0.2 0.3 0.4 0.5 0.6 0.7 0.8 0.9 1.0	①可用水氯调节阀调节压差,并与氯阀配合进行调整 ②有手动和自动控制两种,自动控制可适用于闭式定比加氯系统
全玻璃加氯机	74-1 74-2 74-3 74-4 74-5	<0.42 0.42～1.04 1.04～2.08 2.08～4.16 >4.16	①可调节加氯量 ②加氯机主件由硬质玻璃制作,具有耐腐蚀、结构简单、价格低廉等特点
加氯机	MB-11	1～6	

加氯机各部分的作用如下：旋风分离器用于分离氯气中可能存在的悬浮杂质,其底部有旋塞可定期打开清除；弹簧膜阀保证氯瓶内氯气压力大于 10^5Pa,如小于此压力,该阀可自动关闭；控制阀和转子流量计用以控制和测定加氯量；中转玻璃罩用以观察加氯机的工作情况,同时起稳定加氯量、防止压力水倒流和当水源中断时破坏罩内真空的作用；水射器从中转玻璃罩内抽吸所需的氯,并使之与水混合溶入水中,同时使玻璃罩内保持负压状态。

加氯机使用时应先开压力水阀使水射器开始工作,待中转玻璃罩有气泡翻腾后再开启平衡水箱进水阀,当水箱有少量水从溢水管溢出时开启氯瓶出氯阀,调节加氯量后,加氯机便开始正常运行。停止使用时先关氯瓶出氯阀,待转子流量计转子跌落至零

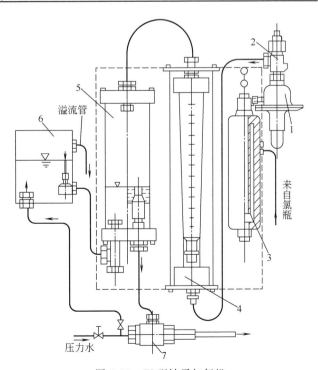

图 2-29　ZJ 型转子加氯机

1—弹簧膜阀；2—控制阀；3—旋风分离器；4—转子流量计；5—中转玻璃罩；6—平衡水箱；7—水射器

位后关闭加氯机控制阀，然后再关闭平衡水箱进水阀，待中转玻璃罩翻泡并逐渐无色后关闭压力水阀。

3. 加氯间

加氯间应靠近加氯地点，间距不宜大于 30m。加氯间属危险品建筑，应与其他工作间隔开，房屋建筑应坚固、防火、保温、通风，大门外开，并应设观察孔。北方采暖时，如用火炉，火口应在室外；如用暖气片，则暖气片应与氯瓶和加氯机相距一定距离。因氯气比空气重，所以通风设备的排气孔应设在墙的下部，进气孔设在高处。

加氯间内应有必要的检修工具，并设置防爆灯具和防毒面具，所有电力开关均应置于室外，并应有事故处理设施，例如设置事故井处理氯瓶等。

氯瓶仓库应靠近加氯间，库容量可按 15～30d 需氯量考虑。

二、漂白粉投加装置

如采用漂白粉作为氧化剂，需配成溶液加注。配制时先加水调成糊状，然后再加水配制成 1%～2%（以有效氯计）浓度的溶液。如投加到过滤后的水中，溶液应澄清 4～24h 再用，如投入浑水，则不必澄清。漂白粉溶解及投加设备可参照本章第一节进行设计和计算。

第四节　臭氧氧化设备

一、臭氧的性质及其在污水处理中的应用

1. 臭氧的物理化学性质

臭氧是由三个氧原子组成的氧的同素异构体。通常为淡蓝色气体，高压下可变成深褐色液体。在标准状态下，密度为 2.144g/L。其主要物理化学性质如下。

（1）氧化能力　臭氧是一种强氧化剂，其氧化能力仅次于氟，比氧、氯及高锰酸盐等常用的氧化剂都高。

（2）在水中的溶解度　生产中多以空气为原料制备臭氧化空气（含臭氧的空气）。臭氧在水中的溶解度符合亨利定律。

$$C = K_H p \tag{2-20}$$

式中　C——臭氧在水中的溶解度，mg/L；

　　　K_H——亨利常数，mg/(L·kPa)；

　　　p——臭氧化空气中臭氧的分压，kPa。

臭氧化空气中，臭氧的体积比只占 0.6%～1.2%，根据气态方程和道尔顿定律，臭氧的分压也只有臭氧化空气压力的 0.6%～1.2%，因此，当水温为 25℃ 时，将臭氧化空气注入水中，臭氧的溶解度仅为 3～7mg/L。

（3）臭氧的分解　臭氧化学性质极不稳定，易分解，其反应式为

$$O_3 \longrightarrow \frac{3}{2}O_2 + 142.5kJ$$

由于分解时放出大量热量，当浓度在 25% 以上时很易爆炸，但一般臭氧化空气中臭氧浓度不超过 10%，不会发生爆炸。臭氧在空气中的分解速率随温度升高而加快。浓度为 1% 以下的臭氧，常温常压下的半衰期为 16h 左右，所以臭氧不易贮存，需边生产边使用。臭氧在纯水中的分解速率比在空气中快得多。水中臭氧浓度为 3mg/L 时，常温常压下的半衰期仅为 5～30min。

臭氧在水中的分解速率随 pH 值的提高而加快，在碱性条件下分解速度快，酸性条件下比较慢。

（4）臭氧的毒性和腐蚀性　臭氧具有特殊的刺激性气味，但在空气中的浓度极低时有新

鲜气味，使人感到格外清新，有益健康。当空气中臭氧浓度大于 $0.01mg/L$ 时，可嗅到刺激性气味，长期接触高浓度臭氧会影响肺功能，工作场所规定的最大允许浓度为 $0.1mg/L$。

臭氧具有极强的氧化能力，除金和铂外，几乎对所有金属都有腐蚀作用。不含碳的铬铁合金，基本上不受臭氧腐蚀，生产上常采用含 $25\%Cr$ 的铬铁合金来制造臭氧发生设备、加注设备及与臭氧直接接触的设备。

臭氧对非金属材料也有强烈的腐蚀作用。因此不能用普通橡胶做密封材料，应采用耐腐蚀能力强的硅橡胶或耐酸橡胶。

2. 臭氧在污水处理中的应用

臭氧可使污水中的污染物氧化分解，常用于降低 BOD、COD，脱色、除臭、除味，杀菌、杀藻，除铁、锰、氰、酚等。

臭氧用于消毒过滤饮用水时，投量不大于 $1mg/L$，接触时间不大于 $15min$，且不受水中氨氮含量和 pH 值的影响。用于城市生活污水二级处理后的深度处理，臭氧投量一般为 $10\sim20mg/L$，接触时间为 $5\sim20min$。处理效果可达：BOD_5 降低 $60\%\sim70\%$；合成表面活性物质降低 90%；致癌物质降低 80%。

3. 臭氧氧化的优缺点

（1）优点

① 氧化能力强，对除臭、脱色、杀菌、去除有机物和无机物都有显著效果；

② 处理后污水中的臭氧易分解，不产生二次污染；

③ 制备臭氧用的空气不必贮存和运输，操作管理也较方便；

④ 处理过程中一般不产生污泥。

（2）缺点

① 造价高；

② 处理成本高。

二、臭氧发生器及接触反应设备

1. 臭氧发生的原理及方法

目前臭氧的制备方法有无声放电法、放射法、紫外线辐射法、等离子射流法和电解法等。水处理中常用的是无声放电法。

无声放电生产臭氧的原理如图 2-30 所示。在两平行的高压电极之间隔以一层介电体（又称诱电体，通常是特种玻璃材料）并保持一定的放电间隙（一般为 $1\sim3mm$）。当通入高压交流电后，在放电间隙形成均匀的蓝紫色电晕放电，空气或氧气通过放电间隙时，氧分子受高能电子激发获得能量，并发生弹性碰撞聚合形成臭氧分子。其反应式如下。

$$O_2+e \longrightarrow 2O+e$$
$$O+O_2+(M) \longrightarrow O_3+(M)$$

总反应式为

$$3O_2+288.9kJ \longrightarrow 2O_3$$

2. 臭氧发生器

臭氧发生器通常由多组放电发生单元组成，有管式和板式两类。管式有立管式和卧管式两种；板式也有奥托板式和劳泽板式两种。目前生产上使用较为广泛的是管式。图 2-31 是卧管式臭氧发生器。

用无声放电法制备臭氧的理论电耗为 $0.95kW\cdot h/kgO_3$，而实际电耗要大得多。单位电耗的臭氧产率，实际值仅为理论值的 10% 左右，其余能量均变为热能，使电极温度升高。为了保证臭氧发生器正常工作和抑制臭氧热分解，必须对电极进行冷却。通常用水冷和空冷两种方式，管式发生器常用水冷，劳泽板式发生器常用空冷。

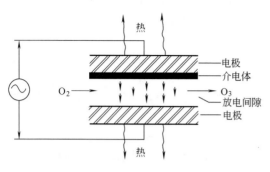

图 2-30 无声放电法生产臭氧原理

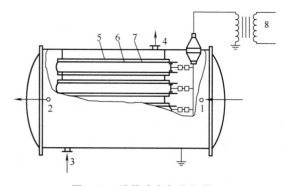

图 2-31 卧管式臭氧发生器

1—空气或氧气进口；2—臭氧化气出口；
3—冷却水进口；4—冷却水出口；5—不锈钢管；
6—放电间隙；7—玻璃管；8—变压器

国产臭氧发生器的型号与特性见表 2-10。

表 2-10 国产臭氧发生器的型号与特性

项 目	型 号		
	LCF 型	XY 型	QHW 型
结构形式	立管式	卧管（内玻璃）	卧管式（外玻璃）
介电管	$\phi 25 \times 1.5 \times 1000$ 玻璃管	$\phi 46 \times 2 \times 1250$ 玻璃管石墨内涂层	$\phi 46 \times 4 \times 1000$ 玻璃管
冷却方式	水冷	水冷	水冷
空气干燥方式	无热变压吸附	无热变压吸附	无热变压吸附
工作电压/kV	9~11	12~15	12~15
电源频率/Hz	50	50	50
供气气源压力/(9.8×10^4Pa)	6~8	6~8	6~8
臭氧压力/(9.8×10^4Pa)	0~0.6	0.4~0.8	0.4~0.8
供气露点/℃	-40	-40	-40
臭氧产量/(g/h)	5~1000	5~2000	5~1000
电耗/(kW·h/kg)	15~20	16~22	14~18

3. 臭氧接触反应设备

应根据臭氧分子在水中的扩散速率和与污染物的反应速率来选择接触反应设备的型式。臭氧注入水中后，水为吸收剂，臭氧为吸收质，在气液两相间进行传质，同时臭氧与水中的杂质进行氧化反应，因此属于化学吸收，它不仅与相间的传质速率有关，还与化学反应速率有关。臭氧与水中杂质的化学反应有快有慢。水中的杂质，如酚、氰、亲水性染料、细菌、铁、锰、硫化氢、亚硝酸盐等与臭氧的化学反应很快，这时吸收速率受传质速率控制；水中杂质，如 COD、BOD、饱和脂肪族化合物、合成表面活性剂（ABS）、氨氮等与臭氧的反应很慢，其吸收速率受化学反应速率控制。应根据臭氧处理的对象选用不同的接触反应设备。

根据臭氧化空气与水的接触方式，臭氧接触反应设备分为气泡式、水膜式和水滴式三类。

（1）气泡式臭氧接触反应器 气泡式反应器是一种用于受化学反应控制的气液接触反应设备，是我国目前水处理中应用最多的一种。实践表明，气泡越小，气液的接触面积越大，但对液体的搅动越小。应通过试验确定最佳的气泡尺寸。

根据气泡式反应器内产生气泡装置的不同，气泡式反应器可分为多孔扩散式、表面曝气式和塔板式三种。

① 多孔扩散式反应器 臭氧化空气通过设在反应器底部的多孔扩散装置分散成微小气

泡后进入水中。多孔扩散装置有穿孔管、穿孔板和微孔滤板等。根据气和水的流动方向不同又可分为同向流和异向流两种。

图 2-32 是最早应用的一种同向流反应器。其缺点是底部臭氧浓度大，原水杂质的浓度也大，大部分臭氧被易于氧化的杂质消耗掉，而上部臭氧浓度小，此处的杂质较难氧化。臭氧利用率较低，一般为 75%。当臭氧用于消毒时，宜采用同向流反应器，这样可使大量臭氧及早与细菌接触，以免大部分臭氧氧化其他杂质而影响消毒效果。

图 2-33 为异向流反应器，使低浓度的臭氧与杂质浓度高的水相接触，臭氧的利用率可达 80%。我国目前多采用这种反应器。

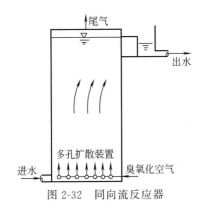

图 2-32 同向流反应器

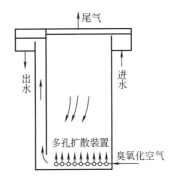

图 2-33 异向流反应器

上述两种反应器均可设多格串联，以提高臭氧的利用率。

图 2-34 为承压式异向流反应器。反应器增设了降流和升流管，反应器底部压力增大可提高臭氧在水中的溶解度，从而提高臭氧的利用率。反应器第一格设布气管，第二格不设布气管，利用第一格出水中的臭氧进行反应。和水充分接触后的剩余溶解臭氧聚集在两格互相连通空间的水面上，达到一定压力后引到降流管中，对原水进行预处理，进一步提高臭氧的利用率。降流管的有效水深为 10～12m，流速应小于 150mm/s。各格有效水深为 2m，流速为 13mm/s，接触时间为 2.5min，臭氧的利用率可达 90% 以上。

② 表面曝气式反应器　在反应器内安装曝气叶轮，如图 2-35 所示。臭氧化空气沿液面流动，高速旋转的叶轮使水剧烈搅动而卷入臭氧化空气，气液界面不断更新，使臭氧溶于水中。这种反应器适用于加注臭氧量较低的场合，缺点是能耗较大。

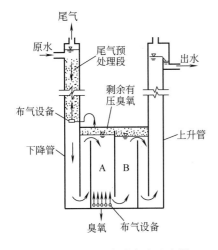

图 2-34 承压式异向流反应器

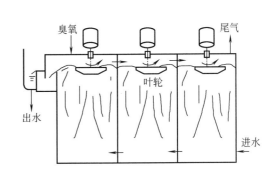

图 2-35 表面曝气式反应器

③ 塔板式反应器　塔板式反应器有筛板塔和泡罩塔，如图 2-36 所示。塔内设多层塔板，每层塔上设溢流堰和降液管，水在塔板上翻过溢流堰，经降液管流到下层塔板。塔板上开许多筛孔的称为筛板塔。上升的气流通过筛孔，被分散成细小的股流，在板上水层中形成气泡与水接触后逸出液面，然后再与上层液体接触。板上的溢流堰使板上水层维持一定深度，以便降液管出口淹没在液层中形成水封，防止气流沿降液管上升。运行时应维持一定的气流压力，以阻止污水经筛板下漏。塔板上的短管作为气流上升的通道，称为升气管。泡罩下部四周开有许多缝或孔，气流经升气管进入泡罩，然后通过泡罩上的缝或孔，分散成细小的气泡进入液层。运行时应控制气流压力，使泡罩形成水封，以防止气流从泡罩下沿翻出。泡罩塔不易发生液漏现象，气液负荷变化大时，也能保持稳定的吸收效率，不易堵塞，但构造复杂，造价高。

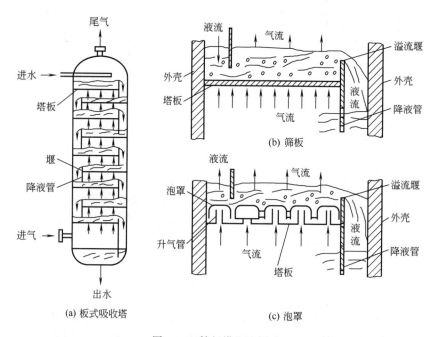

图 2-36　筛板塔和泡罩塔

（2）水膜式臭氧接触反应器　填料塔是一种常用的水膜式反应器，如图 2-37 所示。塔

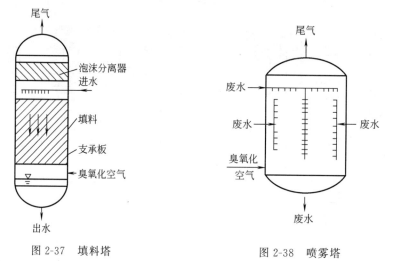

图 2-37　填料塔

图 2-38　喷雾塔

内装拉西环或鞍状填料，液体接触面积可达 $200\sim250m^2/m^3$。污水的配水装置分布到填料上，形成水膜沿填料表面向下流动，上升气流在填料间通过，并和污水进行逆向接触。这种反应器主要用于可受传质速率控制的反应。填料塔设备小，不论规模大小以及臭氧和水中杂质的反应快慢都能适应，但填料空隙较小，污水含悬浮物时易堵塞。

(3) 水滴式臭氧接触反应器 喷雾塔是水滴式反应器的一种，如图 2-38 所示。污水由喷雾头分散成细小水珠，水珠在下落过程中同上升的臭氧化空气接触，在塔底聚集流出，尾气从塔顶排出。这种设备结构简单，造价低，但对臭氧的吸收能力也低，另外喷头易堵塞，预处理要求高，适用于受传质速率控制的反应。

除上述反应器外，还有机械搅拌式、喷射式等多种，可参考有关资料。

4. 臭氧氧化设备的设计与计算

(1) 臭氧发生器 臭氧需要量可按下式计算。

$$Q_{O_3}=1.06QC \tag{2-21}$$

式中 1.06——安全系数；

Q_{O_3}——臭氧需要量，g/h；

Q——处理污水量，m^3/h；

C——臭氧投加量，mg/L。

影响臭氧氧化的主要因素是污水中杂质的性质、浓度、pH 值、温度、臭氧的浓度、臭氧反应器的类型和水力停留时间等，臭氧投量应通过试验确定。

臭氧化干燥空气量按下式计算。

$$Q_干=\frac{Q_{O_3}}{C_{O_3}} \tag{2-22}$$

式中 $Q_干$——臭氧化干燥空气量，m^3/h；

C_{O_3}——臭氧化空气浓度，g/m^3，一般取 $10\sim14g/m^3$。

臭氧发生器的气压可根据接触反应器的型式确定，对多孔扩散式反应器，按下式计算。

$$H>9.81h_1+h_2+h_3 \tag{2-23}$$

式中 H——臭氧发生器的工作压力，kPa；

h_1——臭氧接触反应器内水柱高度，m，一般取 $4\sim5.5m$；

h_2——臭氧接触反应器微孔扩散装置的压力损失，kPa，可参见表 2-11；

h_3——输气管道的压力损失，kPa。

求出 Q_{O_3}、$Q_干$ 和 H 后，可根据产品样本，选择臭氧发生器型号及台数，并设 50% 的备用台数。

(2) 臭氧接触反应器 根据臭氧和水中杂质反应的类型选择适宜的臭氧接触反应器。各种接触反应装置各自有其设计计算的特点。现以水处理系统中广泛采用的鼓泡塔为例，介绍其设计与计算。

鼓泡塔中，污水一般从塔顶进入，经喷淋装置向下喷淋，从塔底出水。臭氧则从塔底的微孔扩散装置进入，成微小气泡状态上升而从塔顶排出。气水逆流接触完成处理过程。鼓泡塔也可设计成多级串联运行。当设计成双级时，一般前一级投加需臭氧量的 60%，后一级为 40%。鼓泡塔内可不设填料，也可加设填料以加强传质过程。

① 塔体尺寸计算 臭氧接触反应器的容积按下式计算。

$$V=\frac{Qt}{60} \tag{2-24}$$

式中 V——臭氧接触反应器的容积，m^3；

Q——处理污水流量，m^3/h；

t——水力停留时间，min，一般取 $5\sim10min$。

塔体截面面积为

$$S=\frac{Qt}{60H_A} \qquad (2-25)$$

式中　S——塔体截面面积，m^2；

　　　H_A——塔内有效水深，一般取 $4\sim5.5m$。

塔径（D，单位 m）为

$$D=\sqrt{\frac{4S}{\pi}} \qquad (2-26)$$

径高比（K）为

$$K=\frac{D}{H_A} \qquad (2-27)$$

径高比 K 一般采用 $1:(3\sim4)$。如计算的 $D>1.5m$ 时，为使塔不致过高，可将其适当分成几个直径较小的塔，或设计成接触池。

塔总高（H_T，单位 m）为

$$H_T=(1.25\sim1.35)H_A \qquad (2-28)$$

② 微孔布气元件型号及其压力损失见表 2-11。

③ 无试验资料时臭氧接触反应装置的主要设计参数见表 2-12。

表 2-11　微孔布气元件型号及其压力损失值

材料型号及规格	不同通气流量[$L/(cm^2 \cdot h)$]下的压力损失/kPa							
	0.2	0.45	0.93	1.65	2.74	3.8	4.7	5.4
WTDIS 型钛板[①]，孔径<10μm，厚 4mm	5.80	6.00	6.40	6.80	7.06	7.33	7.60	8.00
WTD$_2$ 型微孔钛板[②]，孔径<10~20μm，厚 4mm	6.53	7.06	7.60	8.26	8.80	8.93	9.33	9.60
WTD$_3$ 型微孔钛板，孔径<25~40μm，厚 4mm	3.47	3.73	4.00	4.27	4.53	4.80	5.07	5.20
锡青铜微孔板，孔径未测，厚 6mm	0.67	0.93	1.20	1.73	2.27	3.07	4.00	4.67
刚玉石微孔板，厚 20mm	8.26	10.13	12.00	13.86	15.33	17.20	18.00	18.93

① WTDIS 及 WTD$_3$ 型微孔钛板原料为颗粒状。

② WTD$_2$ 型为树枝状，压力损失较高。

表 2-12　接触反应装置的主要设计参数

处理要求	臭氧投加量/（mgO_3/L 水）	去除效率/%	接触时间/min
杀菌及灭活病毒	1~3	90~99	数秒至 10~15min，按所用接触装置类型而异
除臭、除味	1~2.5	80	>1
脱色	2.5~3.5	80~90	>5
除铁、除锰	0.5~2	90	>1
COD	1~3	40	>5
CN$^-$	2~4	90	>3
ABS	2~3	95	>10
酚	1~3	95	>10

思　考　题

1. 药剂混合有哪几种方式？试述各种混合方式的优缺点。

2. 反应设备有哪几种？试述不同类型反应池的优缺点与适用条件。

3. 某水厂设计日产量 30 万吨。设计三组处理构筑物，采用往复式隔板反应池配辐流式沉淀池。试设计隔板反应池。

4. 某化工厂一个化工车间的污水流量为 $10000m^3/d$。在生物接触氧化池后设置机械反应池和沉淀池。混凝剂采用氯化铝并投加少量聚丙烯酰胺以提高絮凝效果。试设计机械反应池。

5. 简述澄清池工作的基本原理及其工作特征及类型。简述各种澄清池的优缺点及适用条件。

6. 某水厂供水量 $1000m^3/h$，进水悬浮物含量$<900mg/L$，出水悬浮物含量$<20mg/L$，决定采用机械加速澄清池，试计算该池的主要尺寸。

7. 电解槽有哪几种类型？试比较其各自的优缺点。

8. 简述加氯机的类型及各种加氯机的工作特性。

9. 简述臭氧处理污水的机理及臭氧氧化的优缺点。

10. 根据臭氧化空气与水的接触方式，臭氧接触反应设备分哪几种类型？试比较它们的优缺点。

第三章 生化法污水处理设备

污水的生化处理就是利用自然界广泛存在，以有机物为营养物质的微生物来氧化分解污水中处于溶解状态和胶体状态的有机物，并将其转化为无机物。生化法污水处理设备就是能够提供有利于微生物生长、繁殖的环境，使微生物大量增殖，以提高微生物氧化、分解有机物能力的设备，可以分为反应设备和附属设备两大类，反应设备为微生物提供生长环境，以保证适当的温度、水流状态等；附属设备为保证前者正常运行提供所需各种条件，如曝气设备、搅拌设备、加热设备等。

按微生物的代谢形式，生化法可分为好氧法和厌氧法两大类；按微生物的生长方式可分为悬浮生物法和生物膜法。如表 3-1 所列。

表 3-1 生化法污水处理技术分类

技 术 分 类		主 要 工 艺
好氧处理	悬浮生物法	活性污泥法及其改进法、氧化塘、氧化沟
	生物膜法	生物滤池、生物转盘、接触氧化法、好氧生物流化床
厌氧处理	悬浮生物法	厌氧消化池、上流式厌氧污泥床
	生物膜法	厌氧滤池、厌氧流化床

第一节　活性污泥法污水处理设备

活性污泥法是当前应用最为广泛的一种生物处理技术。活性污泥就是生物絮凝体上面栖息、生活着大量的好氧微生物，这种微生物在氧分充足的环境下，以溶解型有机物为食料获得能量，不断生长，从而使污水中的有机物减少，使污水得到净化。该方法主要用来处理低浓度的有机污水，主要设备为反应装置和提供氧气的曝气设备。

一、活性污泥法基本原理

1. 活性污泥法的基本流程

传统的活性污泥法由初沉池、曝气池、二次沉淀池、供氧装置以及回流设备等组成，基本流程如图 3-1 所示。由初沉池流出的污水与从二沉池底部流出的回流污泥混合后进入曝气池，并在曝气池充分曝气产生两个效果：①活性污泥处于悬浮状态，使污水和活性污泥充分接触；②保持曝气池好氧条件，保证好氧微生物的正常生长和繁殖。污水中的可溶性有机物在曝气池内被活性污泥吸附、吸收和氧化分解，使污水得到净化。二次沉淀的作用有两个：

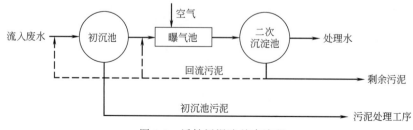

图 3-1　活性污泥法基本流程

①将活性污泥与已被净化的水分离；②浓缩活性污泥，使其以较高的浓度回流到曝气池。二沉池的污泥也可以部分回流至初沉池，以提高初沉效果。

活性污泥系统有效运行的基本条件是：①污水中含有足够的可溶性易降解的有机物，这些有机物是作为微生物生理活动必需的营养物质；②混合液含有足够的溶解氧；③活性污泥在池内呈悬浮状态，能够充分与污水相接触；④活性污泥能连续回流，系统能及时排除剩余污泥，这样能使混合液的活性污泥保持一定浓度；⑤没有对微生物有毒害作用的物质进入。

2. 活性污泥的性能及其评价指标

（1）活性污泥的组成　由四部分物质组成：①具有活性的微生物群体（Ma）；②微生物自身氧化的残留物质（Me）；③原污水挟入的不能为微生物降解的惰性有机物质（Mi）；④原污水挟入的无机物质（Mii）。

（2）活性污泥评价指标　活性污泥法的关键在于有足够数量和性能良好的活性污泥，其数量可以用污泥浓度表示。

① 混合液悬浮固体浓度（MLSS）　又称混合液固体浓度，表示混合液中活性污泥的浓度，在单位体积混合液内所含有的活性污泥固体物的总质量，即

$$MLSS = Ma + Me + Mi + Mii \tag{3-1}$$

② 混合液挥发性悬浮固体浓度（MLVSS）　表示活性污泥中有机性固体物质的浓度，即

$$MLVSS = Ma + Me + Mi \tag{3-2}$$

在一定条件下，MLVSS/MLSS 值较稳定，城市污水的活性污泥浓度介于 0.75～0.85 之间。

活性污泥的性能主要表现为沉淀性和絮凝性，活性污泥的沉降经历絮凝沉淀、成层沉淀，并进入压缩过程。性能良好具有一定浓度的活性污泥在 30min 内即可完成絮凝沉淀和成层沉淀过程，为此建立了以活性污泥静置 30min 为基础的指标来表示其沉降-浓缩性能。

③ 污泥沉降比（SV）　混合液在量筒内静置 30min 后所形成沉淀污泥的容积占原混合液容积的百分率。

SV 能够相对地反映污泥浓度和污泥的絮凝、沉降性能，其测量方法简单，可用以控制污泥的排放量和早期膨胀，城市污水的活性污泥 SV 介于 20%～30% 之间。

④ 污泥体积指数（污泥指数，SVI）　在曝气池出口处混合液经 30min 静置后，每克干污泥所形成的沉淀污泥所占的容积，以 mL 计。SVI 单位为 mL/g，其计算公式为

$$SVI = \frac{混合液30min静沉后污泥体积}{混合液污泥干重} = \frac{SV \times 1000}{MLSS} \tag{3-3}$$

SVI 值能够更好地评价活性污泥的絮凝性能和沉降性能，其值过低，说明泥粒细小、密实，无机成分多，过高表明沉降性不好，将要或已经发生污泥膨胀现象。城市污水的活性污泥 SVI 值在 50～150mL/g 之间。

⑤ 污泥龄　活性污泥在曝气池内的平均停留时间，即曝气池内活性污泥的总量与每日排放污泥量之比。污泥龄是活性污泥系统设计与运行管理的重要参数，能够直接影响曝气池内活性污泥的性能与功能。

3. 活性污泥微生物的增长规律

活性污泥微生物增殖是活性污泥反应、有机底物降解的必然结果。活性污泥微生物是多菌种混合群体，其增殖规律比较复杂，时间证明，活性污泥的能量含量，即营养物或有机底物量（F）与微生物量（M）的比值（F/M）是活性污泥微生物增厚、增殖的重要影响因素，F/M 也是有机底物降解速率、氧利用速率、活性污泥的絮凝和吸附性能的重要影响因素。

活性污泥微生物增殖分适应期、对数增殖期、减衰增殖期和内源呼吸期，各增殖期特点比较如表 3-2 所列。由表可知，活性污泥微生物增殖期主要由 F/M 值控制，处于不同增殖期的活性污泥，其性能不同，处理水质也不同，在运用活性污泥法处理污水时，应从工艺上来调整 F/M 值，利用各期的特点来分解有机物。一般来讲，活性污泥是利用由减衰增殖期到内源呼吸期之间的微生物来处理污水。

表 3-2 活性污泥微生物各增殖期特点比较

增殖期	F/M	微生物变化情况	活性污泥性能
适应期		适应新环境,有量的增殖,质的变化	
对数增殖期	>2.2	将以最高速率增殖	活动能力强,沉淀性能差
减衰增殖期	变小	生长速率减慢	絮凝体开始形成、凝聚、吸附以及沉淀性能提高
内源呼吸期	最低	开始分解、代谢微生物本身	数量减少,絮凝、吸附沉淀性能好,处理水质好

4. 活性污泥法的影响因素

活性污泥法污水处理设备就是要创造有利于微生物生理活动的环境条件，充分发挥活性污泥微生物的代谢功能，必须充分考虑影响活性污泥活性的环境因素，主要包括以下几点。

（1）有机物负荷　也称 BOD 负荷率，通常有两种表示方法。

① 污泥负荷 F_w　每千克活性污泥每日所承担的有机物的千克数，其计算公式为

$$F_w = \frac{QL_j}{N_w V} \left[kgBOD_5/(kgMLSS \cdot d) \right] \tag{3-4}$$

式中　Q——曝气池的设计流量，m^3/s，采用最高日平均流量；

L_j——曝气池进水有机物（BOD_5）浓度，mg/L；

N_w——曝气池混合液污泥（MLSS）浓度，mg/L；

V——曝气池有效容积，m^3。

② 容积负荷 F_r　每立方米曝气池每日所承担的有机物（BOD_5）的千克数，即

$$F_r = \frac{QL_j}{V} \left[kgBOD_5/(m^3 \cdot d) \right] \tag{3-5}$$

污泥负荷是影响活性污泥增长、有机物降解、污泥沉淀性能以及需氧量的重要因素，也是进行工艺设计的主要参数。一般活性污泥法的负荷控制在 $0.3kgBOD_5/(kgMLSS \cdot d)$ 左右；延时曝气法时最低可到 $0.05 \sim 0.1$ 左右；高负荷活性污泥法时最高可达 2 左右。

污泥膨胀与污泥负荷有重要关系，图 3-2 是城市污水活性污泥系统污泥负荷与 SVI 的关系曲线，从图中可以看出，在低负荷和高负荷都不会出现污泥膨胀，而在 $1.0BOD_5/(kgMLSS \cdot d)$ 左右的中间负荷时 SVI 值很高，属于污泥膨胀区，因此在设计和运行上要避免采用这一区域的负荷值。

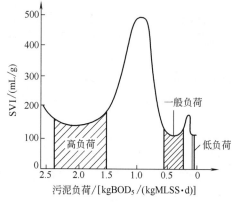

图 3-2 城市污水污泥负荷与 SVI 关系曲线

（2）水温　活性污泥微生物的生长活动与周围的温度密切相关，微生物酶系统酶促反应的最佳温度范围是 $20 \sim 30℃$ 之间，水温上升有利于混合、搅拌、沉淀等物理过程，但不利于氧的传递，一般将活性污泥反应过程的最高和最低的温度分别控制在 $35℃$ 和 $10℃$。

（3）溶解氧　活性污泥微生物都是好氧菌，溶解氧与有机物降解速率和微生物的增长密切

相关,工程中将曝气池出口处的溶解氧浓度控制在2mg/L以上。

（4）pH值 活性污泥微生物最适宜的pH值范围是6.5～8.5。活性污泥处理系统对酸碱度具有一定的缓冲作用;在活性污泥的培养、驯化过程中pH值可以在一定范围内逐渐适应;在运行过程中,pH值急变的冲击负荷,则将严重损害活性污泥,使得净化效果急剧恶化。

（5）营养物平衡 为使活性污泥反应正常进行,就必须使污水中微生物的基本元素:碳、氮、磷达到一定浓度,并保持一定的平衡关系,对于活性污泥微生物来讲,污水中营养物质的平衡一般以BOD_5∶N∶P的关系来表示,生活污水的BOD_5∶N∶P=100∶5∶1,此时污水含有的营养物质比例比较合适,一般设计中也尽量满足该比例。

（6）有毒物质 大多数的化学物质都可能对微生物生理功能有毒害作用,有毒物质大致包括重金属、硫化物等无机物质和氰、酚等有机物质,它们对细菌的毒害作用是破坏细胞某些必要的物理结构或抑制细菌的代谢过程,它们的破坏程度取决于其在污水中的浓度。

二、活性污泥法工艺

为解决供氧不足、超负荷运行和适应工业污水冲击负荷的影响以及降低建设费用和运行费用等问题,经过几十年的生产实践,已提出许多活性污泥法的运行方式,下面介绍几种常用的运行方式。

1. 活性污泥法工艺及工艺参数

（1）活性污泥法主要运行工艺 作为有较长历史的活性污泥法,在长期的工程实践中,根据水质的变化、微生物代谢活动的特点和运行管理、技术经济及排放要求等方面的情况,有多种运行工艺和池型,表3-3为主要的运行工艺。

表3-3 活性污泥法主要运行工艺

工艺名称	运行工艺	工艺特点
传统活性污泥法	推流式	去除率高,运行方式灵活;体积负荷率低,进水浓度、有毒物质不能过高,不抗冲击负荷,池首供氧不足,池末供氧过量
阶段曝气	多点进水	去除率高,有机物分布均匀使需氧量均匀,容积负荷提高
生物吸附	吸附池+再生池	容积负荷和抗冲击能力提高,再生池需氧量均匀,去除率低
完全混合法	完全混合	有较强的抗冲击负荷能力,适用于高浓度工业污水,池内需氧量均匀,产生短流的可能性大,出水水质比传统法差,易发生污泥膨胀
延时曝气法	曝气时间长	出水水质好,稳定,污泥量少,工艺灵活,污泥负荷率低,曝气池大
高负荷法	曝气时间短	BOD-SS负荷高、曝气时间短、处理效率低（70%～75%）,进水BOD_5<20mg/L
深水曝气	曝气池混合液深度>7m	混合液饱和溶解氧浓度高,氧传递速率高,曝气池占地面积小,需要高压风机
深井曝气	曝气池直径1～6m,深度70～150m	氧利用率高,有机物降解速率快,适合处理高浓度的有机污水,需要高压风机
浅层曝气	浅层曝气栅	可采用低压风机,能充分发挥曝气设备能力[1.8～2.6kg/kWh],曝气栅容易堵塞
纯氧曝气	纯氧曝气	氧利用率高,容积负荷率高,处理效率高,产生污泥量少,不发生污泥膨胀,运行费用高

（2）工艺参数 活性污泥法工艺参数是进行工程设计运行管理的关键,各种工艺参数主要与污水的性质有关,一般需要通过试验来确定,表3-4给出了城市污水工艺参数的建议值。

表 3-4　活性污泥法工艺参数建议值

工艺名称	传统法	完全混合	阶段曝气	生物吸附	延时曝气	高负荷	深井曝气	纯氧曝气
污泥龄/d	5～15	5～15	5～15	5～15	20～30	5～10		3～10
污泥负荷/[kgBOD₅/(kgMLSS·d)]	0.2～0.4	0.2～0.6	0.2～0.4	0.2～0.6	0.05～0.15	0.4～1.5	0.5～5.0	0.25～1.0
容积负荷/[kgBOD₅/(m³·d)]	0.3～0.8	0.6～2.4	0.4～1.4	0.9～1.2	0.15～0.25	1.6～16		1.6～3.2
污泥浓度/(mg/L)	1500～3000	2500～4000	2000～3500	1000～3000 4000～10000	3000～6000	4000～10000		2000～5000
水力停留时间/h	4～8	3～5	3～5	0.5～1.0 3～6	18～36	2～4	0.5～5	1～3
回流比/%	25～75	25～100	25～75	50～150	50～150	100～500		25～50
去除率/%	85～95	85～95	85～95	80～90	75～95	75～90	85～95	85～95

2. 活性污泥法的改进

活性污泥法是生物污水处理的主要技术，它能有效地用于生活污水、城市污水和有机工业污水的处理，但也存在着曝气池体积大、电耗高、管理复杂等缺点，近几十年来有关专家从反应理论、净化功能、运行方式、工艺系统等方面进行了大量的研究，取得了不少成就：①开创多种高效的污泥处理系统，以强化供氧能力、增加混合液浓度、强化微生物代谢功能；②向多功能方向发展，在生物脱氮、除磷方面取得显著成果。

（1）氧化沟　又称连续环式反应池，工艺流程如图 3-3 所示。

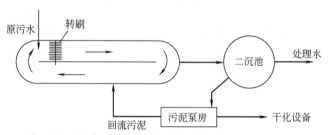

图 3-3　以氧化沟为生物处理单元的污水处理工艺流程

氧化沟的特征为：①呈环状沟渠，平面多为椭圆形或圆形，总长为几十米至百米以上；②沟深取决于曝气装置，一般为 2～6m；③流态特性介于完全混合和推流之间。氧化沟的这种特性有利于活性污泥的生物凝聚作用，而且可以将其区分为富氧区、缺氧区，用以进行硝化和反硝化，取得脱氮的效应。氧化沟处理流程上可进行简化：①可考虑不建初沉池，有机悬浮物在氧化沟内能达到好氧稳定的程度；②可考虑不设二沉池，省去污泥回流装置。氧化沟污水处理工艺具有以下特点：①对水温、水质和水量的变动有较强的适应性；②污泥龄一般可达 15～30d；③污泥产率低，且多已达到稳定的程度，不需再进行硝化处理。

（2）间歇式活性污泥法　图 3-4 所示为间歇式活性污泥法的工艺流程，本工艺在曝气池内进行流入、反应、沉淀、排放、待机等工序，完成污水处理工艺。本工艺系统组成简单，不需要污泥回流设备和二沉池，曝气池容积也小于连续式，此外，系统还具有如下特征：①不需要设置调节池；②SVI 值较低，污泥易于沉淀，不产生污泥膨胀；③通过调节运行方

图 3-4　间歇式活性污泥法的工艺流程

式，在单一曝气池内能进行脱氮除磷处理；④运行管理方便，处理水质优于连续式。

（3）AB 法污水处理工艺 该工艺是吸附-生物降解工艺的简称，工艺流程如图 3-5 所示。系统的构成是：①由吸附池和中间沉淀池组成 A 段；②由曝气池和二次沉淀池组成 B 段；③A 段和 B 段各自拥有自身的回流系统。系统的特点是 A 段负荷高，污泥负荷为 2～6kgBOD$_5$/(kgMLSS·d)，为常规活性污泥法的 10～20 倍，BOD 去除率在 40％～70％之间，经过 A 段吸附某些重金属和难降解物质，提高可生化性，有利于 B 段处理，同时具有脱氮除磷功能；B 段负荷低 [0.15～0.3kgBOD$_5$/(kgMLSS·d)]，在水质、水量方面比较稳定。

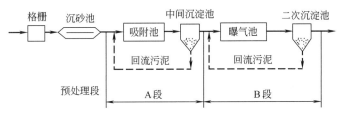

图 3-5 AB 法污水处理工艺流程

3. 活性污泥法工艺设计

活性污泥法工艺设计的内容有：①处理工艺流程的选择；②曝气池容积计算，曝气池工艺设计及各主要尺寸的确定；③需氧量、供氧量的计算；④回流污泥计算及回流设备工艺设计；⑤二次沉淀池的计算与工艺设计；⑥剩余污泥及其处理工艺设计。

（1）处理工艺流程选择 活性污泥法主要用来处理低浓度有机污水，该方法的运行方式有许多种，在选择具体工艺流程时，应考虑如下因素。①污水量：包括日平均流量，最大时流量、最低时流量；②水质：包括原污水和经一级处理工艺处理后的水质、出水水质；③其他：对所产生污泥的处理要求、原污水所含有毒物质、现场地理条件、气候条件以及施工水平等。

上述各项原始资料是选择处理工艺的主要依据，同时应根据活性污泥法各种运行方式的特点，选择适合污水中污染物性质的处理工艺。在选择处理工艺时应以技术的可行性和先进性以及经济上的合理性为原则，对于工程量较大、投资额较高的工程，需要进行多种工艺流程比较，以使所确定的工艺系统最优。

（2）曝气池计算与设计

① 曝气池容积计算 曝气池容积可以按污泥负荷 F_w、容积负荷 F_r 和水力停留时间 t 三种方法计算。

a. 按污泥负荷 F_w 计算曝气池容积的计算公式为

$$V = \frac{QL_j}{F_w N_w} \tag{3-6}$$

式中　V——曝气池容积，m^3；

　　Q——进水水量，m^3/d；

　　L_j——进水 BOD$_5$ 的值，mg/L；

　　F_w——污泥负荷，kgBOD$_5$/(kgMLSS·d)；

　　N_w——混合液浓度，mgMLSS/L。

污泥负荷 F_w 的确定有以下三种方法。

（a）桥本奖（日本）公式 桥本奖根据哈兹尔坦对美国 46 个城市污水厂的调查资料进行归纳分析，得到如下推流式系统的经验公式。

$$F_w = 0.01295L_c^{1.1918} \tag{3-7}$$

该公式是从考虑处理效率和出水水质来确定污泥负荷 F_w。

(b) 根据污泥沉淀性能计算 一般来讲，污泥负荷 F_w 在 $0.3\sim0.5$ kgBOD$_5$/(kgMLSS·d) 的范围时，BOD$_5$ 的去除率可达 90% 以上，污泥的吸附性能和沉淀性能都好。

(c) 根据经验来确定 具体参见表 3-4，对于工业污水则应通过相应的试验研究来确定。

混合液浓度 N_w 是指曝气池内的平均污泥浓度，设计时采用较高的污泥浓度，可缩小曝气池容积，但是也不能过高，选用时还需考虑如下因素：供氧的经济性与可能性；沉淀池与回流设备造价；活性污泥的凝聚沉淀性能。曝气池混合液浓度 N_w 可按下式计算。

$$N_w = \frac{N_0 + RN_R}{1 + R} \tag{3-8}$$

式中　N_0——曝气池进水悬浮物浓度，mg/L；
　　　R——污泥回流比；
　　　N_R——回流污泥浓度，mg/L。

b. 按容积负荷计算曝气池容积的计算公式为

$$V = \frac{QL_j}{F_r} \tag{3-9}$$

式中　F_r——污泥负荷，kgBOD$_5$/(m^3·d)。

c. 按水力停留时间计算曝气池容积的计算公式为

$$V = Qt \tag{3-10}$$

式中　t——污水在曝气池中的停留时间，h。

② 需氧量计算 需氧量是指活性污泥微生物在曝气池中进行新陈代谢所需要的氧量。在微生物的代谢过程中，需要将污水中一部分有机物氧化分解，并自身氧化一部分细胞物质，为新细胞的合成以及维持其生命活动提供能源，这两部分氧化所需的氧量，可用下式表示。

$$W_{O_2} = a'QL_r + b'VN'_w \tag{3-11}$$

式中　W_{O_2}——曝气池混合液需氧量，kgO$_2$/d；
　　　a'——代谢每千克 BOD$_5$ 所需氧的千克数，kgO$_2$/kgBOD$_5$；
　　　QL_r——有机物降解量，kgBOD$_5$/d，$L_r = L_j - L_c$；
　　　L_c——出水 BOD$_5$ 浓度，mg/L；
　　　b'——污泥自身氧化需氧率，kgO$_2$/(kgMLSS·d)；
　　　VN'_w——曝气池中混合液挥发性悬浮物固体总量，kg。

生活污水和几种工业污水的 a'、b' 值，可参照表 3-5。

③ 供气量计算 曝气系统将空气送入曝气池，强制将空气中的氧扩散到混合液中，成为溶解氧，这一转换过程受水质、水温、曝气方式以及扩散装置等因素的影响，详细计算见本章曝气系统设计的有关内容，根据设计规范，当采用空气扩散曝气时，一般去除 1kgBOD$_5$ 的供气量可采用 $40\sim80$ m^3，处理每立方米污水的供气量不应小于 3m^3。

表 3-5　生活污水和几种工业污水的 a'、b' 值

污水名称	a'	b'	污水名称	a'	b'
生活污水	$0.42\sim0.53$	$0.11\sim0.188$	炼油污水	0.5	0.12
石油化工污水	0.75	0.16	酿造污水	0.44	—
含酚污水	0.56	—	制药污水	0.35	0.354
合成纤维污水	0.55	0.142	亚硫酸浆粕污水	0.40	0.185
漂染污水	$0.5\sim0.6$	0.065	制浆造纸污水	0.38	0.092

（3）污泥回流工艺设计　在曝气池和二沉池分建的活性污泥系统中，需将活性污泥从二沉池回流到曝气池，污泥回流工艺设计包括回流污泥量计算、提升设备和管渠系统设计。

① 回流污泥量的计算　回流污泥量 Q_R，其值为

$$Q_R = RQ \tag{3-12}$$

式中，回流比 R 可根据处理工艺查表 3-4，也可用下式计算。

$$R = \frac{X}{X_r - X} \tag{3-13}$$

式中　X——混合液污泥浓度，mg/L；

X_r——回流污泥浓度，mg/L。

② 污泥提升设备的选择与设计　在污泥回流系统中，常用的污泥提升设备是叶片泵，最好选用螺旋泵或泥浆泵；对于鼓风曝气池也可选用空气提升器。空气提升器结构简单、管理方便，而且所消耗的空气可向活性污泥补充溶解氧，但空气提升器的效率不如叶片泵。

③ 污泥回流系统管道设计　污泥回流系统的管径大小取决于回流污泥流量和污泥流速，由于活性污泥密度小，含水率高达 99.2%～99.7%，故流速可采用≥0.7m/s，最小管径不得小于 200mm。

（4）二次沉淀池的设计　二沉池是活性污泥法系统的重要组成部分，其作用是澄清流入的混合液，并且回收和浓缩回流污泥，其效果直接影响出水的水质和回流污泥的浓度。二沉池与曝气池有分建和合建两类。分建的二沉池仍然是平流式、竖流式和辐流式三种，也可采用斜板（管）沉淀池，由于易产生污泥淤积，应加强管理。合建的完全混合式曝气池的沉淀区可以看成是竖流式沉淀池的一种变形。

二沉池与初沉池相比有以下特点：①二沉池除了进行泥水分离外，还要进行污泥的浓缩，由于沉淀的活性污泥质量轻、颗粒细，要求表面负荷要比初沉池小、表面积大；②活性污泥质轻易被水流带走，并容易产生异重流现象，使实际的过水断面远远小于设计的过水断面，设计平流式二沉池时，最大允许的水平流速要比初沉池小一半，出水堰设在距池末端一定距离处，堰的长度要相对增加；③由于进入二沉池的混合液是泥、水、气三相混合体，采用竖流式沉淀池使中心管下降流速和曝气沉淀池导流区的下降流速都要小些，以利于气、水分离，提高澄清区的分离效果。

二沉池主要工艺参数的确定如下。

① 设计流量 Q　二沉池的设计流量为污水最大时流量，不包括回流污泥量。

② 水力表面负荷 q　由于沉淀区的水力表面负荷 q 对沉淀效果的影响比沉淀时间更为重要，因此二沉池设计常以 q 为主要参数，并同沉淀时间配合使用。二沉池的 q 为 1～2m³/(m²·h)，上升流速 u 为 0.2～0.5mm/s，斜板沉淀池的 q 可采用 3.6m³/(m²·h)，u 为 1mm/s，斜板间距为 50～100mm。

③ 二沉池有效深度　沉淀区（澄清区）要保持一定水深，以维持水流的稳定，一般可按沉淀时间 t 计算。

$$h = qt \tag{3-14}$$

式中，沉淀时间 t（水力停留时间），通常采用 1.5～2.5h。

④ 污泥区设计　对于分建式二沉池，由于活性污泥含水率高，为提高回流污泥的浓度，减少回流量，二沉池的污泥斗应有一定的容积，但活性污泥贮存时间过长，会因缺氧而失去活性，以致腐化，污泥停留时间一般取 2h。计算公式为

$$V = \frac{4(1+R)QN_w}{N_w + N_R} \tag{3-15}$$

合建式曝气沉淀池的污泥区容积，实际上取决于池子的构造设计。当池深和沉淀区面积

决定后，污泥区的容积也决定了。污泥斗底坡度与水平面夹角一般不小于 60°，以保证污泥较快地滑入斗中，使排泥畅通，其静水压力不小于 0.9m，一般为 0.9～1.2m。

⑤ 出流区　出水堰单位长度的溢流量为 5～8m³/(m²·d)。

（5）剩余污泥计算以及处理工艺设计　为保证活性污泥系统中污泥量的平衡，每日必须将剩余污泥排除出去，剩余污泥量可按下式计算。

$$V_s = \frac{aQ(L_j - L_e) - bVN'_w}{fN_R} \tag{3-16}$$

式中　f——挥发分，$f = MLVSS/MLSS$。

剩余污泥含水率高达 99%，数量多、体积大、脱水性能差。所以剩余污泥处置是一个较严重的问题，一般将剩余污泥单独引入浓缩池浓缩后，再与生污泥一起进行厌氧消化处理。对于设有初沉池的活性污泥系统，剩余污泥也可浓缩后回流到初沉池，使其含水率降低到 96% 左右，同初沉污泥一起进行厌氧消化处理。

三、曝气池设计

1. 曝气的理论基础

（1）曝气方式　曝气是将空气中的氧用强制方法溶解到混合液中去的过程，曝气除起供气作用外，还起搅拌作用，使活性污泥处于悬浮状态，保证和污水密切接触、充分混合，以利于微生物对污水中有机物的吸附和降解。常用的曝气方式见表 3-6。

表 3-6　常用的曝气方式

曝气类型		曝　气　方　式
鼓风曝气		将鼓风机提供的压缩空气，通过管道系统送入曝气池中空气扩散装置上，并以气泡形式扩散到混合液中
机械曝气	表面曝气	通过安装在曝气池表面上的叶轮或转刷的转动，剧烈地搅拌水面，不断更新液面并产生强烈的水跃，从而使空气中的氧与水滴的界面充分接触而转移到混合液中
	潜水曝气	通过水下高速旋转的叶轮产生负压，将空气引入水下，再通过叶轮的高速剪切运动，将吸入的空气切割为小气泡扩散到污水中
	卧轴式曝气	通过叶轮转动搅动水面溅成水花，空气中的氧通过气液界面转移到水中，同时也推动氧化沟中的污水
鼓风机械曝气		采用鼓风装置将空气送入水下，用机械搅拌的方法使空气和污水充分混合，本方法适用有机物浓度较高的污水

（2）氧转移原理　在曝气过程中，氧分子通过气、液界面由气相转移到液相，在界面上存在着气膜和液膜。气体分子通过气膜和液膜传递的理论即为污水生物处理科技界所接受的"双膜理论"。

根据上述理论，氧的转移率可以用下式计算。

$$\frac{dc}{dt} = K_L \frac{A}{V}(C_s - C_L) = K_{1a}(C_s - C_L) \tag{3-17}$$

式中　dc/dt——单位体积内氧转移率，mg/(L·h)；

K_L——氧传递系数，m/h；

A——气、液界面面积，m²；

V——混合液体积，m³；

K_{1a}——氧的总转移系数，h⁻¹；

C_s——液体中饱和溶解氧浓度，mg/L；

C_L——液体内实际溶解氧浓度，mg/L。

氧总转移系数 K_{1a} 与设备及水特性有关，主要影响因素有：①污水水质；②污水温度；③氧分压；④其他因素，如空气扩散装置的淹没深度等。

（3）曝气系统技术性能指标 曝气装置即空气扩散装置，主要作用是充氧、搅拌、混合，其主要技术性能指标有以下几个。

① 动力效率（E_p） 每消耗 1kW 电能转移到混合液中的氧量，以 $kgO_2/(kW \cdot h)$ 计；

② 氧的利用率（E_A） 通过鼓风曝气转移到混合液中氧量占总供氧量的百分比，%；

③ 氧转移效率（E_L） 也称充氧能力，通过机械曝气装置，在单位时间内转移到混合液中的氧量，kgO_2/h。

对于鼓风曝气装置性能按①、②项指标评定，对机械曝气装置则按①、③项指标评定。

2. 鼓风曝气系统与空气扩散装置

鼓风曝气系统由空压机、空气扩散装置和一系列连通的管道组成。其中扩散装置是将空气形成不同尺寸的气泡，气泡的尺寸决定氧在混合液中的转移率，气泡的尺寸则取决于空气扩散装置的形式，鼓风曝气系统的空气扩散装置主要分为微气泡型、中气泡型、大气泡型、水力剪切型、水力冲击型和空气升液型等类型。大气泡型曝气装置因氧利用率低，现已极少使用。

（1）微气泡型空气扩散装置 典型的微气泡型空气扩散装置是由微孔材料（陶瓷、钛粉、氧化铝、氧化硅和尼龙）制成的扩散板、扩散盘或扩散管等，所产生的气泡直径在 2mm 以下，优点是：氧利用率高（$E_A = 15\% \sim 25\%$）、动力效率高 $[E_p \geqslant 2kgO_2/(kW \cdot h)]$；其缺点是：易堵塞、空气需要经过净化、扩散阻力大等。

① 扩散板 呈正方形，尺寸多为 300mm×300mm×35mm，扩散板采用如图 3-6 所示的形式安装，每个板闸有各自的进气管，便于维护管理、清洗和置换，当水深小于 4.8m 时，氧利用率为 7%～14%，动力效率则为 1.8～2.5 $kgO_2/(kW \cdot h)$。

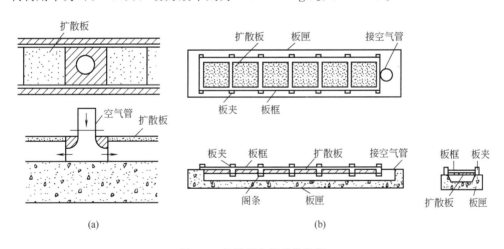

图 3-6 扩散板空气扩散装置

② 扩散管 一般采用管径为 500～600mm，常以组装形式安装，以 8～12 根管组装成一组，如图 3-7 所示，扩散管的氧利用率为 10%～13%，动力效率为 2$kgO_2/(kW \cdot h)$。

③ 固定平板型微孔空气扩散器 结构如图 3-8 所示，主要组成包括扩散器、通气螺栓、配气管、三通短管、橡胶密封圈和压盖等。型号有 HWB-1、HWB-2、BYW-Ⅰ（Ⅱ）等。

④ 固定式钟罩型微孔空气扩散器 结构如图

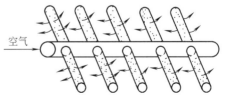

图 3-7 扩散管组安装图

3-9 所示，主要组成包括气泡扩散盘、配气管、通气孔等。型号有 HWB-3、BYW-1 等。

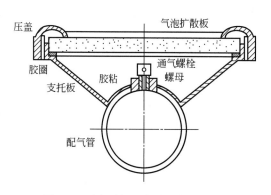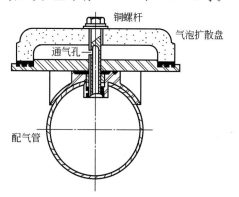

图 3-8　固定平板型微孔空气扩散器　　　图 3-9　固定式钟罩型微孔空气扩散器

表 3-7　微孔扩散器的规格和性能

型号	孔径 /μm	孔隙率 /%	曝气板材料	曝气量 /[m³/(h·个)]	服务面积 /(m²/个)	氧利用率 /%	动力效率 /[kgO₂/(kW·h)]	阻力 /Pa
HWB-1		30～50	钛板					
HWB-2				1～3	0.3～0.5		4～6	1500～3500
HWB-3	150	40～50	陶瓷板			20～25		
BYW-Ⅰ				0.8～3	0.3～0.75		4～5.6	3000
BYW-Ⅱ								

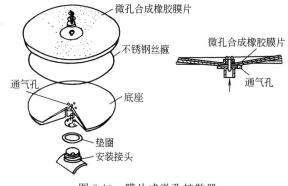

图 3-10　膜片式微孔扩散器

上述两种结构的优点是氧利用率都较高，缺点是：微孔易被堵塞、空气需要净化。上述两种扩散器的主要性能参数如表 3-7 所示。

⑤ 膜片式微孔扩散器　结构如图 3-10所示。

扩散器的气体扩散板由弹性合成橡胶膜片制造，膜片上均匀布置孔径为 $150～200\mu$m 的小孔 5000 个，膜片上的微孔随着充气压力的产生和停止自动张开和闭合，以避免孔眼堵塞。产生的空气泡直径为 1.5～3.0mm，目前的型号有 YMB-1、YMB-2 等。主要技术参数见表 3-8。

表 3-8　膜片式微孔扩散器主要技术参数

型号	直径 /mm	膜片平均半径/μm	空气量 /[m³/(h·个)]	服务面积 /(m²/个)	氧利用率 /%	动力效率 /[kgO₂/(kW·h)]	阻力 /Pa
YMB-1	250	150～200	1.5～3	0.5～0.78	18.4～27.7	3.46～5.19	1800～2800
YMB-2	500	150～200	6～9	1.5～2	18.4～27.7	3.46～5.19	1800～2800

（2）中气泡曝气装置

① 穿孔管　由直径介于 25～50mm 的钢管或塑料管制成，在管壁两侧向下 45°角、开直径为 3～5mm 的小孔，间距为 50～100mm，空气由孔眼溢出。这种扩散装置构造简单，不易堵塞，阻力小，但氧利用率只有 4%～6%，动力效率可达 1kgO₂/(kW·h)。

② 网状膜空气扩散装置　结构如图 3-11 所示，由主体、螺盖、网状膜、分配器和密封圈组成。主体采用工程塑料注塑成型，网状膜则由聚酯纤维制成。该装置的特点是不宜堵塞、布气均匀，便于管理，氧的利用率高达 $12\%\sim15\%$，动力效率为 $2.7kgO_2/(kW\cdot h)$。

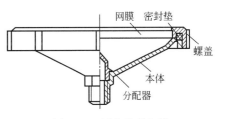

图 3-11　网状膜曝气器

（3）水力剪切型空气扩散装置　该装置利用本身构造产生水力剪切作用，在空气从装置吹出之前，将大气泡切割成小气泡。属于此类的空气扩散装置有以下几种。

① 倒盆型空气扩散装置　该装置由盆形塑料壳体、橡胶板、塑料螺杆及压盖等组成，其构造见图 3-12。该装置的主要技术参数为：氧的利用率 $6.5\%\sim8.8\%$，动力效率 $1.75\sim2.88kgO_2/(kW\cdot h)$，适用水深 $4\sim5m$。

② 金山Ⅰ型　该扩散装置在外形上呈圆锥形倒莲花状，由高压聚乙烯注塑成型，结构如图 3-13 所示，装置构造简单，便于管理，但氧利用率低，适用于中小型污水处理厂，主要技术参数为：服务面积 $1m^2$，氧利用率 8%，单个充氧能力为 $0.41kgO_2/(h\cdot 个)$，适用水深 $2.5\sim8m$。

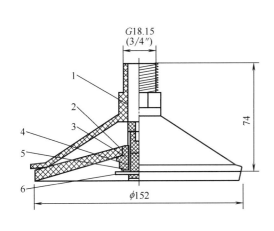

图 3-12　塑料倒盆型空气扩散装置

1—盆型塑料壳体；2—橡胶板；3—密封圈；
4—塑料螺杆；5—塑料螺母；6—不锈钢开口销

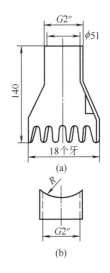

图 3-13　金山Ⅰ型空气扩散装置

③ 固定螺旋空气扩散装置　由圆形外壳和固定在壳体内部的螺旋叶片组成，每个螺旋叶片旋转角度为 $180°$，两个相邻叶片的旋转方向相反。空气由布气管从底部进入装置内，向上流动，由于壳体内外混合液的密度差产生提升作用，使混合液在壳体内不断循环流动，空气泡在上升过程中被螺旋叶片反复切割，形成小气泡。目前生产的类型有固定单螺旋、固定双螺旋和固定三螺旋等三种，主要技术参数见表 3-9。

④ 散流型曝气器　该装置结构如图 3-14 所示，由齿型曝气头、齿型带孔散流罩、导流板、进气管及锁紧螺母组成。主要技术性能参数为：供气量 $40m^3/h$，氧利用率 8.2%，充氧能力为 $1.024kgO_2/h$，服务面积 $3\sim4m^2$。

（4）水力冲击式空气扩散装置

① 密集多喷管空气扩散装置　如图 3-15 所示，本装置由钢板焊接而成，呈长方形，主

表 3-9　FTJ 型固定螺旋曝气器的主要技术参数

型号	直径/mm× 长度/mm	技术性能（潜水试验结果）				阻力损失 /Pa	重量 /(kg/个)
		适用水深 /m	服务面积 /m²	氧利用率 /%	动力效率 /[kgO₂/(kW·h)]		
FTJ-1-200	200×1500	3.4～4.6	3～9	7.4～11.1	2.24～2.48	＜2000	30.8
FTJ-2-200	2×200×1740	3～8	4～8	4.5～11	1.5～2.5	＜2500	26
FTJ-3-180	3×180×1740	3.6～8	3～8	8.7	2.2～2.6	＜2500	28.3
FTJ-3-185	3×185×1740	3.6～8	3～8	8.7	2.2～2.6	＜2500	28.3

要部件有进水管、喷嘴、曝气筒和反射板。喷嘴安设在曝气筒的中下部，空气由喷嘴向上喷出，使曝气筒内混合液上下循环流动。喷嘴直径一般为 5～10mm，数目达上百个，出口流速为 80～100m/s。该装置氧利用率高，且不易堵塞。

② 射流式空气扩散装置　射流式空气扩散装置有自吸式和供气式两种。自吸式结构如图 3-16 所示，是利用水泵高速流动的动能吸入大量空气，形成气、水混合液在喉管中强烈混合搅动，使气泡粉碎成雾状，继而在扩散管对微气泡进一步压缩，强化氧转移过程，氧的转移率可高达 20% 以上，但动力效率不高。

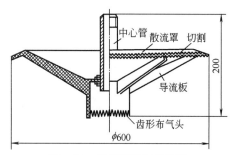

图 3-14　散流型曝气器构造

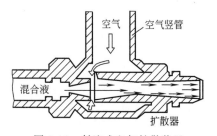

图 3-16　射流式空气扩散装置

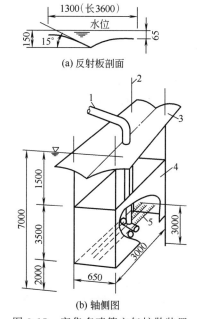

图 3-15　密集多喷管空气扩散装置
1—空气管；2—支柱接工作台；3—反射板；4—曝气筒；5—喷嘴

3. 机械曝气装置

机械曝气装置安装在曝气池水面上部，在动力的驱动下进行高速转动，通过以下 3 个作用将空气中的氧转移到污水中：①曝气装置的转动，使得水面上的污水不断地以水幕状由曝气器周边抛向四周，形成水跃，液面呈剧烈的搅动状，将空气卷入；②曝气器转动产生提升作用，使混合液连续地上、下循环流动，气、液界面不断更新，将空气中的氧转移到液体内；③曝气器转动，在其后侧形成负压区，吸入部分空气。机械曝气装置按转动轴的安装方向可以分成竖轴式和卧轴式两种。

（1）竖轴式机械曝气器　竖轴式机械曝气装置，也称表面曝气机，在我国应用比较广泛，常用泵型、K 型、倒伞型和平板型四种。

① 泵型叶轮曝气机 该曝气结构如图 3-17 所示，其充氧量和轴功率可按下列公式计算。

$$Q_s = 0.379 K_1 v^{2.8} D^{1.88} \qquad (3-18)$$
$$N_{轴} = 0.0804 K_2 v^3 D^{2.08} \qquad (3-19)$$

式中 Q_s——在标准条件下（水温 20℃，一个大气压）清水的充氧量，kgO_2/h；

$N_{轴}$——叶轮轴功率，kW；

v——叶轮周边线速度，m/s；

D——叶轮公称直径，m；

K_1——池型结构对充氧量的修正系数，对于曝气池为 0.85～0.98；

K_2——池型结构对轴功率的修正系数，对于曝气池为 0.85～0.87。

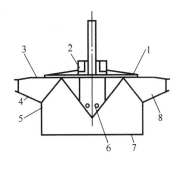

图 3-17 泵型叶轮曝气机结构
1—上平板；2—进气孔；3—上压罩；4—下压罩；5—导流锥顶；6—引气孔；7—进水口；8—叶片

该曝气机在选型和使用时应注意：a. 叶轮外缘最佳线速度应在 4.5～5.0m/s 的范围内；b. 叶轮在水中浸没深度应不大于 40mm，过深要影响曝气量，过浅易于引起脱水，运行不稳定；c. 叶轮不能反转。

目前泵型表面曝气机有 PE 泵型叶轮表面曝气机、BE 叶轮表面曝气机以及 FS 浮筒式叶轮表面曝气机供选型使用，表 3-10 为 PE 泵型叶轮表面曝气机的主要性能参数。

② K 型叶轮曝气机 结构如图 3-18 所示，最佳运行线速度在 4.0m/s 左右，浸没深度为 0～10mm，叶轮直径与曝气池直径或正方形边长之比大致为（1∶6）～（1∶10）。

③ 倒伞型叶轮曝气机 结构如图 3-19 所示，该曝气机叶轮结构简单，易于加工。表 3-11 为 DY 伞型叶轮表面曝气机性能表。

④ 平板型叶轮曝气机 结构如图 3-20 所示，由叶片与平板组成，叶片与平板半径的角度在 0°～25°之间。平板叶轮曝气机结构简单，加工方便，线速度一般在 4.05～4.85m/s 之间。

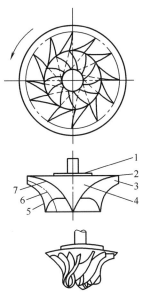

图 3-18 K 型叶轮曝气机结构
1—法兰；2—盖板；3—叶片；4—后轮盖；5—后流线；6—中流线；7—前流线

表 3-10 PE 泵型叶轮表面曝气机的主要性能参数

型号	叶轮直径/mm	转速/(r/min)	潜水充氧量/(kgO₂/h)	提升力/N	电动机功率/kW
PE076	760	88～126	23～84	1530～4530	7.5
PE100	1000	67～95	14～38	2690～7820	13
PE124A	1240	54～79.5	21～62.5	4180～13470	22
PE150A	1500	44.5～63.9	30～82.5	6180～18280	30
PE172	1720	39～54.8	39～102	8190～22990	40
PE193	1930	34.5～49.3	48～130	10370～29930	55
PE076L	760	88～123.5	8.4～21.8	1720～4260	7.5
PE100L	1000	67～93	15.5～48.7	2690～7270	13
PE124C	1240	70	43.5	9160	17

型号	叶轮直径/mm	转速/(r/min)	潜水充氧量/(kgO₂/h)	提升力/N	电动机功率/kW
PE150C	1500	55	54.5	11680	22
PE172C	1720	49	74	16260	30
PE193C	1930	45	99.5	22470	40
PE076LC	760	110	15.5	2990	5.5
PE100LC	1000	84	27	5400	10
BE85	850	105	18.8	—	7.5
BE100	1000	86	27.5	—	9
BE120	1200	72	36	—	11
BE130	1300	63	40	—	18.5
BE140	1400	56	45	—	22
BE160	1600	56	55	—	30
BE180	1800	48	77.2	—	40

表 3-11　DY 伞型叶轮表面曝气机性能表

型号	叶轮直径/mm	叶轮转速/(r/min)	浸没深度/mm	电机功率/kW	充氧量/(kgO₂/h)	重量/kg
DY85	850	112		7.5	9	700
DY100	1000	95		9	10	800
DY140	1400	68	100	11	20	1350
DY200	2000	48		22	35	2300
DY250	2500	38		30	50	2800
DY300	3000	33		40	75	3200

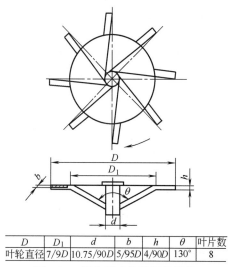

D	D_1	d	b	h	θ	叶片数
叶轮直径	7/9D	10.75/90D	5/95D	4/90D	130°	8

图 3-19　倒伞型叶轮曝气机结构

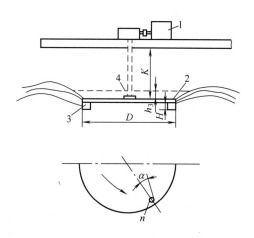

图 3-20　平板型叶轮曝气机结构
1—驱动装置；2—进气孔；3—叶片；4—停转时水位线

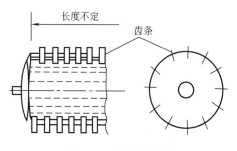

图 3-21　卧式曝气刷

（2）卧轴式机械曝气器　目前应用的卧轴式机械曝气机主要是水平推流式表面曝气机械，适用于城市生活污水和工业污水处理的氧化沟，具有负荷调节方便、维护管理简单、动力效率高等优点。转刷曝气机结构如图 3-21 所示。由水平轴和固定在轴上的叶轮组成，转轴带动叶片旋转搅动水面溅起水花，空气中的氧通过气液界面转移到水中，同时也推动氧化沟中的污水流动。

表 3-12 列出 YQJ-1400 型氧化沟曝气机的主要技术参数。

表 3-12 YQJ-1400 型氧化沟曝气机的主要技术参数

水平轴跨度/m	转盘数	400～530mm 浸深充氧能力 /(kgO$_2$/h)	500mm 浸深充氧能力 /(kgO$_2$/h)	电机功率/kW
3.0	12	12.5～19.56	18.96	11
4.0	17	17.85～27.71	26.86	15
5.0	21	22.0～34.23	33.18	18.5
6.0	25	26.25～40.75	39.50	22
7.0	33	34.65～53.79	52.14	30

（3）潜水曝气机 该类曝气机由叶轮、混合室、底座、进气管以及消音器等组成。进气管上端为空气入口，位于水面以上，下端与混合室连通，由于叶轮旋转产生的高速水流在混合室形成负压，空气被吸入并与液体混合，混合液从周边流出，完成对液体的充氧。该类曝气机的特点有：①结构紧凑、占地面积小、安装方便；②除吸气口外，其余部分潜在水下运行，产生噪声小；③吸入空气多，产生气泡多而细、溶氧率高；④无需提供气源，省去鼓风机、降低工程投资；⑤采用潜污泵技术，叶轮采用无堵塞式，运行安全、可靠。

该类曝气机有离心式和射流式两种结构，在功率相同的情况下，前者曝气范围广，在服务区域内充氧比较均匀；后者潜水深度大。为保证整个曝气池内曝气均匀应合理布置曝气机。该类曝气机的主要技术参数如表 3-13 所列（江苏大学流体机械工程技术中心）。

表 3-13 潜水曝气机主要技术参数

电机功率/kW	0.75	1.5	2.2	3	4	5.5	7.5
电流/A	2	3.7	5.3	6.74	8.8	11	15
转速/(r/min)				1450			
最大潜入深度/m		1～3			1.5～4		
进气量/(m^3/h)	10	22	35	50	75	85	100
标准状态下清水的充氧量/(kgO$_2$/h)	0.37	0.8	1.3	2.75	2.8	4.5	6.5

表 3-14 SBG 型潜水鼓风式曝气机主要技术参数

型号	电机功率 /kW	曝气时所需动力 /kW	送气量 /(m^3/min)	扬水量/(m^3/min)		总充氧量 /(kgO$_2$/h)
				不送气	送气	
SBG037	3.7	2～3.7	2	30	15	10.5
SBG075	7.5	5～7.5	4	60	30	22
SBG15	15	10～15	8	125	65	41
SBG30	30	20～30	16	250	130	83

（4）潜水鼓风式曝气搅拌机 该设备是机械搅拌和气流搅拌的复合曝气装置，用于工业废水及城市生活污水的生化处理，表 3-14 为 SBG 型潜水鼓风式曝气机主要技术参数。

4. 曝气池设计

曝气池是一个生化反应器，是活性污泥系统的核心设备，活性污泥系统的净化效果在很大程度上取决于曝气池的功能是否能够正常发挥。曝气池按混合液的流态可分为推流式、完全混合式和循环式三种；按平面形状分为长方廊道形、圆形、方形以及环状跑道形四种；按采用曝气方式可分为鼓风曝气池、机械曝气池以及两者联合使用的机械-鼓风曝气池；按曝气池与二沉池的关系可分为合建式和分建式两种。

（1）推流式曝气池 其优点是：a. BOD 降解菌为优势菌，可避免产生污泥膨胀现象；b. 运行灵活，可采用多种运行方式；c. 运行方式适当调整能够增加净化功能，如脱氮、除磷等。

① 曝气方式　推流曝气池采用鼓风曝气，空气扩散装置可以布满曝气池底，使池中水流只沿池长方向流动，但为了增加气泡和混合液的接触时间，扩散装置一般布置在池底的一侧，这样可以使水流在池内呈旋转状态流动，为了保持良好的旋流，池两侧的墙角宜建成外凸45°的斜面。按扩散器在竖向的安装位置可分为底层曝气、中层曝气和浅层曝气三种。采用底层曝气的池深决定于鼓风机所能提供的风压，根据目前的产品规格，有效水深常为3～4.5m；采用浅层曝气时，扩散器装于水面以下0.8～0.9m，常采用1.2m以下风压的风机，虽然风压小，但风量大，能产生旋转推流，池的有效水深一般为3～4m。中层曝气扩散器安装在池的中部，池深可加大到7～8m，最大达9m，从而节约了曝气池的面积，这种曝气法也可将扩散器安装在池的中央，形成两侧流，池形可采用较大的深宽比，适于大型曝气池。

② 平面布置　推流曝气池的长宽比一般为5～10，长度可达100m，但以50～70m之间为宜，受场地限制时可以采用二廊道、三廊道和四廊道。污水从一端进入，另一端流出，进水方式不限，出水多用溢流堰。

③ 横断面　推流曝气池的池宽和有效水深之比一般为1～2，有效水深最小为3m，最大为9m，超高0.5m。

④ 底部　在池的底部应考虑排空措施，按纵向留2/1000左右的坡度，并设直径为80～100mm的放空管。此外，考虑到活性污泥的培养、驯化时周期排放上清液的要求，在距池底一定距离处设2～3根排水管，管径为80～100mm。

(2) 采用叶轮曝气器的曝气池

① 完全混合式曝气池　完全混合曝气池平面可以是圆形、方形或矩形。曝气设备可采用表面曝气机，置于池的表层中心。污水从池底中部进入，污水一进入池，在表面曝气机的搅拌下，立即与全池混合均匀。完全混合曝气池可以与沉淀池分建或合建。

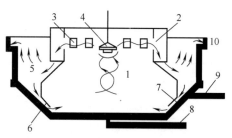

图 3-22　普通曝气沉淀池
1—曝气区；2—导流区；3—回流窗；
4—曝气叶轮；5—沉淀区；6—顺流区；
7—回流缝；8,9—进水管；10—出水槽

a. 分建式　曝气池和沉淀池分别设置，可使用表面曝气机也可使用鼓风曝气装置。当采用泵型叶轮且线速度在4～5m/s时，曝气池直径与叶轮的直径之比宜为4.5～7.5，水深与叶轮直径比宜为2.5～4.5；当采用倒伞形和平板型叶轮时，曝气池直径与叶轮直径比宜为3～5。分建式虽然不如合建式紧凑，且需要专设污泥回流设备，但调节控制方便，曝气池与二次沉淀池互不干扰，回流比明确，应用较多。

b. 合建式　曝气和沉淀在一个池子的不同部位完成，称为曝气沉淀池或加速曝气池。普通曝气沉淀池构造如图3-22所示。它由曝气区、导流区、回流区、沉淀区几部分组成。曝气区相当于分建式系统的曝气池，它是微生物降解污水的场所，曝气区水面直径一般为池直径的1/3～1/2，视不同污水设定导流区，既可使曝气区出流中挟带的小气泡分离，又可使细小的活性污泥凝聚成较大的颗粒，导流区应设置径向整流板以消除曝气机转动形成的旋流影响。回流窗的作用是控制活性污泥的回流量及控制曝气区水位，回流窗的开度可以调节。窗口数一般为6～8个，沿导流区壁均匀分布，曝气区周长与窗口总堰长之比一般为2.5～3.5。

② 推流曝气池　在推流曝气池中，也可用多个表面曝气机进行充氧和搅拌。每一个表面曝气机影响范围内的流态为完全混合；而就整个曝气池而言，又近似推流，相邻表面曝气

机旋转方向相反，否则两机间的水流将发生冲突，具体结构如图 3-23（a）所示，也可采用横挡板将表面曝气机隔开，避免相互干扰，见图 3-23（b）。

图 3-23　推流曝气池结构

（3）采用转刷曝气器的曝气池

① 氧化沟　氧化沟一般呈环形沟状，平面多为椭圆形或圆形，总长可达几十米，甚至百米以上，沟深取决于曝气装置，在 2～6m 之间。常用的氧化沟系统有卡罗塞氧化沟、交替工作氧化沟、二次沉淀池交替运行氧化沟、奥巴勒氧化沟、曝气-沉淀一体化氧化沟。氧化沟系统在我国城市污水处理系统中得到了广泛应用。

② 环槽式曝气池　结构如图 3-24 所示。平面呈环形跑道状，沟槽的横断面可以是方形、梯形，水深一般为 1.0～1.5m，混合液在沟槽内的流速不应小于 0.3m/s。

③ 廊道式曝气池　结构如图 3-25 所示，曝气池短于鼓风曝气池，呈长方形，沿池一侧边设转刷曝气器，另一侧呈 45°倾角，池底呈圆弧状，或在墙角处做成 45°角，以利于形成环流，水深取 2～4m，池宽约与水深同，转刷转速为 40～60r/min。

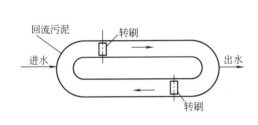

图 3-24　环槽式曝气池结构

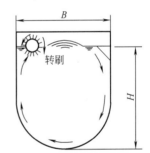

图 3-25　廊道式转刷曝气池

第二节　生物膜法污水处理设备

生物膜法污水处理属于好氧生物处理方法，主要是依靠固着于载体表面的微生物来净化有机物。生物膜法具有如下优点：生物膜对污水水质、水量的变化有较强的适应性，管理方便，不会发生污泥膨胀；微生物固着在载体表面、世代时间较长的高级微生物也能增殖，生物相更为丰富、稳定，产生的剩余污泥少；能够处理低浓度的污水。生物膜法也存在不足之处：生物膜载体增加了系统的投资；载体材料的比表面积小，反应装置容积负荷有限、空间效率低，在处理城市污水时处理效率比活性污泥法低，因此，生物膜法主要适用于中小水量污水的处理。

生物膜法污水处理工艺按生物膜与污水的接触方式不同可分为两种。①填充式：污水和空气沿固定生长生物膜的载体（填料或转盘）表面流过，并使它们充分接触，典型设备有生物滤池和生物转盘；②浸渍式：生物膜载体完全浸没在水中，通过鼓风曝气供氧，如载体固定则为接触氧化法，如载体流化则为生物流化床。

一、生物膜法基本原理

1. 生物膜的形成

在生物膜法的构筑物中，填充着很多挂膜的固体介质（滤料或填料），当污水通过填料时填料截留了污水中的悬浮物质，并将污水中的胶体物质吸附在表面，在供氧充足的条件下，其中的有机物质使微生物很快得到繁殖，这些微生物又进一步吸附了污水中的悬浮物、胶体和溶解状态的物质，逐渐形成生物膜。生物膜从开始形成到成熟要经历潜伏和生长两个阶段，一般的城市污水在 20℃左右的条件下大致需要 30d 左右的时间。

2. 生物膜净化原理

由细菌、真菌和原生动物组成的生物膜呈蓬松的絮状结构，具有很大的表面积和很强的吸附能力。栖息在生物膜中的微生物以吸附和沉积在膜上的有机物为营养，将一部分有机物合成为细胞物质，成为生物膜中新的活性物质；另一部分成为分解代谢的产物，在分解代谢过程中放出能量，供微生物繁殖生长，生物膜老化脱落后进入污水中，在二次沉淀池中沉淀下来成为污泥，澄清水排出池外。

生物膜法中生物膜的生物相组成随有机负荷、水力负荷、污水成分、pH 值、温度、供氧情况以及其他影响因素的变化而变化。

二、生物滤池及附属设备设计选型

生物滤池是以土壤自净原理为依据，在污水灌溉的实践基础上发展起来的人工生物处理技术是对上述过程的强化。生物滤池的基本工艺流程如图 3-26 所示。进入生物滤池的污水需经过预处理去除悬浮物等可能堵塞滤料的污染物，并使水质均化，在生物滤池后设二沉池，以截留污水中脱落的生物膜，保证出水水质。

初次沉淀池　　生物滤池　　二次沉淀池

图 3-26　生物滤池基本工艺流程

生物滤池的主要特征是池内滤料是固定的，污水自上而下流过滤料层。由于和不同层面微生物接触的污水水质不同，因而微生物组成也不同，使得微生物的食物链长，产生污泥量少。当负荷低时，出水水质可高度硝化。生物滤池运行简易，且依靠自然通风供氧，运行费用低。生物滤池在发展过程中经历了几个阶段，从低负荷发展为高负荷，突破了传统采用增加滤料层高度来提高净化负荷的方法，从而扩大了应用范围。目前使用较多的生物滤池有普通生物滤池、高负荷生物滤池和塔式生物滤池（超速滤池）三种，表 3-15 为性能比较表。

表 3-15　普通生物滤池、高负荷生物滤池和塔式生物滤池的性能比较

项　目	普通生物滤池	高负荷生物滤池	塔式生物滤池（超速滤池）
表面负荷/[m³/(m²·d)]	0.9～3.7	9～36（包括回流）	16～97（不包括回流）
BOD 负荷/[g/(m³·d)]	110～370	370～1840	高达 4800
深度/m	1.8～3.0	0.9～2.4	>12
回流比	无	1～4（一般）	一般无回流
滤料	碎石、焦炭、矿渣	塑料滤料	塑料滤料
比表面积/(m²/m³)	43～65	43～65	82～115
孔隙率/%	45～60	45～60	93～95

续表

项　目	普通生物滤池	高负荷生物滤池	塔式生物滤池（超速滤池）
动力消耗/（W/m³）	无	2～10	—
蝇数量	多	很少	很少
生物膜剥落情况	间歇	连续	间歇
运行要求	简单	需要一些技术	
投配时间间歇	不超过 5min，一般间歇投配，也可连续投配	不超过 15s，必须连续投配	
二次污泥	黑色，高度氧化，轻的细颗粒	棕色，未充分氧化，细颗粒，易腐化	
处理水	高度硝化，进入硝酸盐阶段，BOD≤20mg/L	未充分硝化，一般只到亚硝酸盐阶段，BOD≥30mg/L	有限度硝化，BOD≥30mg/L
BOD 去除率/％	85～95	75～85	65～85

1. 普通生物滤池

普通生物滤池又叫滴滤池，是生物滤池早期的类型，即第一代生物滤池。

（1）构造　由池体、滤床、布水装置和排水系统组成，其构造如图 3-27 所示。

① 池体　普通生物滤池池体的平面形状多为方形、矩形和圆形。池壁一般采用砖砌或混凝土建造，有的池壁上带有小孔，用以促进滤层的内部通风，为防止风吹而影响污水的均匀分布，池壁顶应高出滤层表面 0.4～0.5m，滤池壁下部通气孔总面积不应小于滤池表面积的 1％。

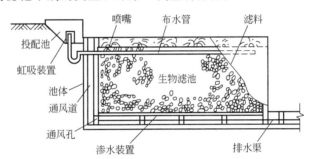

图 3-27　普通生物滤池构造示意

② 滤床　滤床由滤料组成，滤料对生物滤池工作有很大影响，对污水起净化作用的微生物就生长在滤料表面上。滤料应采用强度高、耐腐蚀、质轻、颗粒均匀、比表面大、孔隙率高的材料。过去常用球状滤料，如碎石、炉渣、焦炭等。一般分成工作层和承托层两层：工作层粒径为 25～40mm，厚度为 1.3～1.8m；承托层粒径为 60～100mm，厚度为 0.2m。近年来，常采用塑料滤料，其表面积可达 100～200m²/m³，孔隙率高达 80％～90％；滤料粒径的选择对滤池工作影响较大，滤料粒径小，影响污水和生物膜的接触面积，粒径的选择还应综合考虑有机负荷和水力负荷的影响，当负荷较高时采用较大的粒径。

③ 布水装置　布水装置的作用是将污水均匀分配到整个滤池表面，并应具有适应水量变化、不易堵塞和易于清通等特点。根据结构可分固定式和活动式两种。

④ 排水系统　排水系统设于池体的底部，包括渗水装置、集水渠和总排水渠等。

（2）普通生物滤池的设计计算　普通生物滤池的设计与计算一般分为两部分进行：①滤料的选定、滤料容积的计算以及滤池各部位的设计（如池壁、排水系统等）；②布水装置的设计。

普通生物滤池的个数或分格数不应少于两个，并按同时工作设计，设计流量按平均日污水量计算，当处理对象为生活污水或以生活污水为主的城市污水时，BOD₅ 的容积负荷可按

表 3-16 所列数据选用，水力负荷为 1～4m³/(m²·d)。对于工业污水应通过试验来确定。普通生物滤池的计算公式见表 3-17。

表 3-16 普通生物滤池 BOD₅ 容积负荷

年平均气温/℃	容积负荷率/[gBOD₅/(m³·d)]	年平均气温/℃	容积负荷率/[gBOD₅/(m³·d)]
3～6	100	>10	200
6.1～10	170		

表 3-17 普通生物滤池的计算公式

名　称	公　式	符　号　说　明
每天处理 1m³ 污水所需滤料体积	$V_1 = \dfrac{L_a - L_t}{M}$	V_1——每天处理 1m³ 污水所需滤料体积，m³/(m³·d) L_a——进入滤池污水的 BOD₅ 浓度，g/m³ L_t——滤池出水的 BOD₅ 浓度，g/m³ M——有机物容积负荷，gBOD₅/(m³·d)
滤料总体积	$V = QV_1$	V——滤料总体积，m³ Q——进入滤池污水的平均日污水量，m³/d
滤料有效面积	$F = \dfrac{V}{H}$	F——滤池有效面积，m² H——滤料层总高度，m $H = 1.5～2.0m$
用水力负荷校核滤池面积	$F = \dfrac{Q}{q_F}$	q_F——表面水力负荷，m³/(m²·d) $q_F = 1～5\ m³/(m²·d)$
处理 1m³ 污水所需空气量	$D_1 = \dfrac{L_a - L_t}{2.099 \times Sn}$	D_1——处理 1m³ 污水所需空气量，m³/m³ 2.099——空气含氧量折算系数 S——氧的密度，在标准大气压下为 1.429g/L n——氧的利用率，一般为 7%～8%
每天每立方米滤料所需空气量	$D_0 = \dfrac{M}{21}$	D_0——每天每立方米滤料所需空气量，m³/(m³·d) $21 = 2.099 \times 1.429 \times 7$

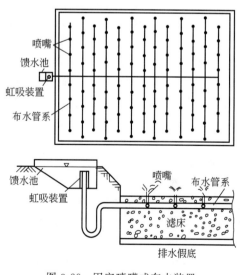

图 3-28 固定喷嘴式布水装置

（3）固定布水装置设计　固定布水器常用如图 3-28 所示的固定喷嘴式布水装置，由馈水池、虹吸装置、配水管道和喷嘴组成，污水进入馈水池，当水位达到一定高度后，虹吸装置开始工作，污水进入布水管路。配水管设在滤料层中距滤层表面 0.7～0.8m 处，配水管设有一定坡度以便放空。喷嘴安装在布水管上，伸出滤料表面 0.15～0.2m，喷嘴的口径一般为 15～20mm。当水从喷嘴喷出，受到喷嘴上部设有的倒锥体的阻挡，使水流向四处分散，形成水花，均匀地喷洒在滤料上。当馈水池水位降到一定程度时，虹吸被破坏，喷水停止。这种布水器的优点是受气候影响较小，缺点是布水不够均匀，需要有较大的作用压力（19.6kPa）。

（4）排水装置设计　生物滤池的排水系统设在池的底部，其作用为排除处理后的污水和保证滤池的良好通风。它包括渗水装置、汇水沟和总排水沟。渗水装置的作用是支撑滤料、排出滤过后的污水以及进入空气。为保证滤池通风良好，渗水装置上的排水孔隙的总面积不得低于滤池总面积的20％，渗水装置与池底的距离不得小于0.4m。目前常用的是混凝土折板式渗水装置。

（5）普通生物滤池的特点　普通生物滤池的优点有：①处理效果好，BOD_5 去除率可达95％以上；②运行稳定，易于管理，节省能源。其主要缺点是负荷低、占地面积大、处理水量小、滤池易堵塞、易产生池蝇、散发臭味、卫生条件差。一般适用于处理每日污水量不高于1000m³ 的小城镇污水和工业有机污水。

2. 高负荷生物滤池

高负荷生物滤池是为解决普通生物滤池在净化功能和运行中存在的实际负荷低、易堵塞等问题而开发出来的。高负荷生物滤池是通过限制进水 BOD_5 值和在运行上采取处理水回流等技术来提高有机负荷率和水力负荷率，分别为普通生物滤池的6～8倍和10倍。

（1）高负荷生物滤池的工艺流程　高负荷生物滤池的工艺流程设计主要采用处理水回流技术来保证进水的 BOD_5 值低于200mg/L，处理水回流后具有下列作用：①均化与稳定进水水质；②加大水力负荷，及时冲刷过厚和老化的生物膜，加速生物膜的更新，抑制厌氧层发育，使生物膜保持较高的活性；③抑制池蝇的滋长；④减轻臭味的散发。

采取处理水回流措施，使高负荷生物滤池具有多种多样的流程，图 3-29 为单池系统的几种有代表性的流程。流程①将生物滤池出水直接回流，二沉池的生物污泥回流到初沉池有助于生物膜接种、促进生物膜更新；同时使得初沉池的沉淀效果有所提高。但回流的生物膜易堵塞滤料。流程②和流程①相比可避免加大沉淀池的容积。流程③能提高初沉池效果，但

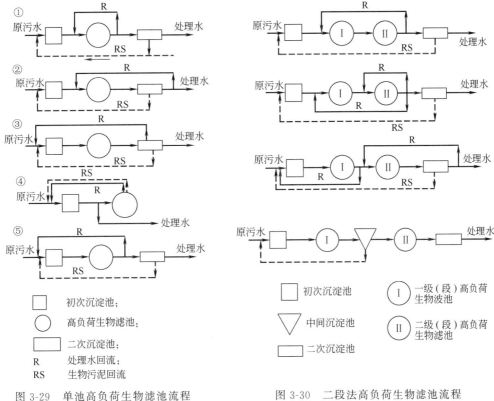

图 3-29　单池高负荷生物滤池流程　　　　　图 3-30　二段法高负荷生物滤池流程

同时也提高了初沉池的负荷。流程④的特点是不设二沉池，滤池出水（含生物污泥）直接回流到初沉池，这样能提高初沉池效果，并使其兼行二沉池功能，本工艺适用于含悬浮固体量较高而溶解性有机物浓度较低的污水。当原污水浓度较高或对处理水质要求较高时，可以考虑二段滤池处理系统，其主要工艺流程如图 3-30 所示。

二段生物滤池的有机物去除率可达 90% 以上，但负荷不均是其主要缺点：一段负荷高，生物膜生长快，脱落的生物膜易于沉积并产生堵塞现象；二段负荷低，生物膜生长不佳，没有充分发挥净化功能。为此可采用交替式二段生物滤池，两种流程定期交替运行。

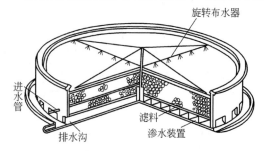

图 3-31　高负荷生物滤池结构示意

（2）高负荷生物滤池设计　构造如图 3-31 所示，其平面形状多为圆形，采用旋转布水装置。

粒状滤料粒径一般为 40～100mm，空隙率较高；其工作层厚 1.8m，滤料粒径为 40～70mm；承托层厚 0.2m，滤料粒径为 70～100mm。当滤层厚度超过 2.0m 时，一般应采用人工通风措施。

高负荷滤池已开始广泛使用聚氯乙烯、聚苯乙烯和聚酰胺等材料制成的波形板状、管状和蜂窝状等人工滤料。

设计高负荷生物滤池时，回流水量 Q_R 与原污水量 Q 之比为回流比 R。回流比一般按水质和工艺要求确定，通常采用 0.3～0.5，但有时可达 5～6。污水经回流稀释后的有机物 L_a 和回流比可按下式计算。

$$L_a = aL_e \tag{3-20}$$

$$R = (L_0 - L_a)/(L_a - L_e) \tag{3-21}$$

式中　L_0——原污水 BOD_5 浓度，mg/L；

　　　L_a——原污水与回流污水混合后的 BOD_5 浓度，mg/L；

　　　L_e——滤池回流污水 BOD_5 浓度，mg/L；

　　　R——回流比；

　　　a——系数，按表 3-18 选用。

表 3-18　系数 a 值

冬季平均污水温度/℃	年平均气温/℃	滤层高度/m				
		2.0	2.5	3.0	3.5	4.0
8～10	<3	2.5	3.3	4.4	5.7	7.5
10～14	3～6	3.3	4.4	5.7	7.5	9.6
>14	>6	4.4	5.7	7.5	9.6	12.0

有机物容积负荷 M 一般不大于 $1200gBOD_5/(m^3$ 滤料·d）；有机物面积负荷 N_A 一般为 $1100～2000gBOD_5/(m^3$ 滤料·d）；表面水力负荷 q_F 一般为 $10～30m^3/(m^2$ 滤料·d）。

3. 塔式生物滤池

塔式生物滤池属第三代生物滤池，其工艺特点是：①加大滤层厚度来提高处理能力；②提高有机负荷以促使生物膜快速生长；③提高水力负荷来冲刷生物膜，加速生物膜的更新，使其保持良好的活性。塔式生物滤池各层生物膜上生长的微生物种属不同，但又适应该层的水质，有利于有机物的降解，并且能承受较大的有机物和毒物的冲击负荷，常用于处理高浓度的工业污水和各种有机污水。

（1）塔式生物滤池构造 如图 3-32 所示。在平面上呈圆形、方形或矩形，一般高度为 8～24m，直径 1～3.5m，径高比为 (1:6)～(1:8)。由塔身、滤料、布水系统、通风系统和排水系统组成。大、中型滤塔多采用电机驱动的旋转布水器，也可采用水力驱动的旋转布水器，小型滤塔则多采用固定喷嘴式布水系统、多孔管和溅水筛板布水器。

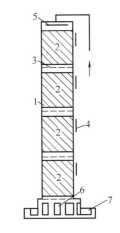

图 3-32 塔式生物滤池构造
1—塔身；2—滤料；3—格栅；
4—检修口；5—布水器；
6—通风孔；7—集水槽

（2）塔式生物滤池设计

① 工艺参数确定 水力负荷可达 80～200 m³/(m²·d)，为高负荷生物滤池的 2～10 倍，有机物容积负荷可达 1000～3000gBOD₅/(m³·d)。进水浓度与塔高有关，浓度过高会导致生物膜生长过快，容易使滤料堵塞。进水有机物浓度和滤料层高度见表 3-19。进水 BOD 应控制在 500mg/L 以下，否则需采取回流措施。

② 塔式生物滤池设计 在确定负荷率后，可按下式计算滤料容积。

$$V = \frac{S_a Q}{N_A} \tag{3-22}$$

式中 V——滤料容积，m^3；

S_a——进水 BOD_5，也可以按 BOD_u 计算，g/m^3；

N_A——BOD 容积负荷，$gBOD_5/(m^3$ 滤料·d) 或 $gBOD_u/(m^3$ 滤料·d)；

Q——污水流量，取平均日污水量，m^3/d。

表 3-19 进水 BOD₅ 与滤料层高度

进水 BOD₅/(mg/L)	250	300	350	450	500
滤料层高度/m	8	10	12	14	>16

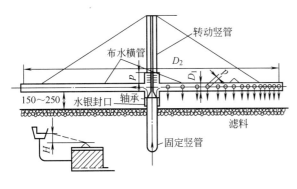

图 3-33 旋转布水器示意

③ 滤料层设计 塔式生物滤池宜采用轻质滤料，使用比较多的是环氧树脂固化的玻璃布蜂窝滤料。这种滤料的比表面积大，结构均匀，有利于空气流通与污水的均匀配布，流量调节幅度大，不易堵塞。滤料层沿高度方向分层建造，在分层处设格栅，格栅承托在塔身上，每层高度以不大于 2m 为宜，每层都应设检修孔、测温孔和观察孔。最上层滤料应比塔顶低 0.5m 左右，以免风吹影响污水的均匀分布。

④ 通风系统设计 塔式生物滤池一般采用自然通风，塔底有高度 0.4～0.6m 的空间，周围留有通风孔，其有效面积不得小于滤池总面积的 7.5%～10%，当用塔式生物滤池处理工业污水（或吹脱有害气体）时，多采用人工机械通风。

4. 旋转布水器设计

在生物滤池的布水系统中经常采用旋转布水器，如图 3-33 所示，它由固定不动的进水竖管和可旋转的布水横管组成，布水横管一般为 2～4 根，可采用电力或水力驱动，目前常用水力驱动，旋转布水器具有布水均匀、水力冲刷作用强、所需作用压力小等优点。

旋转布水器按最大设计污水量计算，布水横管一般为 2～4 根，长度为池内直径减去 200mm，布水横管流速一般为 1.0m/s，横管上布水小孔直径为 10～15mm，布水小孔间距由中心向外逐渐缩小，一般从 300mm 逐渐缩小到 40mm，以满足布水均匀的要求，布水横管可采用钢管或塑料管，布水横管与滤床表面距离一般为 150～250mm。

主要计算公式有：

① 每根布水横管上布水小孔个数 m

$$m = \frac{1}{1-\left(1-\frac{4d^2}{D_2}\right)} \tag{3-23}$$

② 布水小孔与布水器中心的距离 r_i

$$r_i = R\sqrt{\frac{i}{m}} \tag{3-24}$$

式中　d——布水小孔直径；

　　　D_2——布水直径；

　　　i——布水横管上的布水小孔从布水器中心开始的序列号；

　　　R——布水半径。

旋转布水器在实际工作中所需的水压往往大于计算结果，实际值比计算结果增加 50%～100%。

三、生物转盘反应装置及附属设备设计选型

生物转盘是在生物滤池基础上发展起来的一种高效、经济的污水生物处理设备。它具有结构简单、运转安全、电耗低、抗冲击负荷能力强，不发生堵塞的优点。目前已广泛运用到我国的生活污水以及许多行业的工业污水处理中，并取得良好效果。

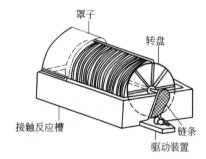

图 3-34　生物转盘构造

1. 生物转盘的结构及净化作用原理

（1）生物转盘构造　生物转盘污水处理装置由生物转盘、氧化槽和驱动装置组成，构造如图 3-34 所示。生物转盘由固定在一根轴上的许多间距很小的圆盘或多角形盘片组成，盘片是生物转盘的主体，作为生物膜的载体要求具有质轻、强度高、耐腐蚀、防老化、比表面积大等特点，氧化槽位于转盘的正下方，一般采用钢板或钢筋混凝土制成与盘片外形基本吻合的半圆形，在氧化槽的两端设有进出水设备，槽底有放空管。

（2）净化原理　生物转盘在旋转过程中，当盘面某部分浸没在污水中时，盘上的生物膜便对污水中的有机物进行吸附；当盘片离开液面暴露在空气中时，盘上的生物膜从空气中吸收氧气对有机物进行氧化。通过上述过程，氧化槽内污水中的有机物减少，污水得到净化。转盘上的生物膜也同样经历挂膜、生长、增厚和老化脱落的过程，脱落的生物膜可在二次沉淀池中去除。生物转盘系统除有效地去除有机污染物外，如运行得当可具有硝化、脱氮与除磷的功能。

2. 生物转盘的组合形式及工艺流程

根据生物转盘的转轴和盘片的布置形式，生物转盘可以是单轴单级形式（图 3-34），也可以组合成单轴多级（图 3-35）或多轴多级（图 3-36）形式。

城市污水生物转盘系统的基本工艺流程如图 3-37 所示。对于高浓度有机污水可采用图

3-38 所示的工艺流程，该流程能够将 BOD 值由数千 mg/L 降至 20mg/L。

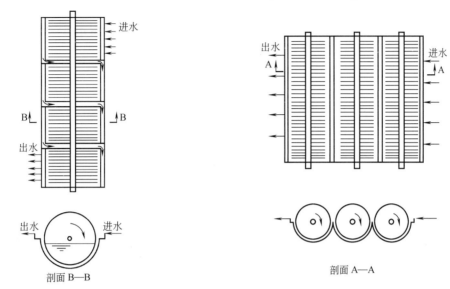

图 3-35　单轴多级生物转盘示意　　　　图 3-36　多轴多级生物转盘示意

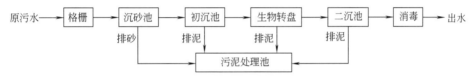

图 3-37　生物转盘污水处理系统基本工艺流程

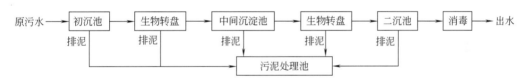

图 3-38　生物转盘二级污水处理工艺流程

根据上述工艺流程，生物转盘污水处理系统具有如下特征。

① 微生物浓度高，特别是最初几级生物转盘，这是生物转盘效率高的主要原因。

② 反应槽不需要曝气，污泥无需回流，因此动力消耗低，这是本法最突出的特征，耗电量为 0.7kWh/kgBOD$_5$，运行费用低。

③ 生物膜上微生物的食物链长，产生污泥量少，在水温为 5～20℃ 的范围内，BOD 的去除率为 90% 时，去除 1kgBOD$_5$ 的污泥量为 0.25kg。

3. 生物转盘的设计

（1）生物转盘工艺设计　工艺设计的主要内容是转盘的总面积。设计参数主要有停留时间、容积水力负荷和盘面面积有机负荷。

① 按盘面面积有机负荷 N 计算转盘总面积 F 的公式为

$$F = \frac{Q(L_a - L_t)}{N} \tag{3-25}$$

式中　F——转盘总面积，m^2；

　　　Q——进水流量，m^3/d；

L_a——进水 BOD_5，mg/L；

L_t——出水 BOD_5，mg/L；

N——面积负荷，$gBOD_5/(m^2\ 盘片·d)$，一般取 $10\sim20g\ BOD_5/(m^2\ 盘片·d)$。

② 按表面水力负荷 q 计算 F 公式如下

$$F=\frac{Q}{q} \qquad (3-26)$$

式中　q——水力负荷，一般为 $50\sim100L/(m^2\ 盘片·d)$。

（2）负荷率的确定　生物转盘计算用的各项负荷原则上应通过试验确定，但是在当前国内、外大量运行数据的基础上，归纳出生活污水 BOD 的去除率与盘面负荷的关系，见表3-20。

表 3-20　生活污水的面积负荷

盘面负荷/$gBOD_5/(m^2\ 盘片·d)$	6	10	25	30	60
BOD 的去除率/%	93	92	90	81	60

（3）生物转盘结构设计

① 盘片　盘片用聚氯乙烯、聚乙烯、泡沫聚苯乙烯、玻璃钢、铝合金或其他材料制成。盘片的形状可以是平板或波纹板。盘片的直径一般为 $2.0\sim3.6m$，如现场组装直径可以大一些，甚至可达 $5.0m$，采用表面积较大的盘片能够缩小反应槽的平面面积，减少占地面积。盘片的厚度与材料见表3-21。

表 3-21　不同材料的盘片厚度

材料名称	聚苯乙烯泡沫塑料	硬聚氯乙烯板	玻璃钢	金属板
盘片厚度/mm	$10\sim15$	$3\sim5$	$1\sim2.5$	1

② 盘片间距　进水段一般为 $25\sim35mm$，出水段一般为 $10\sim20mm$。

③ 盘片周边与反应槽内壁的距离　一般为 $0.1D$，但不得小于 $150mm$。

④ 转轴中心与水面距离　不得小于 $150mm$。

⑤ 转盘浸没率　即转盘浸于水中面积与盘面总面积之比，一般为 $20\%\sim40\%$。

⑥ 转盘转速　一般为 $0.8\sim3.0r/min$，线速度为 $15\sim18m/min$。

（4）SZ 系列生物转盘　该设备由唐山清源环保机械公司生产，可适用于生活污水和工业污水的生化处理。表3-22为该设备的主要技术参数。

表 3-22　SZ 系列生物转盘主要技术参数

型　号	盘片直径 /m	槽体容积 /m^3	转速 /(r/min)	运转重量 /t	有效面积 /m^2	功率 /kW
SZA-1.5×1.35	1.5	1.1	3.9	3.0	169	0.37
SZA-1.5×2.73	1.5	2	3.9	4.5	338	0.75
SZA-2×1.35	2	2	3.2	4.5	307	0.75
SZA-2×2.73	2	3.87	3.2	7.2	614	1.5
SZA-2.5×1.35	2.5	2.5	2.5	6.0	483	1.5
SZA-2.5×2.73	2.5	4.85	2.5	10.1	966	2.2
SZA-3×1.35	3	3	2.0	8.7	695	1.5
SZA-3×2.73	3	5.8	2.0	14.3	1390	2.2
SZB-1.5×1.35	1.5	1.1	3.9	3.0	263	0.37
SZB-1.5×2.73	1.5	2	3.9	4.5	509	0.75

四、生物接触氧化反应装置及附属设备设计选型

生物接触氧化污水处理技术（又称淹没式生物滤池、接触曝气法），是一种介于活性污泥法与生物滤池两者之间的生物处理技术，具有两者的优点：生物量高（附着生物膜量可达8000～40000mgMLVSS/L），有机物的去除能力强；对冲击负荷的适应能力强；产生的污泥量少，污泥颗粒大，易于沉淀，不产生污泥膨胀；操作简单、运行方便、易于管理。

（1）接触氧化池结构　由池体、填料及支架、曝气装置、进出水装置以及排泥管道等组成，如图3-39所示。接触氧化池的池体在平面上多呈圆形、矩形或方形，用钢板焊接制成的设备或用钢筋混凝土建造的构筑物，各部位尺寸为：池内填料高度3.0～3.5m；底部布气层高0.6～0.7m，顶部稳定水层高0.5～0.6m，总高度约4.5～5.0m。

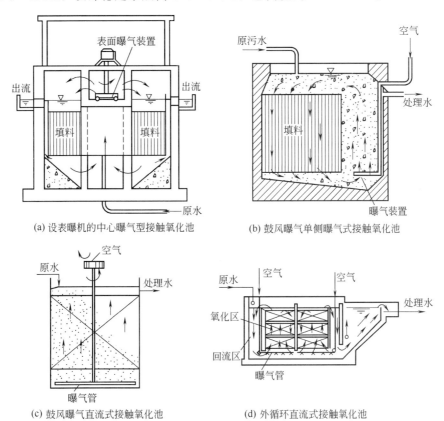

图 3-39　接触氧化池基本构造

接触氧化池的形式按曝气装置的位置分为两种。①分流式　污水充氧与填料分别在不同的隔间内进行，优点是污水流过填料速度慢，有利于微生物的生长；缺点是冲刷力太小，生物膜更新慢且易堵塞。②直流式　曝气装置在填料底部，直接向填料鼓风曝气使填料区的水流上升，优点是生物膜更新快，能经常保持较高的活性，并避免产生堵塞现象。按水流循环方式有内循环式和外循环式。

（2）生物接触氧化法处理技术的工艺流程　流程一般分成一段（级）处理流程、二段（级）处理流程和多段（级）处理流程，这几种工艺各具特点及适用条件。

一段（级）法流程污水经初沉池后进入接触氧化池，经二沉池沉淀后排出，整个工艺不需要污泥回流，污水在接触氧化池内为完全混合，微生物处于对数增殖期和减衰增殖期的前段，生物膜增长较快，有机物降解速率也较高。该流程简单、易于维护、投资较低。

二段（级）法流程污水经初沉后进入第一段接触氧化池氧化，出水经中间沉淀池进行泥、水分离，上清液进入第二段接触氧化池，最后经二沉池再次泥、水分离后排放。在该流程中第一段为高负荷段，第二段为低负荷段。这样更能适应原水水质的变化，使处理水水质

125

趋于稳定。

多段（级）法流程由三段或多于三段的生物接触氧化池组成，由于设置了多段接触氧化池，将生物高负荷、中负荷、低负荷明显分开，能够提高总的处理效果。该流程经过适当的运行能增加硝化、脱氮功能。

（3）生物接触氧化池的设计计算　生物接触氧化池的个数或分格数不少于两个，并按同时工作设计，设计流量按日平均流量计算。接触氧化池填料的体积可以按容积负荷率法计算，计算公式如下。

$$W = \frac{QS_0}{N_w} \qquad (3-27)$$

式中　S_0——原污水 BOD_5 值，g/m^3 或 mg/L；
　　　N_w——BOD 容积负荷率，$gBOD_5/(m^3 \cdot d)$。

容积负荷率一般可按表 3-23 选取。

表 3-23　接触氧化法容积负荷率建议值

污 水 类 型	城市污水（二级处理）	印染污水	农药污水	酵母污水	涤纶污水
BOD 容积负荷率/[$kgBOD_5/(m^3 \cdot d)$]	3.0～4.0	1.0～2.0	2.0～2.5	6.0～8.0	1.5～2.0

BOD 容积负荷率与处理水水质要求有密切的关系，表 3-24 是我国在这方面积累的资料数据，可供设计时参考，接触氧化池接触时间可按下式计算。

$$t = 0.33 \times \frac{P}{75} \times S_0^{0.46} \times \ln \frac{S_0}{S_e} \qquad (3-28)$$

式中　t——接触反应时间，h；
　　　S_0——原污水 BOD_5 值，mg/L；
　　　S_e——处理水 BOD_5 值，mg/L；
　　　P——填料实际填充率，%。

表 3-24　BOD 容积负荷率与处理水水质关系数据

污 水 类 型	城市污水		印染污水		黏胶污水	
处理水 BOD_5/(mg/L)	30	10	50	20	20	10
BOD 容积负荷率/[$kgBOD_5/(m^3 \cdot d)$]	5.0	2.0	2.5	1.0	3.0	1.5

（4）生物流化床　生物流化床是使污水通过流化接触的颗粒床，流化的颗粒床表面生长有生物膜，污水在流化床内同分散十分均匀的生物膜相接触而获得净化。生物流化床的污水净化机理综合了流化机理、吸附机理和生物化学机理，尽管过程十分复杂，但具备活性污泥法均匀接触条件所形成的高效率和生物膜法能承受负荷变动冲击的优点，所以这种方法颇受人们的重视。

① 生物流化床的类型及工艺特征　主要根据载体流化的动力来源划分其类型，表 3-25 所列举的是生物流化床的分类、充氧方法及其功能。

表 3-25　生物流化床分类

流化床	去除对象	流化方式	充 氧 方 式
好氧流化床	有机污染物（BOD、COD）氮	液流动力流化床	表面机械曝气、鼓风曝气、加压溶解
		气流动力流化床	
		机械搅动流化床	鼓风曝气
厌氧流化床	硝酸氮亚硝酸氮	液流动力流化床	
		机械搅动流化床	

三种好氧流化床污水处理工艺如下。

a. 液流动力流化床（亦称二相流化床，见图 3-40）　以纯氧或空气为氧源，如以纯氧为氧源并配以压力充氧设备时，水中溶解氧可高达 30mg/L。如以一般的曝气方式充氧，污水中的溶解氧很低，大致在 8～10mg/L，经过充氧后的污水与回流水混合从底部通过布水装置进入生物流化床，缓慢而均匀地沿床体横断面上升，在推动载体使其处于流化状态的同时，又广泛、连续地与载体上的生物膜相接触，处理后水经二沉池排除。

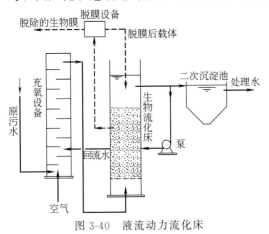

图 3-40　液流动力流化床

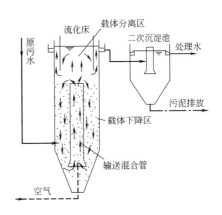

图 3-41　气流动力流化床

b. 气流动力流化床（亦称三相生物流化床，见图 3-41）　即液（污水）、固（载体）、气三相同步进入床体。本工艺的技术关键是防止气泡在床内合并形成大气泡，影响充氧效果，对此可采用减压释放充氧，采用射流充氧也有一定效果。该种生物流化床具有如下特征：(a) 高速区去除有机污染物，BOD 容积负荷率可高达 5kg/(m³·d)，处理水的 BOD_5 可保持在 20mg/L 以下（对城市污水）；(b) 便于维护运行，对水质、水量变动有一定的适应性；(c) 占地少，在同一水量、水质的要求下，设备占地面积只有活性污泥法的 1/5～1/8。本工艺的主要缺点是脱落在处理水中的生物膜颗粒细小，用单纯沉淀法难以全部去除，如用混凝沉淀则可获得优质的处理水。

c. 机械搅动流化床（见图 3-42）　又称悬浮粒子生物膜处理工艺，采用一般的空气扩散装置充氧。本工艺具有如下特征：(a) 降解速率高，反应室单位容积载体的比表面积较大，可达 8000～9000m²/m³；(b) 用机械搅动的方式使载体流化、悬浮、反应可保持均一性，生物膜与污水接触的效率较高；(c) MLVSS 值比较固定，无需通过运行加以调整。

② 生物流化床的构造　生物流化床由床体、载体、布水装置、充氧装置和脱膜装置等部分组成。

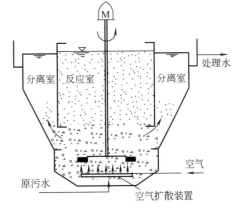

图 3-42　机械搅动流化床

a. 生物流化床体　一般呈圆形或方形，高度与直径可在较大范围中选用，一般采用 (3～4)∶1 为宜。内循环式三相生物流化床（见图 3-41）由三部分组成，在床体中心设输送混合管，其外侧为载体下降区，上部为载体分离区，升流区截面积与降流区截面积之比宜接近 1，流化床顶部的澄清区应按照截流被气体挟带的颗粒的要求进行设计。机械搅动流化床为反应、沉淀一体化反应器，在计算时应用 120m³/(m²·d) 的水面负荷率加以核对。

b. 载体　一般是砂、活性炭、焦炭等较小的颗粒物质，直径为 0.6～1.0mm，能提供的表面积十分大。表 3-26 为常用载体及其物理参数。

表 3-26　常用载体及其物理参数

载　体	粒径 /mm	密度 /(t/m³)	载体高度 /m	膨胀率 /%	空床时水上升速度 /(m/h)
聚苯乙烯球	0.3～0.5	1.005	0.7	50	2.95
				100	6.90
活性炭(新华 8#)	$\phi(0.96～2.14)\times L(1.3～4.7)$	1.50	0.7	50	84.26
				100	160.50
焦炭	0.25～3.0	1.38	0.7	50	56
				100	77
无烟煤	0.5～1.2	1.67	0.45	50	53
				100	62
细石英砂	0.25～0.50	2.50	0.7	50	21.6
				100	40

注：本表所列为载体未被生物膜包覆时的数据。

c. 布水装置　对于液流动力流化床，载体的流化主要由底部进入的污水形成，因此要求布水装置能均匀布水，常用的布水设备见图 3-43。

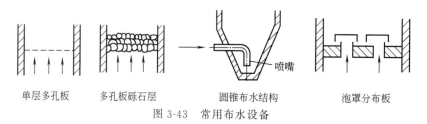

单层多孔板　　　多孔板砾石层　　　圆锥布水结构　　　泡罩分布板
图 3-43　常用布水设备

d. 充氧设备　体内充氧一般采用射流充氧或扩散曝气装置；体外充氧装置有跌水式和曝气锥式两种。

e. 脱膜装置　对于液体动力流化床需要脱膜装置，常用振动筛、叶轮脱膜装置、刷式脱膜装置等。

五、填料的性能及选用参数

填料是生物膜载体，是生物膜法处理工艺的关键所在，它直接影响处理效果，它的费用在生物膜法系统的基建费中占有较大比重，所以选定适宜的填料具有经济和技术的意义。

(1) 填料的性能要求及分类

① 填料的性能要求　在生物膜法污水处理系统中，对填料的性能要求有以下几个方面：a. 水力特性：要求比表面积大、空隙率高、水流畅通、阻力小、流速均一；b. 生物膜附着性：有一定的生物膜附着性能；c. 化学与生物稳定性：要求经久耐用，不溶出有害物质，不导致产生二次污染；d. 经济性：要求价格便宜、货源广，便于运输和安装。

② 填料分类

a. 填料按形状可以分为蜂窝状、束状、筒状、列管状、波纹状、板状、网状、盾状、圆环辐射状以及不规则形状等。

b. 按性状可以分为硬性、软性、半软性等。

c. 按材质可以分为塑料、玻璃钢、纤维等。

（2）常用填料

① 蜂窝状填料　如图 3-44 所示，材质为玻璃钢及塑料，这种填料的主要特性有：比表面积大，（133～360m²/m³，根据内切圆直径而定）；空隙率高（97%～98%）；质轻但强度高，堆积高度可达 4～5m；管壁无死角；衰老生物膜易于脱落等。主要缺点是：如选定的蜂窝孔径与 BOD 负荷率不相适应，生物膜的生长与脱落失去平衡，填料易堵塞；如采用的曝气方式不适宜，则蜂窝管内的流速难以均匀。因此选定的蜂窝孔径应与 BOD 负荷率相适应，

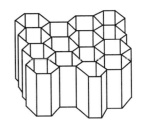

图 3-44　蜂窝状填料

采取全面曝气方式并采取分层填充措施，在二层之间留有 200～300mm 的间隙，每层高 1.0m，使水流在层间再次分配，形成横流与紊流，使水流得到均匀分布，并防止中下部填料因受压而变形。表 3-27 为玻璃钢蜂窝填料主要技术参数。

表 3-27　玻璃钢蜂窝填料主要技术参数

孔径 /mm	密度 /(kg/m³)	壁厚 /mm	比表面积 /(m²/m³)	孔隙率 /%	适用的进水 BOD₅/(mg/L)	块体规格/mm
19	40～42		208	98.4	<100	700×500×5
25	31～33	0.2	158	98.7	100～200	800×800×230
32	24～26		139	98.9	200～300	1000×500×5
36	23～25		110	99.1	300～400	800×500×200

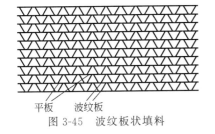

平板　　波纹板

图 3-45　波纹板状填料

② 波纹板状填料　结构如图 3-45 所示，用硬聚氯乙烯平板和波纹板相隔粘接而成，其规格和主要性能见表 3-28。这种填料的主要特点是孔径大，不易堵塞；结构简单，便于运输、安装，可单片保存现场粘合；质量轻、强度高，防腐蚀性能好。主要缺点是难以得到均一的流速。

表 3-28　波纹板状塑料填料的规格和主要性能

型 号	材 质	比表面积 /(m²/m³)	孔隙率 /%	密度 /(kg/m³)	梯形断面孔径 /mm	规格/mm
立波-Ⅰ型		113	>96	50	50×100	1600×800×50
立波-Ⅱ型	硬聚氯乙烯	150	>93	60	40×85	1600×800×40
立波-Ⅲ型		198	>90	70	30×65	1600×800×30

③ 改型软性填料　结构如图 3-46 所示，也称软性纤维状填料，自 20 世纪 80 年代初由上海石化总厂环保研究所试制成功以来，由于它具有比表面积大、利用率高、空隙可变不堵塞、重量轻、强度高、性能稳定、运输方便、组装容易等优点，近年来已被广泛应用于印染、丝绸毛纺、食品、制药、石油化工、造纸、麻纺、医院、含氰等污水处理中。为了使其发挥更大的经济效益，有关科研单位对软性填料进行了改进，克服了原来出现实际表面积不大、中心绳易断、纤维束中间结团等弊病。该型的软性填料采用纺搓的纤维串联压有纤维丝均匀分布的塑料圆片，组成一定长度的单元纤维束，改善了原来的中心绳

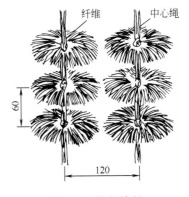

纤维　　中心绳

图 3-46　软性填料

散丝打结抗拉力不均匀、运转时易断的缺点；纤维丝在水中难以横向展开、分布不均匀、偏向、生物膜结团、实际比表面积低、使用寿命短等弊病。经改型后产品已发展成第二型、第三型系列产品。具体性能参数见表3-29~表3-31。

表3-29　第一型软性填料产品规格

项　目	A1	B1	C1	D1	E1	F1
纤维束长度/mm	60	80	100	120	140	160
束间距离/mm	30	40	50	60	70	80
安装间距/mm	60	80	100	120	140	140
纤维束量/(束/m)	9259	3906	2000	1157	729	488
密度/(kg/m³)	10~17	6~7	4~5	2.5~3	2~2.5	1.5~2
成膜后密度/(kg/m³)	200	110	72	50	39	28
孔隙率/%	>99					
理论比表面积/(m²/m³)	9891	5563	3560	2472	1987	1390

表3-30　第二型软性填料产品规格

项　目	A2	B2	C2	D2	E2	F2
纤维束长度/mm	60	80	100	120	140	160
束间距离/mm	30	40	50	60	70	80
安装间距/mm	60	80	100	120	140	140
纤维束量/(束/m)	9259	3906	2000	1157	729	488
密度/(kg/m³)	12~14	7~8	5~6	3~3.5	2.5~3	2~2.5
成膜后密度/(kg/m³)	200	110	72	50	39	28
孔隙率/%	>99					
理论比表面积/(m²/m³)	9891	5563	3560	2472	1987	1390

表3-31　第三型软性填料产品规格

项　目	A3	B3	C3	D3	E3	F3
纤维束长度/mm	80	100	120	140	160	180
束间距离/mm	30	40	50	60	70	80
安装间距/mm	60	80	100	120	140	160
纤维束量/(束/m)	9259	3906	2000	1157	729	488
密度/(kg/m³)	14~16	8.5~10	6~7	3.5~4	3~3.5	2.5~3
成膜后密度/(kg/m³)	266	137	78	58	45	32
孔隙率/%	>99					
理论比表面积/(m²/m³)	11188	6954	4273	2884	2270	1564

　　④ 半软性填料　结构如图3-47所示，由变性聚乙烯塑料制成，具有一定的刚性和柔性，能保持一定的形状，又有一定的变性能力。它具有散热性能好，阻力小，布水、布气性能好，质量轻，耐腐蚀，不堵塞，安装、运输方便等优点。表3-32为半软性填料的主要技术指标。

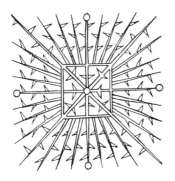

图 3-47　半软性填料

表 3-32　半软性填料的主要技术指标

材　质	比表面积/(m²/m³)	孔隙率/%	密度/(kg/m³)	单片尺寸/mm
变性聚乙烯塑料	87~93	97.1	13~14	ϕ120,ϕ160,100×100,120×120,150×150

⑤ 多孔球形悬浮填料　结构如图 3-48 所示，由 XY-H7060EA 型材料（高密度聚乙烯）制成直径为 80mm 的球体，其质量为 17g 左右，外壳重 13~14g，填充料仅为 3.5g。其特点是微生物挂膜快，老化的生物膜易脱落，材质稳定，抗酸碱，耐老化，使用寿命长达 15 年，长期不需要更换，产品耐生物降解，安装方便。

⑥ 组合填料　组合填料是在软性与半软性填料基础上发展而成的，其结构如图 3-49 所示，由高分子聚合塑料和合成纤维长丝组成，用高密度塑料拉丝制绳而成。塑料片体经特殊加工能与纤维同时挂生物膜，且能有效地切割气体，提高氧利用率。纤维均匀分布在塑料片体周围，使纤维的有效面积充分利用起来，大大提高生化池有效容积内的生物污泥量，从而提高污水处理效果。它的性能优于软性和半软性填料，弥补了前两种填料的不足，使得它易于挂生物膜，老化的生物膜又容易脱落。

图 3-48　多孔球形悬浮填料　　　　　　　图 3-49　组合填料

⑦ 不规则粒状填料　有砂粒、碎石、无烟煤、焦炭以及矿渣等，粒径一般由几毫米到数十毫米。这类填料的主要特点是表面粗糙，易于挂膜，截留悬浮物的能力较强，易于就地取材，价格便宜等。存在的问题是水流阻力大，易产生堵塞现象，应根据污水处理工艺选择合适的填料及其粒径。

第三节　厌氧法污水处理设备

厌氧污水处理是一种低成本的污水处理技术，它能在处理污水过程中回收能源。厌氧生物处理法最早用于处理城市污水处理厂的沉淀污泥，后来用于处理高浓度有机污水，该方法的主要优点有：①能量需求大大降低，还可产生能量；②污泥产量极低，沉降性好；③被降解的有机物种类多，应用范围广，主要用于处理高浓度有机污水，也可用于处理低浓度有机污水，也能处理某些好氧微生物难降解的物质；④对水温的适应范围广；⑤有机容积负荷率高；⑥营养盐类需要量少。厌氧法的缺点是：①厌氧设备启动时间长；②处理后的出水水质差，往往需进一步处理才能达标排放。

一、厌氧处理的原理及运行参数

在厌氧处理过程中，污水中的有机物经大量微生物的共同作用，最终被转化为甲烷、二氧化碳、水、硫化氢和氨，在此过程中，不同微生物的代谢过程相互影响、相互制约，形成复杂的生态系统。因此，应了解厌氧降解过程和影响因素。

1. 厌氧处理的过程

污水的厌氧降解过程可以分为四个阶段：①水解阶段；②发酵（或酸化）阶段；③产乙酸阶段；④产甲烷阶段。

2. 影响厌氧处理的因素

（1）温度　温度是影响微生物生命活动最重要的因素之一，其对厌氧微生物及厌氧消化的影响尤为显著。各种微生物都在一定的温度范围内生长，根据微生物生长的温度范围，习惯上将微生物分为三类：①嗜冷微生物，生长温度为 5～20℃；②嗜温微生物，生长温度 20～42℃；③嗜热微生物，生长温度 42～75℃。相应的厌氧污水处理也分为低温、中温和高温三类，这三类微生物在相应的适应温度范围内还存在最佳温度范围，当温度高于或低于最佳温度范围时其厌氧消化速率将明显降低。在工程运用中，中温工艺中以 30～40℃最为常见，其最佳处理温度在 35～40℃，高温工艺以 50～60℃最为常见，最佳温度为 55℃。

在上述范围内，温度的微小波动（例如 1～3℃）对厌氧工艺不会有明显影响。但如果温度下降幅度过大，则由于微生物活力下降，反应器的负荷也将降低。

（2）pH 值　产甲烷菌对 pH 值变化适应性很差，其最佳范围为 6.8～7.2，超出该范围厌氧消化细菌会受到抑制。

（3）氧化还原电位　绝对的厌氧环境是产甲烷菌进行正常活动的基本条件，产甲烷菌的最适氧化还原电位为 $-400\sim-150$mV，培养甲烷菌的初期，氧化还原电位不能高于 -330mV。

（4）营养　厌氧微生物对碳、氮等营养物质的要求略低于好氧微生物，需要补充的专门营养物质有钾、钠、钙等金属盐类，它们是形成细胞或非细胞的金属络合物所需的物质，同时也应加入镍、铝、钴、钼等微量金属，以提高若干酶的活性。

（5）食料微生物比　厌氧处理过程中的食料微生物比对其进程影响很大，在实用中常以有机负荷表示，kgCOD/(kgVSS·d)。有机负荷、处理程度和产气量三者之间存在密切的联系和平衡关系，较高的有机负荷可获得较大的产气量，但处理程度会降低。厌氧生物处理可采用比好氧处理高得多的有机负荷，一般为 5～10kgCOD/(m³·d)，最高可达 50 kgCOD/(m³·d)。

（6）有毒物质　有毒物质会对厌氧微生物产生不同程度的抑制，使厌氧消化过程受到影响甚至破坏，常见抑制性物质为硫化物、氨氮、重金属、氰化物及某些人工合成的有机物。

3. 厌氧反应器工艺参数

厌氧反应器工艺参数除了和好氧反应具有相同的工艺参数之外，还有以下几种。

（1）上流速度 u　也叫表面流速或表面负荷，单位为 m/h，其定义为

$$u=\frac{Q}{A} \tag{3-29}$$

式中　Q——向上流反应器的进液流量，m³/h；

A——反应器的横截面积，m²。

（2）水力停留时间　简写成 HRT，实际上指进入反应器的污水在反应器内的平均停留时间，单位 h，可按下式计算。

$$HRT = \frac{V}{Q} \tag{3-30}$$

$$HRT = \frac{H}{u} \tag{3-31}$$

式中　V——反应器的有效容积，m^3；

　　　H——反应器的高度，m。

（3）污泥产甲烷活性　是在一定条件下，单位质量的厌氧污泥产甲烷的最大速率，其单位为 mL CH_4/(gMLVSS·d)。

二、厌氧反应装置设计

1. 厌氧接触法

（1）工艺流程　厌氧接触法是对普通污泥消化池的改进，工艺流程如图 3-50 所示，主要特点是在厌氧反应器后设沉淀池，使污泥回流，保证厌氧反应器内能够维持较高的污泥浓度，可达 5～10gMLVSS/L，大大降低了反应器的水力停留时间，并使其具有一定的耐冲击负荷能力。该工艺存在的问题有：①厌氧反应器排出混合液中的污泥由于附着大量气泡，在沉淀池中易于上浮到水面而被出水带走；②进入沉淀池的污泥仍有产甲烷菌在活动，并产生沼气，使已沉

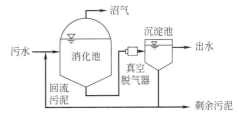

图 3-50　厌氧接触法工艺流程

下的污泥上翻，影响出水水质、降低回流污泥的浓度。对此采取的措施有：①在反应器和沉淀池之间设脱气器，尽可能脱除沼气；②在反应器与沉淀池之间设冷却器，抑制产甲烷菌的活动；③在沉淀池投加混凝剂；④用超滤代替沉淀池。采取上述措施后，可使该工艺具有如下特点：①污泥负荷高，耐冲击能力强；②有机容积负荷较高，中温消化时容积负荷为 0.5～2.5kgBOD$_5$/(m^3·d)，去除率为 80%～90%；③出水水质好。本工艺适合处理悬浮物、有机物浓度均较高的污水，污水 COD 一般不低于 3000mg/L，悬浮物浓度可达 50000mg/L。

（2）工艺设计　厌氧接触法工艺设计，主要是确定厌氧反应器的容积 V，容积计算可按水力停留时间计算，也可通过负荷率确定。

$$V = Qt \tag{3-32}$$

$$V = \frac{QS_0}{N_V} \tag{3-33}$$

式中　V——滤料体积，m^3；

　　　Q——进液流量，m^3/d；

　　　t——水力停留时间，d；

　　　S_0——进水有机物浓度，mg/L；

　　　N_V——容积负荷率，kgBOD$_5$/(m^3·d) 或 kgCOD/(m^3·d)。

（3）厌氧接触法应用　主要用于处理高浓度有机污水，不同的污水其工艺参数也不相同，在具体进行工艺设计时应通过相应的试验来确定。如用厌氧接触法处理酒精污水，原污水 COD 浓度为 50000～54000mg/L，BOD$_5$ 浓度为 26000～34000mg/L，反应温度采用 53～55℃，反应器内污泥浓度为 20%～30%，COD 容积负荷为 9.11～11.7kgCOD/(m^3·d)，水力停留时间为 2.5～4d，COD 的去除率为 87%。用该工艺处理屠宰污水，反应器容积负荷取 2.56 kgBOD$_5$/(m^3·d)，水力停留时间 12～13h，反应温度为 27～31℃，污泥浓度为

7000～12000mg/L，沉淀池水力停留时间1～2h，表面负荷14.7m³/(m²·h)，回流比3：1，当原水BOD₅浓度为1381mg/L时，接触厌氧反应池的去除率为90.6%。运行结果表明，当BOD₅容积负荷从2.56kgBOD₅/(m³·d)上升到3.2kgBOD₅/(m²·d)时，去除率由90.6%下降到83%，产气量由0.4m³/kgBOD₅下降到0.29m³/kgBOD₅。

2. 厌氧生物滤池

（1）厌氧生物滤池构造　厌氧生物滤池是装有填料的厌氧反应器，厌氧微生物以生物膜的形态生长在滤料的表面，污水通过淹没滤料，在生物膜的吸附和微生物的代谢以及滤料的截留三种作用下，污水中的有机污染物被去除。厌氧生物滤池有升流式、降流式和升流式混合型三种，具体结构见图3-51。在升流式厌氧生物滤池中，污水由反应器底部进入，向上流动通过滤料层，微生物大部分以生物膜的形式附着在滤料表面，少部分以厌氧活性污泥的形式存在于滤料的间隙中，它的生物总量比降流式厌氧生物滤池高，因此效率高。但普通升流式生物滤池的主要缺点有：①底部易堵塞；②污泥沿深度分布不均匀。通过出水回流的方法可降低进水浓度，提高水流上升速度。升流式厌氧滤池平面形状一般为圆形，直径为6～26m，高度为3～13m。

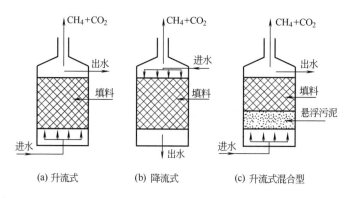

图 3-51　厌氧生物滤池

降流式厌氧生物滤池，其布水装置在滤料层上部，发生堵塞可能性比升流式小。

升流式混合型厌氧生物滤池在池底的布水系统与滤料层之间留有一定空间以便悬浮状的颗粒污泥能在其中生长、累积。它的优点有：①与升流厌氧生物滤池相比，减小了滤料层厚度，与升流式厌氧污泥床相比省去了三相分离器；②可增加反应器中总的生物固体量，并减少滤池被堵塞的可能性。

（2）厌氧生物滤池的设计　主要包括滤料选择、滤料体积计算、布水系统和沼气收集系统的设计计算等。滤料体积的计算常用有机负荷计算，计算见式（3-33）。

容积负荷率可通过试验确定或参考类同的工厂运行数据，影响容积负荷率的因素有污水水质、滤料性质、温度、pH值、营养物质、有害物质等。根据有关资料，当反应温度为30～35℃时，块状滤料负荷率可采用［3～6kgCOD/(m³·d)］，而塑料滤料为［5～8kgCOD/(m³·d)］。

滤料是厌氧生物滤池的主体部分，滤料应具备下列特性：比表面积大、孔隙率高、表面粗糙、化学及生物学的稳定性较强以及机械强度高等。常用的滤料有碎石、卵石、焦炭以及各种形式的塑料滤料，其中碎石、卵石滤料的比表面积较小（40～50m²/m³）、孔隙率低（50%～60%），产生的生物膜较少，生物固体的浓度不高，有机负荷较低［3～6kgCOD/(m³·d)］，运行中易发生堵塞现象。塑料滤料的比表面积和孔隙率都大，如波纹板滤料的

比表面积为 $100\sim200\ m^2/m^3$，孔隙率达 $80\%\sim90\%$，在中温条件下，有机负荷可达 $[5\sim15kgCOD/(m^3\cdot d)]$，且不容易发生堵塞现象。

3. 升流式厌氧污泥床（UASB）

（1）升流式厌氧污泥床的构造　结构如图 3-52 所示，集生物反应器与沉淀池于一体，是一种结构紧凑的厌氧反应器，反应器主要由以下几部分组成。

① 进水配水系统　该系统的形式有树枝管、穿孔管以及多点多管三种形式，其功能是保证配水均匀和水力搅拌。

② 反应区　包括颗粒污泥区和悬浮污泥区，是 UASB 的主要部位，有机物主要在这里被分解。

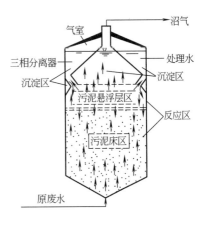

图 3-52　UASB 构造

③ 三相分离器　由沉淀区、回流缝和气封组成，其功能是将气体（沼气）、固体（污泥）和液体（污水）分开，它的分离效果将直接影响反应器的处理效果。

④ 出水系统　把沉淀区处理过的水均匀地加以收集，排出反应器，常用出水堰结构。

⑤ 气室　也称集气罩，作用是收集气体。

（2）UASB 的机理和特点　在 UASB 反应区内存留大量的厌氧污泥，具有良好的凝聚和沉淀性能的污泥在反应器底部形成颗粒污泥，污水从反应器底部进入与颗粒污泥进行充分混合接触后被污泥中的微生物分解。UASB 具有如下优点：①污泥床内生物量多，折合浓度计算可达 $20\sim30g/L$；②容积负荷率高，在中温发酵条件下一般可达 $10kgCOD/(m^3\cdot d)$，甚至能够高达 $15\sim40\ kgCOD/(m^3\cdot d)$，污水在反应器内的水力停留时间短，可大大缩小反应器容积；③设备简单，不需要填料和机械搅拌装置，便于管理，不会发生堵塞问题。

（3）UASB 的设计　主要内容有：①选择适宜的池型和确定有效容积及主要部位尺寸；②设计进水配水系统和三相分离器；③排泥和刮渣系统设计。

a. 反应器容积计算　UASB 有效容积（不包括三相分离器）的确定，多采用容积负荷法，容积负荷值与反应器的温度、污水的性质和浓度有关，同时与反应器内是否能形成颗粒污泥也有很大的关系，对于某种污水，容积负荷应通过试验确定，同类型污水可参考选用。对于食品工业污水或与其性质相似的其他工业污水，其容积负荷率可参考表 3-33，COD 的去除率可达 $80\%\sim90\%$。如果反应器内不能形成颗粒污泥，主要为絮状污泥时，容积负荷一般不超过 $5kgCOD/(m^3\cdot d)$。反应器的有效高度应根据进水浓度通过试验确定，一般为 $4\sim6m$，浓度低时可减小高度。

表 3-33　不同温度的设计容积负荷率

温度/℃	高温 50～55	中温 30～35	常温 20～25	低温 10～15
容积负荷率/[kgCOD/(m³·d)]	20～30	10～20	5～10	2～5

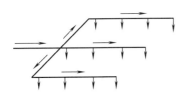

图 3-53　穿孔管配水系统

b. 进水系统设计　大阻力穿孔管配水系统能比较好地保证配水均匀，结构如图 3-53 所示。配水管的中心距可采用 $1.0\sim2.0m$。出水孔距也可以采用 $1.0\sim2.0m$，孔径为 $10\sim20mm$，常取 $15mm$，孔口向下或与垂线呈 $45°$ 方向，每个出水孔服务面积为 $2\sim4m^2$，配水管径最好不小于 $100mm$，配水管中心线距池底 $200\sim250mm$，孔出口

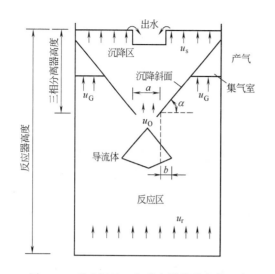

图 3-54　反应区及三相分离器设计参数示意

u_r—反应区内液体的上流速度；u_s—沉降区液体的上流速度；u_O—在沉降区开口处液体的上流速度；u_G—气体在气液界面的上流速度；a—沉降区开口宽度；b—导流体（或导流板）超出开口边缘的宽度；α—沉降斜面与水平方向的夹角

流速不小于 2m/s。

c. 反应区及三相分离器设计　三相分离器的形式比较多，常用的三相分离器如图 3-54 所示。各部分上流速度推荐设计值见表 3-34。

其他设计参数为：(a) 沉降斜面与水平方向的夹角应在 45°～60°，且应光滑，利于污泥返回反应区；(b) 沉降室开口最狭处的总面积应当等于反应器水平截面的 15%～20%；(c) 当反应器高度为 5～7m 时，集气室的高度应当为 0.5～2m；(d) 导流体或导流板与集气室斜面重叠部分宽度（图中 b）应在 100～200mm。以免向上流动的气泡进入沉降区。

(4) UASB 的运用　使 UASB 能高效运行的关键是形成颗粒污泥，因此在系统建成后就应培养颗粒污泥，影响颗粒污泥形成的主要因素有以下几种：①温度；②接种污泥的质量与数量，如有条件采用已培养好的颗粒污泥，可大大缩短培养时间；③碱度，进水碱度应保持在 750～1000mg/L 之间；④污水性质，易于形成颗粒污泥是含碳水化合物较多的污水和 C/N 比较高的污水；⑤水力负荷和有机负荷，启动时有机负荷不宜过高，一般以 0.1～0.3kgCOD/(kgMLVSS·d) 为宜，随着颗粒污泥的形成，有机负荷可以逐步提高。

表 3-34　UASB 上流速度推荐设计值

名称	u_r	u_s	u_O	u_G
数值/(m/h)	1.25～3	≤8	≤12	≥1

4. 其他厌氧生物处理设备

(1) 厌氧膨胀床和厌氧流化床　结构如图 3-55 所示。床内填充细小固体颗粒做载体，常用的载体有石英砂、无烟煤、活性炭等，粒径一般为 0.2～1.0mm，污水从床底部流入，向上流动，为使载体填料层膨胀或流化，常用循环泵将部分出水回流，以提高床内水流上升速度。一般膨胀率为 10%～20%，床内载体略有松动，载体间仍保持相互接触的反应器称为膨胀床；当上升流速增大到使载体可在床内自由运动而互不接触、膨胀率为 20%～70% 时，反应器称为流化床。

这两个反应器的特点有：①床内具有很高的微生物浓度（一般为 30gMLVSS/L 左右），因此有机物容积负荷率较大 [10～40kgCOD/(m³·d)]，水力停留时间短，具有较好的耐冲击负荷能力，运行稳定；②膨胀或流化的载体可避免堵塞；③床内生物固体停留时间长，运行稳定，剩余污泥少；④可用于处理高浓度有机污水，也可用于处理低浓度的城市污水。这两个反应器的主要缺点有：①为保证载体膨胀或流化，能耗较大；②系统的设计运行要求高。

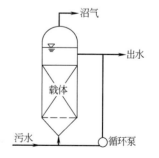

图 3-55　厌氧膨胀床和厌氧流化床工艺流程

（2）厌氧生物转盘　结构如图 3-56 所示，其构造和好氧生物转盘相似，不同之处在于上部加盖密封，目的是为收集沼气和防止液面上的空间有氧气存在。生物转盘由盘片、密封的反应槽、转轴及驱动装置等组成，盘片分固定盘片（挡板）和转动盘片，相间排列，以防止盘片间生物膜粘连堵塞。该反应器的主要优点有：①微生物浓度高，可承受高额的有机物负荷，在中温条件下有机物负荷率可达 0.04kgCOD/（m² 盘片·d），相应的去除率可达90%左右；②污水水平流动，也不需要回流，可以节约能源；③由于转盘的转动，不断使老化的生物膜脱落，以保持生物膜的活性；④可采用多级串联，使各级微生物处于最佳的生存条件。该反应器的主要缺点是盘片成本高，整个装置造价很高。该反应器的设计按负荷法设计。

（3）厌氧折板反应器　该反应器的结构如图 3-57 所示，该反应器水平布置，在垂直水流方向设多块挡板以维持反应器内较高的污泥浓度，由挡板将反应器分为若干上向流室和下向流室，其中上向流室比较宽，便于污泥聚集，下向流室比较窄，通往上向流室的挡板下部边缘处加50°的导流板，便于将水送至上向流室的中心，使泥水充分混合。该反应器的主要特点有：①与厌氧生物转盘相比，可省去转动装置，与 UASB 相比可省去三相分离器，其流失污泥比 UASB 少；②不需要设置混合搅拌装置，不存在污泥堵塞问题；③启动时间短、运行稳定。

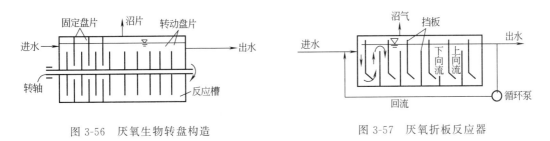

图 3-56　厌氧生物转盘构造　　　　　　　图 3-57　厌氧折板反应器

（4）复合厌氧法　复合厌氧法是将几种厌氧反应器复合在一个设备内，目前已开发出将USAB 和厌氧生物滤池复合而成的升流式厌氧污泥过滤器，该反应器由于下部保持高浓度的污泥层，上部的纤维填料又有大量的生物膜，因此具有良好的工作特性。

（5）两相厌氧法　两相厌氧法是一种新型的厌氧生物处理工艺，它不是在反应器的构造上进行改进，而是在工艺上进行新的开发，即把厌氧降解的产酸和产甲烷两个阶段分别在两个独立的反应器内进行，分别创造各自最佳的环境条件，培养两类不同的微生物，并将两个反应器串联起来，形成两相厌氧发酵系统。该工艺的特点是：①能够为产酸菌、乙酸菌、产甲烷菌分别提供各自最佳的繁殖条件，在各自反应器内能够获得最高的反应速率，并取得最佳的运行效果；②具有一定的耐冲击负荷能力；③负荷率高，反应器容积小。两相厌氧法的设计一般按有机容积负荷率或水力停留时间来进行，具体数值应通过试验或参照同类污水选定。

第四节　生物脱氮除磷工艺及设备

一、生物脱氮工艺及设备

1. 生物脱氮的化学过程

污水中氮主要以氨氮（NH_3、NH_4^+）和有机氮（蛋白质、氨基酸、尿素、胺类化合物、硝基化合物）形式存在，生物脱氮主要是利用一些专性细菌实现氮形式的转化，最终转化为无害气体——氮气。在生物脱氮工艺中，含氮化合物在微生物的作用下相继进行下列反应。

（1）氮化反应 有机氮化合物，在氨化菌作用下，分解、转化为氨态氮。

（2）硝化反应 即硝化菌把氨氮转化成硝酸盐的过程，该过程分两步进行，分别利用两类微生物，即亚硝酸盐菌和硝酸盐菌。

（3）反硝化 即在反硝化菌的作用下将硝酸盐转化成氮气。

2. 生物脱氮过程的环境条件

（1）硝化过程的主要环境条件 ①好氧条件 根据计算，1g 氮完成硝化需氧 4.57g，要求溶解氧不低于 1mg/L；②有机物 混合液中的有机物含量不应过高，BOD 应在 15～20mg/L 以下；③温度 适宜温度为 20～30℃，15℃以下时硝化速率下降，5℃时完全停止；④pH 值 最佳范围是 8.0～8.4；⑤碱度 1g 氨态氮（以 N 计）完全硝化，需碱度（以 $CaCO_3$ 计）7.1g；⑥污泥龄 至少为硝化细菌最小世代时间的两倍；⑦有害物质 有害物质有重金属、高浓度的氨态氮、硝态氮、有机底物以及络合阳离子等。

（2）反硝化过程的主要环境条件 ①碳源 反硝化菌碳源的来源有污水中的碳源和外加碳源，要求 $BOD_5/TKN>3～5$；②pH 值 最适宜值是 6.5～7.5；③溶解氧 反硝化菌是异养兼性厌氧菌，溶解氧应控制在 0.5mg/L 以下；④温度 最适宜温度范围是 20～40℃。

3. 生物脱氮工艺

（1）三级活性污泥法流程 工艺流程见图 3-58。该工艺中第一级为一般二级处理的曝气池，主要功能是去除 BOD、COD，并使有机氮转化形成氨态氮，完成氮化过程，经过沉淀后，出水的 BOD 已下降至 15～20mg/L；第二级硝化曝气池完成硝化过程，为了补充碱度需投加碱；第三级是在缺氧条件下进行的反硝化过程，为补充碳源既可投加甲醇，也可引入原污水。该系统的优点是各个过程在各自的反应器内进行，环境条件容易控制、反应速率快且比较彻底；缺点是设备多、造价高、管理复杂。

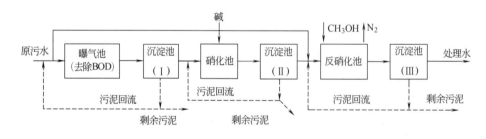

图 3-58 三级活性污泥法脱氮工艺流程

在三级生物脱氮系统实践的基础上，可将 BOD 去除和硝化两个过程在同一反应器内进行，使得脱氮工艺简化成两级生物脱氮系统。

（2）缺氧-好氧活性污泥法脱氮系统 该系统也称 A/O 法脱氮系统，其特点是将反硝化反应器放置在系统之首，故也称前置反硝化生物脱氮系统，目前采用比较广泛，该工艺可以有分建和合建两种，如图 3-59 所示为分建式。

该系统还可以建成合建式装置，将分建式的反硝化、硝化及 BOD 去除三个过程都在一个反应器内进行，中间隔以挡板，可以由现有的推流式曝气池改造建成。

系统设计的主要参数为：水力停留时间硝化阶段不低于 6h、反硝化 2h，便可取得 70％～80％的脱氮效果；内循环比一般不宜低于 200％，对于活性污泥系统可达 600％；MLSS 一般在 3000mg/L 以上，污泥龄 30d 以上；N/MLSS 负荷应低于 0.03gN/(gMLSS·d)；

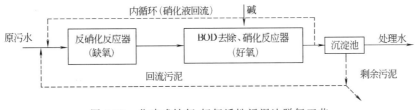

图 3-59　分建式缺氧-好氧活性污泥法脱氮工艺

进水总氮浓度小于 30mg/L。

该系统的特点是流程比较简单、装置少、无需外加碳源，缺点是处理水中含有一定量的硝酸盐，如果沉淀池运行不当，会发生反硝化反应，使污泥上浮、处理水水质恶化。

二、生物除磷工艺及设备

生物除磷是利用聚磷菌具有在好氧条件下过剩摄取 H_3PO_4，在厌氧条件下释放 H_3PO_4 的功能。形成高磷污泥，排出系统外，达到除磷的效果。

1. Phostrip 工艺（旁路除磷）

工艺流程如图 3-60 所示。该工艺优点是将生物除磷与化学除磷结合在一起，除磷效果良好，出水含磷量一般低于 1mg/L，产生的污泥含磷量高，可用作肥料；缺点是工艺流程复杂、运行管理复杂、投加石灰乳使得运行费用提高。

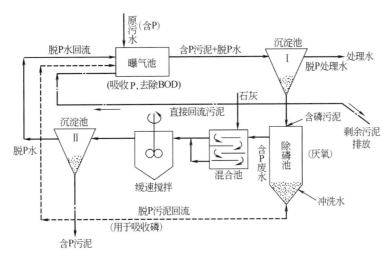

图 3-60　Phostrip 工艺流程

2. 厌氧-好氧除磷工艺

该工艺流程如图 3-61 所示，也称 A_2/O 法；其特点是工艺简单、不需投药和内循环，厌氧反应器能保持良好的厌氧（缺氧）条件。主要设计参数为：水力停留时间 3～6h；曝气池内 MLSS 为 2700～3000mg/L。处理效果为：BOD 去除率大致与一般的活性污泥系统相同，除磷效果好（去除率为 76％左右），出水中含磷量小于 1.0mg/L；沉淀污泥含磷率约 4％、肥效好；混合液 SVI 值不大于 100，易沉淀，不膨胀。

三、生物同步脱氮除磷工艺及设备

1. 传统活性污泥工艺

（1）A^2/O 工艺　本工艺是对 A/O 法工艺的改进，为硝化反应提供一个缺氧区（停留时间 1h），其工艺流程如图 3-62 所示。本工艺的主要优点为：①工艺简单，总水力停留时

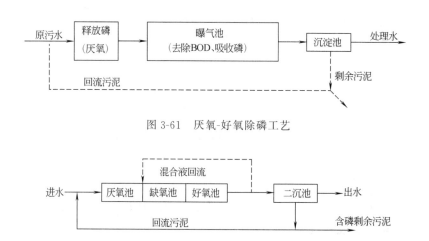

图 3-61　厌氧-好氧除磷工艺

图 3-62　A²/O 工艺流程

间少于同类工艺；②厌氧、缺氧、好氧交替运行，丝状菌不宜繁殖，基本不存在污泥膨胀；③不需要外加碳源，只需在厌氧和缺氧段进行缓慢搅拌，运行费用低。本工艺的主要缺点有：①由于混合液循环流量不宜高于 200%，脱氮效果不能满足较高的要求；②由于受污泥增长的限制，除磷效果较难提高；③沉淀池的设计有特殊要求，含磷污泥停留时间不能太少。

（2）Phoredox 工艺　该工艺有五段单元组成，工艺流程如图 3-63 所示。

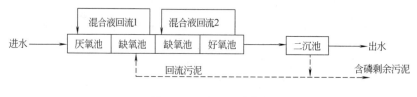

图 3-63　Phoredox（五段）工艺流程

在五段单元中厌氧、缺氧和好氧用于除磷、脱氮和碳氧化，第二段缺氧主要用于进一步的反硝化，该工艺的污泥龄 10～40d（比 A²/O 工艺长）。

（3）UCT 工艺　该工艺类似于 A²/O 工艺，工艺流程如图 3-64 所示，其特点是将污泥回流到缺氧池，再把缺氧池污泥回流到厌氧池。把活性污泥回流到缺氧池可以消除硝酸盐对厌氧池厌氧环境的影响。

图 3-64　UCT 工艺流程

上述三种工艺的常用设计参数如表 3-35 所示。

2. 其他工艺

能进行脱氮除磷的其他工艺有氧化沟工艺和 SBR 工艺。

表 3-35 传统活性污泥法脱氮除磷工艺设计参数

工艺名称	F/M [kgBOD/(kg MLVSS·d)]	SRT /d	MLSS /(mg/L)	HRT/h					污泥回流比/%	混合比/%
				厌氧	缺氧	好氧1	缺氧2	好氧2		
A²/O	0.15~0.25	5~10	3000~5000	0.5~1.3	0.5~1.0	3.0~6.0			40~100	100~300
Phoredox	0.1~0.2	10~40	2000~4000	1~2	2~4	4~12	2~4	0.5~1	50~100	400
UCT	0.1~0.2	10~30	2000~4000	1~2	2~4	4~12	2~4		50~100	100~600

第五节 污泥处理设备

一、污泥特性及处理流程

1. 污泥的来源与特性

（1）污泥的来源与特性 在污水处理过程中产生的沉淀物按其主要成分的不同分为污泥和沉渣。污泥以有机物为主要成分，其特点是：①有机物含量高、易腐化发臭；②颗粒密度小（接近水的密度），含水率高且不易脱水，便于管道输送，沉渣以无机物为主要成分，其特点为颗粒较粗、密度大、流动性差、不易用管道输送，含水率不高易于脱水，化学稳定性好。

污泥按其产生的来源可以分为：①初沉池污泥；②剩余污泥（来自生物膜和活性污泥法的二次沉淀池）；③熟污泥（经消化处理后的初沉池污泥和剩余污泥）；④化学污泥（化学法发生的污泥）。

污泥的含水率很高，污泥中所含水分有4类：颗粒间的空隙水约占70%；毛细管水约占20%；颗粒表面的吸附水与微生物内部水两者约占10%。

（2）污泥的指标

① 污泥含水率 单位质量污泥中所含水分质量的百分数，污泥的含水率一般都很高，常见城市污泥的含水率见表 3-36。

表 3-36 城市污泥含水率　　　　　　　　　　　　　　　　　单位：%

污泥种类	初沉池	高负荷生物滤池	高负荷滤池和初沉池	活性污泥	活性污泥和初沉池	化学凝聚污泥
原污泥	95~97.5	90~95	94~97	99~99.5	95~96	90~95
浓缩污泥	90~92		91~93	97~97.5	90~95	
消化污泥	85~90	90~93	90	97~98	92~94	90~93

② 沉渣湿度 单位体积沉渣中所含水的体积百分比。

③ 污泥或沉渣的挥发性物质及灰分物质 挥发性物质能够近似表示污泥中的有机物含量；灰分能够近似表示无机物含量。

④ 污泥密度 污泥密度等于污泥质量与同体积水的质量的比值。

⑤ 污泥的可消化程度 污泥中的有机物是消化处理的对象，可用消化程度表示污泥中可被消化降解的有机物数量，可用下式计算。

$$R_d = \left[1 - \frac{p_{v2} p_{s1}}{p_{s2} p_{v1}}\right] \times 100\% \qquad (3-34)$$

式中 R_d——可消化程度，%；

p_{s1}，p_{s2}——分别表示生污泥及消化污泥的无机物含量，%；

p_{v1}，p_{v2}——分别表示生污泥及消化污泥的有机物含量，%。

（3）初沉池污泥量　初沉池的污泥量可以根据污水中悬浮物的浓度、污水流量、沉淀效率及含水率计算：

$$V=\frac{100C_0\eta Q}{(100-p)\rho}\times 10^{-3} \tag{3-35}$$

式中　V——沉淀污泥量，m^3/d；

Q——污水流量，m^3/d；

C_0——进水悬浮物浓度，mg/L；

η——去除率，%；

p——污泥含水率，%；

ρ——污泥密度，$1000kg/m^3$。

（4）污泥的水力特性　当污泥的含水率大于99%时，污泥的流动情况与水类似；当含水率较低时，污泥在管道内的水力特性与流动状态，在层流状态时流动阻力比水流层流时的阻力大；在紊流时流动阻力反比层流时小，因此在设计污泥输送管道时应采用较大的流速使之处于紊流状态，以减少阻力。污水输泥管的最小直径不应小于200mm；当采用重力输泥管时，一般采用0.01~0.02的坡度，采用压力管，设计最小设计流速见表3-37。

表 3-37　压力输泥管最小设计流速　　　　　　　　　　单位：m/s

污泥含水率/%	90	91	92	93	94	95	96	97	98
管径 150~250mm	1.5	1.4	1.3	1.2	1.1	1.0	0.9	0.8	0.7
管径 300~400mm	1.6	1.5	1.4	1.3	1.2	1.1	1.0	0.9	0.8

污泥压力管宜采用0.001~0.002的坡度，坡向污泥泵站方向，以利于冲洗及放空。

2. 污泥处理与处置的目的与基本流程

（1）污泥处理的目的和方法　污泥处理的目的是：①降低水分，减少体积；②卫生化、稳定化；③改善污泥的成分和某种性质，以利于应用并达到回收能源和资源的目的。

常用的污泥处理方法有浓缩、消化、脱水、干燥、固化及最终处置；污泥最终处置方法有地面弃置、填埋、排海、地下深埋以及固化后再进行地面或海洋处置。

（2）污泥处理处置的基本流程　根据污水处理厂的规模以及周围环境综合考虑解决，常见流程有以下几种。

① 浓缩→机械脱水→处置脱水滤饼；

② 浓缩→机械脱水→焚烧→处置灰分；

③ 浓缩→消化→机械脱水→处置脱水滤饼；

④ 浓缩→消化→机械脱水→焚烧→处置灰分。

从上述的各种过程可以看出，污泥的浓缩、消化及脱水是主要处理单元，在此主要介绍有关设备。

（3）污泥的调理　污泥调理的目的是为了提高污泥浓缩和脱水效率，影响污泥浓缩和脱水性能的因素有颗粒的大小、表面电荷水合的程度以及颗粒间的相互作用，其中颗粒大小是主要因素。污泥调理的主要途径是：①在污泥中加入合成有机聚合物、无机盐等混凝剂改变污泥颗粒的表面性质，使其脱稳并凝聚起来；②改善污泥颗粒间的结构，减少过滤阻力。其方法主要有以下几种。

a. 洗涤　用于消化污泥的预处理，目的在于节省加药用量、降低机械脱水的运行费用。洗涤水可用二沉池出水或河水，污泥洗涤过程包括稀释、搅拌、沉淀分离以及撇除上清液，工艺可分为单级、两级或多级串联洗涤以及逆流洗涤等多种形式。

b. 化学调理　其实质是向污泥中加入助凝剂、混凝剂等化学药剂，促使污泥颗粒絮凝。助凝剂主要有硅藻土、珠光体、酸性白土、石灰等物质；混凝剂包括无机混凝剂和高分子混凝剂两大类，主要有铝盐、铁盐、聚丙烯酰胺、聚合氯化铝等。

c. 热调理　使污泥在一定压力下短时间加热，使部分有机物分解及亲水性有机胶体物质水解，同时污泥中细胞膜被分解破坏，细胞膜中的水游离出来，故可提高污泥的浓缩和脱水性能。热调理方法有高温加压处理法与低温加压处理法。

二、污泥浓缩设备

污泥浓缩脱水的对象是间隙水，经浓缩后活性污泥的含水率可降至 $97\%\sim98\%$；初沉池污泥的含水率可降至 $85\%\sim90\%$。常用的污泥浓缩方法有重力浓缩、气浮浓缩、离心机浓缩、微孔滤机浓缩以及生物浮选浓缩。

1. 污泥重力浓缩设备

浓缩是减少污泥体积最经济有效的方法，其中利用自然的重力作用是使用最广泛和最简单的浓缩方法。重力浓缩的原理是在重力作用下将污泥中的孔隙水挤出，从而使污泥得到浓缩，属于压缩沉淀类型，该方法适用于密度较大的污泥和沉渣。污泥的沉降特性与固体浓度、性质及来源有密切关系。设计重力浓缩池时，应先进行污泥浓缩试验，掌握沉降特性，得出设计参数，然后计算出浓缩池的表面积、有效容积及深度等参数。

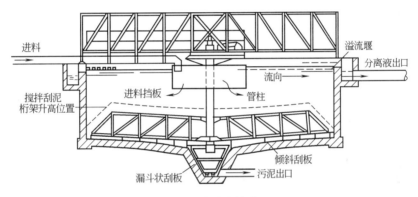

图 3-65　浓缩池构造

重力浓缩池按工作方式可以分成间歇式和连续式，前者适用于小型污水处理厂，后者适用于大中型污水处理厂。连续式浓缩池一般采用辐流式浓缩池，结构类似于辐流式沉淀池，可分为有刮泥机与污泥搅动装置、不带刮泥机以及多层浓缩池（带刮泥机）等形式。图 3-65 为浓缩池构造。当浓缩池较小时可采用竖流式浓缩池，构造如图 3-66 所示。

重力沉淀池设计数据如下：固体通量 $30\sim60kg/(m^2\cdot d)$，有效深度 4m，浓缩时间不宜小于 12h，刮泥机外缘线速度为 $1\sim2m/s$，池底坡度不宜小于 0.05，竖流式浓缩池沉淀区上升流速不大于 0.1mm/s。辐流式浓缩池，当活性污泥浓度为 $2000\sim3000mg/L$，表面负荷为 $0.5m^3/(m^2\cdot h)$；当浓度为 $5000\sim8000mg/L$，表面负荷为 $0.3\ m^3/(m^2\cdot h)$。

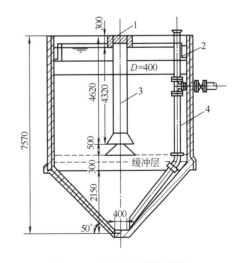

图 3-66　竖流式污泥浓缩池
1—进料管；2—分离液槽；3—沉降区；4—排泥管

143

2. 污泥气浮浓缩设备

气浮浓缩依靠大量的微小气泡附在污泥颗粒表面上，通过减小颗粒的密度使污泥上浮。该法适用于浓缩密度接近于水的污泥，图 3-67 为气浮浓缩池示意图。气浮浓缩池的主要设计参数为：气固比（有效空气总质量与流入污泥中固体物总质量之比）为 0.03～0.04；水力负荷为 1.0～3.6 m³/(m²·h)，一般选用 1.8 m³/(m²·h)；停留时间与气浮浓度有关，参见图 3-68。

3. 污泥离心浓缩设备

离心浓缩的原理是利用污泥中固体、液体的密度及惯性差，在离心力场因受离心力的不同而被分离，其优点是效率高、时间短、占地少，缺点是运行费和机械维修费高，因此较少用于污泥的浓缩。

常用的离心机有转盘式、转鼓式、筐式（三足式）等。

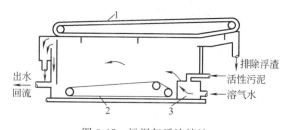

图 3-67 污泥气浮浓缩池
1—表面刮渣板；2—底部刮泥板；3—配水室

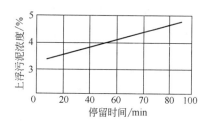

图 3-68 停留时间与气浮浓度的关系

表 3-38 各种脱水干化方法效果比较

脱水方法	自然干化	机械脱水				干燥法	焚烧法
		真空过滤法	压滤法	滚压带法	离心法		
脱水装置	自然干化场	真空转鼓 真空转盘	板框 压滤机	滚压带式 压滤机	离心机	干燥设备	焚烧设备
脱水后含水率/%	70～80	60～80	45～80	78～86	80～85	10～40	0～10
脱水后状态	泥饼状	泥饼状	泥饼状	泥饼状	泥饼状	粉状、粒状	灰状

三、污泥脱水干化设备

污泥经浓缩处理后，含水率（95%～97% 左右）仍很高，需进一步降低含水率，将污泥的含水率降低至 85% 以下的过程称为脱水干化。污泥脱水干化有自然干化与机械脱水，其本质都属于过滤脱水范畴。过滤是给多孔介质（滤材）两侧施加压力差，将悬浮液过滤分成滤饼、澄清液两部分的固液分离操作，通过介质孔道的液体称为滤液，被截留的物质为滤饼或泥饼，产生压力差（过滤的推动力）的方法有四种：①依靠污泥本身厚度的静压力（自然干化床）；②在过滤介质的一面造成负压（真空过滤）；③加压污泥将水分压过过滤介质（压滤）；④离心力（离心脱水）。各种脱水干化方法效果见表 3-38。

1. 真空过滤设备

真空过滤是目前使用最广泛的机械脱水方法，具有处理量大、能连续生产、操作平稳等优点，间歇式真空过滤器有叶状过滤器，只适用于少量的污泥；连续式真空过滤设备有圆筒形、圆盘形及水平形。

（1）转鼓式真空过滤机　图 3-69 为转鼓式真空过滤机构造图。过滤介质覆盖在空心转鼓 1 表面，转鼓部分浸没在污泥槽中，转鼓被径向分隔成许多扇形格间 3，每个格间有单独的连通管与分配头 4 相接，分配头由转动部件 5 和固定部件 6 组成，固定部件由缝 7 与真空管路 13 相通，孔 8 与压缩空气管路 14 相连。真空转鼓每旋转一周依次经过滤饼形成区、吸干区、反吹区及休止区，完成对污泥的过滤及剥落。GP 型转鼓真空过滤机为外滤面刮刀卸料结构，适用于分离 0.01～1mm 固相颗粒的悬浮液，该设备的生产厂有上海化工机械厂、杭州化工机械厂、北京化工机械厂等，表 3-39 为该设备的主要技术参数。

GP 型转鼓真空过滤机对滤液有下列要求。

① 悬浮液的浓度及其过滤的性能，可使各滤室在允许的过滤时间内所形成的滤渣厚度不小于 5mm；

② 悬浮液中固相颗粒在过滤机搅拌器的作用下，不得大量沉淀于槽底；

③ 过滤时悬浮液的温度不高于在操作真空度下悬浮液相的汽化温度 5℃。

（2）水平真空带式过滤机 具有水平过滤面、上部加料和卸料方便等特点，是近年来发展最快的一种真空过滤设备，主要形式有橡胶带式、往复盘式、固定盘式和连续移动室式四种。上海建设路桥机械设备有限公司生产的 DI 型移动室带式真空过滤机是一种结构新颖、综合性能优异，能迅速脱水，对物料进行固液分离的理想设备，其技术在国内居领先水平，适用于城市污泥的脱水。该设备的主要性能

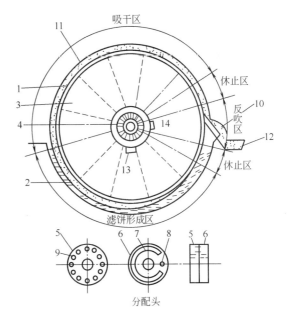

图 3-69 转鼓式真空过滤机
1—空心转鼓；2—污泥贮槽；3—扇形间格；4—分配头；
5—转动部件；6—固定部件；7—与真空泵连通的缝；
8—与空压机连通的孔；9—与各扇形格相通的孔；
10—刮刀；11—泥饼；12—皮带输送机；
13—真空管路；14—压缩空气管路

为：①生产效率高，连续进行喂料、过滤、洗涤、吸干、卸料、滤布再生，抽滤时间长，返回时间短，系统真空度较高（约 0.006MPa），滤饼含水率低，处理能力大（见表 3-40）；②全自动连续运转，整机采用气、电自动控制技术，自动化程度高，工作平稳可靠，操作方便、简单，工人劳动强度低；③可获得高质量的滤饼和滤液，可多段进行平流洗涤和逆流洗涤，以最低的成本达到最高的洗涤效果；④滤布再生彻底，工作时滤布连续地进行正反洗涤，也可以用空机洗涤，再生效果好，滤布使用效果好，使用寿命长；⑤可间歇地自动排液，机械或电动平衡排液罐，动作稳定可靠、自动化程度高；⑥具有相当大的灵活性：能任意调节过滤、洗涤、吸干等区段的长度，又能调整带速和滤室速度，以达到最佳的过滤效果，满足严格的工艺要求；⑦适应物料广泛，该设备适应物料范围宽，在几十个行业得到广泛应用，表 3-40 为该设备物料脱水实例。

表 3-39 GP 型转鼓真空过滤机主要技术参数

型 号	过滤面积/m²	直径/m	长度/m	在悬浮液内的浸入角	吸滤角	干燥和洗涤角	吹风角	转速/(r/min)	电机功率/kW
GP1-1	1	1	0.35	124°	102°	90°	15°	0.09～2	0.4
GP2-1	2	1	0.7	130°	110°	102°	19°	0.13～0.26	1.1
GP5-1.75	5	1.75	0.98	130°	104°	160°	12°	0.13～0.26	1.5
GP20-2.6	20	2.6	2.6	90°～133°				1/1.26～1/7.71	5.2
GP40-3	40	3	4.4					0.13～1.50	6

表 3-40 GP 型转鼓真空过滤机脱水实例

物料名称	液固比	饼含水率/%	生产能力（干）/[kg/(m²·h)]	物料名称	液固比	饼含水率/%	生产能力（干）/[kg/(m²·h)]
活性污泥	10∶1	42	12～30	烟煤灰水	10∶1	18	1000
消化污泥	10∶1	45	30～70	硫酸污泥	2∶1	37	780

2. 压滤设备

加压过滤是通过对污泥加压，将污泥中的水分挤出，作用于泥饼两侧的压力差比真空过滤时大，因此能取得含水率较低的干污泥。间歇式加压过滤机有板框压滤机和凹板压滤机两类，连续式加压过滤机有旋转式和滚压带式两大类。

（1）板框压滤机　该设备构造简单、推动力大，适用于各种性质的污泥，且形成的滤饼含水率低，但它只能间歇运行，操作管理麻烦，滤布容易损坏。板框压滤机的设计主要为压滤机面积的设计，可通过下式计算。

$$A = 1000(1-p)Q/L \tag{3-36}$$

式中　A——压滤机过滤面积，m^2；

　　　p——污泥含水率；

　　　Q——污泥量，m^3/h；

　　　L——压滤机产率，$kg/(m^2 \cdot h)$。

其他设计参数如最佳滤布、调节方法、过滤压力、过滤产率等可由试验求得。压滤机的产率与污泥性质、滤饼厚度、过滤时间、过滤压力、滤布等条件有关，一般为 $2\sim4kg/(m^2 \cdot h)$。

（2）滚压带式压滤机　该设备的特点是可以连续生产，机械设备较简单，动力消耗少，无需高压泵和空压机，已广泛用于污泥的机械脱水。该设备由滚压轴及滤布带组成，压力施加在滤布带上，污泥在两条压滤带间挤压，由于滤布的压力和张力使污泥脱水。

思　考　题

1. 试述活性污泥系统有效运行的基本条件。

2. 活性污泥由哪几种物质组成？活性污泥评价指标有哪几项？活性污泥法的影响因素有哪几项？

3. 活性污泥微生物增殖期包括哪几个时期？试比较各时期微生物变化情况及活性污泥性能。

4. 活性污泥法主要运行工艺名称有哪些？各个工艺的工艺特点如何？

5. 曝气有哪几种类型？每种曝气类型的曝气方式有何区别？

6. 简述生物膜的形成及生物膜净化原理。

7. 目前使用较多的生物滤池有哪几种？这几种生物滤池的性能有何差别？

8. 试述生物转盘的结构及净化作用原理。

9. 简述填料的性能要求及分类。常用填料有哪几种？试比较它们的优缺点。

10. 厌氧污水处理方法的优缺点。厌氧污水处理方法包括哪几个过程？影响厌氧处理的因素有哪些？

11. 生物脱氮过程需要哪些环境条件？生物脱氮工艺有哪些？试比较它们的优缺点。

第四章　物理化学法污水处理装置

第一节　吸　附

一、吸附理论

1. 吸附的本质和类型

吸附作用是不可混合的两相，在相界面上一相得到浓缩或形成薄膜的现象。吸附作用基本上是由界面上分子（或原子）间作用力的热力学性质所决定。吸附体系由吸附剂和吸附质组成。吸附剂一般是指能够进行吸附的固体或液体，吸附质一般是指能够以分子、原子或离子的形式被吸附的固体、液体或气体。吸附过程分为物理吸附和化学吸附两大类。两种吸附特征的比较列于表 4-1 中。实际的吸附过程往往是几种吸附综合作用的结果。

表 4-1　物理吸附和化学吸附的比较

项　目	物　理　吸　附	化　学　吸　附
作用力	分子引力（范德华力）	剩余化学键力
选择性	一般无选择性	有选择性
吸附层	单分子或多分子层均可	只能形成单分子层
吸附热	较小，一般在 41.9kJ/mol 以内	较大，一般在 83.7～418.7kJ/mol 之间
吸附速率	快，几乎不要活化能	慢，需要一定的活化能
可逆性	较易解吸	化合价键力时，吸附不可逆
温度	放热过程，低温有利于吸附	温度升高，吸附速度增加

2. 吸附剂种类和性能

在水处理中使用的吸附剂种类很多，常用的有活性炭、活性炭纤维、磺化煤、焦炭、木炭、泥煤、高岭土、硅藻土、硅胶、炉渣、木屑、活性铝以及其他合成吸附剂等。工业用吸附剂的基本特征及活性炭的基本性能和用途见表 4-2 和表 4-3。

表 4-2　工业用吸附剂的基本特征

项　目	炭分子筛	活性炭	沸石分子筛	硅胶	铝凝胶
密度/(g/cm³)	1.9～2.0	2.0～2.2	2.0～2.5	2.2～2.3	3.0～3.3
颗粒密度/(g/cm³)	0.9～1.1	0.6～1.0	0.9～1.3	0.8～1.3	0.9～1.9
装填密度/(g/cm³)	0.55～0.65	0.35～0.60	0.6～0.75	0.5～0.75	0.5～1.0
空隙率	0.35～0.41	0.33～0.45	0.32～0.40	0.40～0.45	0.40～0.45
孔隙容积/(cm³/g)	0.5～0.6	0.5～1.1	0.4～0.6	0.3～0.8	0.3～0.8
比表面积/(m²/g)	450～550	700～1500	400～750	200～600	150～350
平均孔径/nm	0.4～0.7	1.2～2.0	—	2～12	4～15

3. 吸附平衡与吸附速率

（1）吸附平衡及吸附等温式

① 吸附平衡　吸附和解吸是一个可逆的平衡过程，当吸附速率和解吸速率相等时，就达到了吸附平衡。吸附量是吸附平衡时单位质量吸附剂上所吸附的吸附质的质量，它表示吸附剂吸附能力的大小。一定体积和一定浓度的吸附质溶液中，投加一定的吸附剂，经搅拌混合直至吸附平衡，测定溶液中残余的吸附质浓度，则吸附量为

表 4-3 活性炭的基本性能和用途

活性炭形状	原料	活化法	粒度大小/目	孔隙率/%	气孔率/%	充填密度/(g/cm³)	比表面积/(m²/g)	溶剂吸附量/%	用途
粉末	木材	药品	—	—	—	—	700~1500	—	净水,液相脱水、脱臭、精制
	木材	气体	—	—	—	—	800~1500	—	
	其他	气体	—	—	—	—	750~1350	—	
破碎状	果壳	气体	4/8,8/32	38~45	50~60	0.38~0.55	900~1500	33~50	气体精制净化,溶剂回收
	煤	气体	8/32,10/40	38~45	50~70	0.35~0.55	900~1350	30~45	
球状	煤	气体	8/20,8/32	35~42	50~65	0.40~0.58	850~1250	30~40	液体脱色、溶剂回收
	石油	气体	20/36	33~40	50~65	0.45~0.62	900~1350	33~45	
成型	果壳	气体	4/6,6/8	38~45	52~65	0.38~0.48	900~1500	33~48	溶剂回收,气体精制、净化
	其他	气体	4/6,6/8	38~45	52~65	0.38~0.48	900~1350	30~45	
纤维状	其他	气体	—	—	—	—	1000~2000	33~50	溶剂回收,净水

$$q = \frac{V(c_0 - c_e)}{W} \tag{4-1}$$

式中　V——溶液体积，L；

　　c_0，c_e——吸附质的初始浓度和平衡浓度，g/L；

　　W——吸附剂投加量，g。

吸附等温线的测定可提供不同吸附剂的吸附性能，由此可估算出工程中吸附剂的需用量。

② 吸附等温式　在水处理中最常用的是 Freundlich 等温式。

a. Freundlich 等温式　此模型方程为指数函数型的经验公式，方程为

$$q = Kc_e^{\frac{1}{n}} \tag{4-2}$$

式中　K——Freundlich 常数；

　　n——常数。

将式（4-2）两边取对数，得

$$\lg q = \lg K + 1/n \lg c_e \tag{4-3}$$

由实验数据按上式作图得一直线。斜率为 $1/n$，截距为 $\lg K$（见图 4-1）。$1/n$ 越小，吸附性能越好，一般认为 $1/n = 0.1 \sim 0.5$ 时，容易吸附，$1/n$ 大于 2 时，则难于吸附。当 $1/n$ 较大时，即吸附质平衡浓度越高，则吸附量越大，吸附能力发挥得越充分，这种情况最好采用连续式操作。当 $1/n$ 较小时，多采用间歇式吸附操作。

b. Langmuir 吸附等温式　Langmuir 吸附模型是一个理想模型，指恒温条件下均一表面

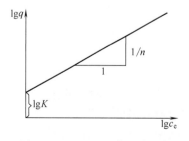

图 4-1 Freundlich 等温式图解

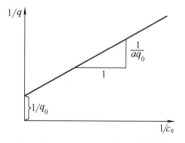

图 4-2 Langmuir 等温式图解

上的单层可逆吸附平衡，方程为

$$q = \frac{q_0 a c_e}{1 + a c_e}$$ (4-4)

式中　q_0——饱和吸附量；

　　　a——Langmuir 常数。

将式（4-4）改写成倒数式，则

$$\frac{1}{q} = \frac{1}{a q_0} \times \frac{1}{c_e} + \frac{1}{q_0}$$ (4-5)

$1/q$ 与 $1/c_e$ 呈直线关系（见图 4-2），由此可求出 q_0 和 a 值。

c. 竞争吸附等温式　以上两种吸附等温式都只适用于单组分吸附质的吸附，在很多情况下，溶液中吸附质是多组分的，因此会出现竞争吸附现象。竞争吸附等温式的形式很多，在此只介绍一种由单组分 Langmuir 等温式推导出的双组分竞争吸附等温式。

$$q_1 = \frac{q_{01} a_1 c_{e1}}{1 + a_1 c_{e1} + a_2 c_{e2}}$$ (4-6)

$$q_2 = \frac{q_{02} a_2 c_{e2}}{1 + a_1 c_{e1} + a_2 c_{e2}}$$ (4-7)

式中　q_1，q_2——双组分时吸附质 1、2 的吸附量，g；

　　　q_{01}，q_{02}——双组分时吸附质 1、2 的饱和吸附量，g；

　　　c_{e1}，c_{e2}——双组分时吸附质 1、2 的平衡浓度，g/L；

　　　a_1，a_2——单组分时的常数。

（2）吸附速率及影响因素　吸附速率是指单位质量的吸附剂在单位时间内吸附的吸附质的量。吸附速率决定了污水和吸附剂的接触时间。吸附速率越快，接触时间就越短，所需吸附设备的容积也就越小。

在水处理中，吸附剂对污染物的吸附是污染物从水中迁移到吸附剂颗粒表面上，然后再扩散到吸附剂内部孔隙的表面而被吸附。因此影响吸附速率的因素有：①吸附质在吸附剂表面液相界膜内的迁移速率；②吸附质在吸附剂颗粒孔隙内的扩散速率；③吸附质在吸附剂表面吸附位置上的吸附反应速率。其中最慢的过程决定吸附的总速率。

当使用粉末活性炭时，由于炭粒呈微粉状，吸附质向活性炭颗粒表面的迁移速率决定吸附速率。因此要求炭和水混合均匀并有充分的接触时间。对于粒状活性炭，吸附质在活性炭孔隙内部的扩散速率是影响吸附速率的主要因素。所以使用粒状活性炭处理时，其吸附速率必须由炭柱通水实测确定。

4. 吸附剂的再生

吸附剂的再生方法（表 4-4）有加热再生、化学氧化再生、药剂再生和生物再生等。在选择再生方法时，主要考虑三个方面的因素：吸附质的理化性质、吸附机理和吸附质的回收价值。

表 4-4　吸附剂再生方法分类

种　类		处理温度	主　要　条　件
加热再生	加热脱附	100～200℃	水蒸气、惰性气体
	高温加热再生	750～950℃	水蒸气、燃烧气体、CO_2
药剂再生	无机药剂	常温～80℃	HCl、H_2SO_4、NaOH、氧化剂
	有机药剂（萃取）	常温～80℃	有机溶剂（苯、丙酮、甲醇等）
生物再生		常温	好氧菌、厌氧菌
湿式氧化分解		180～220℃	O_2、空气、氧化剂
电解氧化		常温	O_2

（1）加热再生　就是采用加热的方法来改变吸附平衡关系，达到脱附和分解的目的。加热再生分为低温和高温两种方法。前者适用于吸附有气体的炭的再生，后者适用于水处理颗粒炭的再生。高温加热再生过程分五步进行。①脱水　使活性炭和输送液体进行分离。②干燥　加热到 100～150℃，将吸附在活性炭细孔中的水分蒸发出来，同时低沸点的有机物也能够挥发出来。③炭化　加热到 300～700℃，高沸点的有机物由于热分解，一部分成为低沸点的有机物挥发，另一部分被炭化留在活性炭的细孔中。④活化　将炭化阶段留在活性炭细孔中的残留炭，用活化气体（如水蒸气、二氧化碳及氧）进行气化，达到重新造孔的目的，活化温度一般为 700～1000℃。⑤冷却　活化后的活性炭用水急剧冷却，防止氧化。

采用加热再生的方法，活性炭的吸附能力恢复率可达 95％以上，耗损在 5％以下，但能耗大，设备造价高。

用于加热再生的炉型有立式多段炉、转炉、立式移动床炉、流化床炉以及电加热再生炉。因它们的构造、材质、燃烧方式及再生规模都不相同，选用时应根据具体情况选用。

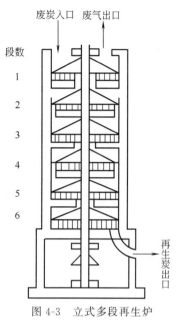

图 4-3　立式多段再生炉

① 立式多段炉　见图 4-3。炉外壳用钢板制成圆角型，内衬耐火砖。炉内分为 4～8 段，各段有 2～4 个搅拌耙，中心轴带动搅拌耙旋转。饱和炭从炉顶投入，依次下落到炉底。在燃烧段有数个燃料喷嘴和蒸汽注入口。热气和蒸汽向上流过炉床。活性炭在中上部干燥、中部炭化、下部活化，炉温从上到下依次升高。这种炉型占地面积小，炉内有效面积大，炭在炉内的停留时间短，再生炭质量均匀，适用于大规模活性炭再生。但操作要求严格，结构较为复杂，炉内一些转动部件要求使用耐高温材料。

② 转炉　转炉为一卧式转筒，从进料端（高）到出料端（低）炉体倾斜，炭在炉内的停留时间靠倾斜度及炉体转速来控制。在炉体活化区设有水蒸气进口，进料端设有尾气排出口。加热方式有内热式、外热式及内热外热并用三种形式。内热转炉再生损失大，炉体内衬耐火材料即可；外热式再生损失小，但炉体需用耐高温不锈钢制造。转炉设备简单，操作容易，但占地面积大，热效率低，适用于较小规模再生。

（2）化学氧化再生　化学氧化再生可分为以下几种。

① 湿式氧化法　见图 4-4。湿式氧化法是在较高的温度和压力下用空气中的氧来氧化污水中溶解和悬浮的有机物和还原性无机物的一种方法。它具有应用范围广、处理效率高、二次污染低、氧化速率快、装置小、可回收能量和有用物质等优点。湿式氧化法多用于粉状活性炭的再生。

② 电解氧化法　将碳作为阳极进行水的电解，在活性炭表面产生氧气将吸附质氧化分解。

③ 臭氧氧化法　利用强氧化剂臭氧，将吸附在活性炭上的有机物加以分解。由于经济指标等原因，此法实际应用不多。

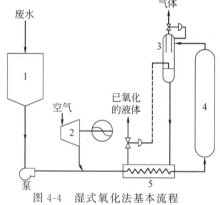

图 4-4　湿式氧化法基本流程
1—贮存罐；2—空压机；3—分离器；
4—反应器；5—热交换器

（3）**药剂再生** 药剂再生是利用药剂将被吸附剂吸附的物质解析出来。常用的溶剂有无机酸（HCl、H_2SO_4）、碱及有机溶剂（苯、丙酮、甲醇、乙醇、卤代烷烃）等。药剂再生时，吸附剂损失较小，再生可以在吸附塔中进行，无需另设再生设备，而且有利于回收有用物质。缺点是再生效率低，再生不易完全，随着再生次数的增加，吸附性能明显降低。

（4）**生物法再生** 利用微生物的作用，将被活性炭吸附的有机物加以氧化分解。在再生周期长、处理水量不大的情况下，可以采用生物再生法，也可以采用在活性炭的吸附过程中，同时向炭床鼓入空气，以供炭粒上生长的微生物生长繁殖和分解有机物的需要，饱和周期将成倍延长。

（5）**电加热再生** 目前可供使用的电加热再生方法主要有直流电加热再生及微波再生。

直流电加热再生就是将直流电直接通入饱和炭中，由于活性炭本身的电阻和炭粒之间的接触电阻，将电能转化为热能，造成活性炭温度上升，当达到活化温度时，通入蒸汽完成活化。

微波再生法是利用活性炭能够很好地回收微波，达到自身快速升温，来实现活性炭加热和再生的一种方法。这种方法具有操作使用方便、设备体积小、再生效率高等优点，特别适用于中小型活性炭处理装置。

二、吸附工艺与设计

吸附操作可分为静态吸附和动态吸附两种，静态吸附操作通常在搅拌吸附装置中进行。动态吸附是被处理水在流动条件下进行的操作，常用的动态吸附装置有固定床和移动床装置。

1. 吸附工艺

（1）**静态吸附** 将一定量的吸附剂投加到被处理水中，经过一定时间的混合搅拌，使吸附达到平衡，然后采用沉淀或过滤的方法使水和吸附剂分离。如果经过一次吸附后，出水水质仍达不到要求，则需要采取多次静态吸附操作，直至达到水质要求。

静态吸附装置简单，常用的处理设备是水池和桶，搅拌可用机械或人工，多用于实验室的吸附剂选择或小规模的污水处理。但处理规模较大时，由于其需要较大的搅拌混合池、沉淀池和炭浆脱水装置，占地面积大，基建费用高，目前已较少采用。

（2）**动态吸附** 动态吸附操作中，水是连续流动的，而吸附剂则可以是固定的也可以是流动的，固定床吸附中的吸附剂是被固定的。

① **固定床吸附** 固定床吸附根据水流动的方向又可分为降流式和升流式两种，降流式固定床吸附的出水水质好，但经吸附剂的水头损失较大，特别是在处理含悬浮物较多的污水时，为了防止悬浮物堵塞吸附层，需定期进行反冲洗，有时还可设表面冲洗设备。升流式固定床吸附在水头损失增大时，可适当提高进水流速，使填充层稍有膨胀（以控制上下层不相互混合为度）而达到自清的目的。图4-5是降流式固定床吸附塔构造示意图。

升流式吸附塔的构造亦基本相同，仅省去上部表面冲洗设备。根据处理水量、原水水质及处理后水质要求，固定床吸附可分为单塔式、多塔串联式和多塔并联式三种（见图4-6）。水处理中采用的固定床设备的大小和操作条件应根据水质、吸附剂的种类经试验确定。

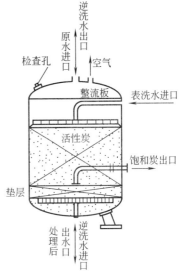

图 4-5 降流式固定床吸附塔构造示意

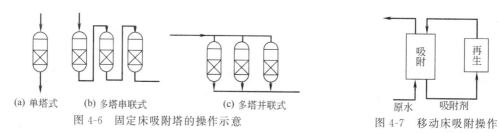

(a) 单塔式　　(b) 多塔串联式　　　　(c) 多塔并联式

图 4-6　固定床吸附塔的操作示意

图 4-7　移动床吸附操作

② 移动床　移动床运行操作方式见图 4-7。原水从吸附塔底部流入与吸附剂逆流接触，处理后的水从塔顶流出，再生后的吸附剂由塔顶加入，接近吸附饱和的吸附剂由塔底间歇排出。相对于固定床，移动床能够充分利用吸附剂的吸附容量，水头损失小。由于采用升流式，污水由塔底流入，从塔顶流出，被截流的悬浮物可随饱和的吸附剂间歇地从塔底排出。因此，不需要反冲洗设备。但这种操作方式上下层之间不能相互混合，其构造见图 4-8。移动床吸附操作对进水中悬浮物有一定要求（一般小于 30mg/L），因此吸附操作的预处理很重要。

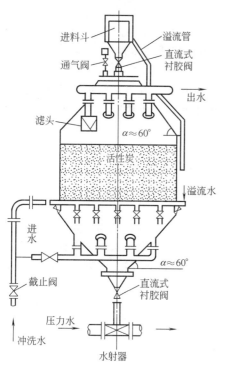

图 4-8　移动床吸附塔构造示意

③ 流化床　这种吸附装置不同于固定床和移动床的地方在于吸附剂在塔内处于膨胀状态，这种装置适用于处理悬浮物含量较大的污水。

2. 吸附装置的设计

（1）吸附装置的选择　吸附装置类型应针对处理对象、处理规模进行必要的条件试验，根据试验结果，结合使用地点的具体情况来选择。经过技术分析，选择最适合的吸附装置。目前使用较多的活性炭吸附装置是固定床及间歇式移动床，它们的特点见表 4-5。

表 4-5　吸附装置特点比较

比较项目		床　型	
		固定床	移动床
设计条件	空塔线流速/(m/h)	0～2.0	0～5.0
	空塔体积流速/(L/h)	5～10	10～30
吸附过程	吸附容量/(kgCOD/kg 炭)	0.2～0.25	较前者低
	活性炭必要量	多	少
	活性炭损失量	少	多
再生过程	排炭方式	间歇式	间歇式或连续式
	再生损失	少	多
	再生炉运转率	低	高
处理费用	—	处理规模大时高	处理规模大时低

（2）吸附装置的设计

① 吸附穿透曲线　首先通过静态吸附实验测出不同种类吸附剂的吸附等温线，从而选择吸附剂种类并估算处理每立方米水所需的吸附剂量。在此基础上进行动态吸附柱试验，确定各设计参数，如吸附柱形式、吸附柱串联级数、通水倍数（m³/kg 吸附剂）、最佳空塔速

率、接触时间、吸附柱设计容量、吸附剂用量及再生设备容量、每米填料层水头损失、反冲洗频率及强度、设备投资和处理费用等。动态吸附柱的工作过程可用图 4-9 穿透曲线来表示。纵坐标为吸附质浓度 c，横坐标为出流时间 t。溶质浓度为 c_0 的水流过炭柱时，溶质被吸附，除去溶质最多的区域称为吸附带。在此带上部的炭层已达饱和状态，不再起吸附作用。当吸附带的下缘达到柱底部时，出水溶质浓度开始迅速上升。当达到允许出水浓度 c_a 时，此点即为穿透点 a；当出水溶质浓度达到进水浓度的 $90\%\sim95\%$，即 c_b 时，可认为吸附柱的吸附能力已经耗尽，此点即为吸附终点 b。在从 a 到 b 这段时间 Δt 内，吸附带所移动的距离即为吸附带的长度 δ。

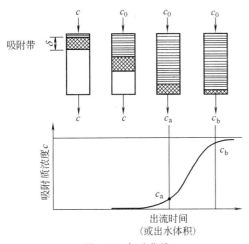

图 4-9　穿透曲线

图 4-10　颗粒活性炭吸附柱实验装置示意

无明显吸附带时，一般采用多根有机玻璃柱（4～6 根）串联，内径 25～50mm，吸附剂充填高度 1.0～1.5m，在不同充填高度设取样口。通过每隔一定时间测定各取样口的浓度。粒状活性炭吸附柱试验装置见图 4-10。正式通水试验时，当第一柱出水浓度为进水浓度的 $90\%\sim95\%$ 时即停止向第一柱进水。以第二柱作为新的第一柱，并在最后接上新的柱子，继续进行通水试验，直到第二柱出水浓度为进水浓度的 $90\%\sim95\%$，停止向第二柱进水，如此试验下去，直到使吸附带形成并达到稳定（平衡）状态。以累计通过量

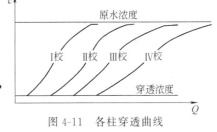

图 4-11　各柱穿透曲线

Q 为横坐标，以各柱各取样口的水质浓度 c 为纵坐标作图，得如图 4-11 所示的穿透曲线。吸附达到稳定后，可根据实验数据计算通水倍数 n 和接触时间 t。

通水倍数 n：达到平衡时，单位质量吸附剂所能处理的水的总体积。

$$n=\frac{\sum Q}{W} \tag{4-8}$$

式中　$\sum Q$——累积通过体积，m^3；

$\quad\quad W$——串联柱子中吸附剂总量，kg。

接触时间 t：当选定通水速度时，测出串联柱子装填活性炭总高度 H，计算出水与活性炭的接触时间 t

$$t=H/v_L \tag{4-9}$$

式中　H——串联的几个柱子中活性炭的装填总高度，m；

$\quad\quad v_L$——水的空塔线速度，m/h。

153

② 吸附装置的设计步骤　a. 首先选定吸附操作方式及吸附装置的型式。b. 根据处理水量及要求的水质处理范围，参考经验数据，选择最佳空塔流速（v_L 或 v_s）。v_L 一般取 5～10m/h，$v_s = Q/V$（空塔体积流速）。c. 根据柱子吸附试验，求得动态吸附容量 q 及通水倍数 n。d. 根据水流速度及水质处理范围，选择最适炭层高度 H。当炭层高度一定时，流速决定于与炭的接触时间 t。当进水水质一定时（即接触时间一定），流速越大，所需的炭层也越高，吸附装置的高径比 H/D 在 2～6 之间为宜。e. 根据单位时间内处理水量 Q 及空塔速度 v_L，初步求出吸附装置的面积（F），$F = Q/v_L$。f. 结合使用情况，选择吸附装置的个数 N 及使用方式。再根据吸附装置的个数及使用方式，最后求得单个吸附装置的面积。g. 根据总处理水量及动态吸附总量（或通水倍数），计算再生规模，即每天需进行再生的饱和炭量 W，$W = 1/n \sum Q$。

③ 吸附装置设计的主要参考数据　工程中有关数据的确定应按水质、活性炭品种及试验情况决定。活性炭用于深度处理时，下述数据可供设计时参考：a. 粉末炭投加的炭浆浓度：40%；b. 粉末炭与水接触时间：20～30min；c. 固定床炭层厚度：1.5～2.0m；d. 过滤线速度：8～20m/h；e. 反冲洗水线速度：28～32m/h；f. 反冲洗时间：4～10min；g. 冲洗间隔时间：72～144h；h. 滤层冲洗膨胀率：30%～50%；i. 流动床运行时炭层膨胀率：10%；j. 多层流动床每层炭高：0.75～1.0m；k. 水力输炭管道流速：0.75～1.5m/s；l. 水利输炭水量与炭量体积比：10：1；m. 气动输炭质量比（炭：空气）：4：1。

国产 C_{11} 活性炭用于去除水中有机物的设计参数见表 4-6。

表 4-6　国产 C_{11} 去除有机物的设计参数

流速/(m/h)	运行时间/h	进水耗氧量/(mg/L)	进水有机物浓度/(mg/L)	通水倍数	体积吸附容量/(mgO$_2$/mLC)	质量吸附容量/(mgO$_2$/gC)
11	360	2.82	1.18	6714	13.09	17.93

例　某石油化工厂拟采用活性炭吸附法对炼油污水进行深度处理，处理水量为 600m³/h，原水 COD 平均为 90mg/L，出水要求小于 30mg/L，试计算吸附塔的基本尺寸。

根据动态吸附试验结果，决定采用间歇移动床吸附塔，主要设计参数如下。

空塔速度 $v_L = 10$m/h；接触时间 $t = 30$min；通水倍数 $n = 6.0$m³/kg；炭层密度 $\rho = 0.5$t/m³。

解：① 吸附塔总面积：$F = Q/v_L = 600/10 = 60$（m²）

② 吸附塔个数：采用 4 塔并联式移动床，$N = 4$

③ 每个吸附塔的面积：$f = F/N = 60/4 = 15$（m²）

④ 吸附塔的直径：$D^2 = 4f/\pi = 4 \times 15/\pi$；$D = 4.4$（m）（采用 4.5m）

⑤ 吸附塔炭层高：$H = v_L t = 10 \times 0.5 = 5$（m）

⑥ 每个吸附塔装填活性炭的体积：$V = fH = 15 \times 5 = 75$（m³）

⑦ 每个吸附塔装填活性炭的质量：$G = V\rho = 75 \times 0.5 = 37.5$（t）

⑧ 每天需炭量：$W = 24 \times Q/N = 24 \times 600/6.0 = 2400$(kg/d) $= 2.4$（t/d）

第二节　离 子 交 换

一、基本理论

1. 离子交换原理

离子交换是指水溶液通过树脂时，发生在固体颗粒和液体之间的界面上固-液间离子相互交换的过程。离子交换反应是可逆反应，离子交换对不同组分显示出不同的平衡特性。在水处理中最常见的离子交换反应是水的软化、除盐及去除或回收污水中重金属离子等。水中的阳离子与交换剂上的 Na^+ 离子进行交换反应，其反应如下。

$$2RNa + M^{2+} \Longrightarrow R_2M + 2Na^+$$

式中　R——离子交换剂的骨架；

　　　Na^+——交换剂上可交换离子；

　　　M^{2+}——水溶液中二价阳离子。

2. 离子交换剂

（1）离子交换剂的结构和分类　离子交换剂由骨架和交换基团组成。它的分类方法很多，通常根据母体（骨架）材质，可分为有机和无机两大类。

① 有机离子交换剂　天然的有机阳离子交换剂主要有煤、褐煤及泥煤等。有机合成树脂是一种具有多孔网状结构的固体有机高分子聚合物。它的主要特征是带有许多交换基团，含有 $-SO_3^-H^+$、$-COO^-H^+$ 等，称为阳离子树脂；含有 $-N(CH_3^+)_2C_2H_4^+OH^-$ 等，称为阴离子树脂。

② 无机离子交换剂　天然无机离子交换剂最常见的是沸石（结晶性金属铝硅酸盐），其化学式为：$\{xM_{2/n}O\} \cdot \{Al_2O_3\} \cdot \{ySiO_2\} \cdot \{zH_2O\}$。沸石有规律的晶格结构，钠、钾、钙离子存在于空隙中。在污水中加入沸石后，只有能通过沸石晶格空间的组分才能向颗粒内扩散，进行离子交换。所以能利用这种细孔对污水的特定成分进行分离。沸石类矿物有方沸石、菱沸石、片沸石等。合成无机物离子交换剂（分子筛）与天然沸石类似，能够用其均匀的空隙结构排除大分子，大规模应用的分子筛有 Linda AW400（合成毛沸石）、Linda AW500（合成菱沸石）、Linda AW300（合成丝光沸石）等。此外还有用磷酸锆盐及锡、钛、钍的化合物制备出的离子交换剂。

（2）离子交换树脂的性能

① 物理性质　离子交换树脂呈透明或半透明球形，颜色有黄、白、赤褐色等。树脂颗粒一般为 0.3～1.2mm（相当于 50～160 目）。离子交换树脂的密度一般用湿视密度（堆积密度）和湿真密度来表示。各种商用树脂的湿视密度约为 0.6～0.85g/mL 树脂，湿真密度一般为 1.04～1.03g/mL 树脂。树脂含水率反映了树脂网中的孔隙率，树脂交联度越小，孔隙率越大，含水率也越大。溶胀性是因吸水或转型等条件改变，使交联网孔胀大引起的体积变化。孔隙率是指单位体积的树脂颗粒内所占有的孔隙体积，其单位为 mL 孔/mL 树脂。比表面积是指单位干质量的树脂颗粒内外总表面积，其单位为 m^2/g 树脂。凝胶树脂的比表面积不到 $1m^2/g$ 树脂，而大孔隙树脂的比表面积可在数 m^2/g 树脂至数百 m^2/g 树脂之间。交联度的大小影响树脂交换容量、含水率、溶胀度、机械强度等性能。交联度高，树脂坚固，机械强度大，不易溶胀；交联度低，树脂柔软，网目结构粗大，溶剂或离子易渗透到树脂内部，容易溶胀。商品树脂交联度通常为 8%～12%。

② 化学性质　交换容量定量地表示树脂交换能力的大小。树脂的交换容量随使用条件而异，一般可由试验确定。强酸、强碱树脂的活性基团电离能力强，其交换容量基本上与 pH 值无关。弱酸（碱）树脂只能在碱（酸）性溶液才会有较高的交换能力。

二、离子交换工艺

离子交换操作可分为静态法和动态法两类。静态法是将一定量的树脂与所处理的溶液在容器内混合搅拌，进行离子交换反应，然后用过滤、倾析、离子分离等方法将树脂与溶液分离。这种操作方法必须重复多次才能使反应达到完全，方法简单但效率低。动态离子交换是离子交换树脂或溶液在流动状态下进行交换，一般都在圆柱形设备中进行。离子交换反应是可逆的平衡反应，动态交换能使交换后的溶液及时与树脂分离，从而大大减少逆反应的影响，使交换反应不断地顺利进行，并使溶液在整个树脂层中进行多次交换，即相当于多次间歇操作,因此其效率比静态法高得多,生产中广为应用。

1. 固定床

固定床离子交换是将树脂装在交换柱内,欲处理的溶液不断地流过树脂层,离子交换的各项操作均在柱内进行。根据用途不同,固定床可以设计成单床、多床和混床。

通常,固定床离子交换操作过程包括以下四个步骤。a. 交换 原水(或污水)自上而下流过树脂床层,出水即为净化水。b. 反洗 当树脂使用到终点时,自上而下逆流通水进行反洗,除去杂质,松动床层。c. 再生 自上而下或自下而上通入再生剂进行再生,使树脂恢复交换能力。d. 正洗 自下而上(或自上而下)通入清水进行淋洗,洗去树脂层中剩余的再生剂,之后即可进入下一循环工序。

2. 连续床

(1) 移动床 移动床是一种半连续式离子交换装置,在离子交换过程中,不但被处理的水溶液是流动的,而且树脂也是移动的,并连续地把饱和后的树脂送到再生柱和淋洗柱进行再生和淋洗,然后送回交换柱进行交换。连续床的工作原理见图 4-12,由图可见,移动床内树脂分三层,失效的一层立即移出柱外进行再生淋洗,再生淋洗后的树脂也定期向交换柱中补充,其间要停产 1~2min,使树脂落床,故称移动床为半连续式离子交换装置。

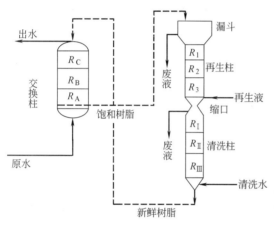

图 4-12 连续床工作原理

(2) 流动床 流动床不仅把交换塔中的树脂分层考虑,而且把再生柱和淋洗柱的树脂也分层考虑,按照移动床程序,连续移动就称为流动床。它是全连续式离子交换装置。

三、离子交换设备的参数计算

(1) 产水量 根据用户要求和系统自身用水量,并考虑最大用水量,确定产水量 Q。

(2) 离子交换设备参数

① 设备总工作面积 F

$$F = Q/u \tag{4-10}$$

式中 Q——设备总产水量,m^3/h;

u——交换设备中水流速度,m/h。

阳离子交换床正常流速 20m/h,瞬间最大流速达 30m/h,混合床流速 40m/h,瞬间最大流速达 60m/h。

② 一台设备工作面积 f

$$f = F/n \tag{4-11}$$

式中 n——设备的台数。为保证系统安全,多床式除盐系统的离子交换设备不宜少于两台。

③ 设备直径 D

$$D = \sqrt{4f/\pi} = 1.13\sqrt{f} \tag{4-12}$$

④ 一台设备一个周期离子交换容量 E_c

$$E_c = Q_1 C_0 T \tag{4-13}$$

式中 Q_1——一台设备的产水量,m^3/h;

C_0——进水中需除去的阴、阳离子总量;

T——交换柱运行一个周期的工作时间,h。

⑤ 一台设备装填树脂量 V_R

$$V_R = E_c/E_0 \tag{4-14}$$

式中　E_0——树脂的工作交换容量。

⑥ 交换柱内树脂层装填高度 h_R

$$h_R = V_R/f \tag{4-15}$$

交换柱内树脂层装填高度一般不小于 1.2m。

（3）反冲洗量 q

$$q = v_2 f \tag{4-16}$$

式中　v_2——反冲洗流速，m/h；阳树脂 15m/h，阴树脂 6～10m/h。

反洗耗水量为

$$V_2 = v_2 f t/60 \tag{4-17}$$

式中　t——反洗时间，min，一般取 15min。

（4）再生剂需要量 G

$$G = V_R E_0 N n/1000 = V_R E_0 R/1000 = V_R L \tag{4-18}$$

式中　V_R——一台交换柱中装填树脂的体积，m^3；

　　　N——再生剂当量值；

　　　n——再生剂实际用量为理论用量的倍数，即再生剂的比耗；

　　　R——再生剂耗量；

　　　L——再生剂用量，kg/m^3 树脂。

求得纯再生剂用量 G 后，根据工业品的实际含量，再计算所需工业品种再生剂的用量 G_G：

$$G_G = G/\varepsilon \tag{4-19}$$

式中　ε——工业品中再生剂实际含量，以百分数表示。

（5）正洗水量 V_Z

$$V_Z = a V_R \tag{4-20}$$

式中　a——正洗水比耗，m^3/m^3 树脂。

正洗水比耗与树脂种类有关，一般强酸树脂比耗为 4～6，强碱树脂比耗为 10～12，弱酸弱碱树脂比耗为 8～15。

第三节　膜分离设备

一、电渗析设备

1. 电渗析的基本原理及应用范围

（1）电渗析的基本原理　电渗析是一种在电场作用下使溶液中离子通过膜进行传递的过程。根据所用膜的不同，电渗析可分为非选择性膜电渗析和选择性膜电渗析两类。非选择性膜电渗析是指在电场力的作用下，阴、阳离子都能透过膜，而颗粒较大的胶体粒子不能透过膜的过程。因此多用于提纯溶液。在此所述均属选择性膜电渗析。电渗析过程有两个基本条件：一是水中离子是带电的，在直流电场作用下，阳、阴离子定向移动；二是离子交换膜具有选择透过性。

电渗析过程的基本原理如图 4-13 所示。在阳极和阴极之间交替放置着若干张阳膜和阴膜，膜和膜之间形成隔室，其中充满含盐水，当接通直流电后，各隔室中的离子进行定向迁移，由于离子交换膜的选择透过作用，①、③、⑤隔室中的阴、阳离子分别迁出，进入相邻隔室，而②、④、⑥隔室中的离子不能迁出，还接受相邻隔室中的离子，从而①、③、⑤隔室成为淡水室，②、④、⑥隔室成为浓水室。阴、阳电极与膜之间形成的隔室分别为阳极室

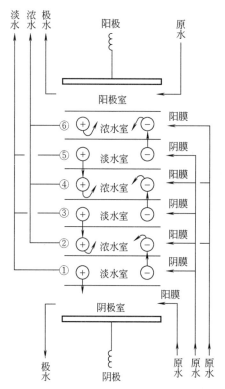

图 4-13　电渗析原理

和阴极室。阳极发生氧化反应，产生 O_2 和 Cl_2，极水呈酸性。因此，选择阳极材料时，应考虑其耐氧化和耐腐蚀性；阴极发生还原反应，产生 H_2，极水呈碱性，当水中含有 Ca^{2+}、Mg^{2+}、HCO_3^-、CO_3^{2-} 时，易产生水垢，在运行时应采取防垢和除垢措施。

（2）电渗析的特点及应用范围　电渗析具有以下特点：a. 电渗析只能脱盐，不能去除有机物、胶体物质、微生物等；b. 电渗析使用直流电，设备操作简便，不需酸、碱再生，有利于环保；c. 制水成本低，原水含盐量在 $200\sim5000mg/L$ 范围内，用电渗析制取成初级纯水的能耗较其他方法低；d. 电渗析不能将水中离子全部去除干净，单独使用电渗析不能制备高纯水。

电渗析应用范围：a. 海水、苦咸水淡化，制取饮用水或工业用水；b. 自来水脱盐制取初级纯水；c. 电渗析与离子交换组合制取高纯水；d. 化工过程中产品的浓缩、分离、精制；e. 污水废液的处理回收。

2. 离子交换膜

离子交换膜是电渗析器的关键部件，其性能对电渗析过程的效率起着决定性作用。

（1）离子交换膜的结构及其选择透过作用　离子交换膜是一种具有选择透过性，带有离子交换基团的高分子薄膜（厚度为 $0.1\sim0.5mm$），通常在给水脱盐中使用。它分为阳膜和阴膜，阳膜只允许阳离子通过，阴膜只允许阴离子通过。基膜是膜中的高分子母体，是膜的骨架部分。当将膜浸入水中时阳膜可解离出 H^+，而膜上留下 $-SO_3^{2-}$ 离子，阴膜可解离出 OH^- 离子，而膜上留下 $-CH_2N(CH_3)_3^+$ 等离子，在膜内可形成足够强的正电场，H^+ 和 OH^- 游于膜的孔隙中。离子交换膜具有选择透过性，主要是由于膜的孔隙结构，以及弯曲通道和膜上活性交换基团的作用。图 4-14 所示为阳膜的孔隙结构示意图。

（2）离子交换膜的性能及要求

① 物理性能　a. 外观　要求膜柔韧、平整、光滑、无针孔、无油污、不脱网、不嵌杂物等；b. 厚度　要求膜厚度均匀；c. 溶胀度　钠型或氯型的干膜，在 $25℃$ 普通自来水中浸泡 48h，其线性膨胀度不超过 5%；d. 含水率　膜中能使膜体积发生溶胀的这部分水占湿态膜的质量百分数，用 $\%$ 表示；e. 机械强度　膜的机械强度通常是指爆破强度。膜的爆破强度应大于 $100kPa$。

② 化学性能　a. 交换容量　表示单位质量的干膜中含活性基团的物质的量，通常以 mmol/g（干膜）表示；b. 化学稳定性　膜在 $25℃$ 下分别在 $4\%NaOH$ 和 $5\%HCl$ 溶液中浸泡 48h，交换容量等性能不下降。

③ 电化学性能　a. 膜电阻　膜电阻反映离子在膜内的移动速度，它直接影响电渗析器工作时的电能消耗。膜电阻的大小与膜内活性基团的多少、膜内交换基团的性质、膜的交联度、

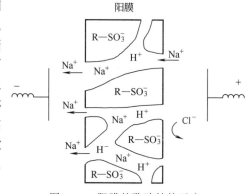

图 4-14　阳膜的孔隙结构示意

膜厚度等因素有关。因此，在不影响膜的其他性能的情况下，要求膜电阻越小越好。b. 膜的选择透过性　是衡量膜对阴、阳离子选择透过功能程度的重要指标。可通过测定膜电位计算得出。c. 电解质的渗析和水的渗析　电解质的渗析和水的渗析对脱盐率、淡水产率和电流效率不利，应尽量减少。可采取适当增加交联度、控制膜含水率和交换容量等措施来解决。

3. 电渗析器及其附属设备

电渗析工艺装置由电渗析器及其附属设备组成。

（1）电渗析构造　电渗析可分为电极、膜堆和锁紧装置三部分，见图 4-15。

① 电极部分　包括电极、极水框和导水板。电渗析器的阳极和阴极分别与直流电源的正负极相接，以在两极的电解质溶液中形成直流电场，构成电渗析脱盐的推动力，使溶液中的离子进行定向迁移。电极材料应具有导电性好、耐腐蚀、强度好、质轻、价廉等特点。常用的电极材料有钛涂钌、不锈钢、石墨等，同时也有钛镀铂和钽镀铂等。电极形式可以是板式、网状和丝状。极水框放置在电极和膜之间起支承和保证极水畅通的作用，极水框的结构型式可以与隔板类似，也可以与电极一体化，导水板作为浓、淡水进出口的通道与浓、淡水进出口管连接。

② 膜堆　电渗析器的膜堆是被处理水通过的部件，也是电渗析器的主体，隔板可分为网式隔板和冲隔式隔板两种。网式隔板由隔板框和隔板网组成（见图 4-16），隔板上设有沟通膜堆内浓、淡水流的配水与集水孔和将水流分布及汇集到各个隔室的布水与集水槽。隔板网一般与隔板框粘在一起，起搅拌水流和支承膜的作用。隔板应具有一定的化学稳定性和耐热性，表面要平整、厚度要均匀，有效脱盐面积率要大，并对液流有较好的搅拌且布水均匀等。常用的材料有聚丙烯、聚乙烯等。常用隔板的厚度为 0.5～0.9mm，隔板网可采用编织网。隔板的平面尺寸多为 800mm×1600mm，400mm×1600mm，400mm×800mm。隔板上的水流通道可分为有回路式和无回路式两种（见图 4-17）。隔板上布水槽、集水槽的型式有网式、敞开式和单拐式等（见图 4-18）。

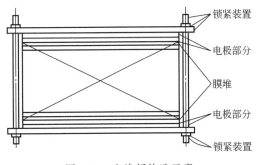

图 4-15　电渗析构造示意

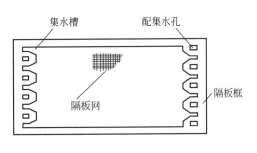

图 4-16　网式隔板示意

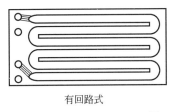

有回路式

无回路式

图 4-17　隔板型式

离子交换膜是膜堆的主要部件，膜的质量关系到整台电渗析器的技术经济指标，因此，应按膜的质量要求严格选用。

③ 锁紧装置　锁紧装置分为压紧型和螺杆锁紧型，国外多用后者。

（2）电渗析器的组装和安放

① 组装形式　电渗析器可以按"级""段"组装成各种型式（见图 4-19）。增加级数可以降低电渗析器的总电压，增加段数可以增加脱盐流程长度，提高脱盐率。为便于电渗析器组装和压紧，一般每段内的膜对数为 150～200 对，每台电渗析器的总膜对数不超过 400～500 对。

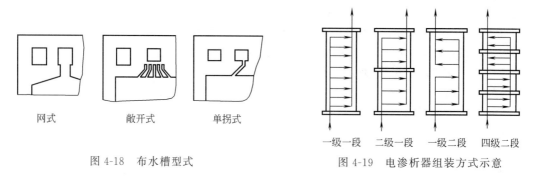

图 4-18　布水槽型式

图 4-19　电渗析器组装方式示意

② 安放形式　电渗析器的安放形式可分为卧式和立式两种。前者的隔板平面与水平面平行，而后者垂直。卧式组装方便，占地面积小，立式对无回路隔板来讲，水流分布均匀，气体易排出。

（3）附属设备　电渗析的附属设备主要包括整流器、水的计量和水质监测仪表、升压泵、水的预处理装置、电渗析的进出口管路、阀门管件以及酸洗设备等。

二、反渗析设备

1. 反渗析分离原理

（1）反渗析原理　见图 4-20。图 4-20（a）表示当盐水和纯水被一张半透膜隔开时，纯水透过半透膜向盐水侧扩散渗透，渗透的推动力是渗透压。图 4-20（b）表示扩散渗透使盐水侧溶液液面升高直至达到平衡为止，此时半透膜两侧溶液的液位差称为渗透压（π），这种现象称为正渗透。图 4-20（c）表示盐水侧施加一个外部压力 p，当 $p > \pi$ 时，盐水侧的水分子将渗透到纯水侧，这种现象称为反渗透。任何溶液都有相应的渗透压，渗透压的大小与溶液的种类、浓度及温度有关。

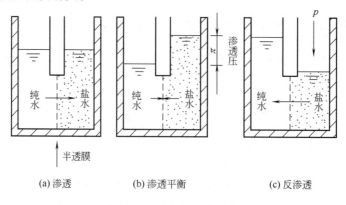

(a) 渗透　　　　　(b) 渗透平衡　　　　　(c) 反渗透

图 4-20　反渗析分离原理

（2）反渗透膜

① 反渗透膜的特性　反渗透膜是实现反渗透过程的关键。要求反渗透膜具有良好的分离透过性和物化稳定性。分离透过性主要通过溶质分离率、溶剂透过流速以及流量衰减系数

来表示；物化稳定性主要是指膜的允许最高温度、压力、适用 pH 值范围，膜的耐氯、耐氧化及耐有机溶剂性。

② 反渗透膜的类型 反渗透膜按膜材料的化学组成不同，分为纤维素酯类膜和非纤维素酯类膜两大类。

a. 纤维素酯类膜 国内外广泛使用的纤维素酯类膜为二醋酸纤维素膜（简称 CA 膜）。它具有透水速度快、脱盐率高、耐氯性好、价格便宜的特点。缺点是易受微生物侵蚀、易水解和对某些有机物分离率低。CA 膜易分解，适用 pH 值为 3～8，工作温度应低于 35℃，CA 膜结构示意图见图 4-21。

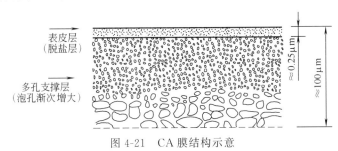

图 4-21 CA 膜结构示意

CA 膜具有不同的选择透过性。电解质离子价态越高，或同价离子时水合半径越大，截留率越好。对一般水溶性好、非离解的有机化合物，分子量在 200 以下截留效果差，反之则越高。同类有机化合物，当分子量相同时，随分子链增多截留率越大。表 4-7 列出了 CA 膜对一些常见离子和有机物的去除率范围。

表 4-7 CA 膜对某些物质的去除率范围

名称	去除率/%	名称	去除率/%	名称	去除率/%
Mn^{4+}、Mn^{6+}	≈100	SO_4^{2-}	90～99	DDT	97
Fe^{2+}、Fe^{3+}	≈100	CO_3^{2-}	80～99	可溶淀粉	91
Al^{3+}	95～99	HCO_3^-	80～98	葡萄糖	99
Ca^{2+}	92～99	F^-	80～97	蛋白质	98～100
Si^{2+}	85～95	Cl^-	85～95	染料	100
Na^+	75～93	NO_3^-	58～86	蔗糖	98～99
NH_4^+	70～90	油酸钠	99.5		
PO_4^{3-}	≈100	硬脂酸钙	99.5		

b. 非纤维素酯类膜 非纤维素酯类膜主要有：（a）芳香族聚酰胺膜；（b）聚苯并咪唑酮（PBIL）膜；（c）PEC-1000 复合膜；（d）NS-100 复合膜。

2. 膜分离组件

工业上应用的膜组件有平板式、管式、螺旋卷式和中空纤维式。

（1）平板式 平板式膜组件由几块或几十块承压板、微孔支承板和反渗透膜组成。在每一块微孔支承板的两侧，贴着反渗透膜，通过承压板把膜与膜组装成相互重叠的形式。用长螺栓固定"O"形圈密封，结构见图 4-22。

（2）管式 管式组件主要由圆管状膜及其多孔耐压支撑管组成。内压管式膜组件是将反渗透膜置于多孔耐压支撑管的内壁，原水在管内承压流动，淡水通过半透膜由多孔支撑渗出。结构见图 4-23。外压管式膜组件是直接将膜涂刮到多孔支撑管外壁，再将数根膜组装后置于一承压容器内。管内膜组件类型较多，除上述内压及外压管式膜组件还有套管式组件。

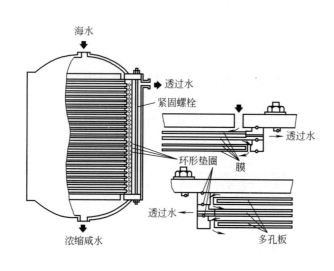

图 4-22 耐压板式膜组件

图 4-23 内压管式膜组件

（3）螺旋卷式　卷式膜组件的构造见图 4-24。在两层膜中间衬有一层透水垫层。把两层半透膜的三个面用黏合剂密封，组成了卷式膜的一个膜叶。几片膜叶重叠，膜叶之间衬有作为原水流动通道的网式隔层，膜叶与网状隔层绕在中心管上形成螺旋管筒，简称膜芯。几个膜芯放入一圆柱形承压容器中即为卷式组件。普通卷式组件从组件顶端进水，原水流动方向与中心管平行。

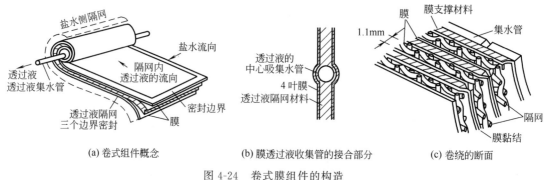

(a) 卷式组件概念　　　(b) 膜透过液收集管的接合部分　　　(c) 卷绕的断面

图 4-24 卷式膜组件的构造

（4）中空纤维式　中空纤维膜截面成圆环形，无需支撑材料。外径一般为 $40\sim250\mu m$。外径对内径比为 2～4 左右。将几十万乃至上百万根中空纤维弯成 U 形装入耐压容器，并将开口端用环氧树脂灌封。封闭的另一端悬在耐压容器中。根据料液流动方向，组件可分为轴流式、放射流式和纤维卷筒式。轴流式料液流动的方向与装在筒内的中空纤维方向平行。放射流式料液从组件中心的多孔配水管流出，沿半径方向从中心向外呈放射流动。商品化的中空纤维组件多是这种形式，中空纤维式反渗透器见图 4-25。纤维卷筒是中空纤维在中心管上呈绕线团形式缠绕。

三、超滤设备

1. 超滤原理及浓差极化

（1）超滤原理　超滤基本原理如图 4-26 所示。超滤是对料液施加一定压力后，高分子物质、胶体、蛋白质等被半透膜所截留，而溶剂和低分子物质则透过膜。超滤分离机理主要包括膜表面孔径筛分机理、膜孔阻塞的阻滞面机理和膜面及膜孔对粒子的一次吸附机理。

（2）超滤膜的浓差极化　在超滤中由于高分子的低扩散性和水的高渗透性，溶质会在膜

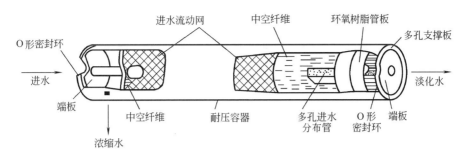

图 4-25　中空纤维式反渗透器

表面积聚并形成膜面到主体溶液之间的浓度梯度，这种现象被称为膜的浓度极化。溶质在膜面的继续积聚最终将导致在膜面形成凝胶极化层，通常把此时相对的压力称为临界压力。

2. 超滤膜及超滤组件

我国主要商品化的超滤膜有二醋酸纤维素、聚砜、聚砜酰胺和聚丙烯腈。国外已经商品化的超滤膜品种还有聚氯乙烯、聚酰胺及聚丙烯类膜等。

超滤组件有管式、平板式、螺旋卷式和中空纤维式。目前超滤主要用于治理造纸污水、电泳涂漆污水、染料污水及生活污水的再生与利用。

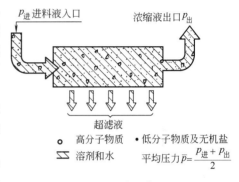

图 4-26　超滤基本原理

第四节　其他相转移分离设备

一、吹脱设备

1. 基本原理

吹脱法的基本原理是气液相平衡和传质速度理论。在气液两相系统中，溶质气体在气相中的分压与该气体在液相中的浓度成正比。当该组分的气相分压低于其溶液中该组分浓度对应的气相平衡分压时，就会发生溶质组分从液相向气相的传质。传质速率取决于组分平衡分压和气相分压的差值。气液相平衡关系与传质速率随物系、温度和两相接触状况而异。对特定的物系，通过升高水温，使用新鲜空气或负压操作，增大气液接触面积和时间，减小传质阻力，可以达到降低水中溶质浓度、增大传质速率的目的。

2. 吹脱设备

吹脱设备一般包括吹脱池（也称曝气池）和吹脱塔。

（1）吹脱池　依靠池面液体与空气自然接触而脱除溶解气体的吹脱池称自然吹脱池，它适用于溶解气体极易挥发、水温较高、风速较大、有开阔地段和不产生二次污染的场合。此类吹脱池也可兼做贮水池。为强化吹脱过程，通常向池内鼓入空气或在池面以上安装喷水管，构成强化吹脱池。图 4-27 为折流式吹脱池。

（2）吹脱塔　为提高吹脱效率，回收有用气体，防止二次污染，常采用填料塔、板式塔等高效气液分离设备。流程见图 4-28。

填料塔的主要特征是在塔内装有一定高度的填料层，污水从塔顶喷下，沿填料表面呈薄膜状向下流动。空气由塔底鼓入，呈连续相自下而上同污水逆流接触。塔内气相和液相组成沿塔高连续变化。

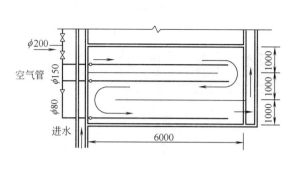

图 4-27 折流式吹脱池

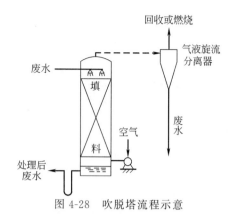

图 4-28 吹脱塔流程示意

板式塔的主要特征是在塔内装有一定数量的塔板。污水水平流过塔板，经降液管流入下一层塔板。空气以鼓泡或喷射方式穿过板上水层，相互接触传质。塔内气相和液相组成沿塔高呈阶梯变化。

3. 吹脱的影响因素

影响吹脱效果的主要因素有以下几个。a. 温度　在一定压力下，气体在水中的溶解度随温度升高而降低，因此，升温对吹脱有利。b. 气水比　空气量过小，气液两相接触不够；空气量过大，不仅不经济，还会发生液汽，使污水被气流带走，破坏操作。为使传质效率较高，工程上采用液气时的常用极限气水比的 80% 作为设计比。c. pH 值　在不同 pH 值条件下，气体的存在状态不同。因为只有以游离的气体形式才能被吹脱。如含 S^{2-} 和 CN^- 的污水应在酸性条件下被吹脱。

二、汽提设备

1. 汽提原理

汽提法用以脱除污水中的挥发性溶解物质，如挥发酚、甲醛、硫化氢和氨等。其实质是污水与水蒸气直接接触，使其中的挥发性物质按一定比例扩散到气相中去，从而达到从污水中分离污染物的目的。

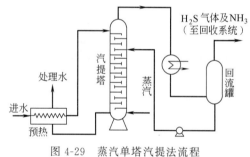

图 4-29 蒸汽单塔汽提法流程

2. 汽提设备

常用的汽提设备有填料塔、筛板塔、泡罩塔、浮阀塔等。炼油厂的含硫污水中含有大量 H_2S、NH_3，一般先用汽提处理，典型处理流程如图 4-29 所示。另外含酚污水也可用汽提法脱除。

三、萃取设备

1. 萃取原理

向污水中投加一种与水互不相溶，但能良好溶解污染物的溶剂（萃取剂），由于污染物在该溶剂中的溶解度大于在水中的溶解度，因而大部分污染物转到溶剂相。然后分离污水和溶剂，可使污水得到净化。将溶剂与其他污染物分离可使溶剂再生，分离的污染物也可回收利用。

萃取过程的推动力是实际浓度与平衡浓度之差。提高萃取速度和设备生产能力的主要途径有：①增大两相接触面积；②增大传质系数；③增大传质推动力。

萃取法目前仅适用于为数不多的几种有机污水和个别重金属污水的处理。

2. 萃取剂

萃取的效果和所需的费用主要取决于所用的萃取剂。选择萃取剂主要考虑以下方面。①萃取能力大；②分离性能好；③化学稳定性好；④易获取，价格便宜；⑤容易再生和回收溶质。

3. 萃取工艺设备

萃取工艺包括混合、分离和回收三个主要工序。根据萃取剂与污水的接触方式不同，萃取操作有间歇式和连续式两种。目前在污水处理中常用的连续逆流萃取设备有填料塔、筛板塔、喷淋塔、外加能量的脉冲塔、转盘塔和离心萃取机等。

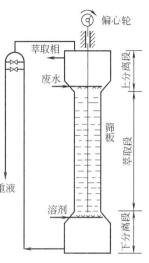

图 4-30　往复叶片式筛板萃取塔

（1）往复叶片式脉冲筛板塔　分为三段（见图 4-30）。污水与萃取剂在塔中逆流接触。在萃取段内有一纵轴，轴上装有若干块钻有圆孔的圆盘形筛板，纵轴由塔顶的偏心轮装置带动，做上下往复运动。既强化了传质，又防止了返混，上下两分离段断面较大，轻重两液相靠密度差在此段平稳分层，轻液（萃取相）由塔顶流出，重液（萃余相）则从塔底经倒 U 形管流出，倒 U 形管上部与塔顶部相连，以维持塔内一定的液面。

筛板脉动强度是影响萃取效率的主要因素，其值等于脉动幅度和频率的乘积的两倍，脉动强度太小，两相混合不良；脉动强度太大，易造成乳化。根据试验，脉动幅度以 4～8mm，频率 125～500 次/min 为宜，这样可获得 3000～5000mm/min 的脉动强度。筛板间距一般采用 150～600mm，筛孔 5～15mm，开孔率 10%～25%，筛板与塔壁的间距 5～10mm。筛板数、塔径、塔高多根据试验或生产实践资料选定。筛板一般为 15～20 块，由筛板数和板间距可推算萃取段高度。萃取段塔径取决于空塔流速。

（2）转盘萃取塔　结构示意见图 4-31。在中部萃取段的塔壁安装有一组等间距的固定环形挡板，构成多个萃取单元。在每一对环形挡板中间位置，均有一块固定在中心旋转轴上的圆盘。污水和萃取剂分别从塔的上、下部切线引入，逆流接触，在圆盘的转动作用下，液体被剪切分散，其液滴的大小同圆盘直径与转速有关，调整转速，可以得到最佳的萃取条件。为了消除旋转液流对上下分离段的扰动，在萃取段两端各设一个流动格子板。

转盘萃取塔的主要效率参数为：塔径与盘径之比为 1.3～1.6；塔径与环形板内径之比为 1.3～1.6；塔壁与盘间距为 2～8mm。

（3）离心萃取机　离心萃取机的外形为圆形卧式转鼓（见图 4-32），转鼓有许多层同心圆筒，每层都有许多孔口相通，轻液由外层的同心圆筒进入，重液由内层的同心圆筒进入。转鼓高速旋转（1500～5000r/min）产生离心力，使重液由里向外、轻液由外向里流动，进行连续的逆流接触，最后由上层排出萃取相。萃取剂的再生（反萃）也同样可用离心萃取机完成。

离心萃取机的优点是效率高、体积小，特别是用于液体的密度差很小，易产生乳化的液-液萃取更为有利。但缺点是结构复杂，制造困难，电耗大。

萃取设备的计算主要是确定塔径和塔高。塔径取决于操作流速。对脉冲塔、转盘塔等首先根据经验确定液冷速度，再取液冷速度的 40%～70% 作为设计操作流速。塔高的计算实质上是一个传质问题。可求得设计用的传质单元

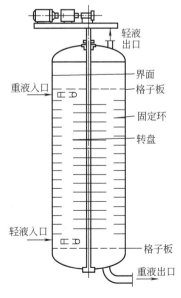

图 4-31　转盘萃取塔

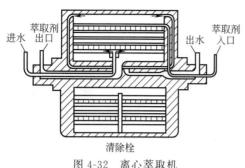

图 4-32　离心萃取机

高度和传质单元数，两者相乘得到塔高。

四、蒸发设备

1. 蒸发原理

蒸发处理污水的实质是加热污水，使水分子大量汽化，得到浓缩液以便进一步回收利用，水蒸气冷凝后，可获得纯水。

2. 蒸发设备

（1）列管式蒸发器　由加热室和蒸发室构成。根据污水循环流动时作用水头的不同，分为自然循环式和强制循环式两种。图 4-33 为自然循环竖管式蒸发器。加热室内有一组直立加热管（$D_g 25 \sim 75$，长 $0.6 \sim 2m$），管内为污水，管外为加热蒸汽，加热室中央有一根很粗的循环管，截面积为加热束截面积的 $40\% \sim 100\%$，经加热沸腾的水汽混合液上升到蒸发室后便进行水汽分离。蒸汽经捕沫器截留液滴，从蒸发室的顶部引出。污水则沿中央循环管下降，再流入加热管，不断沸腾蒸发。待达到要求的浓度后，从底部排出。为了加大循环速度，提高传热系数，可将蒸发室的液体抽出再用泵送入加热室，构成强制循环蒸发器。因管内强制流速较大，对水垢有一定的冲刷作用，故该蒸发器适用于蒸发结垢性污水，但能耗较大。

自然循环竖管式蒸发器的优点是构造简单，传热面积较大，清洗维修较方便。缺点是循环速度小，生产率低。适用于处理黏度较大及易结垢的污水。

（2）薄膜蒸发器　薄膜蒸发器有长管式、旋流式和旋片式三种类型。其特点是污水仅通过加热管一次，不进行循环，污水在加热管壁上形成一层很薄的水膜。蒸发速度快，传热效率高。薄膜蒸发器适用于热敏性物料蒸发，处理黏度较大、易产生泡沫污水的效果也较好。

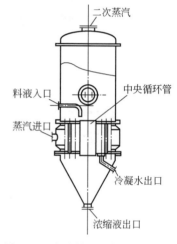

图 4-33　自然循环竖管式蒸发器

长管式薄膜蒸发器按水流方向又可分为升膜、降膜和升降膜三种。加热室有一组 $5 \sim 8m$ 长的加热管，污水由管端进入，沿管道汽化，然后进入分离室，分离二次蒸汽和浓缩液。

旋流式薄膜蒸发器构造与旋风分离器类似。污水从顶部的四个入口沿切线方向流入，由于速度较高，离心力很大，因而形成均匀的螺旋形薄膜，紧贴器壁流下。在内壁外层蒸汽夹套的加热下，液膜迅速沸腾汽化。蒸发液由锥底排出，二次蒸汽由顶部中心管排出。其特点是结构简单，传热效率高，蒸发速度快，适于蒸发结晶，但因传热面积小，设备生产能力不大。

五、结晶设备

1. 结晶原理

结晶法用以分离污水中具有结晶性能的固体溶质。其实质是通过蒸发浓缩或冷却，使溶液达到过饱和，让多余的溶质结晶析出，加以回收利用。

2. 结晶的方法及设备

结晶的方法主要分两大类：移除一部分溶剂的结晶和不移除溶剂的结晶。在第一类方法中，溶液的过饱和状态可通过溶剂在沸点时的蒸发或低于沸点时的汽化而获得，它适用于溶解度随温度降低而变化不大的物质结晶，如 $NaCl$、KBr 等。结晶器有蒸发式、真空蒸发式和汽化式等。在第二类方法中，溶液的过饱和状态用冷却的方法获得，适用于溶解度随温度的降低而显著降低的物质结晶，如 KNO_3 等，结晶器主要有水冷却式和冰冻盐水冷却式。此外，按照操作情况结晶还有间歇式和连续式、搅拌式和不搅拌式之分。

① 结晶槽　结晶槽是汽化式结晶器中最简单的一种，由一敞槽构成。由于溶剂汽化，槽中溶液得以冷却、浓缩而达到饱和。在结晶中，对结晶过程一般不加任何控制，因结晶时间较长，所以晶体较大，但由于包含母液，以致影响产品纯度。

② 蒸发结晶器　各种用于浓缩晶体溶液的蒸发器，称为蒸发结晶器。蒸发结晶器的构造及操作与一般的蒸发器完全一样，有时也先在蒸发器中使溶液浓缩，而后将浓缩液倾注于另一蒸发器中，以完成结晶过程。

③ 真空结晶器　真空结晶器可以间歇操作，也可以连续操作。真空的产生和维持一般利用蒸汽喷射泵实现。图 4-34 为一连续式真空结晶器。溶液自进料口连续加入，晶体与一部

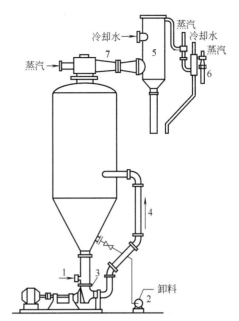

图 4-34　连续式真空结晶器
1—进料口；2、3—泵；4—循环管；5—冷凝器；
6—双级式蒸汽喷射泵；7—蒸汽喷射泵

分母液用泵连续排出。泵 3 迫使溶液沿循环管循环，促使溶液均匀混合，以维持有利的结晶条件。蒸发后的水蒸气自器顶逸出，至冷凝器用水冷凝。双级式蒸发喷射泵的作用在于保持结晶处于真空状态。真空结晶器中的操作温度都很低，若所使用的溶剂蒸汽不能在冷凝器中冷凝，则可在装置外部冷凝，蒸汽喷射泵 7 将溶剂蒸汽压缩，以提高其冷凝温度。

连续式真空结晶器可采用多级操作，将几个结晶器串联，在每一器中保持不同的真空度和温度，其操作原理与多效蒸发相同。真空结晶器构造简单，制造时使用耐腐蚀材料，可用于含腐蚀性物质的污水处理，生产能力大，操作控制容易。缺点是操作费用和能耗较大。

思　考　题

1. 简述物理吸附和化学吸附的异同点。

2. 简述 Freundlich 吸附等温式和 Langmuir 吸附等温式的差异。

3. 简述影响离子交换容量的因素。

4. 电渗析中，选择电极材料时应考虑哪些因素？

5. 简述萃取方法的局限性。

6. 简述吹脱和汽提污水处理的原理以及两者的异同点。

第五章 一体化污水处理及中水回用设备

对于相对独立的新建住宅小区、活动住房集中地、高速公路服务区、公园、宾馆饭店、医院、学校、工厂和矿山等，配置小型一体化污水处理设备既经济合理，又便于管理。另一方面，中水回用技术在污水资源化方面占有重要地位，一体化中水回用设备具有明显市场优势。

第一节 一体化污水处理设备

污水处理系统从大规模集中式向中小规模分散式转变，形成"以大型为主，中小型互补"的布局，不仅可以大大降低占地面积，还可避免巨大的管网建设投资，符合我国城镇化发展需求，从而为一体化污水处理设备的应用和发展提供了契机。目前，在我国、日本、欧美等国家和地区，一体化污水处理设备已广泛应用于生活污水及医院、啤酒、食品、酿造等污水处理领域，成为近年来污水处理设备研发和应用的热点。

一体化污水处理设备一般具有如下优点：①整套设备可埋入地下，不占地表面积，不影响建筑群整体布局和环境景观；②净化程度高，整套系统污泥产生量少；③自动化程度高，能耗低，处理量少，管理方便，无需专人管理；④运行噪声低，异味少，对周围环境影响小；⑤缓解市政管网建设压力。

根据使用场合不同，一体化污水处理设备一般分为两类：一类以处理生活污水为主，适用于住宅区、饭店、宾馆、疗养院、学校等，进水 BOD_5 一般为 150～400mg/L；另一类以处理与生活污水有联系的工业有机污水为主，适用于小型食品厂、乳品厂、粮油加工厂、屠宰场、酿造厂、制药厂等，进水 BOD_5 一般为 600～1200mg/L。

一体化污水处理装置主要用来处理低浓度有机污水，为减少占地面积，要求设备体积小，在工艺流程设计上大多以好氧生物处理作为主要处理单元，在各处理单元的反应器设计上选用体积小的高效反应器。

一、典型一体化污水处理设备

一体化污水处理设备定型产品较多，可依据进水水质及水量，选择合适的处理工艺流程，结合有关技术参数进行选型。在此介绍一些典型的一体化污水处理工艺及设备供参考。

1. 生物接触氧化法一体化生活污水处理设备

（1）WSZ I 型地埋式生活污水处理设备　生活污水属于低浓度有机污水，可生化性好且各种营养元素比较全，同时受重金属离子污染的可能性比较小，在一体化处理设备中以好氧生物处理法为主要处理单元。WSZ I 型地埋式生活污水处理设备主要工艺流程如图 5-1 所示。该工艺流程适合于分流制排水系统，仅将生活污水进入本设备进行处理，为了减少设备本体体积，调节池一般不包含在一体化设备中，调节池起调节水量的作用，其有效停留时间一般为 4～8h。初沉池为竖流式沉淀池，污水上升流速控制在 0.2～0.3mm/s，沉淀下来的污泥定期输送至污泥池，对于处理量很小的设备（小于 5m³/h），一般不设初沉池。生化反应池常用三级接触氧化池，总停留时间为 2.3～3.0h，填料采用无堵塞型、易结膜、高比表面积（160m²/m³）的填料，目前常用梯形、多面空心球等填料。二沉池也为竖流式结构，上升流速为 0.1～0.15mm/s，沉淀下来的污泥输送至污泥池；污泥池用来消化初沉池和二沉池的污泥，其中的上清液输送至生化反应池，进行再处理。污泥池消化后的剩余污泥很少，一般 1～2 年清理一次，清理方法可用吸粪车从检查孔伸入污泥池底部进行抽吸。由二沉池排出的上清液经消毒池消毒后排放，按规范消毒池接触时间为 30min，若是处理医院污水，消毒池接触时间应增加至 1～1.5h。

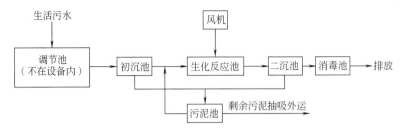

图 5-1　WSZⅠ型地埋式生活污水处理设备主要工艺流程

该工艺适合于进水 $BOD_5 \leqslant 200mg/L$，能保证出水 $BOD_5 \leqslant 20mg/L$。整个系统运行稳定，管理方便，根据本工艺制造的一体化污水处理设备已成系列化，设计处理量为 0.5～30m^3/h，可广泛应用于生活小区的污水处理。

WSZⅠ型地埋式生活污水处理设备主要技术参数见表 5-1。

表 5-1　WSZⅠ型地埋式生活污水处理设备主要技术参数表

项　　目	WSZⅠ-0.5	WSZⅠ-1	WSZⅠ-3	WSZⅠ-5	WSZⅠ-10	WSZⅠ-20	WSZⅠ-30
标准处理量/(m^3/h)	0.5	1	3	5	10	20	30
进水 BOD_5/(mg/L)	200	200	200	200	200	200	200
出水 BOD_5/(mg/L)	20	20	20	20	20	20	20
风机功率/kW	0.75	0.751	1.5	1.5	2.2	4	7.5
水泵功率/kW	1.1	1.1	1.1	1.1	1.1	2.2	2.2
设备件数	1	1	1	1	3	3	3
设备重量/t	3	5	6.5	10	27	35	43
平面面积/m^2	4.6	6	11	15	44	79	89

注：1. 设备重量为 A3 钢板制造时的重量，不包括水重，不锈钢制造时重量减半。

2. 进水 BOD_5 均按平均值计算。

在选型时，若进、出水质与水量和设计参数不一致，还需查设备处理量与进出水水质关系表，表 5-2 为 WSZⅠ型地埋式生活污水处理设备处理量与进出水 BOD_5 关系表。

表 5-2　WSZⅠ型地埋式生活污水处理设备处理量与进出水 BOD_5 关系表

进水 BOD_5/(mg/L)		200	300	400	200	300	400	500	300	400	500
出水 BOD_5/(mg/L)		20	20	20	30	30	30	30	60	60	60
处理水量/(m^3/h)	WSZⅠ-0.5	0.5	0.4	0.33	0.5	0.4	0.38	0.3	0.5	0.43	0.38
	WSZⅠ-1	1	0.8	0.65	1	0.9	0.75	0.6	1	0.85	0.75
	WSZⅠ-3	3	2.4	10.95	3	2.7	2.25	1.8	3	2.55	2.25
	WSZⅠ-5	5	4	3.25	5	4.5	3.75	3	5	4.25	3.75
	WSZⅠ-10	10	8	6.5	10	9	7.5	6	10	8.5	7.5
	WSZⅠ-20	20	16	13	20	18	15	12	20	17	15
	WSZⅠ-30	30	24	19.5	30	27	22.5	18	30	25.5	22.5

（2）有脱氮除磷要求的一体化生活污水处理设备　如果对污水处理有去除氮、磷、硫化物等的要求时，单纯的接触氧化工艺无法满足要求，应选用图 5-2 所示工艺流程的处理设备，与图 5-1 的工艺相比较，该工艺主要增加了缺氧池，该单元主要用于脱氮处理。经过格栅分离后的污水进入缺氧池与二沉池中的回流硝化液相混合，在缺氧池中放置填料作为反硝

化细菌的载体，污水在缺氧池中首先进行反硝化处理，能有效地去除氮、磷、硫化物，该处理单元的停留时间为 2h。采用该工艺的相应产品 NS-FC 系列生活污水处理设备主要技术参数见表 5-3。

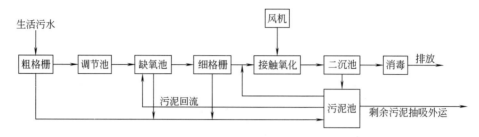

图 5-2　NS-FC 型生活污水处理设备工艺流程

表 5-3　NS-FC 系列生活污水处理设备主要技术参数

项　　目	NS-3	NS-5	NS-7.5	NS-10	NS-15	NS-20	NS-30	NS-40	NS-50
进水 COD_{Cr}/(mg/L)					$200\sim450$				
出水 COD_{Cr}/(mg/L)					60				
进水 BOD_5/(mg/L)					$150\sim250$				
出水 BOD_5/(mg/L)					20				
进水 SS/(mg/L)					$200\sim400$				
进水 SS/(mg/L)					30				
进水 NH_3-N/(mg/L)					50				
出水 NH_3-N/(mg/L)					15				
标准处理量/(m³/h)	3	5	7.5	10	15	20	30	40	50
装机总容量/kW	2.8	2.8	3.5	5	6.1	8.0	10	11	11
重量/t	5.5	7.5	8.5	14	16	20	30	50	58
平面面积/m²	30	45	50	80	105	150	220	265	320

从表 5-3 的技术参数可以看出，该产品适于去除低浓度生活污水中的氮、磷、硫化物等污染物。该设备采用玻璃钢结构，具有质轻、耐腐蚀、抗老化等优良特性，使用寿命在 50 年以上，全套装置施工简单，全部安装于地表以下，设备配有微机全自动控制系统，管理维护方便。为了保证装置长期稳定运行，内部管路采用 ABS 管，格栅选用不锈钢制造、栅条间距为 2mm，具有自动清污、不易堵塞、分离效果好等特点。

（3）具有节能效应的一体化生活污水处理设备　在南方地区，由于污水温度不太低，在处理 BOD_5 为 1000mg/L 左右的生活污水或工业有机污水时，可选用图 5-3 所示工艺流程的一体化污水处理设备，将能有效地节省能源。

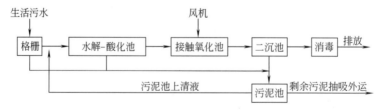

图 5-3　具有节能效应的一体化生活污水处理设备工艺流程

在一体化生活污水处理上，采用好氧生物处理虽然能比较有效地去除污水中的有机物，但是采用三级接触氧化法能耗较高。为了达到节能的目的，人们已开始将厌氧技术应用于处理低浓度有机污水，完全厌氧技术水力停留时间长，主要用于处理高浓度有机污水，在处理低浓度的生活污水上，采用部分厌氧技术，即水解-酸化工艺。该工艺在水解反应器中设置填料，污水在反应器中进行一系列物理化学和生物反应过程，其中的悬浮固体和胶体物质被反应器的污泥层和附着在填料上的微生物截留、吸附后，在水解酸化菌作用下成为溶解性物质。由于采用了水解-酸化处理单元，在接触氧化过程中只需要一级接触氧化就能保证污水达标排放，因而能有效地节省能源。

（4）SWD 型无动力一体化生活污水处理设备　对于人数特别少的生活区污水的处理，如别墅、小社区等场合，可选用图 5-4 所示以厌氧和过滤为处理单元的无动力小型生活污水处理设备，如 SWD 小型生活污水处理设备，表 5-4 列出了该产品的主要参数。

图 5-4　SWD 型无动力一体化生活污水处理设备工艺流程

图 5-4 的工艺流程中，污水在一级厌氧池的停留时间为 24～48h，污水中的有机污染物变成一种半胶体状的物质，同时放出热能，在一定程度上使水温升高；在二级厌氧池内，由于厌氧菌的作用，污水中大量的有机污染物在短时间内（一般为 24h）分解成无机物；从二级厌氧池出来的污水经过沉淀后，进入生物过滤池，在过滤池上也聚集了大量的厌氧菌，对残留于水中的有机污染物进行高效分解，比较清洁的水经过滤栅向外排放；从设备中排放出来的水经过内置碎石的覆氧沟，扩大和空气的接触面积，可以进一步净化水质，同时也增加水中的溶解氧。

表 5-4　SWD 小型生活污水处理设备主要参数

型　　号	SWD-6	SWD-10	SWD-20	SWD-30	SWD-40	SWD-50	SWD-75	SWD-100
服务人数/人	6	10	20	30	40	50	75	100
直径/mm	1200	1200	1500	1800	1800	2000	2500	2500
深度/mm	1740	2000	1850	1950	2250	2250	2050	2550

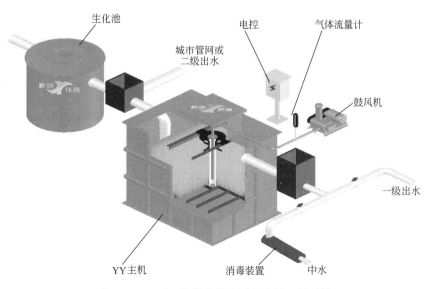

图 5-5　YY 型一体化分散生活污水处理站系统

（5）可再生利用 YY 型一体化生活污水处理设备　如果对处理后的生活污水有更高的排放要求或有再生利用的需要，例如，用于农田灌溉、城市绿化、消防、洗车、冲厕、建筑工地等城市杂用，则可选用由江苏省新源环保有限公司生产的达到欧美同步技术水平的专利产品——YY 型一体化分散生活污水处理站。其系统见图 5-5，工艺流程见图 5-6，技术参数见表 5-5，产品规格型号见表 5-6。

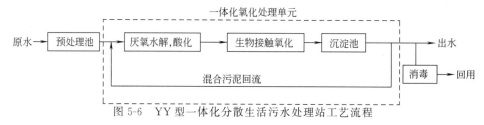

图 5-6　YY 型一体化分散生活污水处理站工艺流程

表 5-5　YY 型一体化分散生活污水处理站技术参数

项　　目	原水	化粪池出水即 YY 进水	YY 出水	城市杂用水标准规定出水
BOD_5/(mg/L)	40～200	50～150	≤6	10～20
COD/(mg/L)	80～400	150～400	≤30	未规定
SS/(mg/L)	935	40～150	≤10	未规定
NH_3-N/(mg/L)	130	25～36	≤5	10～20

表 5-6　YY 型一体化分散生活污水处理站产品规格型号

型　　号	处理能力/(m³/d)	许用处理范围/(m³/d)	服务人数/人	风机功率/kW
YY-10-YX	10	2～15	1～75	0.37
YY-25-YX	25	7～35	35～175	0.37～0.55
YY-60-YX	60	25～100	125～500	0.37～2.2
YY-120-YX	120	60～200	400～1000	1.5～4.0

2. 生物接触氧化法一体化工业污水处理设备

对于食品、屠宰、酿造等行业的工业有机污水，较为成熟的技术是二段接触氧化法，水质设计参数：进水 BOD_5 为 800mg/L，出水 BOD_5 为 60mg/L，其工艺流程如图 5-7 所示。

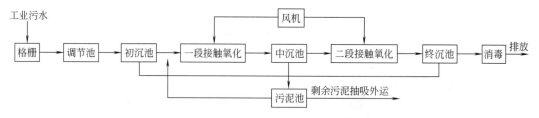

图 5-7　WSZⅡ型地埋式一体化工业污水处理设备工艺流程

该工艺流程和图 5-1 的工艺流程相似，所有的沉淀池均采用竖流式沉淀池，初沉池、中沉池和终沉池上升流速分别为 0.2～0.3mm/s、0.2～0.3mm/s 和 0.10～0.15mm/s。一段接触氧化停留时间为 2.5～3.0h，接触池气水比为 25∶1；二段接触氧化分三级，总停留时间为 2.5～3.0h，接触池气水比为 10∶1。

采用该工艺流程的 WSZⅡ型地埋式工业污水处理设备相关参数分别见表 5-7 和表 5-8。

有些工厂大部分污水属于低浓度有机污水，同时已经建造了以好氧处理为主的污水处理站，如果将个别工序中产生的高浓度有机污水直接进入污水处理站，将会增加污水处理站的负荷，影响出水质量，因此对于高浓度有机污水直接采用好氧处理是不经济的方法。在这种情况下，需设计以厌氧处理工艺为主的一体化工业污水处理设备，工艺流程如图 5-8 所示。

表 5-7　WSZⅡ型地埋式工业污水处理设备技术参数

项　　目	WSZⅡ-1	WSZⅡ-3	WSZⅡ-5	WSZⅡ-10	WSZⅡ-20	WSZⅡ-30
标准处理量/(m³/h)	1	3	5	10	20	30
进水 BOD_5/(mg/L)	800	800	800	800	800	800
出水 BOD_5/(mg/L)	60	60	60	60	60	60
风机功率/kW	0.75	2.2	3	7.5	11	15
水泵功率/kW	1.1	1.1	1.1	1.1	2.2	2.2
设备件数	1	1	2	4	4	4
设备重量/t	7	13	19	38	50	65
平面面积/m²	10	18	15.6	59	104	125

表 5-8　WSZⅡ型地埋式工业污水处理设备处理量与进水 BOD_5 关系

进水 BOD_5/(mg/L)		600	800	1000	1200	800	1000	1200	1400
出水 BOD_5/(mg/L)		60	60	60	60	100	100	100	100
处理水量 /(m³/h)	WSZⅡ-1	1	1	0.85	0.75	1	1	0.85	0.75
	WSZⅡ-3	3	3	2.55	2.55	3	3	2.55	2.55
	WSZⅡ-5	5	5	4.25	3.75	5	5	4.25	3.75
	WSZⅡ-10	10	10	8.5	7.5	10	10	8.5	7.5
	WSZⅡ-20	20	20	17	15	20	20	17	15
	WSZⅡ-30	30	30	25.5	22.5	30	30	25.5	22.5

图 5-8 工艺流程中的调节池起调节水量和水质的作用，可以不包含在一体化处理设备中。厌氧反应池一般选用 UASB 结构，该结构运行比较稳定，出水水质好。为了保证反应池高速运行，有时需要对污水进行加温。

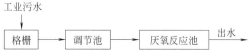

图 5-8　高浓度工业污水一体化设备工艺流程

通过以上工艺流程处理后的污水，需进入工厂恶臭污水处理站进行好氧处理后才能排放。

3. 生物过滤法一体化污水处理设备

生物过滤法一体化污水处理设备工艺流程见图 5-9，污水由自动细格栅分离污物后流入流量调节池。细格栅分离的污物经导臂自动进入污泥浓缩池，避免堵塞后续处理设备。流量调节池将污水的峰值流量调整到 1.2 以下，以减缓峰值流量对生物处理的冲击。定量分配器使进入生物过滤塔的流量基本恒定，确保生物处理的稳定性。处理水消毒后排放。生物过滤塔采用处理水池中的水进行反冲洗，反冲洗排水进入污泥浓缩池，上清液返回流量调节池。浓缩池中污泥定期排出。

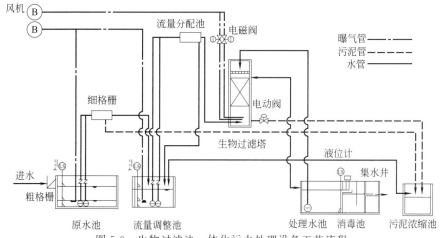

图 5-9　生物过滤法一体化污水处理设备工艺流程

4. SBR 一体化污水处理设备

SBR 一体化污水处理设备工艺流程及设备分别如图 5-10、图 5-11 所示。污水经粗格栅和沉砂池除去粗颗粒物后进入调节池，以适应水质水量变化的冲击负荷。污水经计量槽计量后进入 SBR 池，通过曝气、沉淀、滗水等过程达到去除有机污染物的目的。SBR 池出水经消毒后排放或回用。

图 5-10　SBR 一体化污水处理设备工艺流程

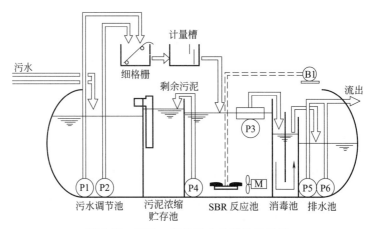

图 5-11　SBR 一体化污水处理设备示意

二、一体化污水处理工艺新进展

随着污水处理要求的提高及其应用与实践，一体化设备技术不断得以革新和发展。总的来说，对该技术的研究主要集中在主体工艺的改进、工艺流程的优化组合和填料性能提高等几个方面，以突显一体化污水处理设备的优势。

一体化设备的主体工艺多采用生物膜法，该法污泥浓度高，容积负荷大，耐冲击能力强，处理效率高，其中最常用的是接触氧化法，该法能耗低、投资省，比活性污泥法有一定的优势。但近年来，生物流化床成为研究热点，相比接触氧化法，生物流化床污泥浓度更高，耐冲击能力更强，剩余污泥率更低，且无堵塞、混合均匀，具有较好的脱氮效果，配置形式也比接触氧化法更灵活，已越来越受到水处理界的重视。生物流化床技术是使污水通过处于流化状态并附着生物膜的颗粒床，使污水中的基质在床内同均匀分散的生物膜接触而得到降解去除。随着研究的发展，BASE 三相生物流化床、生物半流化床、Circox 气提式生物流化床等新的型式不断涌现，流化床的水流状态、污泥浓度、充氧特性及脱氮效果等得到较大的改进，其处理效率也更高。此外 SBR、MBR 及 DAT-IAT 等作为主体工艺的一体化设备也已有报道。

近年来，高效絮凝剂的不断发展促进了物化工艺在污水处理中的应用，污水处理趋于物化与生化工艺相结合。化学絮凝剂可以强烈吸附水中的悬浮物和胶体，并进一步减少生化处理时间（0.5～2h），从而更大限度地减少占地面积。目前已出现完全采用物化方法的处理设备和物化/生化相结合的一体化污水处理设备。

填料是生物膜法的主体，直接关系到处理效果。理想的填料要能够提供微生物生长所需的最佳环境，具有较大的比表面积、一定的结构强度和防腐能力、较强的持水能力、较高的空隙率等物化性质，并且价格便宜、易得。其选择主要考虑水力特性、化学和机械稳定性、水力特性及经济性等几个方面。一体化设备生化池常用的生物填料包括蜂窝填料、束网填料、波纹填料、颗粒填料等。近年来，悬浮的颗粒状或立体状填料得到迅速发展和广泛应用，其主要优点为：①孔隙率大，表面附着的微生物数量和种类多；②相对密度接近于水，可以全池流化翻动。填料上的生物膜、水流和气流三相充分接触混合，增大了传质面积，提高了传质速率，强化了传质过程，缩短了污水的生化停留时间；③多采用聚乙烯、聚丙烯材料，既具有一定的强度，又不失弹性，使用寿命大大延长，且无浸出毒性。

三、一体化污水处理设备的应用

一体化污水处理设备主要用来处理小水量生活污水以及低浓度的工业有机污水，由于该类产品采用机电一体化全封闭结构，无需专人管理，因而得到广泛的使用。但是，本产品在运用过程中，应从安装、运行、维护等几个方面合理使用才能达到设计的处理效果。

(1) 设备的安装 一体化污水处理设备一般提供三种安装方式：地埋式、地上式和半地埋式，在选择安装方式时应结合当地的气候以及周围的环境，对于年平均气温在 10℃ 以下的地区，用生物膜法处理污水的效果较差，应将污水处理设备安装在冻土层以下，可利用地热的保温作用，提高处理效果；在其他地区选择安装方式主要根据周围的环境来选择，从安装、维护角度出发应选择地上式或半地埋式，从节省土地角度出发应选择地埋式，如果对周围环境影响不太大时应首选地上式，因为地埋式存在如下问题：①设备安装、维修、维护保养不方便；②设备可能因为进入基础地下水的浮力作用而损坏；③在地下的电气系统因长期处于潮湿环境会影响其使用寿命，电气安全性也将受到影响。

在设备安装过程中，还应注意以下事项。

① 设备的混凝土基础的大小规格应与设备的平面安装图相同，基础的平均承压必须达到产品说明书的要求，基础必须水平，如设备采用地埋式安装，基础标高必须小于或等于设备标高，并保证下雨时不积水，为防止设备上浮，基础应预埋抗浮环。

② 设备应根据安装图将各箱体依次安装，箱体的位置、方向不能错，彼此间距必须准确，以便连接管道，设备安装就位后，应用绷带把设备和基础上的抗浮环连接，以防设备上浮。

③ 为保证设备管路畅通，应按产品说明书要求保证某些设备或管路的倾斜度。

④ 设备安装后，应在设备内注入清水，检查各管道有无渗漏，对于地埋式设备，在确定管道无渗漏后，在基础内注入清水 30～50cm 深后，即在箱体四周覆土，一直到设备检查孔，并平整地面。

⑤ 在连接水泵、风机等设备的电源线时，应注意风机和电机的转向。

(2) 设备的调试 一体化污水处理设备安装完毕后可进行系统调试，即培养填料上的生物膜，污水泵按额定的流量把污水抽入设备内，启动风机进行曝气，每天观察接触池内填料的情况，如填料上长出橙黄或橙黑色的膜，表明生物膜已培养好，这一过程一般需要 7～15d。如是工业污水处理设备，最好先用生活污水培养好生物膜后，再逐渐进工业污水进行生物膜驯化。

(3) 设备的运行 一体化污水处理设备一般为全自动控制或无动力型，不需要配备专门的管理人员，但在设备运行过程中应注意以下事项。

① 开机时必须先启动曝气风机，逐渐打开曝气管阀门，然后启动污水泵（或开启进水阀门）；关机时必须先关污水泵（或关闭进水阀门），再关闭曝气风机。

② 如污水较少或没有污水，为保证生物膜的正常生长，使生物膜不死亡脱落，风机可间歇启动，启动周期为 2h，每次运行时间为 30min。

③ 严禁砂石、泥土和难以降解的废物（如塑料、纤维织物、骨头、毛发、木材等）进入设备，这些物质很难进行生物降解，且会造成管路堵塞。

④ 防止有毒有害化学物质进入设备，这些物质将影响生化过程进行，严重的将导致设备生化反应系统破坏。

⑤ 对于地埋式设备，在运行过程中，必须保证下雨不积水；设备上方不得停放大型车辆；设备一般不得抽空内部污水，以防地下水把设备浮起。

（4）设备维护　一体化污水处理设备投入运行后，必须建立一套定期维护保养制度，维护保养的内容主要如下。

① 出现故障必须及时排除。主要故障为管路堵塞和风机水泵损坏，如果不及时排除故障将影响生物膜的生长，甚至会导致设备生化系统的破坏。

② 按产品说明书的要求，定期清理污泥池内的污泥。

③ 设备的主要易损部件为风机和水泵，必须有一套保养制度，风机每运行 10000h 必须保养一次，水泵每运行 5000～8000h 必须保养一次；平时在运行过程中，必须保证不能反转，如进污水，必须及时清理，更换机油后方能使用。

④ 设备内部的电气设备必须正确使用，非专业人员不能打开控制柜，应定期请专业人员对电气设备的绝缘性能进行检查，以防发生触电事故。

第二节　一体化中水回用设备

将生活污水作为水源，经过适当处理后作杂用水，其水质指标间于上水道和下水道之间，称为中水，相应的技术为中水道技术。对于淡水资源缺乏，城市供水严重不足的缺水地区，采用中水道技术既能节约水资源，又能使污水无害化，是防治水污染的重要途径。

一、中水水源与水质

1. 中水水源

中水水源可以按下列顺序进行选取：冷却排水、淋浴排水、盥洗排水、洗衣排水、厨房排水、厕所排水。一般不采用工业污水、医院污水作为中水水源，严禁传染病医院、结核病医院污水和放射性污水作为中水水源。对于住宅建筑可考虑除厕所生活污水外其余排水作为中水水源；对于大型的公共建筑、旅馆、商住楼等，采用冷却排水、淋浴排水和盥洗排水作为中水水源；公共食堂、餐厅的排水及生活污水的水质污染程度较高，处理比较复杂，不宜采用；大型洗衣房的排水由于含有各种不同的洗涤剂，能否作为中水水源须经试验确定。

2. 中水水质

中水作为生活杂用水，其水质必须满足下列基本条件：（1）卫生上安全可靠，无有害物质，其主要衡量指标有大肠菌群数、细菌总数、悬浮物量、生化需氧量、化学需氧量等；（2）外观上无不快的感觉，其主要衡量指标有浊度、色度、臭气、表面活性剂和油脂等；（3）不引起设备、管道等严重腐蚀、结垢和不造成维护管理的困难，其主要衡量指标有 pH 值、硬度、溶解性固体物等。我国现行的中水水质标准有：《生活杂用水水质标准》（CJ25.1—89）、《生活杂用水标准检验法》（CJ25.2—89）。主要中水水源水质指标见表 5-9。

二、中水回用处理工艺的选择

1. 中水回用工艺流程

为了将污水处理成符合中水水质标准，一般要进行三个阶段的处理。

（1）预处理　该阶段主要有格栅和调节池两个处理单元，主要作用是去除污水中的固体杂质和均匀水质。

表 5-9　主要中水水源水质指标　　　　　　　　　单位：mg/L

类别	住宅			宾馆、饭店			办公楼		
	BOD	COD	SS	BOD	COD	SS	BOD	COD	SS
冲便器	200～260	300～360	250	250	300～360	200	300	360～480	250
厨房	500～800	350～900	250						
淋浴	50～60	120～135	100	40～50	120～150	80			
盥洗	60～70	90～120	200	70	150～180	150	70～80	120～150	200

（2）主处理　该阶段是中水回用处理的关键，主要作用是去除污水的溶解性有机物。

（3）后处理　该阶段主要以消毒处理为主，对出水进行深度处理，保证出水达到中水水质标准。

2. 主处理的方法

按目前已被采用的方法大致可分成三类。

（1）生物处理法　是利用微生物吸附、氧化分解污水中有机物的处理方法，包括好氧和厌氧微生物处理，在中水回用一体化设备中大多采用好氧生物膜处理技术。

（2）物理化学处理法　以混凝沉淀（气浮）技术及活性炭吸附相组合为基本方式，与传统的二级处理相比，提高了水质。

（3）膜处理　采用超滤（UF）或反渗透膜处理，其优点是不仅SS的去除率很高，而且对细菌及病毒也能进行很好的分离。

上述各种方法比较见表 5-10。

表 5-10　主处理各种方法比较

	项　目	生物处理法	物理化学处理法	膜处理法
1	回收率	90%以上	90%以上	70%～80%
2	适用原水	杂排水、厨房排水、污水	杂排水	杂排水
3	重复用水的适用范围	冲厕所	冲厕所、空调	冲厕所、空调
4	负荷变化	小	稍大	大
5	间隙运转	不适合	稍适	适合
6	污泥处理	需要	需要	不需要
7	装置的密封性	差	稍差	好
8	臭气的产生	多	较少	少
9	运转管理	较复杂	较容易	容易
10	装置所占面积	最大	中等	最小

3. 工艺流程的选择

确定工艺流程时必须掌握中水原水的水量、水质和中水的使用要求，应根据上述条件选择经济合理、运行可靠的处理工艺；在选择工艺流程时，应考虑装置所占的面积和周围环境的限制以及噪声和臭气对周围环境带来的影响；中水水源的主要污染物为有机物，目前大多以生物处理为主处理方法，其中又以接触氧化法和生物转盘法为主；在工艺流程中消毒灭菌工艺必不可少，一般采用氯、碘联用的强化消毒技术。国内目前常用的中水回用工艺流程见表 5-11。

4. 运行方式的选择

根据处理规模、工艺流程及回用要求确定运行方式，一般处理能力超过 $30m^3/h$ 的中水处理站宜采用24h连续运行；小于 $30m^3/h$ 的中水处理站，宜采用每日16h间歇运行；当处理能力为 $5～10m^3/h$，每日运行时间应根据日处理水量计算来确定。

表 5-11　国内常用的中水回用工艺流程

序号	简称	预　处　理	主　处　理	后　处　理
1	直接过滤	格栅→调节池——	_{加氯或药}→直接过滤	_{消毒剂}→消毒 →中水
2	接触过滤	格栅→调节池——	_{混凝剂}→直接过滤→活性炭吸附	_{消毒剂}→消毒 →中水
3	混凝气浮	格栅→调节池——	_{混凝剂}→混凝气浮→过滤	_{消毒剂}→消毒 →中水
4	接触氧化	格栅→调节池——	_{空气（预曝气）}→曝气接触氧化→沉淀→过滤	_{消毒剂}→消毒 →中水
5	氧化槽	格栅→调节池——	→氧化槽接触氧化→过滤	_{消毒剂}→消毒 →中水
6	生物转盘	格栅→调节池——	→生物转盘→沉淀→过滤	_{消毒剂}→消毒 →中水
7	综合处理	（一级、二级）格栅→调节池→生物处理（污泥法、氧化法）	→混凝→沉淀→过滤→炭吸附	_{消毒剂}→消毒 →中水
8	二级处理＋深处理	二级处理出水→接触氧化	→混凝→沉淀→过滤→炭吸附	_{消毒剂}→消毒 →中水

三、中水回用工艺设计

1. 预处理工艺设计

（1）中水原水系统设计　应根据中水水源来确定中水原水系统。

① 当采用优质杂排水或杂排水作为中水水源时，应采用污、废分流制系统。

② 以生活污水为原水的中水处理系统，应在生活污水排水系统中装置化粪池，化粪池的容积按污水在池内停留时间不少于 24h 计算。

③ 以厨房排水作为部分原水的中水处理系统，厨房排水应经隔油池后，再进入调节池。

（2）格栅设计　中水处理系统应设置格栅，有条件时可采用自动格栅，设置一道格栅时，格栅间隙宽度应小于 10mm；设置粗细两道格栅时，粗格栅间隙宽度为 10～20mm，细格栅间隙宽度为 2.5mm。当中水原水中有沐浴排水时，应加设毛发聚集器。

（3）调节池设计　为使处理设施连续、均匀稳定地工作，必须将不均匀的排水进行贮存调节，污水贮存停留时间最多不宜超过 24h，过长的停留时间在经济和技术上都是不适宜的，调节池的容积应按排水的变化情况、采用的处理方法和小时处理量计算确定：①连续运行时，调节池的容积应不小于连续 4～5h 最大排水量或日处理量的 30%～40%；②间歇运行时，调节池的容积可按处理工艺的运行周期计算。

为防止污物在调节池内沉淀和腐败，调节池内宜设曝气器或预曝气管，曝气量为 0.6～0.9$m^3/(m^3 \cdot h)$。

2. 沉淀（气浮）工艺设计

在中水处理系统中进行固液分离时，应采用效率高、占地少的设备，如竖流式沉淀池、斜板（管）沉淀池。斜板沉淀池的设计数据如下：斜板间净距 80～100mm，斜管孔径一般≥80mm，斜板（管）长度 1～1.2m，倾角 60°，底部缓冲层高度≥1.0m，上部水深 0.7～1.0m，进水采用穿孔板（墙），锯齿形出水堰负荷应大于 1.70L/(s·m)，作为初沉池停留时间不超过 30min，作为二沉池停留时间不超过 60min，排泥静水头不得小于 1.5m。

气浮处理由空气压缩机、溶气罐、释放器以及气浮池（槽）组成，有关设计参数如下：溶气压力为 0.2～0.4MPa，回流比为 10%～30%；进入气浮池（槽）接触室的流速宜小于 0.1m/s，接触室水流上升流速为 10～20mm/s，停留时间不宜小于 60s；分离室的水流向下流速取 1.5～2.5mm/s，即分离室的表面负荷为 5.4～9.0m³/(h·m²)；气浮池的有效水深为 2.0～2.5m，池中停留时间一般为 10～20min；气浮池可采用溢流排渣或刮渣机排渣。

3. 接触氧化工艺设计

当中水进行生物处理时宜采用接触氧化法，有关设计参数如下：有效面积不宜大于 25m²，填料层总高度一般为 3m，采用蜂窝填料时，蜂窝孔径不小于 25mm，填料分层装填，每层高度为 1m，采用软性或半软性纤维填料时，采用悬挂支架或框架式支架；进水 BOD_5 浓度控制在 100～250mg/L，容积负荷一般为 2.5～4.0kgBOD_5/(m³·d)，水力负荷率为 100～160m³/(m³·d)，处理效率为 85%～90%；曝气装置气水比为 10～15：1，溶解氧维持在 2.5～3.5mg/L 之间；接触氧化池的水力停留时间为 2～3h，处理生活污水时，取上限值。

4. 过滤工艺设计

中水的过滤处理宜采用机械过滤或接触过滤，滤料一般为石英砂、无烟煤、纤维球及陶粒等，滤层一般有单层、双层及三层滤料组成，常采用压力式过滤罐，具体设计参数如下：下层滤料粒径为 0.5～1.2mm 石英砂，砂层厚度为 300～500mm，上层滤料直径为 0.8～1.8mm 的无烟煤，厚度为 500～600mm；滤速为 8～10m/h，水头损失为 5～6mH_2O，反冲洗强度为 15～16L/(s·m²)。

5. 消毒工艺设计

中水虽不饮用，但中水的原水是经过人的直接污染，含有大量的细菌和病毒，必须设置消毒工艺。中水消毒的消毒剂一般有液氯、次氯酸钠、漂白粉、氯片、臭氧、二氧化氯等，具体工艺参数如下：加氯量一般为 5～8mg/L，接触时间大于 30min，余氯量应保持 0.5～1mg/L。

6. 贮存水池设计

处理设施后应设计中水贮存池（箱）。中水贮存池的调节容积应按处理中水用量的逐时变化曲线求算，在缺乏资料时，其调节容积可按如下方法计算。

（1）连续运行时，中水贮存池的调节容积可按日中水用量的 20%～30% 计算。

（2）间歇运行时，中水贮存池的调节容积按处理设备运行周期计算：

$$V = 1.2t(q - q_0) \tag{5-1}$$

式中　V——中水贮存池有效容积，m³；

　　　t——处理设备连续运行时间，h；

　　　q——处理设备处理水量，m³/h；

　　　q_0——中水平均用量，m³/h。

（3）处理设备直接送水至中水供水箱时，其供水箱的调节容积不小于日中水用量的 5%。

中水贮存池宜采用耐腐蚀、易清洗的材料制作，用钢板制造时其内壁应作防腐处理；中水贮存池应设置的溢流管、泄水管，均应采用间接排水方式排出，溢流管应设置铜制隔网。

四、典型的一体化中水回用设备

一体化中水回用设备是将中水回用处理的几个单元集中在一台设备内进行，其特点是结构紧凑、占地面积小、自动化程度高，一般的处理量小于 1500m³/d，主要适用于某一单体建筑物的生活污水处理，一般人口少于 3000 人。对于某一建筑物当决定选用一体化中水回用设备后，应采用雨水管和污水管分流制；当污水量和水质波动比较大时，需要设置一定容积的调节池，此时调节池一般为构筑物，不包含在中水回用设备内，在进行设备布置设计时，应同时考虑调节池所占的面积。

在选用一体化中水回用设备时，首先应根据污水的类型、所需处理的量、运行管理的要求以及能提供的场地，选择合适的工艺流程，确定设备的型号，然后根据污水的量（或人数）来选择相应的规格。下面列举几种典型的一体化中水回用设备供参考。

1. HYS 型高效一体化中水回用设备

组合式 HYS 型高效一体化中水回用设备主要工艺流程见图 5-12。该一体化中水设备具有如下技术特点：①接触氧化池采用球形填料，表面积大，易挂膜，使用寿命长，安装管理简便；②一、二级接触氧化生化处理采用先进的双膜好氧法；③采用陶粒滤料直接过滤效果更好。其主要水质参数及处理效果见表 5-12。

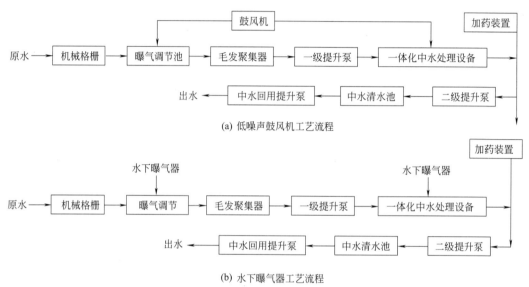

(a) 低噪声鼓风机工艺流程

(b) 水下曝气器工艺流程

图 5-12　HYS 型高效一体化中水回用设备主要工艺流程

表 5-12　HYS 型高效一体化中水回用设备主要水质参数及处理效果

项　　目	COD/(mg/L)	BOD/(mg/L)	SS/(mg/L)	余氯/(mg/L)
进水	200	120	100	—
出水	50	10	10	0.2~0.5
去除率/%	>75	>90	>90	—

2. 以生物接触氧化为主体工艺的中水回用设备

（1）HCTS-Ⅱ型地埋式中水回用设备　HCTS-Ⅱ型地埋式中水回用设备工艺流程见图 5-13。该设备将大部分处理单元通过组合的方式设置在地下，操作及维修量稍多的处理单元设置在室内或露天，地面可作为绿化等其他用途，既节省土地，又能保证系统高效有序运行。

系统前端设有调节池，起到均衡水质、水量的作用，保证处理装置稳定运行。由于回用水使用具有间隙性，为保证使用效率，可根据用途设置适当容积的清水池和回用水提升装置。吸附池接收高浓度回流污泥，利用吸附过程负荷高、时间短的特点对有机物进行降解。接触氧化池中的填料为 SNP 型无剩余污泥悬浮型生物填料，无需固定，安装简便。在沉淀池出水与过滤器之间投加絮凝剂，形成的细小矾花通过改进的压力式过滤器去除，改进后的过滤器布水更均匀，处理效果更好，实现深度处理。消毒池采用玻璃钢材质，二氧化氯作为

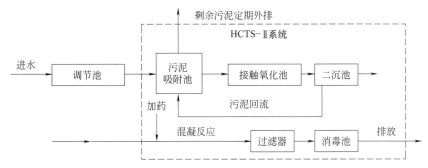

图 5-13 HCTS-Ⅱ型地埋式中水回用设备工艺流程

消毒剂，投资省、运行费用低。

（2）MHW-ZS 型中水成套化设备　MHW-ZS 型中水成套化设备工艺流程见图 5-14。该设备具有如下特点：①将接触氧化池、二沉池、中间水池一体化设计，结构紧凑、大大减少占地面积；②采用简单方便的水下曝气器，充氧能力强、效率高、噪声小；③采用石英砂过滤器、活性炭过滤器进行深度处理，有效降低水的浊度、色度，出水清澈、无异味；④安全可靠、自动投加消毒剂的消毒系统，保证管网中一定的余氯量；⑤根据调节池水位等参数自动启闭水泵和曝气机，自动化程度高。

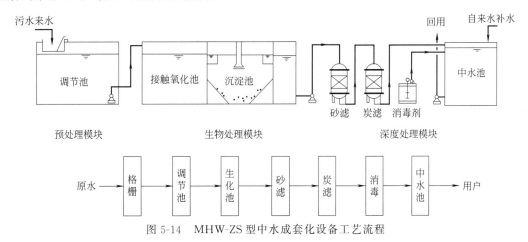

图 5-14　MHW-ZS 型中水成套化设备工艺流程

3. 以膜生物反应器为主体工艺的中水回用设备

膜生物反应器（Membrane Biological Reactor，MBR）技术的应用始于 20 世纪 70 年代美国家庭污水处理，80 年代在日本、欧洲地区得到推广。MBR 技术在日本发展最快，世界上约有 66％的 MBR 应用工程分布在日本，其余主要分布在北美和欧洲。加拿大 Zenon 公司开发的 MBR 技术在美国、德国、法国等地得到广泛应用，规模从 $380m^3/d$ 到 $7600m^3/d$。

MBR 是一种将膜分离技术与传统污水生物处理工艺有机结合的新型高效污水处理工艺，其中膜分离工艺代替传统活性污泥法中的二沉池，以实现泥水分离。被膜截留下来的活性污泥混合液中的微生物絮体和相对较大分子量的有机物又重新回流至生物反应器内，使生物反应器内获得高浓度的生物量，延长了微生物的平均停留时间，提高了微生物对有机物的氧化速率。与传统生物处理工艺相比，MBR 具有生化效率高、有机负荷高、污泥负荷低、出水水质好、设备占地面积小、便于自动控制和管理等优点。MBR 按膜组件与生物反应器放置位置的不同可分为分置式 MBR、一体式 MBR 和复合式 MBR。根据生物反应器供氧与否，可分为好氧型和厌氧型；根据操作压力提供方式的不同，可分为有压式和负压抽吸式；根据膜孔径的大小，可分为微滤膜、超滤膜和纳滤膜三类，其中微滤膜和超滤膜生物反应器应用较为普遍。

（1）分置式 MBR　分置式 MBR（Recirculated MBR，RMBR），也称错流式 MBR 或横向流 MBR。通常将 RMBR 归为第一代 MBR，即膜组件置于生物反应器外部，相对独立，膜组件与生物反应器通过泵与管路相连接。分置式膜生物反应器中的膜组件以管式、平板式居多。其工艺流程见图 5-15，加压泵将生物反应器中的混合液送到膜分离单元，由膜组件进行固液分离，浓缩液回流至生物反应器。

RMBR 系统具有如下特点：膜组件和生物反应器之间相互干扰较小，易于调节控制；膜组件置于生物反应器之外，更易于清洗更换；膜组件在有压条件下工作，膜通量较大，且加压泵产生的工作压力在膜组件承受压力范围内可以调节，从而根据需要增加膜的渗透率。不足之处在于，系统中循环泵、膜加压泵的能耗较高，且循环泵产生的剪切压力会降低反应器内的生物活性；结构较为复杂，占地面积较大。

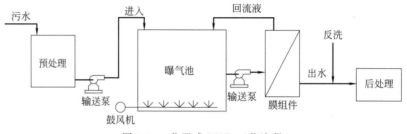

图 5-15　分置式 MBR 工艺流程

（2）一体式 MBR　一体式 MBR 属于第二代 MBR，也称淹没式 MBR（Submerged MBR，SMBR），其工艺流程见图 5-16，将无外壳的膜组件直接安装浸没于生物反应器内部，微生物在曝气池中降解有机物，依靠重力或水泵抽吸产生的负压或真空泵将渗透液移出。一体式膜生物反应器大多采用中空纤维式膜组件。

一体式 MBR 每吨出水动力消耗为 $0.2\sim0.4\text{kW}\cdot\text{h}$，约为分置式 MBR 的 1/10。由于不使用加压泵，故可避免微生物菌体受到剪切而失活。不足之处在于，膜组件浸没在生物反应器的混合液中，污染较快，且清洗时需将膜组件从反应器中取出，较为麻烦；此外，一体式 MBR 的膜通量低于分置式。

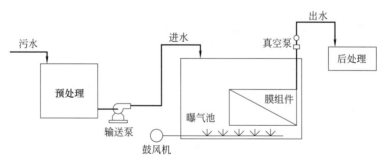

图 5-16　一体式 MBR 工艺流程

为有效防止一体式 MBR 的膜污染问题，人们研究了许多方法，例如：在膜组件下方进行高强度曝气，靠空气和水流的搅动来延缓膜污染；在反应器内设置旋转中空轴带动膜组件随之转动，从而在膜表面形成错流，防止其污染。

经过多年开发与研究，SMBR 目前已在污水处理与中水回用设备市场中占有较大份额。

图 5-17 所示为 MHW-ZM 型中水成套化设备工艺流程，该设备可在污泥浓度 10g/L 以上运行，COD 在高污泥浓度的 MBR 池被较为彻底地生化降解，几乎没有剩余污泥。

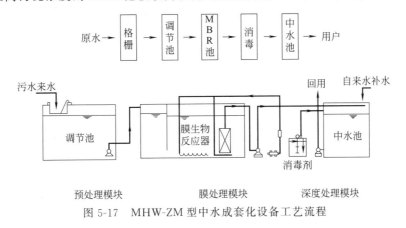

图 5-17　MHW-ZM 型中水成套化设备工艺流程

（3）复合式 MBR　复合式 MBR 也属于一体式 MBR，也是将膜组件置于生物反应器之中，通过重力或负压出水，不同之处在于生物反应器中安装了填料，形成复合式处理系统，其工艺流程见图 5-18。

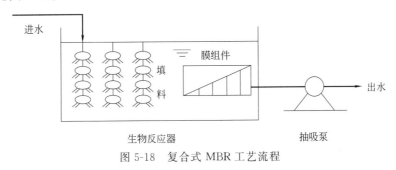

图 5-18　复合式 MBR 工艺流程

在复合式 MBR 中安装填料，一方面可提高处理系统的抗冲击负荷能力，保证系统的处理效果；另一方面还可降低反应器中悬浮活性污泥浓度，降低膜污染程度，保证较高的膜通量。

国产 THM 系列一体化中水处理设备由格栅、调节池、毛发聚集器、复合式 MBR 组成，根据用户对出水水质的要求，可将设备分为如图 5-19 所示的Ⅰ型和Ⅱ型。当用户对出水水质没有脱氮要求时，可采用Ⅰ型设备；Ⅱ型设备的 MBR 部分采用了 A/O 工艺，前面的缺氧段可利用生物脱氮作用将系统中的 NO_3^--N 反硝化成 N_2 而从系统中脱除，因此Ⅱ型系统适用于用户对出水有脱氮要求的工程。由于存在混合液回流系统，Ⅱ型设备的能耗较Ⅰ型要高一些。

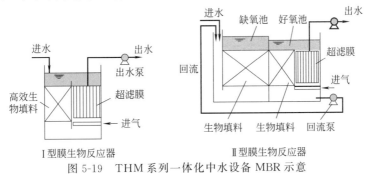

图 5-19　THM 系列一体化中水设备 MBR 示意

THM 系列中水回用设备主要水质参数及净化效果见表 5-13。

表 5-13　THM 系列中水系统主要水质参数及净化效果

项目	COD /(mg/L)	BOD$_5$ /(mg/L)	TSS /(mg/L)	NH$_4^+$-N /(mg/L)	ABS /(mg/L)	pH 值	浊度 /度	色度 /度	细菌总数 /(个/mL)	大肠杆菌 /(个/mL)
原水	150～400	60～200	80～200	6～25	2.5～5	6～9	6～120	80～160	—	—
出水	≤20	≤5	≤2	≤1	≤0.5	6.5～8.5	≤3	≤15	≤100	≤3

4. 组装式中水回用设备

将不同的处理工艺流程段设计成单体，如初处理器、好氧处理单体、厌氧处理单体、气浮单体等，根据不同的水质和处理深度要求，选择不同的单体进行连接，组成一个完整的工艺。表 5-14 为北京朝阳锅炉厂、鞍山软水设备厂生产的组装式中水处理设备表。表中各处理单元，将处理技术和设计技术凝为一体，可组成好氧物化处理、好氧生物膜处理和厌氧水解酸化等不同流程，按其技术要求连接，如同拼积木。

表 5-14　组装式中水处理设备表

项　　目		初处理器	好氧处理体	厌氧处理体	气浮滤池	加药器	深度处理器
组合内容		格栅、滤网、分溢流计量	调贮、曝气、氧化提升	调贮、厌氧水解、曝气回流	溶气气浮过滤	溶药、投加、计量	吸附交换供水
处理量 /(t/h)	10	GF-1	OQ-10	AQ-10	LF-10	JY-500	SC-10
	20	GF-1	OQ-20	AQ-20	LF-20	JY-500	SC-20
	30	GF-2	OQ-30	AQ-30	LF-30	JY-800	SC-30
	50	GF-2	OQ-50	AQ-50	LF-50	JY-800	SC-50

思 考 题

1. 一体化污水处理设备有哪些优点？适用于哪些污水？

2. 某屠宰厂有机污水，进水 BOD$_5$ 为 900mg/L，要求出水 BOD$_5$ 为 50mg/L 以下，拟采用二段接触氧化法，试设计其工艺流程。

3. 一体化污水处理设备在设备安装和设备运行时应注意哪些事项？

4. 中水水质应满足哪些基本条件？

5. 如何设计中水回用设备中的接触氧化工艺？

第六章 除尘设备

第一节 除尘设备的性能与分类

一、除尘设备的性能

评价除尘设备性能的指标，包括技术指标和经济指标两方面。技术指标主要有气体处理量、除尘效率和压力损失等。经济指标主要有设备费、运行费、占地面积、使用寿命等。此外，还应考虑设备的安装、操作、检修的难易等因素。除尘效率是除尘设备的重要技术指标，下面介绍两种除尘效率的表示方法。

（1）总除尘效率 是指在某段时间内被除尘设备捕集的粉尘质量占进入除尘设备的粉尘质量的百分数，常用 η 表示。

若进口的气体流量为 $Q_1(\mathrm{m^3/s})$，粉尘流入量为 $G_1(\mathrm{g/s})$，气体含尘浓度 $C_1(\mathrm{g/m^3})$；出口气体流量为 $Q_2(\mathrm{m^3/s})$，粉尘流出量为 $G_2(\mathrm{g/s})$，气体含尘浓度 $C_2(\mathrm{g/m^3})$，除尘设备捕集的粉尘为 $G_3(\mathrm{g/s})$。根据定义，除尘效率可用下式表示。

$$\eta = \frac{G_3}{G_1} \times 100\% = \frac{G_1 - G_2}{G_1} \times 100\% = \left(1 - \frac{G_2}{G_1}\right) \times 100\%$$

由于 $G_1 = Q_1 C_1$，$G_2 = Q_2 C_2$，因此

$$\eta = \left(1 - \frac{Q_2 C_2}{Q_1 C_1}\right) \times 100\% \tag{6-1}$$

（2）分级除尘效率 除尘设备的总除尘效率与粉尘粒径有很大关系。为了准确地评价除尘设备的除尘效果，说明除尘效率与粉尘粒径分布的关系，提出了分级除尘效率的概念。分级除尘效率系指除尘设备对某一粒径或一定范围内的粒径粉尘的除尘效率，简称分级效率。分级效率可用质量分级效率 η_i 或浓度分级效率 η_{d_i} 表示。

质量分级效率 η_i 可用下式计算：

$$\eta_i = \frac{G_3 g_{3d_i}}{G_1 g_{1d_i}} \times 100\% \tag{6-2}$$

式中　G_1，G_3——除尘设备进口和被除尘设备捕集的粉尘量，$\mathrm{kg/h}$；

g_{1d_i}，g_{3d_i}——除尘设备进口和被除尘设备捕集的粉尘中，粒径或粒径范围为 d_i 的粉尘质量分数，%；

η_i——质量分级效率。

浓度分级效率 η_{d_i} 可用下式计算。

$$\eta_{d_i} = \frac{Q_1 g_{1d_i} C_1 - Q_2 g_{2d_i} C_2}{Q_1 g_{1d_i} C_1} \times 100\% \tag{6-3}$$

式中　Q_1，Q_2——除尘设备进口和出口的气体流量，$\mathrm{m^3/s}$；

g_{1d_i}，g_{2d_i}——除尘设备进口和出口粉尘中粒径范围为 d_i 的粉尘质量分数，%；

C_1，C_2——除尘设备进口和出口的气体含尘浓度，$\mathrm{g/m^3}$。

如已知某一除尘设备进口含尘气体中粉尘的粒径分布 g_{d_i} 及其分级效率 η_{d_i}，则除尘设备的总效率为

$$\eta = \sum_{i=1}^{n} \eta_{d_i} g_{d_i} \qquad (6\text{-}4)$$

式中 η_{d_i}——粒径或粒径范围为 d_i 粉尘的分级效率；

g_{d_i}——除尘设备进口粉尘中，粒径或粒径范围为 d_i 的粉尘的质量分数，%。

当入口气体含尘浓度很高，或者要求出口气体含尘浓度较低时，用一种除尘设备往往不能满足除尘效率的要求。此时，可将两种或多种不同类型的除尘设备串联起来使用，形成两级或多级除尘系统。

设第一级和第二级除尘设备的除尘效率分别为 η_1 和 η_2，则两级除尘系统的总效率为

$$\eta = \eta_1 + (1 - \eta_1)\eta_2 = 1 - (1 - \eta_1)(1 - \eta_2) \qquad (6\text{-}5)$$

同理，n 级除尘设备串联使用时，其总除尘效率为

$$\eta = 1 - (1 - \eta_1)(1 - \eta_2)\cdots(1 - \eta_n) \qquad (6\text{-}6)$$

二、除尘设备的分类

从含尘气流中将粉尘分离出来并加以捕集的设备称为除尘设备或除尘器。除尘器是除尘系统中的主要组成部分，其性能对全系统的运行效果有很大影响。按照除尘器分离捕集粉尘的主要机理，可将其分为如下四类。

（1）机械式除尘器 它是利用质量力（重力、惯性力和离心力等）的作用使粉尘与气流分离沉降的设备。包括重力沉降室、惯性除尘器和旋风除尘器等。其特点是结构简单，造价低，维护方便，但除尘效率不高，一般只作为多级除尘系统的初级除尘。

（2）湿式除尘器 亦称湿式洗涤器，它是利用液滴或液膜洗涤含尘气流，使粉尘与气流分离沉降的设备。湿式洗涤器既可用于气体除尘，也可用于气体吸收。

（3）过滤式除尘器 它是使含尘气流通过织物或多孔的填料层进行过滤分离的设备。包括袋式除尘器、颗粒层除尘器等。其突出的特点是除尘效率高（99%以上）。

（4）电除尘器 它是利用高压电场使尘粒荷电，在库仑力作用下使粉尘与气流分离沉降的设备。其特点是除尘效率高，耗电量少，但投资费用较高。

但在实际应用中，常常是一种除尘器同时利用了几种除尘机理。此外，也可以按除尘过程中是否用液体而把除尘器分为干式除尘器和湿式除尘器两大类，还可以根据除尘器效率的高低而分为低效、中效和高效除尘器。电除尘器和袋式除尘器是目前国内外应用较广的高效除尘器；重力沉降室和惯性除尘器皆属于低效除尘器；旋风除尘器和其他湿式除尘器一般属于中效除尘器。

上述各种常用的除尘器，对净化粒径在 $3\mu m$ 以上的粉尘是有效的。而小于 $3\mu m$（特别是 $1\sim0.1\mu m$）的微粒（对人体和环境有潜在的影响）其去除效果很差。因此，近年来各国十分重视研究新的微粒控制设备，这些新的装置，除了利用质量力、静电力、过滤洗涤等除尘机理外，还利用了泳力（热泳、扩散泳、光泳）、磁力、声凝聚、冷凝、蒸发、凝聚等机理，或在同一装置中同时利用几种机理。如声波除尘器、高梯度磁式除尘器和陶瓷过滤除尘器等。

第二节 机械式除尘器

机械式除尘器通常指利用质量力（重力、惯性力和离心力等）的作用使颗粒物与气流分离的装置，包括重力沉降室、惯性除尘器和旋风除尘器等。

一、重力沉降室

（1）重力沉降室的结构和特点 重力沉降室是通过重力作用使尘粒从气流中自然沉降分离的除尘装置。常见的重力沉降室有水平气流沉降室、单层重力沉降室和多层重力沉降室，

其基本结构如图 6-1 所示。含尘气流进入沉降室后，由于扩大了流动截面积而使气体流速大大降低，使较重颗粒在重力作用下缓慢向灰斗沉降。

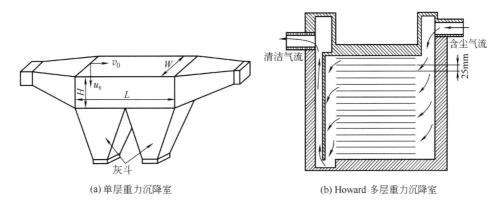

(a) 单层重力沉降室　　　　(b) Howard 多层重力沉降室

图 6-1　重力沉降室

重力沉降室的主要优点是结构简单、投资少、阻力损失小（一般为 50～130Pa）、维护管理方便。主要缺点是体积大、效率低，因此常作为高效除尘的预除尘装置，用以捕集较大和较重的粒子。

（2）重力沉降室的设计计算　主要是根据要求处理的气量和净化效率确定沉降室的尺寸，其中最关键的是选择适当的气流速度。一般，气流速度越低，分离效果越好，但除尘器截面积较大。在选择气流速度时还要使沉降室中的气流速度低于物料的飞扬速度。

① 沉降室长度　假定沉降室内气流分布均匀，并处于层流状态。进入除尘器的尘粒一方面以气流速度 v_0 向前运动，同时以沉降速度 u_s 下降。则尘粒从沉降室顶部降落到底部所需时间 τ_s 为

$$\tau_s = \frac{H}{u_s} \tag{6-7}$$

式中　H——沉降室高度，m；
　　　u_s——尘粒的沉降速度，m/s。

尘粒的沉降速度 u_s 可用下式求得。

$$u_s = \frac{d^2 g (\rho_p - \rho_g)}{18\mu} \tag{6-8}$$

式中　d——粉尘粒径，m；
　　　ρ_p——粉尘的密度，kg/m³；
　　　ρ_g——气体的密度，kg/m³；
　　　μ——气体的黏度，Pa·s；
　　　g——重力加速度，9.18m/s²。

气流在沉降室内停留的时间 τ 为

$$\tau = \frac{L}{v_0} \tag{6-9}$$

式中　L——沉降室长度，m；
　　　v_0——沉降室内的气流速度，m/s。

要使尘粒不被气流带走，必须使 $\tau \geqslant \tau_s$，则所要设计沉降室的长度 L(m) 为

$$L \geqslant \frac{v_0 H}{u_s} \tag{6-10}$$

② 沉降室的宽度 沉降室的宽度 W(m) 与处理气量有关，若处理气量为 Q(m^3/s)，则

$$W = \frac{Q}{Hv_0} \tag{6-11}$$

③ 有效分离直径 一定结构的沉降室，能沉降在室内的最小粒径 d_{min}（m）。可按下式求得。

$$d_{min} = \sqrt{\frac{18\mu v_0 H}{\rho_p g L}} = \sqrt{\frac{18\mu Q}{\rho_p g W L}} \tag{6-12}$$

④ 除尘效率 对于结构一定的沉降室，理论上当尘粒的沉降速度 $u_s \geqslant v_0 H/L$ 时，均能沉降下来，即除尘效率为 100%。当沉降速度 $u_s < v_0 H/L$ 时，对各种粒径粉尘的分级除尘效率 η_d 为

$$\eta_d = \frac{u_s L}{v_0 H} = \frac{u_s L W}{Q} \tag{6-13}$$

设计沉降室时应注意以下几个方面的问题。

① 沉降室内的气流速度一般取 0.4～1m/s，并尽可能选低值，以保持接近层流状态。

② 沉降室高度 H 应根据实际情况确定并尽量取小一些。因为 H 越大，所需的沉降时间就越长，势必加大沉降室的长度。

③ 为保证沉降室横截面上气流分布均匀，一般将进气管设计成渐宽管形，若受场地限制，可装设导流板、扩散板等气流分布装置。

④ 用于净化高温烟气时，由于热压作用，排气口以下空间的气流有可能减弱，从而降低除尘效率，应将沉降室的进出口位置设计得低一些。

二、惯性除尘器

（1）惯性除尘器除尘机理 惯性除尘器是利用惯性力的作用使尘粒从气流中分离出来的除尘设备。为改善沉降室的除尘效果，可在沉降室内设置各种形式的挡板，使含尘气流冲击在挡板上，气流方向发生急剧转变，借助尘粒本身的惯性力作用，使其与气流分离。图 6-2 是惯性除尘器分离机理示意图。当含尘气流冲击到挡板 B_1 上时，惯性大的粗尘粒（d_1）首先被分离下来。被气流带走的尘粒（d_2，且 $d_2 < d_1$），由于挡板 B_2 使气流方向转变，借助离心力作用也被分离下来。若设该点气流的旋转半径为 R_2，切向速度为 u_t，则尘粒 d_2 所受离心力与 $d_2^2 \dfrac{u_t^2}{R_2}$ 成正比。回旋气流的曲率半径越小，分离捕集细小粒子的能力越强。显然惯性除尘器的除尘是惯性力、离心力和重力共同作用的结果。

（2）惯性除尘器结构型式 结构型式多种多样，可分为以气流中粒子冲击挡板捕集较粗粒子的冲击式和通过改变气流方向而捕集较细粒子的反转式。图 6-3 为冲击式惯性除尘器结构示意图，其中（a）为单级型，（b）为多级型。在这种设备中，沿气流方向设置一级或多级挡板，使气体中的尘粒冲撞挡板而被分离。图 6-4 为几种反转式惯性除尘器，（a）为弯管型，（b）为百叶窗型，（c）为多层隔板型。弯管型和百叶窗型反转式惯性除尘器和冲击式惯性除尘器一样，都适于烟道除尘，多层隔板型塔式惯性除尘器主要用于烟雾的分离。

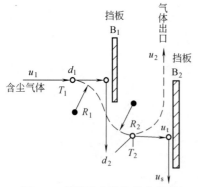

图 6-2 惯性除尘器的分离机理

（3）惯性除尘器的应用 一般惯性除尘器的气流速度愈高，气流方向转变角度愈大，转

变次数愈多,净化效率愈高,压力损失也愈大。惯性除尘器用于净化密度和粒径较大的金属或矿物性粉尘具有较高的除尘效率。对黏结性和纤维性粉尘,则因易堵塞而不宜采用。由于惯性除尘器的净化效率不高,故一般只用于多级除尘中的第一级除尘,捕集 $10\sim20\mu m$ 以上的粗尘粒。压力损失依型式而定,一般为 $100\sim1000Pa$。

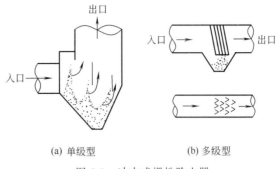

(a) 单级型 (b) 多级型

图 6-3 冲击式惯性除尘器

三、旋风除尘器

旋风除尘器是利用气流在旋转运动中产生的离心力来清除气流中尘粒的设备。旋风除尘器具有结构简单、体积小、造价低、维护管理方便、耐高温等优点,因而在工业除尘及锅炉烟气净化中应用十分广泛。它主要用于处理粒径较大(10μm 以上)和密度较大的粉尘,既可单独使用,也可作为多级除尘的第一级。

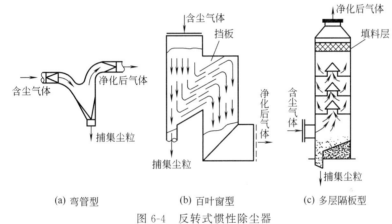

(a) 弯管型 (b) 百叶窗型 (c) 多层隔板型

图 6-4 反转式惯性除尘器

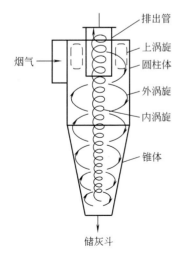

图 6-5 普通旋风除尘器的结构
及内部气流

1. 旋风除尘器内气流与尘粒的运动

图 6-5 所示为普通旋风除尘器的结构及内部气流。含尘气体由除尘器入口沿切线方向进入后,沿外壁由上向下做旋转运动,这股向下旋转的气流称为外涡旋,外涡旋到达锥体底部后,沿轴心向上旋转,最后从出口管排出。这股向上旋转的气流称为内涡旋。向下的外涡旋和向上的内涡旋的旋转方向相同。气流做旋转运动时,尘粒在离心力的作用下向外壁面移动。到达外壁的粉尘在下旋气流和重力的共同作用下沿壁面落入灰斗。

2. 旋风除尘器的压力损失

旋风除尘器的压力损失与其结构和运行条件等有关,理论计算比较困难,主要靠实验确定。实验表明,旋风除尘器的压力损失 Δp(Pa)一般与气体入口速度的平方成正比,即

$$\Delta p = \frac{1}{2}\xi\rho v_1^2 \qquad (6\text{-}14)$$

式中　ρ——气体的密度，kg/m^3；

　　　v_1——气体入口速度，m/s；

　　　ξ——局部阻力系数。

表 6-1 是几种旋风除尘器的局部阻力系数值，可供参考。

表 6-1　局部阻力系数值

旋风除尘器型式	XLT	XLT/A	XLP/A	XLP/B
ξ	5.3	6.5	8.0	5.8

在缺乏实验数据时可用下式估算 ξ 值。

$$\xi = 16A/d_e^2 \tag{6-15}$$

式中　A——旋风除尘器进口面积，m^2；

　　　d_e——旋风除尘器排气管直径，m。

此外，旋风除尘器的其他操作因素对压力损失也有影响。例如，随入口含尘浓度的增高，除尘器的压力降明显下降，这是因为旋转气流与粉尘摩擦导致旋转速度降低的缘故。旋风除尘器操作运行中可以接受的压力损失一般低于 2000Pa。

3. 旋风除尘器的除尘效率

在旋风除尘器内，粒子的沉降主要取决于离心力 F_C 和向心运动气流作用于尘粒上的阻力 F_D。在内外涡旋界面上，如果 $F_C > F_D$，粒子在离心力推动下移向外壁而被捕集；如果 $F_C < F_D$，粒子在向心气流的带动下进入内涡旋，最后由排出管排出；如果 $F_C = F_D$，作用在尘粒上的外力之和等于零，粒子在交界面上不停地旋转。实际上由于各种随机因素的影响，处于这种平衡状态的尘粒有 50% 的可能性进入内涡旋，也有 50% 的可能性移向外壁，它的除尘效率为 50%。此时的粒径被称为除尘器的分割直径，用 d_c 表示。显然，d_c 越小，除尘器的除尘效率越高。

分割直径 d_c 是反映旋风除尘器性能的重要指标。尘粒的密度越大，气体进口的切向速度越大，排出管直径越小，除尘器的分割直径越小，除尘效率也就越高。

在确定分割直径的基础上，可用下式计算旋风除尘器的分级效率。

$$\eta_{d_i} = 1 - \exp\left[-0.6931 \times \left(\frac{d_i}{d_c}\right)^{\frac{1}{n+1}}\right] \tag{6-16}$$

式中　d_i——粉尘粒径，m；

　　　d_c——分割直径，m；

　　　n——涡流指数，可用下式计算。

$$n = 1 - (1 - 0.67D^{0.14})\left(\frac{T}{283}\right)^{0.3} \tag{6-17}$$

式中　D——旋风除尘器直径，m；

　　　T——气体的温度，K。

应当指出，尘粒在旋风除尘器内的分离过程是非常复杂的。例如，在理论上不能捕集的细小尘粒由于凝并或被较大尘粒裹挟带至器壁而被捕集分离出来。相反，有些大尘粒由于局部涡旋的影响有可能进入内涡旋，有些已分离的尘粒在下落过程中也有可能重新被气流带走，内涡旋气流在锥底部旋转上升时，也会带走部分尘粒。因此，根据某些假设条件得出的理论公式，其计算结果还是比较粗略。目前，旋风除尘器的效率一般通过实验确定。

4. 影响旋风除尘器性能的因素

影响除尘器性能的主要因素有除尘器的比例尺寸、操作条件和粉尘的物理性质等。

（1）进口风速的影响　提高旋风除尘器的进口风速，会使粉尘受到的离心力增大，分割直径变小，除尘效率提高，烟气处理量增大。但若进口风速过大，不仅使除尘器阻力急剧上升，而且还会将有些已分离的尘粒重新扬起带走，导致除尘效率下降。从技术、经济两方面综合考虑，进口风速一般控制在 12～25m/s 之间为宜，但不应低于 10m/s，以防进气管积尘。

（2）旋风除尘器尺寸的影响

① 筒体与排出管的直径　由计算离心力的公式可知，在相同的转速下，筒体的直径越小，尘粒受到的离心力越大，除尘效率越高。但筒体直径越小，处理的风量也就越少，并且筒体直径过小还会引起粉尘堵塞，筒体直径与排出管直径相近时，尘粒容易逃逸，使效率下降，因此筒体的直径一般不小于 0.15m。同时，为了保证除尘效率，筒体的直径也不要大于 1m。在需要处理风量大的情况时，往往采用同型号旋风除尘器的并联组合或采用多管型旋风除尘器。

经研究证明，内、外涡旋交界面的直径近似于排出管直径的 0.6 倍。内涡旋的范围随排出管直径的减小而减小。因此，减小排出管直径有利于提高除尘效率，但同时会加大出口阻力。一般取筒体直径与排出管直径之比值为 1.5～2.0。

② 筒体和锥体高度　从直观上看，增加旋风除尘器的筒体高度和锥体高度，似乎增加了气流在除尘器内的旋转圈数，有利于尘粒的分离。实际上由于外涡流有向心的径向运动，当外涡旋由上而下旋转时，气流会不断流入内涡旋，同时筒体与锥体的总高度过大，还会使阻力增加。实践证明，筒体和锥体的总高度一般以不超过筒体直径的 5 倍为宜。在锥体部分断面缩小，尘粒到达外壁的距离也逐渐减小，气流切向速度不断增大，这对尘粒的分离都是有利的。相对来说筒体长度对分离的影响比锥体部分要小。

（3）除尘器底部的严密性　无论旋风除尘器在正压还是在负压下操作，其底部总是处于负压状态。如果除尘器的底部不严密，从外部漏入的空气就会把正在落入灰斗的粉尘重新带起，使除尘效率显著下降。因此，在不漏风的情况下进行正常排灰是保证旋风除尘器正常运行的重要条件。收尘量不大的除尘器可在下部设固定灰斗、定期排放。当收尘量较大，要求连续排灰时，可设双翻板式和回转式锁气器，如图 6-6 所示。

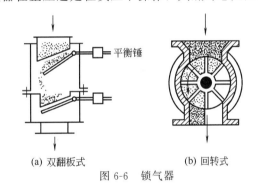

（a）双翻板式　　　　（b）回转式

图 6-6　锁气器

翻板式锁气器是利用翻板上的平衡锤和积灰重量的平衡发生变化，进行自动卸灰，它设有两块翻板，轮流启闭，可以避免漏风。回转式锁气器采用外来动力使刮板缓慢旋转进行自动卸灰，它适用于排灰量较大的除尘器。回转式锁气器能否保持严密，关键在于刮板和外壳之间紧密贴合的程度。

（4）粉尘性质　它对除尘效率也有很大影响，其密度和粒径增大，效率明显提高。而气体温度和黏度增大，则效率下降。

5. 旋风除尘器的结构型式

目前，生产中使用的旋风除尘器类型很多，有 100 多种。按结构型式可将旋风除尘器分为多管组合式、旁路式、扩散式、直流式、平旋式、旋流式等。按型号可分为 XLT（CLT）型、XLP（CLP）型、XLK（CLK）型、XZT（CZT）型和 XCX 型五种型号。下面仅介绍几种国内常用的旋风除尘器。

① XLT 型旋风除尘器　它是应用最早的旋风除尘器，其他各种类型的旋风除尘器都是由它改进而来的。其结构简单，制造方便，压力损失小，处理气量大，但分离效率低。对于

$10\mu m$ 左右的尘粒分离效率一般低于 $60\%\sim70\%$，目前已被其他高效旋风除尘器所取代。

XLT/A 型旋风除尘器是 XLT 的改进型，其结构特点是具有螺旋下倾顶盖的直接式进口，螺旋下倾角为 $15°$，筒体和锥体均较长。制作螺旋下倾角，不但可减少入口的阻力损失，而且有助于消除上旋流的带灰问题。含尘气体入口速度在 $10\sim18m/s$，阻力系数为 $5.5\sim6.5$，适用于干的非纤维粉尘和烟尘等的净化，除尘效率在 $80\%\sim90\%$。

② XLP 型旋风除尘器　又称旁路式旋风除尘器，如图 6-7 所示。其结构简单、性能好、造价低，对 $5\mu m$ 以上的尘粒有较高的分离效率。其结构特点是带有半螺旋或整螺旋线型的旁路分离室，使在顶盖形成的粉尘从旁路分离室引至锥体部分，以除掉这部分较细的尘粒，因而提高了分离效率，对于 $10\mu m$ 粉尘的分级效率可达 90%。同时由旁路引出部分气流，使除尘器内下旋流的径向速度和切向速度稍有降低，从而降低了阻力。

③ XLK 型旋风除尘器　又称扩散式旋风除尘器，如图 6-8 所示。其主要构造特点是在器体下部安装有倒圆锥和圆锥形反射屏（又称挡灰盘）。在一般旋风除尘器中，有一部分气流随尘粒一起进入集尘斗，当气流自下而上进入内涡旋时，由于内涡旋负压产生的吸力作用，使已分离的尘粒被重新卷入内涡旋，并被出口气流带出除尘器，降低了除尘效率。而在 XLK 型旋风除尘器中，含尘气流进入除尘器后，从上而下做旋转运动，到达锥体下部反射屏时已净化的气体在反射屏的作用下，大部分气流折转形成上旋气流从排出管排出。紧靠器壁的少量含尘气流由反射屏和倒锥体之间的环隙进入灰斗。进入灰斗后的含尘气体由于流道面积大、速度降低，粉尘得以分离。净化后的气流由反射屏中心透气孔向上排出，与上升的主气流汇合后经排气管排出。由于反射屏的作用，防止了返回气流重新卷起粉尘，提高了除尘效率。

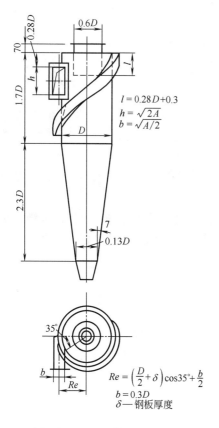

图 6-7　XLP 型旋风除尘器

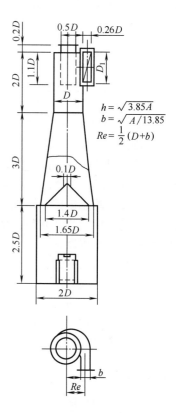

图 6-8　XLK 型旋风除尘器

扩散式旋风除尘器对入口粉尘负荷有良好的适应性,进口气流速度一般为 10～20m/s,压力损失为 900～1200Pa,除尘效率在 90％左右。

④ 组合式多管旋风除尘器 为了提高除尘效率或增大处理气体量,往往将多个旋风除尘器串联或并联使用。当要求除尘效率较高,采用一级除尘不能满足要求时,可将多台除尘器串联使用,这种组合方式称为串联式旋风除尘器组合。当处理气体量较大时,可将若干个小直径的旋风除尘器并联使用,这种组合方式称为并联式旋风除尘器组合。

若干个相同构造形状和尺寸的小型旋风除尘器(又叫旋风子)组合在一个壳体内并联使用的除尘器组又称为多管旋风除尘器。多管除尘器布置紧凑,外形尺寸小,可以用直径较小的旋风子($D=100mm$、$150mm$、$250mm$)来组合,能够有效地捕集 5～10μm 的粉尘,多管旋风除尘器可用耐磨铸铁铸成,因而可以处理含尘浓度较高的($100g/m^3$)气体。

常见的多管除尘器有回流式和直流式两种,图 6-9 为回流式多管旋风除尘器。该设备中的每个旋风除尘器由于都是轴向进气,所以在每个除尘器圆筒周边都设置许多导流叶片,以使轴向导入的含尘气流变为旋转运动。就回流式多管旋风除尘器来说,必须注意使每个旋风子的压力损失大体一致,否则,在一个或几个旋风除尘器中可能会发生倒流,从而使除尘效率大大降低。为了防止倒流,要求气流分布尽量均匀,下旋气流进入灰斗的风量尽量减少。也可采用在灰斗内抽风的办法,保持一定负压,一般抽风量约为总风量的 10％左右。

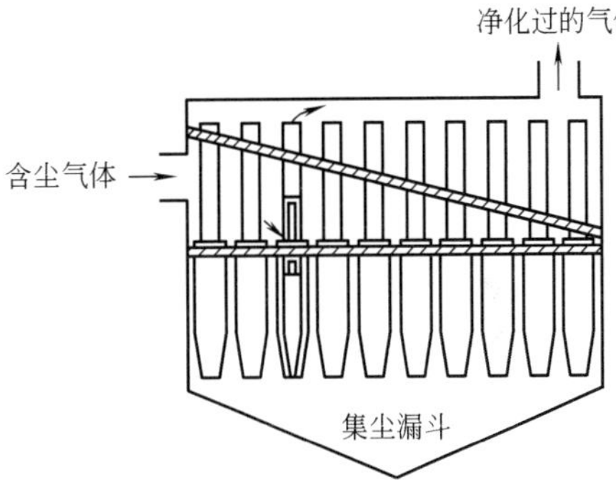

图 6-9 回流式多管旋风除尘器

直流式多管除尘器由直流式旋风子组合而成,虽然不会出现倒流现象,有时可能仅仅起到浓集器的作用。

多管旋风除尘器具有效率高、处理气量大、有利于布置和烟道连接方便等特点。但是,对旋风子制造、安装的质量要求较高。

6. 旋风除尘器的设计选型

目前,在实际工作中多用经验法来选择除尘器的型号和规格,其基本步骤如下。

① 根据气体的含尘浓度、粉尘的性质、分离要求、允许阻力损失、除尘效率等因素,合理选择旋风除尘器的型号、规格。从各类除尘器的结构特性来看,粗短型的旋风除尘器一般应用于阻力小、处理风量大、净化要求较低的场合;细长型的旋风除尘器,适用于净化要求较高的场合。

② 根据使用时允许的压力降确定进口气速 v_1(m/s),如果厂家已提供各种操作温度下进口气速与压力降的关系,则根据工艺条件允许的压降就可选定气速 v_1。若没有气速与压降的数据,则可根据允许的压降计算进口气速,由式(6-14)可得

$$v_1 = \sqrt{\frac{2\Delta p}{\xi \rho}} \qquad (6-18)$$

若缺少允许压力降的数据,一般取进口气速为 $v_1 = 12～25m/s$。

③ 确定旋风除尘器的进口截面积 A,入口宽度 b 和高度 h。根据处理气量可由下式计算进口截面积 A(m^2)。

$$A = bh = \frac{Q}{v_1} \qquad (6-19)$$

④ 确定各部分的几何尺寸。由进口截面积 A、入口宽度 b 和高度 h 定出各部分的几何尺寸。几种常用旋风除尘器的主要尺寸比例参见表 6-2。表中除尘器型号:X 代表除尘器,

L 代表离心，T 代表筒式，P 代表旁路式，A、B 为产品代号。其他各种旋风除尘器的标准尺寸比例可查阅有关除尘设备手册。

表 6-2　几种常用旋风除尘器的主要尺寸比例

尺寸名称		XLP/A	XLP/B	XLT/A	XLT
入口宽度 b		$\sqrt{A/3}$	$\sqrt{A/2}$	$\sqrt{A/2.5}$	$\sqrt{A/1.75}$
入口高度 h		$\sqrt{3A}$	$\sqrt{2A}$	$\sqrt{2.5A}$	$\sqrt{1.75A}$
筒体直径 D		上 $3.85b$ 下 $0.7D$	$3.33b$ $(b=0.3D)$	$3.85b$	$4.9b$
排出管直径 d_e		上 $0.6D$ 下 $0.6D$	$0.6D$	$0.6D$	$0.58D$
筒体长度 L		上 $1.35D$ 下 $1.0D$	$1.7D$	$2.26D$	$1.6D$
锥体长度 H		上 $0.5D$ 下 $1.0D$	$2.3D$	$2.0D$	$1.3D$
灰口直径 d_1		$0.296D$	$0.43D$	$0.3D$	$0.145D$
进口速度为右值时压力损失	12m/s	700(600)[1]	500(420)	860(770)	440(490)
	15m/s	1100(940)	890(700)[2]	1350(1210)	670(770)
	18m/s	1400(1260)	1450(1150)[3]	1950(1740)	990(1110)

[1]括号内的数值为出口无蜗壳式的压力损失；[2]进口速度为16m/s时的压力损失；[3]进口速度为20m/s时的压力损失。

设计者可按要求选择其他的结构型式，但应遵循以下原则。

① 为防止粒子短路漏到出口管，$h \leqslant s$，其中 s 为排气管插入深度。

② 为避免过高的压力损失，$b \leqslant (D - d_e)/2$。

③ 为保持涡流的终端在锥体内部，$(H+L) \geqslant 3D$。

④ 为利于粉尘易于滑动，锥角 $= 7° \sim 8°$。

⑤ 为获得最大的除尘效率，$d_e/D \approx 0.4 \sim 0.5$，$(H+L)/d_e \approx 8 \sim 10$，$s/d_e \approx 1$。

例 6-1　已知烟气处理量 $Q = 5000 \text{m}^3/\text{h}$，烟气密度 $\rho = 1.2 \text{kg/m}^3$，允许压力损失为 900Pa，若选用 XLP/B 型旋风除尘器，试确定其主要尺寸。

解：根据表 6-1 可知 $\xi = 5.8$，由式（6-18）可得旋风除尘器进口气速。

$$v_1 = \sqrt{\frac{2\Delta p}{\xi\rho}} = \sqrt{\frac{2 \times 900}{5.8 \times 1.2}} = 16.1 \text{（m/s）}$$

v_1 的计算值与表 6-2 的气速与压力降数据一致。

进口截面积　　　　$A = \dfrac{Q}{v_1} = \dfrac{5000}{3600 \times 16.1} = 0.0863 \text{（m}^2\text{）}$

入口宽度　　　　$b = \sqrt{A/2} = \sqrt{0.0863/2} = 0.208 \text{（m）}$

入口高度　　　　$h = \sqrt{2A} = \sqrt{2 \times 0.0863} = 0.42 \text{（m）}$

筒体直径　　$D = 3.33b = 3.33 \times 0.208 = 0.624 \text{（m）} = 624 \text{（mm）}$

参考 XLP/B 产品系列，取 $D = 700$mm，则

排出管直径　　　$d_e = 0.6D = 0.6 \times 700 = 420 \text{（mm）}$

筒体长度　　　　$L = 1.7D = 1.7 \times 700 = 1190 \text{（mm）}$

锥体长度　　　　$H = 2.3D = 2.3 \times 700 = 1610 \text{（mm）}$

排灰口直径　　　$d_1 = 0.43D = 0.43 \times 700 = 301 \text{（mm）}$

当已提供有关除尘器性能时，则可根据处理气体量和允许的压力损失，选择适宜的进口

气速，即可查得设备型号，从而决定各部分尺寸。上述例题查表取型号为 XLP/B-7.0，其中 7.0 表示除尘器筒体直径 D 的分米数。

第三节 湿式除尘器

一、概述

湿式除尘器是利用液体（通常是水）与含尘气流接触，依靠液滴、液膜、气泡等形式洗涤气体的净化设备。在洗涤过程中，由于尘粒自身的惯性运动，使其与液滴、液膜、气泡发生碰撞、扩散、黏附作用，如图 6-10 所示。黏附后的尘粒相互凝聚，从而将尘粒与气体分离。

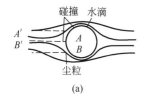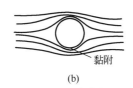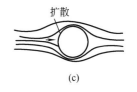

图 6-10 颗粒捕集机理

湿式除尘器一般都由捕集尘粒的净化器和从气流中分离含尘液滴的脱水器两部分组成，这两部分设备的效果都直接影响除尘效率。

湿式除尘器具有以下优点：除尘效率比较高，可以有效地将直径为 $0.1\sim20\mu m$ 的液态或固态粒子从气流中除去；结构简单，占地面积小，一次投资低，操作及维修方便；能处理高温、高湿或黏性大的含尘气体；除尘的同时兼有脱除气态污染物的作用；特别适用于生产工艺本身具有水处理设备的场合。

但湿式除尘器也存在以下难以避免的缺点：排出的污水和泥浆造成二次污染，需要处理；水源不足的地方使用较为困难；也不适用于气体中含有疏水性粉尘或遇水后容易引起自燃和结垢的粉尘；含尘气体具有腐蚀性时，除尘器和污水处理设施需考虑防腐措施；在寒冷的地区，冬季需要考虑防冻措施；副产品回收代价大。

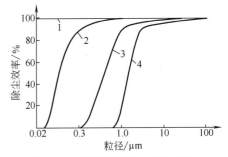

图 6-11 洗涤器能耗与去除各种
尘粒粒径的效率

1—高能耗洗涤器，阻力为 14700Pa；
2—中等能耗洗涤器，阻力为 3920Pa；
3—冲击式洗涤器，阻力为 1470Pa；
4—喷淋塔，阻力为 490Pa

湿式除尘器的类型很多，一般，耗能低的主要用于治理废气；耗能高的主要用于除尘。要去除很细的微粒，必须消耗巨大的能量。根据经验，能耗与去除不同大小粒径的效率关系如图 6-11 所示。根据不同的要求，可以选择不同类型的除尘器。用于除尘方面的湿式除尘器主要有喷淋塔式除尘器、文丘里洗涤除尘器、冲击水浴式除尘器和水膜除尘器等。净化后的气体从除尘器排出时，一般都带有水滴。为了去除这部分水滴，在湿式除尘器之后都附有脱水装置。

二、喷淋塔

喷淋塔是构造最简单的一种洗涤器。当气体需要除尘、降温或在除尘的同时要求去除其他有害气体时，有时用这种除尘设备。一般不单独用作除尘。

1. 工作原理

根据喷淋塔内气体与液体的流动方向，可分为顺流、逆流和错流三种型式。最常用的是逆流喷淋塔，见图 6-12。含尘气体从塔的下部进入，通过气流分布格栅 1，使气流能均匀进入塔体，液滴通过喷嘴 4 从上向下喷淋，喷嘴可以设在一个截面上，也可以分几层设在几个截面上。通过液滴与含尘气流的碰撞、接触，液滴就捕获了尘粒。净化后的气体通过挡水板 2 以去除气体带出的液滴。

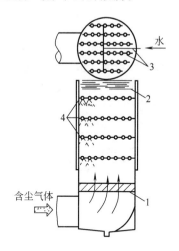

图 6-12　逆流喷淋器

1—气流分布格栅；2—挡水板；

3—水管；4—喷嘴

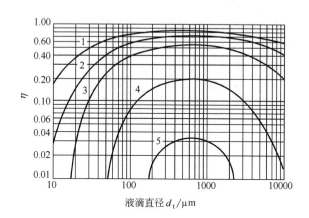

图 6-13　喷淋塔中不同直径液滴对尘粒的去除效率

1—$10\mu m$；2—$7\mu m$；3—$5\mu m$；

4—$3\mu m$；5—$2\mu m$

2. 选用设计计算

根据斯泰尔曼（Stairmand）的试验，当尘粒的密度为 $2g/cm^3$ 时，不同直径的液滴对 $2\sim10\mu m$ 尘粒的去除效率见图 6-13。从图中可以看出，当液滴直径为 0.8mm 左右时，对尘粒的去除效率最高。

如果液滴在塔内已达终端速度，塔的除尘效率可按下式计算。

$$\eta = 1 - \exp\left(\frac{3Q_1\eta_1 u_p H}{2Q_g d_1 u_1}\right) \tag{6-20}$$

式中　Q_1——液体的喷淋量，m^3/h；

　　　Q_g——进气量，m^3/h；

　　　u_p——尘粒的沉降速度，m/s；

　　　u_1——液滴的终端速度，m/s；

　　　H——气液接触区的高度，m；

　　　d_1——液滴的直径，m；

　　　η_1——液滴捕获尘粒的效率，当尘粒的密度为 $2g/cm^3$，液滴的直径为 $0.2\sim2mm$ 时，其值见图 6-14。

实际上，上述参数大多难以确定，一般设计时进口气速（按塔截面计）取 $0.6\sim1.2\ m/s$，耗液量取 $0.4\sim1.35L/m^3$ 气体，必要时还可适当提高，这时塔的阻力一般为 $196\sim392Pa$（$20\sim40mmH_2O$）。这类塔对 $10\mu m$ 以上的尘粒去除效率比较高，一般可达 90% 左右。

三、文丘里洗涤器

文丘里洗涤器是湿式洗涤器中效率最高的一种除尘器。但动力消耗比较大，阻力一般为 $1470\sim4900Pa$（$150\sim500mmH_2O$）。

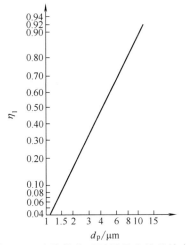

图 6-14　液滴捕获不同料径尘粒的效率

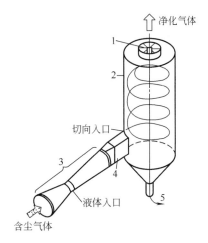

图 6-15　文丘里洗涤器
1—消旋器；2—离心分离器；3—文氏管；
4—旋转气流调节器；5—排液口

1. 工作原理

文丘里洗涤器是由文丘里管（文氏管）和脱水装置两部分所组成，见图 6-15，文氏管 3 包括渐缩管、喉管和渐扩管三部分。含尘气体从渐缩管进入，液体（一般为水）可从渐缩管进入也可从喉管进入。液气比一般为 $0.7L/m^3$ 左右，气体通过喉部时，其流速一般在 $50m/s$ 以上，这就使喉部的液体成为细小的液滴，并使尘粒与液滴发生有效碰撞，增大了尘粒的有效尺寸。夹带尘粒的液滴通过旋转气流调节器 4 进入离心分离器 2，在离心分离器中带尘液滴被截留，并经排液口 5 排出。净化后的气体通过消旋器 1 后排入大气。液体进入文氏管的主要方式见图 6-16。

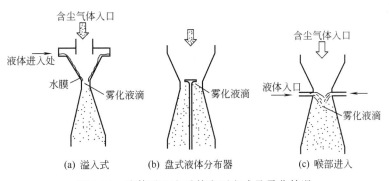

图 6-16　液体进入文氏管主要方式及雾化情况

2. 文氏管的设计计算

文氏管的截面可以是圆形的，也可以是矩形的。在此以圆截面为例介绍如下（见图 6-17）。

（1）文氏管结构尺寸计算

① 喉管直径

$$D_0 = 0.0188\sqrt{\frac{Q_t}{v_{gt}}} \text{（m）} \tag{6-21}$$

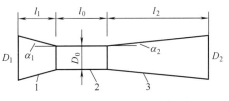

图 6-17　文氏管几何尺寸
1—渐缩管；2—喉管；3—渐扩管

197

式中 Q_t——温度为 t 时，进口气体流量，m^3/h；

      v_{gt}——喉管中气体流速，一般为 $50 \sim 120 m/s$。

② 喉管长度

$$L_0 \approx 1 \sim 3D_0 \quad (m) \tag{6-22}$$

③ 渐缩管进口直径

$$D_1 \approx 2D_0 \quad (m) \tag{6-23}$$

④ 渐缩管长度

$$l_1 = \frac{D_0}{2}\cot\alpha_1 \quad (m) \tag{6-24}$$

渐缩角 α_1 一般为 $12.5°$。

⑤ 渐扩管出口直径

$$D_2 \approx 2D_1 \quad (m) \tag{6-25}$$

⑥ 渐扩管长度

$$l_2 = \frac{D_2 - D_0}{2}\cot\alpha_2 \quad (m) \tag{6-26}$$

渐扩角 α_2 一般为 $3.5°$。

（2）文氏管的阻力估算　估计文氏管的阻力，是一个比较复杂的问题。在国内外虽有很多经验公式，但都有一定的局限性，有时同实际情况有较大出入。目前应用得比较多的是海思克斯（Hesketh）经验公式，即

$$\Delta p = \frac{v_{gt}^2 \rho_g A_t^{0.133} L_G^{0.78}}{1.16} \tag{6-27}$$

式中 Δp——文氏管的阻力，Pa；

      v_{gt}——喉管处的气体流速，m/s；

      A_t——喉管的截面积，m^2；

      ρ_g——气体的密度，kg/m^3；

      L_G——液气比，L/m^3。

（3）文氏管的除尘效率估算　文氏管对 $5\mu m$ 以下的尘粒的去除效率可按海思克斯经验公式估算。

$$\eta = (1 - 4525.3\Delta p^{-1.3}) \times 100\% \tag{6-28}$$

根据文氏管的阻力求除尘效率的步骤如下。

① 根据文氏管的阻力按图 6-18 可求得 d_{c50} 值。

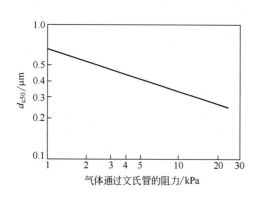

图 6-18 文氏管阻力与 d_{c50} 的关系

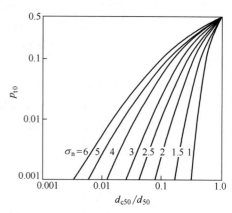

图 6-19 尘粒通过率 p_{t0} 与 d_{c50}/d_{50} 的关系

② 根据需处理气体中尘粒的中位径 d_{50} 值，即可求得 d_{c50}/d_{50} 值。

根据 d_{c50}/d_{50} 值和已知的几何标准差 σ_g 可从图 6-19 中查得尘粒的通过率 p_{t0}。

除尘效率为

$$(1-p_{t0})\times100\%$$

例 6-2　有一文氏管的阻力为 1960Pa（200mmH₂O），求对中位径 d_{50} 为 $10\mu m$，几何标准差 σ_g 为 3 的尘粒的总去除效率。

解：当文氏管的阻力为 1960Pa（200mmH₂O），查图 6-18 得 $d_{c50}=0.62\mu m$，而 $\sigma_g=3$，查图 6-19 得 $p_{t0}=0.01$

$$总除尘效率 \eta=(1-p_{t0})\times100\%=(1-0.01)\times100\%=99\%$$

3. 文氏管喉部调节

在某些生产过程中，含尘气体的排放量变化很大。为了适应这种情况，可设计成喉部孔口面积可调节的文氏管，这样就可使含尘气体通过喉部时的流速基本保持不变，从而保证其除尘效率。一般调径文氏管见图 6-20。

4. 文丘里引射洗涤器

文丘里引射洗涤器的构造示意图见图 6-21，它利用循环水泵把循环液体打入上部，通过喷嘴以高速喷出，并形成一个中空的锥体。在喉管前，液体碰在壁面上就破碎成小液滴。同时将需要净化的气体引入洗涤器，气液在喉管内进行激烈的碰撞，从而使气体中的尘粒被液滴所捕获。然后通过渐扩管和分离室将气液分离，并将净化气体排至室外。液体可循环使用，沉淀下来的泥浆定期排出。

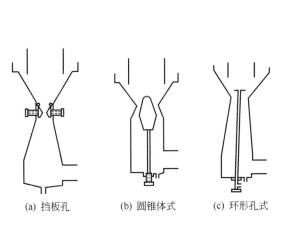

图 6-20　调径文氏管

(a) 挡板孔　　(b) 圆锥体式　　(c) 环形孔式

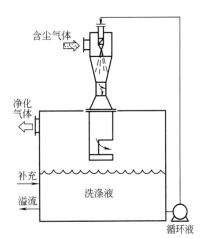

图 6-21　文丘里引射洗涤器构造

这种洗涤器的最大特点是不需要任何输送气体的风机。如果进气量减小，液气比增加，但不影响雾化效果，从而保证了稳定的除尘效率。但这种洗涤器需使用高压液体，能量消耗比较大。这类洗涤器最适宜用于处理气量小，但变化大的黏性颗粒，也可处理有害气体与尘并存的气体。气体在喉管的流速为 15～25m/s，液气比一般为 6～20L/m³，喷嘴处的水压为 150～600kPa（1.5～6kg/cm²），喷射角应小于 20°～25°。这样处理 1000m³ 气体所消耗的能量约为 6.5kWh。

四、冲击水浴式除尘器

冲击水浴式除尘器是一种高效湿式除尘设备，它没有喷嘴，也没有很窄的缝隙。因此，不容易发生堵塞，是一种比较常用的湿式除尘设备。

1. 构造及工作原理

图 6-22、图 6-23 分别为矩形和圆形冲击水浴式除尘器结构简图，均由喷头、本体、水池、挡水板、进气管、排气管、进水管及溢流管等部分组成。含尘气体以一定的速度经本体中央的喷头冲入水中，喷头没入水面以下。依靠气流的冲击作用，造成气、液间的激烈搅动，并在液面上层形成大量泡沫，起到对含尘气体的除尘和冷却等作用。净化后的气体经折式挡水板去除雾滴后排出（通常采用呈 90°角的 4～6 折挡水板）。因蒸发或气流夹带而失去的水分由进水管放水补充，溢流管为保持一定的喷头没水深度而设。

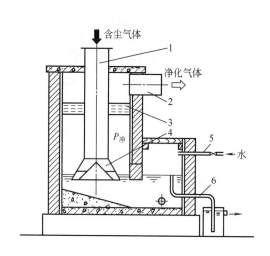

图 6-22　矩形冲击式水浴除尘器
1—进气管；2—出气管；3—挡水板；
4—喷头；5—进水管；6—溢水管

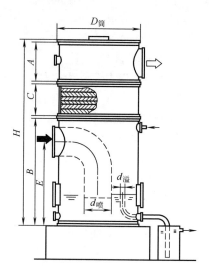

图 6-23　圆形冲击式水浴除尘器

一般情况下，通过喷头的气流速度可取 10～15m/s，除尘器内截面风速取 1～2m/s，喷头没水深度维持在 10～20mm。如果喷头气流速度过大、没水深度过高，除尘器阻力相应地增大，而除尘效率只会出现小幅度的提高。采用过大的截面风速，虽然除尘器本体截面尺寸减小，但可能因此使挡水设备失效。

对于亲水性和粒径较大的尘粒（如大于 10μm 的陶土、页岩、石英砂等的尘粒），水浴除尘器的效率较高，可达 90%左右。在上述给定设计参数下，设备阻力为 785～980Pa。

圆形冲击式水浴除尘器可按下式确定筒体及喷头尺寸。

$$D_筒 = \sqrt{\dfrac{Q}{3600 \times \dfrac{\pi}{4} \times v_筒}} \tag{6-29}$$

$$d_喷 = \sqrt{\dfrac{Q}{3600 \times \dfrac{\pi}{4} \times v_喷}} \tag{6-30}$$

式中　$D_筒$——水浴除尘器筒体直径，m；

$v_筒$——除尘器截面风速，1～2m/s；

$d_喷$——喷头直径，m；

$v_喷$——喷头冲击速度，10～15m/s；

Q——处理含尘气体量，m³/h。

图 6-24 所示冲击水浴式除尘器由通风机、除尘器、排泥浆设备和水位自动控制装置等部分组成。含尘气体进入进气室 3 后冲击于洗涤液上，较粗的尘粒由于惯性作用落入液中，而较细的尘粒则随着气体以 18～35m/s 的速度通过 S 形叶片通道 2（S 形叶片的具体尺寸见图 6-25），高速气体在通道处通过时，强烈冲击液体，形成大量的水花，使气液充分接触，尘粒就被液滴所捕获。净化后的气体通过气液分离室 10 和挡水板 4，去除水滴后排出。被捕获的尘粒则沉至漏斗底部，并定期排出，如泥浆量比较大，则应安装机械刮泥装置。机组内的水位由溢流箱 8 控制，在溢流箱盖上设有水位自动控制装置 6，以保证除尘器的水位恒定，从而保证除尘效率的稳定。如除尘器较小，则可用简单的浮漂来控制水位。

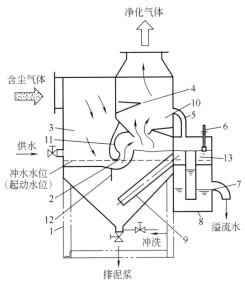

图 6-24　冲击水浴式除尘器工作原理
1—支架；2—S 形叶片通道；3—进气室；4—挡水板；
5—通气管；6—水位自动控制装置；7—溢流管；
8—溢流箱；9—连通管；10—气液分离室；
11—上叶片；12—下叶片；13—溢流堰

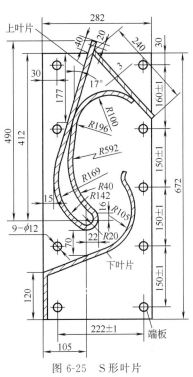

图 6-25　S 形叶片

2. 主要技术性能及其与影响因素的关系

① 阻力、除尘效率与处理风量的关系　当溢流堰高出 S 形叶片上叶片下沿 50mm 时，设备阻力随风量（按每米长叶片计）增长的关系见图 6-26。除尘效率与处理风量的关系见图 6-27，冲击水浴式除尘器对各种尘粒的净化效率见表 6-3。

表 6-3　冲击水浴式除尘器对各种尘粒的净化效率

粉尘名称	密度 /(g/cm³)	分散度/%								净化效率		
		>40 μm	40～30μm	30～25μm	25～20μm	20～15μm	10～5μm	5～3μm	<3 μm	入口含尘浓度/(mg/m³)	出口含尘浓度/(mg/m³)	效率/%
硅石	2.37	8.7	17.5	14.6	6.2	11.1	13.8	9.2	18.9	2359～8120	10～72	98.7～99.8
煤粉	1.693	50.8	10.8	12.0	7.6	4.6	5.8	8.4		2820～6140	13.3～32.5	99.2～99.7
石灰石	2.59	11.6	13.6	51.2	11.7	6.8	4.2	0.7	0.2	2224～8550	5.8～54.5	99.2～99.9
镁矿粉	3.27	3.3	3.7	78.4	9.7	3.1	1.6	0.1	0.1	2468～19020	8.3～20.0	99.6～99.9
烧结矿粉	3.8	>37.9～24.2	37.9～2.86~52.9	28.6～1.87~17.2	18.7～14.5~1.2	14.5～9.8~2.0	9.8～4.8~1.0	4.8～2.9~0.5	2.9～0~1.0	543～10200	10.8～15.7	98～99.9
烧结返矿	—	23.8	35.1	21.9	7.9		7.6	3.5	0.2	8700～19150	13.1～79.8	>99

从图 6-26 中可以看出，当 1m 长的叶片处理风量大于 $6000m^3/h$ 时，效率基本不变，而阻力则显著增加。因此建议，单位长度叶片处理风量以 $5000\sim6000m^3/(h\cdot m)$ 为宜，设计时可取 $5800m^3/(h\cdot m)$。

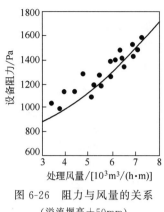

图 6-26 阻力与风量的关系
（溢流堰高＋50mm）

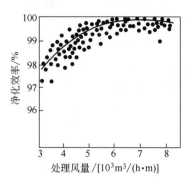

图 6-27 除尘效率与处理风量的关系
（烧结矿粉尘，溢流堰高＋50mm）

② 气体入口含尘浓度与除尘效率的关系

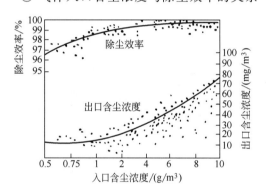

图 6-28 气体入口含尘浓度与除尘效率
及出口含尘浓度的关系
（烧结矿粉尘，溢流堰高＋50mm）

气体入口含尘浓度与除尘效率及出口含尘浓度的关系见图 6-28。从图中可以看出除尘效率随着入口含尘浓度的增高而增高，虽然出口含尘浓度也随之而略有升高，但仍远低于一般排放标准。所以可以认为这类除尘设备对净化高浓度含尘气体有突出的优点。

③ 除尘效率与水位的关系 除尘器的水位对除尘效率、阻力都有很大的影响。水位高，除尘效率就提高，但阻力也相应增加。水位低，阻力也低，但除尘效率也随之而降低。根据试验，以溢流堰高出上叶片下沿 50mm 为最佳（见图 6-24）。

3. 供水及水位自动控制

为保持水位稳定，机组可设两路供水（见图 6-29）。供水 1 供给机组所需基本水量，供水 2 作为自动调节机组内的水位用，而设置在溢流箱上的电极，用以检测水位的变化，并通过继电器控制电磁阀的启闭，调节供水 2 的水量，可以实现水位自动控制。一般可将水面的波动控制在 $3\sim10mm$ 的范围内。当发生事故性的高、低水位时，应能发出灯光及响声报警信号。在事故低水位时，风机应自动停转，以免机组内部积灰堵塞。

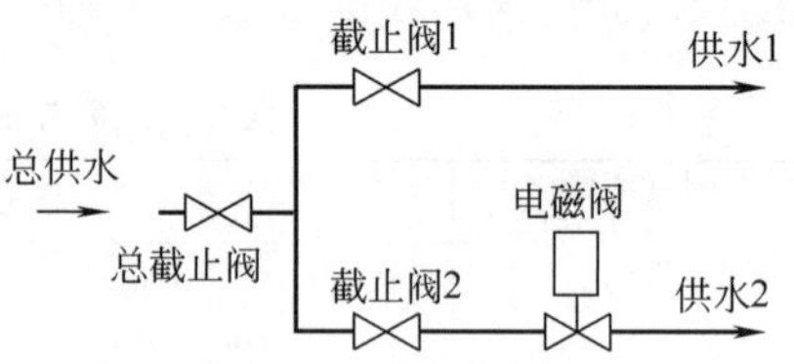

当除尘设备比较小，供水量不大时，一般可用浮漂来控制水位。当水位下降，浮漂也随之下降，这时阀门开启并补充水量，当水位上升到原水位时，阀门自动关闭。

除尘设备所需水量可按下式计算。

$$G=G_1+G_2+G_3 \tag{6-31}$$

式中 G——除尘设备所需总水量，kg/h；

G_1——蒸发水量，kg/h；

图 6-29 两路供水示意

G_2——溢流水量，kg/h；

G_3——排泥浆带走的水量，kg/h。

五、水膜除尘器

水膜除尘器采用喷雾或其他方式使除尘设备的壁上形成一薄层水膜，以捕集粉尘。常用的水膜除尘器有以下几种型式。

1. 管式水膜除尘器

管式水膜除尘器是一种阻力较低、构造简单而除尘效率较高的除尘器，其管材可以用玻璃、竹、陶瓷、搪瓷、水泥或其他防腐、耐磨材料制造，如用金属管则应涂防腐层。

（1）工作原理 管式水膜除尘器由水箱、管束、排水沟和沉淀池等部分组成，见图 6-30。其工作原理为：除尘器上水箱 2 中的水经控制调节，沿一根细管进入较粗的管内，并溢流而出，沿较粗钢管 5 的外壁表面均匀流下，形成良好的水膜。当含尘气体通过垂直交错布置的管束时，由于烟气不断改变流向，尘粒在惯性力的作用下被甩到管外壁而黏附于水膜上，随后随水流入水封式排水沟，并经排水口进入沉淀池沉淀下来。如设置顶部水箱有困难，也可用压力式水箱代替。

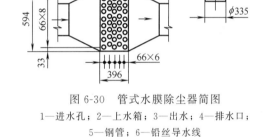

图 6-30 管式水膜除尘器简图
1—进水孔；2—上水箱；3—出水；4—排水口；
5—钢管；6—铅丝导水线

（2）技术性能参数及选取

① 一般管束本身阻力为 $98 \sim 147Pa$ $(10\sim15mmH_2O)$，加上挡水板等全系统阻力共为 $294\sim490Pa(30\sim50mmH_2O)$。

② 每净化 $1m^3$ 含尘气体约耗水 0.25kg。因耗水量较大，故应尽量将水循环使用，但必须保证回水质量。

③ 除尘效率一般可达 $85\% \sim 90\%$。

④ 每根管束的长度不宜超过 2m，并需交错布置。其布置方法可参照图 6-30。

⑤ 含尘气体通过管束时，如用于处理自然引风的锅炉，为减少阻力，流速取 3m/s 为宜，管束一般为 4 排。如采用机械引风，流速可取 5m/s 左右。

根据陕西地区设计和应用的管式水膜除尘器，其主要结构尺寸及性能可参见图 6-31 和表 6-4。

表 6-4 管式水膜除尘器的性能和主要尺寸

项 目	处 理 烟 气 量 /(m³/h)			
	9000	13000	18000	30000
除尘器截面积/m²	0.85×0.9=0.765	1.0×1.4=1.4	1.3×1.5=1.95	1.6×1.7=1.95
除尘器最小烟气流通面积/m²	0.417	0.818	1.135	1.579
通过除尘器的烟气流速/(m/s)	5.57	4.38	4.40	5.28
管束数及排数/(根/排)	53/5	63/5	83/5	103/5
L/mm	850	1000	1300	1600
H/mm	900	1400	1500	1700
C/mm	150	200	240	325
B/mm	310	310	310	310
A/mm	950	1100	1400	1700
可配用锅炉/(t/h)	2	4	6.5	10

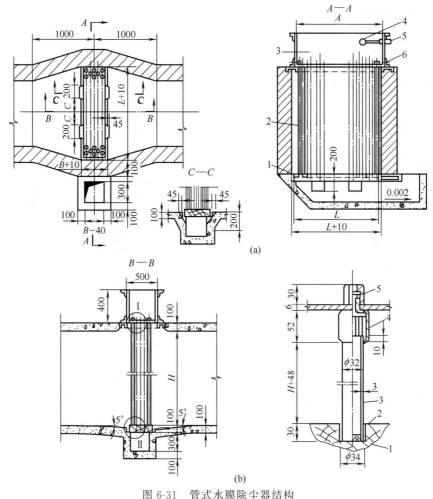

图 6-31 管式水膜除尘器结构

(a) 1—底板；2—管束（根数按设计要求）；3—水箱；4—浮球阀；5—进水管；6—排水管

(b) 1—底板；2—软木塞；3—玻璃管；4—固定外套；5—螺母

（3）斜棒式洗涤栅水膜除尘器　这种除尘器同管式水膜除尘器类似，但其栅棒是斜放的。它由斜棒式洗涤栅和旋风分离器两部分组成（见图 6-32）。通常在栅棒前装有雾化喷嘴，运行时产生大量细小水滴，含尘气体首先与细小水滴接触，形成带有湿尘较完整的自上而下的流动水膜。因栅棒为交错布置，带湿灰粒的烟气流经斜栅时为冲击旋绕运动，多次改变其流动方向，而尘粒因受惯性力作用被甩到栅棒水膜表面，被水膜黏附顺流而下，从烟气中除去。另外，雾化喷嘴产生的细小水雾与烟气中粒径较小的颗粒流经栅棒时，再一次发生碰撞、黏附和凝集作用，一方面使尘粒黏附在水滴上，另一方面细灰聚成较大的灰团，随烟气进入旋风分离器，通过离心作用将其除去，从而达到提高除尘效率的目的。

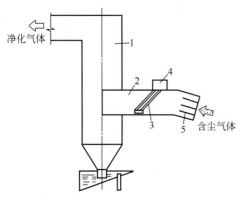

图 6-32 斜棒式洗涤栅水膜除尘器示意
1—旋风分离器；2—斜棒洗涤栅；3—栅棒；
4—稳压水箱；5—导流板

气体对栅棒周围的水膜有冲刷力，此力为

水平方向，其大小由流速决定，水本身的重力为垂直方向，大小由水膜的质量所决定。当斜棒直径一定时，两力的合力方向与水平有一夹角，当夹角与栅棒倾斜角一致时，便形成比较完整的水膜，从而提高除尘效率，这就是使用斜棒的特点。

例如，某发电厂在130t/h的煤粉炉上使用这种除尘器，斜棒的倾斜角为40°，除尘器进口的烟尘浓度为 $30.4 \sim 32.6 \mathrm{g/m^3}$，出口的烟尘浓度为 $0.96 \sim 1.40 \mathrm{g/m^3}$，其总除尘效率为 $96.2\% \sim 96.9\%$。阻力为 $497\mathrm{Pa}(50.7\mathrm{mmH_2O})$，其中斜栅阻力为 $65.7\mathrm{Pa}(6.7\mathrm{mmH_2O})$。耗水量为 $0.30 \sim 0.34 \mathrm{kg/m^3}$。

2. 立式旋风水膜除尘器

立式旋风水膜除尘器是一种运行简单、维护管理方便的除尘器，一般用耐磨、耐腐蚀的麻石砌筑。在湿度大的地区，用干式除尘器有时会造成腐蚀和堵塞。而使用麻石立式旋风水膜除尘器不仅避免了腐蚀和堵塞，而且可以就地取材，这样就可节省投资和钢材。这种除尘器也可以用砖、混凝土、钢板等其他材料制造。其缺点是耗水量比较大，废水需经处理才能排放。

（1）工作原理　麻石立式旋风水膜除尘器

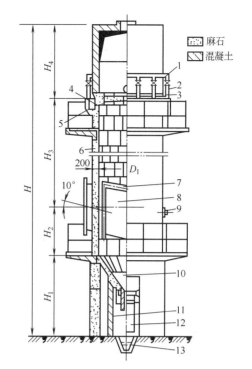

图 6-33　麻石立式旋风水膜除尘器结构
1—环形集水管；2—扩散管；3—挡水檐；4—水越入区；5—溢水槽；6—筒体内壁；7—烟道进口；8—挡水槽；9—通灰孔；10—锥形灰斗；11—水封池；12—插板门；13—灰沟

的构造见图6-33，它由圆筒、溢水槽、水越入区和水封池等组成。

含尘气体从圆筒下部沿切线方向以很高的速度进入筒体，并沿筒壁成螺旋式上升，含尘气体中的尘粒在离心力的作用下被甩到筒壁，经自上而下在筒内壁产生的水膜湿润捕获后随水膜下流，经锥形灰斗10，水封池11排入排灰水沟。净化后的气体经风机排入大气。立式旋风水膜除尘器的筒体内壁形成均匀、稳定的水膜是保证除尘性能的必要条件。而水膜的形

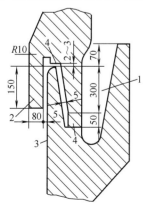

图 6-34　带挡水檐的溢流式外水槽
1—溢水槽；2—挡水檐；3—筒体内壁；4—水越入区

成除了与筒体内烟气的旋转方向、旋转速度及烟气的上升速度有关外，供水的方式也是一个十分关键的因素。供水方式有喷嘴、内水槽溢流式、外水槽溢流式三种。用喷嘴容易堵塞和腐蚀，而内水槽溢流式供水无法对水位实行控制，因而除尘效率很难稳定。目前广泛应用的是外水槽溢流式供水（见图6-34）。它是靠除尘器内外的压差溢流供水，只要保持溢水槽1内水位恒定，溢流的水压就为一恒定值，从而形成稳定的水膜。"水越入区"的高度应根据引风机的压头而定，必须大于引风机的全压头 $294 \sim 490\mathrm{Pa}$（$30 \sim 50\mathrm{mmH_2O}$），一般可取 $2940\mathrm{Pa}$（$300\mathrm{mmH_2O}$）。为了保证在圆筒内壁的四周给水均匀，溢水槽给水装置采用环形给水总管，由环形给水总管接出8～12根竖直支管，向溢流槽给水。

（2）技术性能参数及选取　除尘器入口气体速度一般采用18m/s左右，直径大于2m的除尘器可采用22m/s，除尘器筒

体内气流上升速度取 $4.6\sim5m/s$ 为宜。处理 $1m^3$ 含尘气体的耗水量为 $0.15\sim0.20kg$。阻力一般为 $588\sim1180Pa$（$60\sim120mmH_2O$）。这种除尘器对锅炉排尘的除尘效率一般为 $85\%\sim90\%$。

湖南省所使用的麻石水膜除尘器尺寸和性能见表 6-5 和表 6-6（表中符号见图 6-33）。

表 6-5　麻石水膜除尘器主要尺寸　　　　　　　　　单位：mm

型　号	烟气进口尺寸 $b\times h$	内径 D_1	总高 H	H_1	H_2	H_3	H_4
MCLS-1.30	430×800	1300	10030	2650	—	—	—
MCLS-1.60	420×1200	1600	11500	2650	—	—	—
MCLS-1.75	420×1300	1750	12780	2500	1375	7475	1307
MCLS-1.85	420×1500	1850	14647	2650	1517	7430	2458
MCLS-2.50	700×2000	2500	18083	3200	2000	—	—

表 6-6　麻石水膜除尘器主要性能

型　号	烟　气　量/(m³/h)				质量/kg
	进口烟气速度/(m/s)				
	15	18	20	22	
MCLS-1.30	23200	27800	30900	34000	33326
MCLS-1.60	27200	32600	36300	39500	41500
MCLS-1.75	29500	34500	39400	43400	—
MCLS-1.85	37800	45300	50400	55600	47300
MCLS-2.50	75600	91000	101000	111000	—
阻力/Pa	579	843	1030	1245	

注：表内质量为麻石质量，不包括铁件及平台质量。

3. 卧式旋风水膜除尘器

卧式旋风水膜除尘器是一种阻力不高而效率较高的除尘器。因构造简单，操作、维护方便，耗水量小，且不易磨损，因此在机械、冶金等行业应用较多。

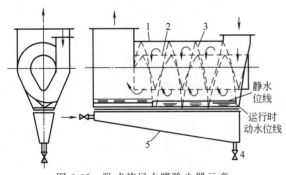

图 6-35　卧式旋风水膜除尘器示意
1—外壳；2—内芯；3—螺旋导流片；
4—排灰浆阀；5—灰浆斗

（1）工作原理　除尘器的构造见图 6-35，它具有横置筒形的外壳，内芯横断面为倒梨形或倒卵形。在外壳和内芯之间有螺旋导流片，筒体下部接灰浆斗。

含尘气体从除尘器一端沿切线方向高速进入，并在外壳 1 与内芯 2 之间沿螺旋导流片 3 做螺旋运动前进。一部分大粒子烟尘在烟气多次冲击水面时，由于惯性力的作用沉留在水中。而小粒径烟尘被烟气多次冲击水面溅起的水泡、水珠所润湿、凝聚，然后在随烟气做螺旋运动中受离心力作用加速向外壳内壁位移，最后被水膜黏附，被捕获的尘粒在灰浆斗 5 内靠重力沉淀，并通过排灰浆阀 4 定期排出。净化的烟气则通过檐板或旋风脱水后排入大气。

保持除尘器内最佳水面是使除尘器能在高效率、低阻力下运转的关键。水位过低就可能形不成水膜或形成的水膜不完整，除尘器就达不到应有的效率；水位过高就会增大除尘器阻

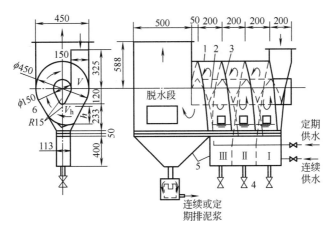

图 6-36 除尘器灰浆斗全隔开示意

1—外壳；2—内芯；3—螺旋导流片；4—排灰浆阀；

5—灰浆斗；6—水膜

力，从而影响进风量。为了能在动态情况下，各螺旋圈形成完整且强度均匀、适当的水膜，可将除尘器灰浆斗全隔开，见图 6-36，同时可用电磁阀自动控制水位来补充由于气流带走的水分。

（2）性能与特点

① 灰浆斗全隔开的除尘器螺旋通道额定风速应取 14.5m/s，这时阻力最小。允许使用范围为 11～16m/s，在此范围内，除尘器的阻力上下波动一般不超过 98Pa（10mmH₂O），当风速高于 16m/s 时，不仅阻力提高，而且除尘器出口将出现带水现象。

② 除尘器的横截面以倒梨形为最佳，内芯与外壳的直径比以 1∶3 为宜，见图 6-36，三个螺旋圈应为等螺距。

③ 脱水装置

a. 檐式挡水板脱水试验证明：大板在下，小板在上的檐式挡水板脱水装置效果最好。当额定风量为 1500m³/h 时，檐板的布置及其尺寸见图 6-37 和图 6-38。檐板间的设计风速可定为 4m/s，出口处的风速可定为 3m/s。

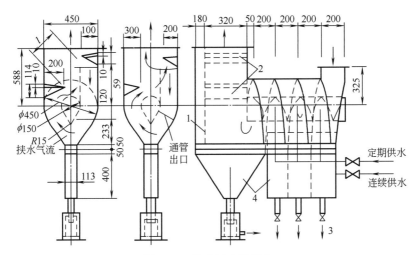

图 6-37 檐式挡水板脱水

1—隔板；2—挡水板；3—排灰浆口；4—灰浆斗

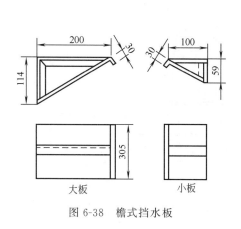

图 6-38　檐式挡水板

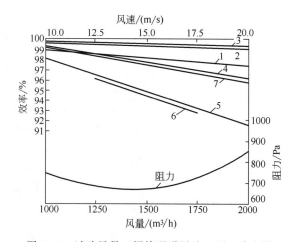

图 6-39　试验风量（螺旋通道风速）下，除尘器
的阻力和除尘效率

（入口含尘浓度为 6000mg/m³）

1—耐火黏土；2—铸造黏土；3—石英粉；4—氧化铅粉；

5—1 号焦炭粉；6—2 号焦炭粉；7—氧化铁红

b. 旋风脱水利用气流在卧式旋风水膜除尘器内做旋转运动，并以切线方向进入脱水段的特点，在除尘器端部中心插入一圆管导出气流。使除尘后的气流在脱水段继续做旋转运动，在离心力作用下，将夹带的水甩至外壳内壁，最后流入灰浆斗。气体则从中心插入管排出。当管的插入深度与脱水段长度之比为 0.6～0.7 时，脱水效果最理想。

④ 在除尘器后的水平管道上应设泄水管，用以排出由于操作等原因而带出除尘器的水。

⑤ 在额定风量为 1500m³/h 时，除尘器的阻力与某些粉尘的去除效率的关系见图 6-39，试验粉尘的性质见表 6-7。

表 6-7　试验粉尘的性质

粉尘名称	密度 /(g/cm³)	粉尘质量分数/%							
		>60 μm	60～40 μm	40～20 μm	20～10 μm	10～5 μm	5～3 μm	3～2 μm	2～0 μm
石英粉	2.62	3.8	33.3	39.5	16.4	2.3	2.2	2.5	2.5
耐火黏土	2.61	1.1	7.1	14.9	14.2	13.7	8.2	8.2	32.6
铸造黏土	2.75	62.8	4.9	5.5	3.4	3.9	2.8	1.3	15.4
氧化铅粉	6.21	26.0	11.3	9.7	21.0	6.5	3.6	0.9	21.0
1 号焦炭粉	2.03	2.2	1.2	17.3	22.3	18.4	18.8	10.2	9.6
2 号焦炭粉	2.03	2.8	0.8	11.3	25.2	33.2	8.9	2.2	15.6
氧化铁红	4.83	3.4	2.3	1.3	0.5	14.0	46.2	31.5	0.8

六、脱水装置

脱水装置又称气液分离装置或除雾器。当用湿法治理烟尘和其他有害气体时，从处理设备排出的气体常常夹带有尘和其他有害物质的液滴。为了防止含有粉尘或其他有害物质的液滴进入大气，在洗涤器后面一般都设有脱水装置把液滴从气流中分离出来。洗涤器带出的液滴直径一般为 50～500μm，其量约为循环液的 1%。由于液滴的直径比较大，因此比较容易去除。脱水方式主要有重力沉降法、碰撞法、离心法、过滤法等。

1. 重力沉降法

重力沉降法是最简单的一种方法，即在洗涤器后设一空间，气体进入此空间后因流速降低，使液滴依靠重力而下降的速度大于气流的上升速度。只要有足够的高度，液滴就可以从气体中沉降下来而被去除。

2. 碰撞法

碰撞法是一种用得比较广泛的脱水装置，种类较多，几种常见的脱水装置见图6-40。当含有液滴的气流撞击在板上后，液滴就被截留，气体则通过脱水装置而排出，为了使含液滴气流撞击板后，不再形成新的小液滴并保持板上的液膜不破坏，必须控制气流的速度和气流与板的角度。对于"Z"形和"W"形板气速，一般控制在$1\sim5$m/s，可获得良好的效果。为了防止新的小液滴产生，气流速度不宜超过3m/s。气流与板的角度一般以30°为宜，同时在板的末端应设一钩形小挡板，以防止液滴从板上超脱。这类脱水装置的阻力一般为98Pa（10mm H_2O）左右。

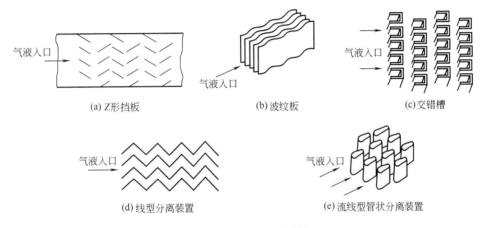

图 6-40　几种撞击式脱水装置

3. 离心法

离心法是依靠离心力把液滴甩向器壁的一种脱水装置，主要类型有如下几种。

（1）圆柱形旋风脱水装置　这种旋风筒可以除去较小的液滴，常设在文氏管的后面，其形式见图6-15。气流进入旋风筒的切向进口流速一般为$20\sim22$m/s，气体在筒横截面的上升速度一般不超过4.5m/s，筒体直径与筒高的关系可参见表6-8。

表 6-8　筒体直径与筒高的关系

气体在筒体截面的流速/(m/s)	$2.5\sim3$	$3\sim3.5$	$3.5\sim4.5$	$4.5\sim5.5$
筒体高度	2.5D	2.8D	3.8D	4.6D

注：D 为筒体直径。

一般锥底顶角为100°，旋风筒的阻力为$490\sim1470$Pa（$50\sim150$mm H_2O），可除去的最小液滴直径为5μm左右。

（2）旋流板除雾器　旋流板是浙江大学研制成功的一种喷射型塔板。用于脱水、除雾，效果也很好，一般效率为90%$\sim$99%左右。旋流板可用塑料或金属材料制造。塔板形状如固定的风车叶片，其构造见图6-41。气体从筒的下部进入，通过旋流板利用气流旋转将液滴抛向塔壁，从而聚集落下，气体从上部排出。

旋流板可以直接装在洗涤器的顶部或管道内。由于不占地，效率高、阻力低，在用湿法治理烟尘和有害气体时常用它作为洗涤器后的脱水、除雾装置。另有一种旋流板除雾装置（见图6-42），它由内、外套管，旋流板片和圆锥体组成。旋流板的叶片与轴成60°角，被离心力甩至内管壁上的液滴，形成旋转的薄膜，和气流一起向上运动。当到达内管上缘时，液

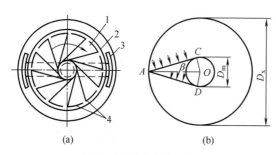

图 6-41　旋流塔板结构
1—旋流板片；2—罩筒；3—溢流箱；4—开缝线

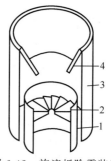

图 6-42　旋流板除雾装置
1—内管；2—旋流板片；3—外管；4—圆锥体

体被抛到外管壁上，速度降低，在重力作用下下落，并通过水封排出。去除液滴后的气体通过扩散圆锥体排出。

4. 过滤法

用过滤网格去除液滴，效率比较高。可以去除 $1\mu m$ 左右的液滴。网格可用尼龙丝或金属丝编结，也可用塑料窗纱。孔眼一般为 3～6mm，使用时将若干层网格交错堆叠到 6～15cm 高即可。过滤网格一般用于去除酸雾。当气流速度为 2～3m/s，网格孔限为 3～6mm 时，除酸雾效率可达98%～99%，阻力为177～392Pa（18～40mm H_2O）。但含尘液滴通过网格时，尘粒常常会堵塞网孔，因此很少在洗涤式除尘器后装置过滤网格。

第四节　过滤式除尘器

过滤式除尘器是以一定的过滤材料，使含尘气流通过过滤材料，达到分离气体中固体粉尘的一种高效除尘设备。目前常用的有空气过滤器、袋式除尘器和颗粒除尘器。

采用滤纸或玻璃纤维等填充层做滤料的空气过滤器，主要用于通风及空气调节方面的气体净化。采用纤维织物做滤料的袋式除尘器，主要用在工业尾气的除尘方面。采用廉价的砂、砾、焦炭等颗粒物作为滤料的颗粒层（床）除尘器，是 20 世纪 70 年代出现的一种高效除尘设备。

一、袋式除尘器

袋式除尘器的除尘效率一般可达 99% 以上，虽然是最古老的除尘方法之一，但由于效率高、性能稳定可靠，操作简单，因而获得越来越广泛的应用。同时，在结构型式、滤料、清灰方式和运行方式等方面也都得到不断的发展。滤袋型式传统上为圆形，近年来又出现了扁袋，在相同过滤面积下体积小而显示较大的发展潜力。

1. 袋式除尘器的收尘机理与分类

（1）收尘机理　简单的袋式除尘器如图 6-43 所示。含尘气流从下部进入圆筒形滤袋，在通过滤料的孔隙时粉尘被捕集于滤料上，透过滤料的清洁气体由排出口排出。沉积在滤料上的粉尘，可以在机械振动的作用下从滤料表面脱落，落入灰斗中。

粉尘因截留、惯性碰撞、静电和扩散等作用，逐渐在滤袋表面形成粉尘层，常称为粉层初层。初层形成后，它成为袋式除尘器的主要过滤层，提高了除尘效率。滤布只起着形成粉尘初层和支撑它的骨架作用，但随着粉尘在滤布上积聚，滤袋两侧的压力差增大，会把有些已附在滤料上的细粉尘挤压过去，使除尘效率下降。另外，若除尘器阻力过高会使除尘系统的处理气体量显著下降，影响生产系统的排风效果。因此，除尘器阻力达到一定数值后要及时清灰。

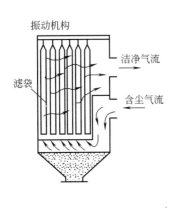

图 6-43　机械振动袋式除尘器

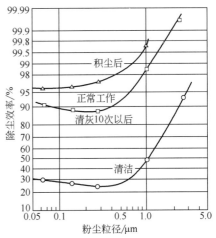

图 6-44　袋式除尘器的除尘分级效率曲线

　　清灰不能过分，即不应破坏粉尘初层，否则会使除尘效果显著降低。图 6-44 给出了典型滤袋在清洁状态和形成粉尘层的除尘分级效率曲线。对于粒径 $0.1 \sim 0.5 \mu m$ 粒子，清灰后滤料的除尘效率在 90% 以下；对于 $1 \mu m$ 以上的粒子，效率在 98% 以上，当形成粉尘层后，对所有粒子效率都在 95% 以上；对于 $1 \mu m$ 以上的粒子，效率高于 99.6%。

　　一般用粉尘负荷 m 表示滤布表面粉尘层的厚度，它代表单位面积滤布上的积尘量。

　　另一个影响袋式除尘器效率的因素是过滤速度（见图 6-45）。它定义为烟气实际体积流量与滤布面积之比，所以也称为气布比。过滤速度是一个重要的技术经济指标。从经济上考虑，选用高的过滤速度，处理相应体积烟气所需的滤布面积小，则除尘器体积、占地面积和一次投资等都会减小，但除尘器的压力损失却会加大。从除尘机理看，过滤速度主要影响惯性碰撞和扩散作用。选取过滤速度时还应当考虑欲捕集粉尘的粒径及其分布。一般来讲，除尘效率随过滤速度增加而下降。另外，过滤速度的选取还与滤料种类和清灰方式有关。

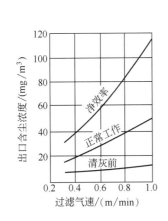

图 6-45　气速与出口气含尘浓度的关系

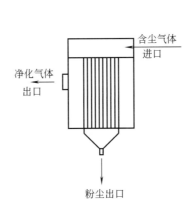

图 6-46　内滤顺流式袋式除尘器

图 6-47　外滤逆流式袋式除尘器

　　（2）分类　按照清灰方法，袋式除尘器分为人工拍打袋式除尘器、机械振打袋式除尘器、气环反吹袋式除尘器和脉冲袋式除尘器。

　　按照含尘气体进气方式可分为内滤式和外滤式（见图 6-46、图 6-47）。内滤式是含尘气体由滤袋内向滤袋外流动，粉尘被分离截留在滤袋内。外滤式是含尘气体由滤袋外向滤袋内

211

流动，粉尘被分离留在滤袋外；由于含尘气体由滤袋外向滤袋内流动，因此滤袋内必须设置骨架，以防滤袋被吹瘪。

按照含尘气体与被分离的粉尘下落方向分为顺流式和逆流式。顺流式为含尘气体与被分离的粉尘下落方向一致。逆流式则相反（见图6-46、图6-47）。

按照动力装置布置的位置分为正压式和负压式。动力装置布置在袋式除尘器前面采用鼓入含尘气体的是正压式袋式除尘器。其特点是结构简单，但由于含尘气体经过动力装置，因此，风机磨蚀严重，容易损坏。动力装置布置在袋式除尘器后面采用吸出已被净化气体的是负压式袋式除尘器，其特点是动力装置使用寿命长，但需密闭，不能漏气，结构较复杂。

按照滤袋的形状可分为圆袋和扁袋。一般采用圆袋，而且往往把许多袋子组成若干袋组。扁袋的特点是可在较小的空间布置较大的过滤面积，排列紧凑。

2. 袋式除尘器的滤料与选用

常用的滤料由棉、毛、人造纤维、金属丝等加工而成，滤料本身网孔较大，一般为20～50μm，表面起绒的滤料为5～10μm，因而新鲜滤料的除尘效率较低。

（1）对滤料的要求　滤料是组成袋式除尘器的核心部分，其性能对袋式除尘器操作有很大影响，选择滤料时必须考虑含尘气体的特征，如粉尘和气体性质（温度、湿度、粒径和含尘浓度等）。性能良好的滤料应容尘量大、吸湿性小、效率高、阻力低、使用寿命长，同时具备耐温、耐磨、耐腐蚀、机械强度高等优点。滤料特性除与纤维本身的性质有关外，还与滤料表面结构有很大关系。表面光滑的滤料容尘量小，清灰方便，适用于含尘浓度低、黏性大的粉尘，采用的过滤速度不宜过高。表面起毛（绒）的滤料（如羊毛毡）容尘量大，粉尘能深入滤料内部，可以采用较高的过滤速度，但必须及时清灰。

（2）滤料的种类与选用

① 滤料的种类　袋式除尘器的滤料种类较多。按滤料材质分，有天然纤维、无机纤维和合成纤维等；按滤料结构分，有滤布和毛毡两类。

棉毛织物属天然纤维，价格较低，适用于净化无腐蚀性、温度在350～360K以下的含尘气体。

无机纤维滤料主要指玻璃纤维滤料，具有过滤性能好、阻力低、化学稳定性好、价格便宜等优点。用聚硅氧烷树脂处理玻璃纤维滤料能提高其耐磨性、疏水性和柔软性，还可使其表面光滑易于清灰，可在523K下长期使用。玻璃纤维较脆，经不起揉折和摩擦，使用上有一定局限性。

近年来由于化学工业的发展，出现了许多新型滤料。尼龙织布的最高使用温度可达353K，耐酸性不如毛织物，但耐磨性很好，适合过滤磨损性很强的粉尘，如黏土、水泥熟料、石灰石等。腈纶的耐酸性好，耐磨性差，最高使用温度在400K左右。涤纶的耐热、耐酸性能较好，耐磨性仅次于尼龙，可长期在410K下使用，涤纶绒布在我国是性能较好的一种滤料。针刺呢是国内最近研制成的一种新型滤料，它以涤纶、锦纶为原料织成滤布，然后再在底布上针刺短纤维，使表面起绒。这种滤料具有容尘量大、除尘效率高、阻力小、清灰效果好等优点。芳香族聚酰胺、聚四氟乙烯等耐高温滤料的出现，扩大了袋式除尘器的应用领域。

此外，国外还出现了耐720K以上高温的金属纤维毡，但价格昂贵，不宜大量采用。

20世纪60年代以来，国外广泛采用毛毡滤料，特别是针刺毛毡，其纤维主要是聚酯或诺梅克斯。毛毡滤料制造工艺简单，造价低，同时除尘效率也有明显提高。

② 滤料的选用　几种常用滤料的性能见表6-9。在选择滤料时，必须综合考虑含尘气体的温度、湿度、酸碱性，粉尘的粒径、黏附性和掸落灰尘的难易程度等。同时还必须注意滤布及灰尘的带电性。滤布在运转中，一般都具有带正电或负电的性质（见表6-10）。

表 6-9　各种滤料的性能

品　名	化学类别	密度/(g/cm³)	直径/μm	拉伸强度/(g/mm²)	断裂伸长率/%	耐酸、碱性能 酸	耐酸、碱性能 碱	抗虫及细菌性能	耐温性能/℃ 经常	耐温性能/℃ 最高	吸水率/%
棉	天然纤维	1.47～1.6	10～20	35～76.6	1～10	差	良	未经处理时差	75～85	95	89
麻	天然纤维	—	16～50	35	—	—	—	未经处理时差	80	—	—
蚕丝	天然纤维	—	18	44	—	—	—	未经处理时差	80～90	100	—
羊毛	天然纤维	1.32	5～15	14.1～25	25～35	弱酸、低温时良	差	未经处理时差	80～90	100	10～15
玻璃	矿物纤维(有机硅处理)	2.45	5～8	100～300	3～4	良	良	不受侵蚀	260	350	0
维纶	聚乙烯醇类	1.39～1.44	—	—	12～25	良	良	优	40～50	65	0
尼龙	聚酰胺	1.13～1.15	—	53.1～84	25～45	冷:良热:差	良	优	75～85	95	4～4.5
耐热尼龙（诺梅克斯）	芳香族聚酰胺	1.4	—	—	—	良	良	优	200	260	5
腈纶	(纯)聚丙烯腈	1.14～1.17	—	30～65	15～30	良	弱质:可	优	125～135	150	2
涤纶	聚酯	1.38	—	—	40～55	良	良	优	140～160	170	0.4
泰弗纶	聚四氟乙烯	2.3	—	33	10～25	优	优	不受侵蚀	200～250	—	0

表 6-10　滤布的带电序列

电　位	滤布的种类	电　位	滤布的种类
+20	玻璃丝、人造毛	−5	醋酸纤维、利萨伊托、聚乙烯醇、聚酯纤维
+10	尼龙、羊毛、绢、黏胶、生丝	−10	奥纶、维纶、贝龙
+5	棉花、纸、麻	−20	聚乙烯、萨然树脂
0	硬质橡胶	—	

　　而尘粒随气流运动时，也带有正电或负电。这时如采用与灰尘粒子带相反电荷的滤布。则两者处于不同的带电状态，使粒子吸附于带电的滤布上，净化效率则很高，但由于粉尘及滤布一般是不良导电体，附着在滤布上的灰尘与滤布之间不能产生电荷传递，始终带着原先的电荷附着在滤布上。因此，振动滤布，粉尘也难以脱落，使阻力逐渐增加。相反，如果用带有与尘粒同种电荷的滤布，那么过滤完全可以靠气流强迫地进行，附着的尘粒与滤布之间没有电力附着性，所以很容易掸落尘粒，阻力也就不会逐渐增加。

3. 简易袋式除尘器的设计计算

（1）负荷选择的原则

①压力损失应适当。采用一级除尘时，一般压力损失在 980～1470Pa；采用二级除尘时，压力损失在 490～784Pa。

②气体含尘浓度高时，选取低负荷；气体含尘浓度低时，选取高负荷。

③除尘器连续操作时间长的选取低负荷，连续操作时间短的选取高负荷。

④ 清灰周期长的选取低负荷，清灰周期短的选取高负荷。

根据上述原则，在气体含尘浓度为 4g/m³ 以下时，负荷选取范围在 $10\sim45m^3/(h\cdot m^2)$ 之间。它由滤布品种、粉尘性质确定，一般棉布、绒布取 $10\sim20m^3/(h\cdot m^2)$，毛尼布取 $20\sim45m^3/(h\cdot m^2)$。

（2）过滤面积的确定与滤袋的设计计算

① 过滤面积的确定

$$F=\frac{Q}{q} \tag{6-32}$$

式中　F——滤袋过滤面积，m^2；

　　　q——负荷，即每小时每平方米滤布处理的气体量，$m^3/(h\cdot m^2)$；

　　　Q——处理含尘气体量，m^3/h。

② 滤袋个数的确定

$$n=\frac{F}{\pi DL} \tag{6-33}$$

式中　n——滤袋个数；

　　　F——滤袋过滤面积，m^2；

　　　D——单个滤袋直径，m；

　　　L——单个滤袋长度，m。

滤袋直径由滤布规格确定。一个工厂尽量使用同一规格，以便检修更换。一般为 $\phi100\sim600mm$，常用的是 $\phi200\sim300mm$。为便于清灰，滤袋可做成上口小下口大的形式。

滤袋长度对除尘效率和压力损失无影响，一般取 $3\sim5m$。太短占地面积太大，过长则增加除尘器高度，检修不方便。实践证明，滤袋长度较大时，当除尘器停车后，滤袋容易自行收缩，从而提高了滤袋自行清灰的能力。

③ 滤袋的排列和间距　滤袋的排列有三角形排列和正方形排列（见图 6-48）。三角形排列占地面积小，但检修不便，对空气流通也不利，不常采用。正方形排列较常采用，当滤袋的直径为 150mm 时，间距选取 $180\sim190mm$；直径为 210mm 时，间距选取 $250\sim280mm$；直径为 230mm 时，间距选取 $280\sim300mm$。

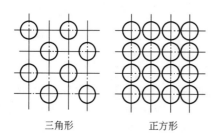

图 6-48　滤袋排列形式

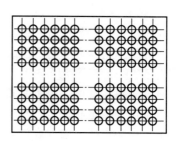

图 6-49　组合滤袋布置

为了便于安装和检修，当滤袋较多时，可将滤袋分成若干组，最多可由 6 列组成一组。每组之间留有 400mm 宽的检修人行道，边排滤袋和壳体距离也留有 200mm 宽的检修人行道（见图 6-49）。

根据滤袋的排列方法，在确定滤袋直径后，依照上述原则就可确定简易袋式除尘器的平面尺寸。

（3）气体分配室的确定　为保证气体均匀地分配给各个滤袋，气体分配室应有足够的空间，净空高不应小于 $1000\sim1200mm$。气体分配室的截面积按下式计算。

$$F = \frac{Q}{3600v} \tag{6-34}$$

式中　F——气体分配室的截面积，m^2；

　　　Q——气体处理量，m^3/h；

　　　v——气体分配室进口气速，一般取 $1.5 \sim 2.0 m/s$。

（4）排气管直径和灰斗高度的确定　排气管直径按排气速度为 $2 \sim 5 m/s$ 确定。灰斗高度根据粉尘性质而选取的灰斗倾斜角进行计算确定。

（5）袋式除尘器的除尘效率　通常超过 99.5%，因此在选用除尘器时，一般不需要计算除尘效率。

影响除尘效率的因素主要有灰尘的性质（粒径、惯性力、形状、静电荷、含湿量等）、组织性质（组织材料、纤维和纱线的粗细、织造或毡合方式、孔隙率等）、运行参数（过滤速度、阻力、气流温度、湿度、清灰频率和强度等）和清灰方式（机械振打、反向气流、压缩空气脉冲、气环等），在除尘器运行过程中影响效率的这些因素都是互相依存的。一般来讲，除尘效率随过滤速度增加而下降。而过滤速度又与滤料种类和清灰方式有关，因此，曾有人提出了下述方程以预测袋式除尘器的粉尘出口浓度和穿透率。

$$C_2 = [p_{ns} + (0.1 - p_{ns}) e^{-\alpha \omega}] C_1 + C_k \tag{6-35}$$

式中　p_{ns}——无量纲常数；

$$p_{ns} = 1.5 \times 10^{-7} \exp [12.7 (1 - e^{1.03v})] \tag{6-36}$$

$$\alpha = 3.6 \times 10^{-3} v^{-4} + 0.094 \tag{6-37}$$

　　　C_2——粉尘出口浓度，g/m^3；

　　　v——表面过滤速度，m/min；

　　　α——穿透率；

　　　C_1——粉尘入口浓度，g/m^3；

　　　C_k——脱落浓度（常数），玻璃纤维滤袋捕集飞灰 $C_k = 0.5 mg/m^3$；

　　　ω——粉尘负荷，g/m^3。

方程式可运用迭代的计算机程序求解。已知 C_1，求出 C_2 后便可计算出除尘器的除尘效率或穿透率。对于玻璃纤维滤袋，粒子的穿透主要是由于通过滤布上的针孔漏气所致，穿透的粉尘具有和滤袋入口粉尘相同的粒径分布。

（6）袋式除尘器的压力损失　迫使气流通过滤袋是需要能量的，这种能量通常用通过滤袋的压力损失表示，是一个重要的技术经济指标，它不仅决定着能量消耗，而且决定着除尘效率和清灰间隔时间等。

袋式除尘器的压力损失 Δp 由通过清洁滤料的压力损失 Δp_f 和通过粉尘层的压力损失 Δp_p 组成。对于相对清洁的滤袋，Δp_f 大约为 $100 \sim 130 Pa$。当粉尘层形成后，压力损失为 $500 \sim 570 Pa$ 时，除尘效率达 99%；当压力损失接近 $1000 Pa$，一般需要对滤袋清灰。假设通过滤袋和粉尘层的气流为黏滞流，Δp_f 和 Δp_p 则可以用达西（Darcy）方程表示。达西方程的一般形式为

$$\frac{\Delta p}{x} = \frac{v \mu_g}{K} \tag{6-38}$$

式中　K——粉尘或滤料的渗透率；

　　　x——粉尘层或滤料厚度；

　　　μ_g——气体黏度，$10^{-1} Pa \cdot s$。

式（6-38）实际上是渗透率 K 的定义式。未经实验测定，K 是很难预测的参数，它是沉积粉尘层性质，如孔隙率、比表面积、孔隙大小分布和粉尘粒径分布等的函数。渗透率的

量纲为长度的平方。

根据达西方程，则

$$\Delta p = \Delta p_f + \Delta p_p = \frac{x_f \mu_g v}{K_f} + \frac{x_p \mu_g v}{K_p} \tag{6-39}$$

式中，脚标 f 和 p 分别表示清洁滤料和粉尘层。对于给定的滤料和操作条件，滤料的压力损失 Δp_f 基本上是一个常数，因此，通过袋式除尘器的压力损失主要由 Δp_p 决定。对于给定的操作条件（气体黏度和过滤速度），Δp_p 主要由粉尘层渗透率 K 和厚度 x_p 决定。进而，x_p 又直接是操作时间 t 的函数。

在时间 t 内，沉积在滤袋上的粉尘质量 m 可以表示为

$$m = vAtC \tag{6-40}$$

式中　A——滤袋的过滤面积，m^2；

　　　C——烟气中粉尘浓度，kg/m^3。

式（6-40）表明，$m = vCt/\rho_c$，其中 ρ_c 是粉尘层的密度。因此，气流通过新沉积粉尘层的压力损失为

$$\Delta p_p = \frac{x_p \mu_g v}{K_p} = \frac{vCt}{\rho_c} \left(\frac{\mu_g v}{K_p} \right) = \frac{v^2 Ct \mu_g}{K_p \rho_c} \tag{6-41}$$

对于给定的含尘气体，μ_g、ρ_c 和 K_p 的值是常量，令粉尘的比阻力系数 $R_p = \dfrac{\mu_g}{K_p \rho_c}$，则式（6-41）变为

$$\Delta p_p = R_p v^2 Ct \tag{6-42}$$

对于给定的烟气特征和粉尘层渗透率，显然 Δp_p 与粉尘浓度 C 和过滤时间 t 为线性关系，而与过滤速度的平方成正比。比阻力系数 R_p 主要由粉尘特征决定，应当由试验测定。假如已知粉尘的粒径分布、堆积密度和真密度，可以利用丹尼斯和克莱姆提出的下述方程式估算。

$$R_p = \frac{\mu S_0^2}{6 \rho_p C_c} = \frac{3 + 2\beta^{5/3}}{3 - 4.5\beta^{1/3} + 4.5\beta^{5/3} - 3\beta^2} \tag{6-43}$$

式中　μ——气体黏度，$10^{-1} Pa \cdot s$；

　　　S_0——比表面参数，$S_0 = 6\left(\dfrac{10^{1.151} \lg 2\sigma_g}{MMD} \right)$，$cm^{-1}$；

　MMD——粉尘粒子的质量中位径，cm；

　　　σ_g——粉尘粒子的几何标准偏差；

　　　ρ_p——粒子的真密度，g/cm^3；

　　　C_c——坎宁汉校正系数；

　　　β——密度比，$\beta = \rho_c / \rho_p$。

表 6-11 中列出了一些工业性粉尘的比阻力系数。

表 6-11　工业性粉尘的比阻力系数

粉尘种类	粉尘比阻力系数 /[N·min/(g·m)]	粉尘种类	粉尘比阻力系数 /[N·min/(g·m)]	粉尘种类	粉尘比阻力系数 /[N·min/(g·m)]
飞灰(煤)	1.17~2.51	硫酸钙	0.067	氧化铁	20.17
飞灰(油)	0.79	炭黑	3.67~9.35	石灰窑	1.50
水泥	2.00~11.69	白云石	112	氧化铅	9.50
铜	2.51~10.86	飞灰(焚烧)	30.00	烧结尘	2.08
电炉	7.5~119	石膏	1.05~3.16		

对于 p_f 经常用类似系数——滤料的比阻力系数 S 表示，定义为压力损失与过滤速度之比。清灰后滤袋仍残留部分不易清除的粉尘，以 S_E 表示滤袋的有效残留阻力系数，如

图 6-50 所示。同样，S_E 应由试验确定，当无试验数据时，可近似取 $S_E=350\text{N}\cdot\text{min}/\text{m}^3$。

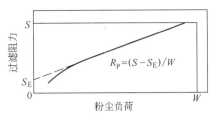

图 6-50　过滤阻力与粉尘负荷的关系

4. 脉冲袋式除尘器

脉冲袋式除尘器是一种周期性地向滤袋内或滤袋外喷吹压缩空气来达到清除滤袋上积尘的袋式除尘器。它具有能力大、除尘效率高、滤袋使用期长等特点，应用广泛。

（1）收尘机理　脉冲袋式除尘器除尘原理如图 6-51 所示。含尘气体由外向内通过滤袋，将尘粒阻隔在滤袋外表面，使气体得到净化。处理后的空气经过文氏管 4 进入上箱体 5，最后经排气口 6 排出。滤袋用钢丝框架 7 固定在文氏管上。

在每排滤袋上部均装有一根喷吹管 8，喷吹管上有直径为 6.4mm 的小孔与滤袋相对应。喷吹管前装有与压缩空气相连的脉冲阀 10。由脉冲控制仪 12 不断发出短促的脉冲信号，通过控制阀 11 按程序触发每个脉冲阀。当脉冲阀开启时，与它相连的喷吹管 8 就和压缩空气包 9 相通，高压空气从喷吹孔以极高的速度吹出。在高速气流的引射作用下，诱导几倍于喷气量的空气进入文氏管，吹到滤袋内，使滤袋急剧膨胀，引起冲击振动。在此瞬间产生一股由内向外的气流，使黏附在滤袋外表面上的粉尘吹扫下来，落入下部集尘斗 13 内，最后经泄尘阀 14 排出。

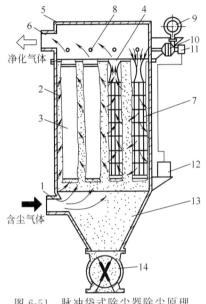

图 6-51　脉冲袋式除尘器除尘原理
1—进口；2—中部箱体；3—滤袋；4—文氏管；5—上箱体；6—排气口；7—框架；8—喷吹管；9—空气包；10—脉冲阀；11—控制阀；12—脉冲控制仪；13—集尘斗；14—泄尘阀

脉冲袋式除尘器滤袋滤尘和清灰周期可用图 6-52 定性说明。（a）为过滤初期，滤袋表面黏附的粉尘较少；（b）为过滤末期，滤袋表面黏附着一层较厚的粉尘，含尘气流由外向内通过滤袋，由于有钢丝框架支撑，滤袋呈多角星形；（c）为喷吹清灰状态，气流由内向外反吹，将滤袋表面黏附的粉尘层吹落，此时滤袋呈圆形。每次清灰只有一排滤袋受到喷吹，时间仅 0.1s（称脉冲宽度）。清灰周期以控制在 60～120s 为佳。整个除尘器是连续工作的，且工作状况稳定。

（2）结构与性能　脉冲袋式除尘器的主体包括上部箱体（喷吹箱）、中部箱体（滤尘箱）和下部箱体（集尘斗）三部分（见图 6-51）。上部箱体装有喷吹管 8 和将压缩空气引进滤袋

(a) 过滤初期　　　　(b) 过滤末期　　　　(c) 喷吹清灰

图 6-52　清灰周期示意

的文氏管 4，并附有压缩空气贮气包 9、脉冲阀 10、控制阀 11 以及净化气体出口 6。中部箱体装有滤袋 3 和滤袋支撑框架 7。下部箱体装有排灰装置 14 和含尘气体进口 1。脉冲控制仪 12 装在机体外壳上。

脉冲袋式除尘器用脉冲阀作为喷吹气源开关，先由控制仪输出信号，通过控制阀实现脉冲喷吹。常用的脉冲阀为 QMF-100 型。根据控制仪（表）的不同，控制阀有电磁阀、气动阀和机控阀三种。

用于脉冲袋式除尘器的脉冲控制仪可分三种。

① 机械脉冲控制仪　这种控制仪的优点是输出脉冲宽度可靠，随机变化量小，容易实现系统输出，结构简单，成本低，安装调试方便，使用寿命长等。其缺点是体积比晶体管控制器大，脉冲周期不便调节。

② 无触点脉冲控制仪　它的输出信号直接控制电磁阀的开闭，从而控制压缩空气的喷吹时间和间隔，实现袋式除尘器的自动程序控制。

③ 气动脉冲控制仪　它由脉冲源和气动分配器等组成。脉冲源用作控制系统中的脉冲发生器，有气源输入时，不断发生脉冲输出。气动分配器的用途是将程序控制信号分配给自动控制系统中的各个执行元件，即脉冲阀，以实现脉冲除尘器按程序进行喷吹清灰。

脉冲袋式除尘器的基本技术性能如下。

比负荷为 $120\sim240\text{m}^3/(\text{m}^2 \cdot \text{h})$〔一般取 $180\text{m}^3/(\text{m}^2 \cdot \text{h})$〕，表示过滤速度为 $2\sim4\text{m/min}$（一般取 3m/min）。

设备阻力除与过滤速度、含尘气体初始浓度、粉尘性质有关外，还与滤袋材质有关。通常控制在 $980\sim1180\text{Pa}$。

工业涤纶 208 制作的滤袋，除尘效率可达 99.6%；工业毛毡（厚度为 $1.5\sim2\text{mm}$）制作的滤袋，除尘效率可达 99.9%。

适用的初始含尘浓度一般为 $3\sim5\text{g/m}^3$。

压缩空气的总耗气量用下式计算。

$$Q=\frac{0.06q'n\alpha}{T} \tag{6-44}$$

式中　q'——喷吹空气量，$2\sim3\text{L}/$（次·条袋）；

n——滤袋总数；

T——喷吹周期，s，一般为 $60\sim120\text{s}$；

α——安全系数，可取 $1.2\sim1.5$。

喷气压力为 $588\sim686\text{kPa}(6\sim7\text{kgf/cm}^2)$。

（3）脉冲袋式除尘器的选用　脉冲袋式除尘器有定型产品，选择除尘器规格时，首先确定比负荷，然后根据总处理风量计算出过滤面积，并据此选择除尘器。

脉冲袋式除尘器的比负荷与喷吹压力 p、脉冲宽度 τ、喷吹周期 T 以及尘粒性质、含尘气体浓度诸因素有关。一般情况下，主要取决于含尘气体初始浓度。比负荷可按表 6-12 选取。表 6-13 列出 MC24-120-Ⅰ型脉冲袋式除尘器的主要技术参数，供选型用。该除尘器有电控、气控及机控三种控制方式。滤袋直径为 120mm，滤袋长度为 2000mm，允许气体含尘浓度为 $3\sim15\text{g/m}^3$，比负荷为 $180\sim240\text{m}^3/(\text{m}^2 \cdot \text{h})$，喷吹压力为 $6\sim7\text{kg/cm}^2$，脉冲喷吹周期为 $30\sim60\text{s}$，脉冲喷吹时间（即脉冲宽度）为 0.1s。

表 6-12　根据初始含尘浓度确定比负荷

初始含尘浓度 $c/(\text{g/m}^3)$	≤15	≤11	≤8	≤5	≤3
比负荷/$[\text{m}^3/(\text{m}^2 \cdot \text{h})]$	120	150	180	210	240

表 6-13 MC24-120-Ⅰ型脉冲袋式除尘器主要技术参数

技术性能	型 号							
	MC24-Ⅰ型	MC36-Ⅰ型	MC48-Ⅰ型	MC60-Ⅰ型	MC72-Ⅰ型	MC84-Ⅰ型	MC96-Ⅰ型	MC120-Ⅰ型
过滤面积/m^2	18	27	36	45	54	63	72	90
滤袋数量/条	24	36	48	60	72	84	96	120
滤袋规格(直径/mm×长度/mm)	$\phi120\times$2000	$\phi120\times$2000	$\phi120\times$2000	$\phi120\times$2000	$\phi120\times$2000	$\phi120\times$2000	$\phi120\times$2000	$\phi120\times$2000
设备阻力 ΔH/(mmHg)	120~150	120~150	120~150	120~150	120~150	120~150	120~150	120~150
除尘效率 η/%	99.0~99.5	99.0~99.5	99.0~99.5	99.0~99.5	99.0~99.5	99.0~99.5	99.0~99.5	99.0~99.5
入口含尘浓度 c/(g/m^3)	3~15	3~15	3~15	3~15	3~15	3~15	3~15	3~15
比负荷 q/[m^3/($m^2\cdot h$)]	120~240	120~240	120~240	120~240	120~240	120~240	120~240	120~240
处理风量 L/(m^3/h)	2160~4300	3250~6480	4320~8630	5400~10800	6450~12900	7530~15100	9650~17300	10800~20800
脉冲阀数量/个	4	6	8	10	12	14	16	20
脉冲控制仪表	电控或气控	电控或气控	电控或气控	电控或气控	电控或气控	电控或气控	电控或气控	电控或气控
最大外形尺寸(长/mm×宽/mm×高/mm)	1025×1678×3660	1425×1678×3660	1820×1678×3660	2225×1678×3660	2625×1678×3660	3025×1678×3660	3585×1678×3660	4385×1678×3660
设备重量/kg	850	1116.8	1258.7	1572.66	1776.65	2028.88	2181.25	2610
国标图号	CT 536-2	CT 536-3	CT 536-4	CT 536-5	CT 536-6	CT 536-7	CT 536-8	CT 536-9

例 6-3 某滑石粉厂除尘系统抽风量为 6000m^3/h,初始含尘浓度为 6.6g/m^3,选择脉冲袋式除尘器型号。

解:根据初始含尘浓度,由表 6-12 确定比负荷 q 为 180m^3/($m^2\cdot h$)。

所需滤袋面积 $F=L/q=6000/180=33.4 m^2$。

按表 6-13 选 MC48-Ⅰ型电控脉冲袋式除尘器,国标图号 CT 536-4。

5. 机械振打袋式除尘器

采用机械传动装置周期性振打滤袋,以清除滤袋上粉尘的除尘器称为机械振打袋式除尘器。按振打部位的不同,可分为顶部振打袋式除尘器和中部振打袋式除尘器。由于借助机械振打方式清灰,所以单位面积上的过滤负荷比简易袋式除尘器高,但滤袋受到机械力的作用,较易损坏。

(1) LD 型机械振打袋式除尘器 为顶部振打式,有 LD8/1 型、LD18 型和 LD14 型。其处理初始含尘浓度可在 200mg/m^3 以上,当初始含尘浓度为 6~10g/m^3 以上时,可作为二级除尘设备。除尘效率在 98% 以上,压力损失在 784~1180Pa(80~120mmH_2O)。

工作原理以 LD8/1 型机械振打袋式除尘器为例(见图 6-53),含尘气体从进口管 10 进入,经过灰斗 2 至滤袋 3 内,由滤袋过滤后净化气体从出口 5 排出。每排滤袋工作约 8~10min 后,依次进行振打清灰。振打前,振打传动机械使排气阀 6 关闭,切断含尘气体通道,同时反吹气进口 9 打开,净化气体借助反吹系统风机所产生的压力以较高的速度从滤袋外反方向吹入袋内。与此同时，机械振打装置 7 抖动该排滤袋，使附着在滤袋上的粉尘落入灰斗，并通过螺旋输送机 1 由排尘阀 11 排出。清灰完成后，排气阀 6 打开，除尘操作继续进行。依次每排循环往复，整个除尘器连续工作。

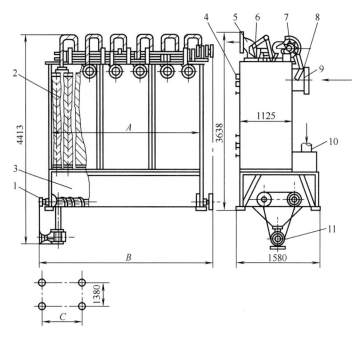

图 6-53　LD8/1 型机械振打袋式除尘器
1—螺旋输送机；2—灰斗；3—滤袋；4—检修门；5—净化气出口；6—排气阀；
7—机械振打装置；8—进气阀；9—反吹气进口；10—含尘气进口；11—排尘阀

① LD8/1 型机械振打袋式除尘器　该除尘器有 24 条、32 条和 48 条滤袋 3 种规格，技术性能和结构尺寸如表 6-14 和图 6-53。每条滤袋直径为 $\phi 180 \sim 190$，过滤面积为 $1.2 m^2$。每排有 8 条滤袋，因此 3 种规格的滤袋分别有 3 排、4 排、6 排。其清灰时的反吹气量为处理气量的 1.5 倍，气压为 1180Pa(120mmH$_2$O)。当含尘气体的湿度较大时，可用 80℃热风进行反吹，其在负压下操作的漏气量达 10%～20%。

表 6-14　LD8/1 型机械振打袋式除尘器技术性能参数

型　　号	滤袋数	过滤面积 /m²	处理气量 /(m³/h)	压力损失 /Pa	电机型号	重量/kg	尺寸/mm		
							A	B	C
LD8/1-24	24	28.8	4300	784～980	JO₂21-4 N=1.1kW	1281	1556	1937	1628
LD8/1-32	32	38.4	5750			1814	2077	2458	2149
LD8/1-48	48	57.6	8600			2515	3114	3487	3186

注：1. 表内所列处理气量按 150m³/(m²·h) 计算。

2. 表内所列压力损失为矿物粉尘，若为面粉、水泥及其他类似粉尘时，则当单位处理气量为 180m³/(m²·h) 时，压力损失为 392～490Pa(40～50mmH₂O)。

② LD18 型机械振打袋式除尘器　该除尘器有 36 条、54 条、72 条和 108 条滤袋 4 种，其技术性能和结构尺寸见表 6-15。与 LD8/1 型机械振打袋式除尘器基本相同，但滤袋直径为 $\phi 130 \sim 140$。每条滤袋的过滤面积为 $0.92 m^2$，每排有 18 条滤袋。因此，4 种规格的滤袋分别为 2 排、3 排、4 排和 6 排。在负压下操作，漏气量达 10%～20%。

表 6-15 LD18 型机械振打袋式除尘器技术性能参数

型　　号	滤袋数	过滤面积 /m²	处理气量 /(m³/h)	压力损失 /Pa	电机型号	重量/kg	尺寸/mm		
							A	B	C
LD18-36	36	33	4500～5400			930	1040	1442	1104
LD18-54	54	50	6750～8100	784～980	JO₂21-4 N=1.1kW	1260	1556	1958	1602
LD18-72	72	66	9000～10800			1570	2076	2477	2139
LD18-108	108	99	3500～16200			2070	3112	3512	3174

③ LD14 型机械振打袋式除尘器 其技术性能和结构尺寸见表 6-16。它由若干个除尘箱组成，每个除尘箱过滤面积为 28m²，由 14 条滤袋组成，滤袋直径为 ϕ220mm，长为 3100mm，过滤面积为 2m²。工作原理同 LD8/1 型机械振打袋式除尘器，因配有专门风机进行反吹气，因此可以在正压下操作。

表 6-16 LD14 型机械振打袋式除尘器技术性能参数

型　号	型　式	分部数	滤袋数	过滤面积 /m²	处理气量 /(m³/h)	压力损失 /Pa	排出管数	重量 /kg	尺寸/mm	
									A	L
LD14-56		4	56	112	16800			7606		3003
LD14-70		5	70	140	21000		1	8533		3753
LD14-84		6	84	168	25200			9963		4503
LD14-98	单列	7	98	196	29400	784～980		11332	2250	5253
LD14-112		8	112	224	33600			11998		6003
LD14-126		9	126	252	37800		2	14130		6753
LD14-140		10	140	280	42000			16500		7503
LD14-56		4×2	112	224	33600			14491		3003
LD14-70		5×2	140	280	42000		1	15406		3753
LD14-84		6×2	168	336	50400			20218		4503
LD14-98	双列	7×2	196	392	58800	784～980		23143	4500	5253
LD14-112		8×2	224	448	67200			25916		6003
LD14-126		9×2	252	504	75600		2	28507		6753
LD14-140		10×2	280	560	84000			30698		7503

(2) ZX 型机械振打袋式除尘器 该除尘器采用中部振打方式清灰（见图 6-54），它比顶部振打方式清灰结构简单，维修方便。顶部振打方式清灰极易损坏玻璃纤维滤袋，此时应采用中部振打型式。

含尘气体由进气口经隔气板进入过滤室，过滤室根据不同规格，分成 2～9 个分室，每个分室有 14 条滤袋，含尘气体经滤袋净化后由排气管排出。经一定的过滤周期，振打装置将排气管阀关闭，回气管阀打开，同时振动框架，滤袋随着框架振动而抖动。由于滤袋的抖动和回气管中的回气，附着在滤袋上的粉尘被清除并落入灰斗，由螺旋输送机和星形阀排出。为了适应低气温或气体湿度大时使用，还装有电热器。振打清灰依各室轮流进行，整个除尘器为连续操作。

ZX 型机械振打袋式除尘器有 28 个、42 个、56 个、70 个、84 个、98 个、112 个和 126 个滤袋共 8 种规格，它的技术性能和规格见表 6-17 和表 6-18。滤袋直径为 ϕ210mm，长度为 2820mm，过滤面积为 1.8m²。滤袋的过滤气速一般取 1m³/(m²·min)，当气体含尘浓度较低时，可取 1.5m³/(m²·min)。它的压力损失在气体含尘浓度不超过 70g/m³、气速为

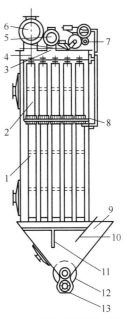

图 6-54 ZX 型机械振打袋式除尘器
1—过滤室；2—滤袋；3—回气管阀；4—排气管阀；5—回气管；6—排气管；7—振打装置；8—框架；9—进气口；10—隔气板；11—电热器；12—螺旋输送机；13—星形阀

$1.5m^3/(m^2 \cdot min)$ 时，可取 $882Pa(90mmH_2O)$。当气速为 $1.0m^3/(m^2 \cdot min)$ 时，可取 $686Pa(70mmH_2O)$。振打周期为 6min，振打时间为 10s。

表 6-17　ZX 型机械振打袋式除尘器性能参数

气体含尘浓度 /(g/m³)	气　速/[m³/(m²·min)]				
	0.8	1.25	1.5	2	2.5
	平均压力损失/Pa(mmH₂O)				
<10	108(11)	245(25)	441(45)	588(60)	980(100)
150～300	470(48)	1078(110)	1862(190)	—	—

表 6-18　ZX 型机械振打袋式除尘器规格参数

项　目		ZX50-28	ZX75-42	ZX100-56	ZX125-70	ZX150-34	ZX175-98	ZX200-112	ZX225-126
滤袋数		28	42	56	70	84	98	112	126
滤袋有效面积/m²		50	75	100	125	150	175	200	225
处理能力 /(m³/h)	v=1 [m³/(m²·min)]	3000	4500	6000	7300	9000	10500	12000	13500
	v=1.5 [m³/(m²·min)]	4500	6750	9000	11250	13500	15750	18000	20250
压力损失 /Pa (mmH₂O)	v=1 [m³/(m²·min)]	686(70)							
	v=1.5 [m³/(m²·min)]	882(90)							
振打机构 电动机	型　号	JO41-6							
	功率/kW	1							
	转速/(r/min)	940							
排灰装置 电动机	型　号	JTC502							
	功率/kW	1							
	转速/(r/min)	48							
重量/kg		3124	4224	5836	6868	8092	9372	9828	11599

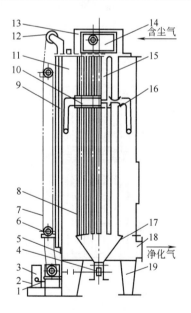

图 6-55　气环反吹袋式除尘器

1—齿轮组；2—减速机；3—传动装置；4—排灰阀；5—下部箱体；6—链轮；7—链条；8—滤袋；9—反吹气管；10—气环箱；11—中部箱体；12—滑轮组；13—上部箱体；14—进气口；15—钢绳；16—气环管；17—灰斗；18—出气口；19—支架

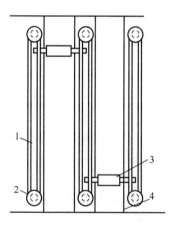

图 6-56　气环箱移动装置

1—链条；2—链轮；
3—气环箱；4—导引钢丝绳

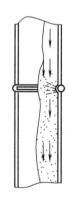

图 6-57　气环吹气

6. 气环反吹袋式除尘器

气环反吹袋式除尘器是以高速气体通过气环反吹滤袋的方法达到清灰目的的袋式除尘器。它适用于高浓度和较潮湿的粉尘，也能适应空气中含有水汽的场合，但滤袋极易磨损。

(1) 收尘机理　含尘气体由进气口进入上部箱体，然后进入滤袋，净化后的气体通过滤袋进入中部箱体，由下花板两侧的开口至下部箱体，经出气口排出。粉尘被截留在滤袋的内表面，这些粉尘被气环管喷出的高压空气吹落至灰斗中，经排灰阀排出。气环箱由反吹气管与气源相通，由传动装置带动，沿着滤袋上下往复运动，运动速度为 7.8m/min。当气环箱从上向下移动时，气环管上的 0.5～0.6mm 环状狭缝向滤袋内喷吹，滤袋受到空气喷吹，使附着在滤袋内表面的粗尘顺着自上而下的气流落下，滤袋得到净化（见图 6-55～图 6-57）。

反吹用的高压空气一般采用专门配套的 12-10 型双级高压离心鼓风机，其性能见表 6-19。也可采用 8-18-11 型 No.5 高压离心鼓风机。如含尘气体浓度较高时，可采用较高的空气压力。当处理较湿的和较黏的粉尘时，反吹空气可预热至 40～50℃，以提高清灰效果。

表 6-19　12-10 型双级高压离心鼓风机性能参数

项　目		风量/(m³/h)	风压/(mmH₂O)	效率/%	轴功率/kW	配用电机	电机功率/kW	总重(包括电机)/kg
型号	4.6#	600～1100	710～600	0.65～0.6	3	JO₂41-2	5.5	126
	5#	800～1650	840～600	0.68～0.54	5	JO₂42-2	7.5	147

(2) 技术性能与选用

① 技术性能　气环反吹袋式除尘器的小型试验技术性能见表 6-20。由表可知，过滤气速为 6m/min 时，反吹压力使用 450mmH₂O，进口气体允许含尘浓度可达到 6.5g/m³，即使反吹压力为 350mmH₂O，进口气体允许含尘浓度也可达到 2.6g/m³。而在一般工业除尘中，进口气体含尘浓度均在 5g/m³ 以下，大多为 1～3g/m³，因此过滤气速还有提高的可能。试验证明，过高的过滤气速将加剧滤袋的磨损，对于缝合的滤袋将使接缝崩裂，影响除尘效率。过滤气速一般取 4～6m/min。

表 6-20　气环反吹袋式除尘器小型试验技术性能参数

过滤气速/(m/min)	比负荷/[m³/(m²·h)]	反吹压力/(mmH₂O)	反吹气量百分比/%	进口气体允许最大浓度/(g/m³)	除尘器压力损失/(mmH₂O)	除尘效率/%
2	120	250	10.0	25	120	99.89
		350	15.5	55	120	99.90
		450	—	68	120	99.89
		600	—	70	120	99.85
3	180	250	8.0	16	120	99.80
		350	9.2	24	120	99.90
		450	15.5	28	120	99.79
		600	8.5	35	120	99.85
4	240	250	6.0	6.4	120	99.70
		350	8.7	10.0	120	99.80
		450	11.3	16.0	120	99.60
		600	9.8	20.5	120	99.90

续表

过滤气速 /(m/min)	比负荷 /[m³/(m²·h)]	反吹压力 /(mmH₂O)	反吹气量百 分比/%	进口气体允 许最大浓度 /(g/m³)	除尘器压力损失 /(mmH₂O)	除尘效率 /%
5	300	250	4.7	4.0	120	99.50
		350	7.2	7.5	120	99.70
		450	8.6	11.5	120	99.50
		600	8.9	14.5	120	99.89
6	360	250	—	—	—	—
		350	4.3	2.6	120	99.50
		450	5.2	6.5	120	99.50
		600	7.5	7.5	120	99.85

注：1mmH₂O=9.807Pa。

过滤气速的增加将使除尘效率稍有下降，但均在95.5%以上。除尘效率基本上不随除尘工况的改变而变化。

反吹压力主要与过滤气速和气体含尘浓度有关。由表6-20可见，过滤气速为6m/min时，250mmH₂O的反吹压力将无法清灰，但当过滤气速为2m/min时，使用250mmH₂O的反吹压力，则可允许气体含尘浓度达25g/m³。过高的反吹压力，对除尘效率提高不多，而引起动力消耗显著增加。一般反吹压力采用350～450mmH₂O。

反吹气量随过滤气速的增加而减少，并随反吹压力的增高而增加，为提高除尘效率，节约反吹气量，一般应选取较高的过滤气速，反吹气量可取处理气量的8%～10%。

过滤压力损失应小于200mmH₂O、大于25mmH₂O，一般选用76～127mmH₂O，过滤压力损失大于200mmH₂O，滤袋可因受到过大的张力而影响使用寿命。过滤压力损失小于25mmH₂O，则可因滤袋的张力不够，滤袋不能充分鼓起来紧靠吹气环，从而降低清灰效果。

② 除尘器选用　气环反吹袋式除尘器的规格有 QH-24、QH-36、QH-48 和 QH-72 共 4种。其中 QH-24 和 QH-36 为单气环箱，QH-48 和 QH-72 为双气环箱，其技术性能见表 6-21。

表 6-21　气环反吹袋式除尘器技术性能参数

项　　目	QH-24	QH-36	QH-48	QH-72
过滤面积/m²	23	34.5	46	69
滤袋数量/条	24	36	48	72
滤袋规格(直径/mm×长度/mm)	φ120×2540	φ120×2540	φ120×2540	φ120×2540
压力损失/mmH₂O	100～120	100～120	100～120	100～120
除尘效率/%	99	99	99	99
含尘浓度/(g/m³)	5～15	5～15	5～15	5～15
过滤气速/(m/min)	4～6	4～6	4～6	4～6
处理气量/(m³/h)	5760～8290	8290～12140	11050～16550	16550～24810
气环箱内压力/mmH₂O	350～450	350～450	350～450	350～450
反吹气量/(m³/h)	720	1080	1440	2160
配套风机型号	4.6#	4.6#	5#	8-18-11　5#
配套风机用电机型号	JO₂41-2	JO₂41-2	JO₂41-2	JO₂41-2
配套风机用电机功率/kW	5.5	—	—	—
设备传动功率/kW	1.1	—	—	—
外形尺寸(长/mm×宽/mm×高/mm)	1202×1400×4150	1680×1400×4150	2484×1400×4150	3204×1400×4150
设备重量/kg	1170	1480	1880	2200

7. 扁袋式除尘器

将滤袋的横截面形状做成梯形或楔形的袋式除尘器称为扁袋式除尘器。这种除尘器与圆袋的除尘器相比，在滤布和单位面积上的过滤负荷相同的条件下，其占地面积小，结构紧凑，在单位体积内可以布置较多的过滤面积。以 ZC 型回转反吹扁袋式除尘器为例，介绍其收尘机理及其性能。

(1) 构造及工作原理

① 构造 ZC 型回转反吹扁袋式除尘器的基本构造如图 6-58 所示。它由以下四部分组成。

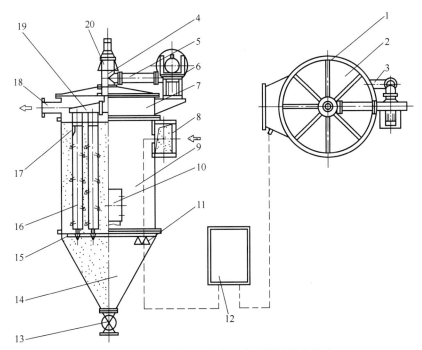

图 6-58 ZC 型回转反吹扁袋式除尘器的基本构造

1—除尘器上托；2—换袋检修门；3—反抽风管；4—减速器座；5—反吹风管；6—反吹风机；7—清洁室；8—进气口；9—过滤室筒体；10—检修门；11—支座；12—自动控制电控框；13—星形卸料阀；14—灰斗；15—定位支承架；16—滤袋；17—滤袋框架；18—净化空气出口；19—清灰反吹旋臂；20—回转臂传动减速器

a. 上箱体 包括除尘器上托、清洁室、换袋检修门、净化气出口。

b. 中箱体 包括花板、滤袋、滤袋框架、过滤室筒体、进气口、中箱检修门、定位支撑架。

c. 下箱体 包括灰斗、星形卸料阀、支架。

d. 反吹风清灰机构 包括旋转臂、喷口、分圈反吹机构、反吹风管、反吹风机、旋转臂减速机构。

② 工作原理 该除尘器壳体按旋风除尘器涡旋流型设计能起局部旋转作用。

a. 过滤工况 含尘气流切向进入过滤室上部空间。大颗粒及凝聚尘粒在离心力作用下沿筒壁旋落灰斗。小颗粒尘弥漫于过滤室袋间空隙从而被滤袋阻留，净化空气透过袋壁经花板汇集于清洁室，由通风机抽吸排放。

b. 再生工况 随着过滤的进行，滤袋阻力逐渐增加，当达到反吹风控制阻力上限时，由差压型变送器发出讯号自动启动反吹风机构工作。

具有足够动量的反吹风气流由旋臂喷口吹入滤袋口，阻挡过滤气流并改变袋内压力工况，引起滤袋实质性振击，掸落积尘，旋臂分圈逐个反吹，当滤袋阻力降到下限时，反吹风机构自动停止工作。

图 6-59 为反吹风自动控制系统框图。该系统采用定阻力控制方式，以除尘器阻力作为讯号控制反吹机构自动启闭工作，取压管设在进气口及出气口上。XWDL-102 型电位计能自记自控，在间断工作的场合也可采用 U 形压力计指示、手动控制或采用定时控制方式反吹风。

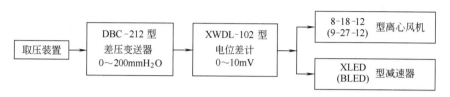

图 6-59　反吹风自动控制系统框图

旋转臂回转速度应严格按要求参数选定，推荐选用图中 XLED 型减速器。卸灰斗下口采用星形阀，对一、二圈布置滤袋的除尘器配用 $\phi 200\text{mm}$ 星形阀，对三、四圈布置滤袋的除尘器配用 280mm 星形阀。

（2）性能及选用说明　回转反吹扁袋除尘器过滤面积、过滤风速等性能参数按如下说明选用。

① 过滤面积计算式

$$F = \frac{Q}{W}$$

式中　F——过滤面积，m^2；

　　　Q——过滤处理风量，m^3/h；

　　　W——过滤风速，m/min。

② 过滤风速的选定　对于过滤温度高（$80℃ < t < 120℃$）、黏性大、浓度高、颗粒细的含尘气体建议按低档负荷运行，采用过滤风速 $W = 1.0 \sim 1.5\text{m/min}$，选用 A 型除尘器。

对于过滤常温（$t \leqslant 80℃$）、黏性小、浓度低、颗粒粗的含尘气体，建议按高档负荷运行，采用过滤风速 $W = 2.0 \sim 2.5\text{m/min}$，选用 B 型除尘器。

③ 工作阻力　常温工况空载运行阻力为 $0.3 \sim 0.4\text{kPa}$，负载运行阻力控制范围应与所选用的过滤风速相适应。对于低档运行工况选用工作阻力 $0.8 \sim 1.3\text{kPa}$；对于高档运行工况，选用工作阻力 $1.1 \sim 1.6\text{kPa}$。

④ 过滤效率　表 6-22 为生产实测除尘效率，均在 99% 以上。由表可知，这种除尘器对煤粉尘及电炉（冷却到 120℃）超细金属氧化物粉尘，排放浓度远低于国家排放标准，可胜任超细粉尘的净化要求。

表 6-22　ZC 型回转反吹扁袋式除尘器生产实测除尘效率

粉尘类型	堆积密度/(kg/m³)	进口气体含尘浓度/(g/m³)	除尘效率/%	净化气体含尘浓度/(mg/m³)
电炉超细粉尘	550～650	1.1～5.0	99.2	2.7～38.9
煤粉加热粉尘	—	3.9	99.5	19.5

⑤ 入口温度与入口浓度标准　采用"208"工业涤纶绒布作为滤袋滤料，设计选用时，建议对稳定高温烟气入口温度不超过 120℃，对不稳定偶尔出现（一般不超过 5min）的高温烟气，在滤袋沾灰条件下，入口温度允许放宽至 150℃。

入口浓度高低并不影响过滤效率，但浓度过高会使滤袋过载反吹风频繁动作，影响滤袋寿命。所以入口浓度不宜超过 15g/m^3（对较粗粉尘可以酌情放宽）。当入口浓度超过上述规定时，应前置一级中效除尘器，预先除掉粗尘粒。

⑥ 滤袋寿命及防爆措施　除尘器选用时应予说明，当使用在易爆气体场合时，箱体及

其顶盖应设翻板式防爆门。顶盖
及清洁室间必须增设斜销式紧固
件。正常使用时，滤袋寿命不小
于1年。

二、颗粒除尘器

颗粒滤料除尘器是利用颗粒滤
料使粉尘与气体分离，达到净化气
体的目的，是继湿式、袋式和静电
除尘器之后又一种高效除尘设备。

颗粒滤料除尘器的滤料层有
水平和垂直两种布置形式，分别
称颗粒层除尘器和颗粒床除尘器。
颗粒层清灰时颗粒滤料呈现浮动
状态的颗粒层除尘器又叫做沸腾
颗粒层除尘器，颗粒滤料除尘器

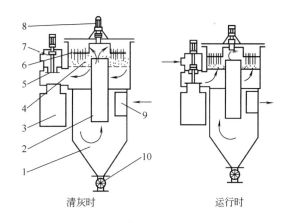

清灰时　　　　　　　运行时

图 6-60　旋风颗粒层除尘器

1—旋风除尘器；2—中心管；3—净化气出口管；4—颗粒层；5—阀门；
6—耙子；7—反洗气进口管；8—电机；9—含尘气进口管；10—星形阀

最具代表性的几种典型结构如图 6-60～图 6-62 和图 6-64 所示。这些除尘器的共同优点有以下
几点。

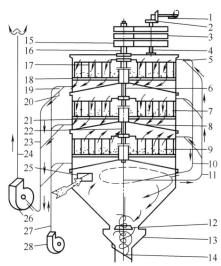

图 6-61　三层颗粒层除尘器

1,4,6,16,22—轴；2—圆锥齿轮；3—圆齿轮；5—隔板
罩；7—壳体；8—隔板；9—颗粒层；10—反吹风排出管；
11—含尘空气进口管；12—反射屏；13—积灰斗；14—隔板
阀；15—齿轮；17—耙子；18—筛网；19,20—筛网；21—套
管；23,24—净化空气出风管；25—含尘空气进口；26—主风
机；27—反吹风进口管；28—反吹风机

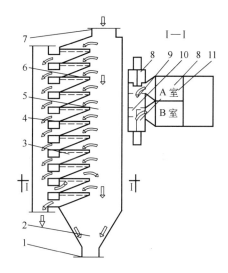

图 6-62　沸腾颗粒层除尘器

1—排灰口；2—灰斗；3—下滤网；4—颗粒层；
5—沉降室；6—过滤空间；7—进口；8—反吹风
口；9—净气口；10—汽缸；11—隔板

① 除尘效率高　一般为 98%～99.9%，只要设计和操作正常，一般不难达到 99%，可
与布袋式除尘器媲美。

② 适应性广　可以捕集大部分矿物性粉尘，比电阻对其除尘效率影响甚微。

③ 处理粉尘气量、气体温度和入口浓度等参数的波动对效率的影响，不如其他除尘设
备敏感。

④ 这类除尘器采用适当的滤料可耐高温，例如常用的石英砂滤料，其工作温度可达350～450℃，而且不易燃烧和爆炸；石英砂滤料特别耐磨，使用数年也无需更换。这类滤料资源丰富，物美价廉。

⑤ 颗粒滤料除尘器均为干式作业，不需用水，无二次污染。设备运行阻力中等，运行费也不算高。

为了清除颗粒层内收集到的粉尘灰，前述颗粒层除尘器体内设置了一套耙式反吹风清灰机构。该机构系统结构复杂，运动零部件多，工作条件十分恶劣，运行可靠性很差，检修不便。其次，水平布置的颗粒层除尘器由于受到 0.5～0.8m/s 过滤风速的限制，为保证设计过滤面积，致使设备庞大。为扩大过滤面积，大多采用多层结构设计（见图 6-61），结果又使上述清灰机构更加庞杂，因此，颗粒层除尘器这两大薄弱环节几乎成了它在国内未能很快得到推广应用的症结所在。为此本书仅介绍沸腾颗粒层除尘器和移动式颗粒床除尘器。

1. 沸腾颗粒层除尘器

沸腾颗粒层除尘器的主要特征是积于颗粒层中的粉尘，采用流态化鼓泡床定期进行沸腾反吹清灰，取消耙子及其传动机构，具有结构紧凑、投资省等优点。

沸腾颗粒层除尘器结构见图 6-62。含尘气体从进口进入，大的尘粒经沉降室沉降，细的尘粒经过滤空间至颗粒层过滤，净化气体经净气口排出。当颗粒层容尘量较大时，如 I-I 剖面，汽缸的阀门开启反吹风口，关闭进风口，反吹风由反吹风口进入，经下筛网，使颗粒均匀沸腾，达到清灰目的。吹出粗的尘粒沉积于灰斗内，由排灰口定期排出。细的粉尘又通过其余颗粒层过滤。在 A、B 两室间用隔板隔开。除尘器所需层数根据处理气量确定，如处理大气量时，可采用多台除尘器并联。不同层数的沸腾颗粒层除尘器处理气量见表 6-23。

表 6-23 不同层数的沸腾颗粒层除尘器处理气量

层 数	6	10	14	18	22
处理气量/(m³/h)	5400～9000	9000～15000	12600～21000	16200～27000	19800～33000

除尘器本体可根据处理气量，由二层或四层组成一个单元进行组装而成。颗粒层每层高为625mm，每层过滤面积为1m²。壳体采用6mm钢板，层间采用法兰螺栓或组装后焊接而成。底部设有一个灰斗，灰斗下部装有星形阀，定期排灰。

阀门由汽缸启闭，汽缸的动作由压缩空气控制（见图 6-63）。汽缸采用水平安装，以免阀座积尘，并固定于反吹风口壁上。汽缸直径为 80mm，行程300mm。压缩空气压力为 353～588kPa（3.6～6kgf/cm²）。

汽缸的动作由机械步进器进行程序控制。

机械步进器输出数为 10、14、18、22，可控制10、14、18、22 个汽缸动作。

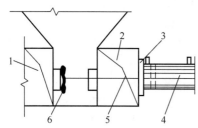

图 6-63 汽缸阀门
1—净气口；2—反吹风口；3—压缩空气接管；4—汽缸；5—轴；6—阀门

沸腾颗粒层除尘器的反吹风速，必须大于颗粒层由固定床转化成流化床的临界流化速度，以便颗粒沸腾。同时，又必须小于颗粒被开始吹走的终端速度，不使颗粒吹出。颗粒的临界流化速度按下式计算。

$$Re_1 = 0.001 Ar^{0.94} K \tag{6-45}$$

式中 Re_1——临界化时的 Re 数。$Re_1 = \dfrac{v_1 D}{\nu}$；

Ar——颗粒层的 Archimedes 数，$Ar = \dfrac{gD^3}{\nu^2} \times \dfrac{r_d - r}{r}$；

v_1——临界流化速度，m/s；

D——颗粒层直径，m；

ν——气体运动黏度，m²/s；

r_d——颗粒密度，kg/m³；

r——气体密度，kg/m³；

K——Re_1 大于 10 时的修正系数，见表 6-24。

对于密度为 2500kg/m³ 的石英砂的临界流化速度见表 6-25。

表 6-24　修正系数 K 值

Re_1	10	20	30	50	70	100	200	300	500	700	1000	2000	5000	7000
K	0.95	0.85	0.77	0.69	0.60	0.54	0.43	0.37	0.32	0.29	0.26	0.21	0.20	0.16

表 6-25　石英砂的临界流化速度

石英砂当量直径	0.5	1	2	3	4	5
Ar	$0.65×10^4$	$0.97×10^4$	$71.8×10^4$	$242.8×10^4$	$574×10^4$	$1120×10^4$
v_1/(m/s)	0.26	0.48	0.91	1.26	1.78	2.60

颗粒的终端速度按下式计算。

当 $Re < 0.4$ 时

$$v_z = \frac{g(r_s - r)}{18r\nu}d^2 \tag{6-46}$$

当 $0.4 < Re < 500$ 时

$$v_z = \left[\frac{4}{225} × \frac{(r_s - r)^2 g^2}{r^2 \nu}\right]^{1/3} d \tag{6-47}$$

当 $500 < Re < 200000$ 时

$$v_z = \left[\frac{3.1g(r_s - r)}{r}d\right]^{1/2} \tag{6-48}$$

式中　v_z——颗粒终端速度，m/s；

r_s——颗粒真密度，kg/m³；

r——气体密度，kg/m³；

ν——气体运动黏度，m²/s；

d——颗粒平均当量直径，m；

g——重力加速度，m/s²。

沸腾反吹清灰的周期与进口气体含尘浓度有关，可按表 6-26 选取。反吹宽度为 5~10s。

表 6-26　沸腾反吹清灰周期选取表

进口气体含尘浓度/(g/m³)	60	40	30	25	20	15	10	5
反吹周期/min	4	6	8	10	12	16	24	48

沸腾反吹清灰时的压力损失，接近于每平方米断面的颗粒质量。

$$\Delta p = \phi H r_s \tag{6-49}$$

式中　Δp——沸腾反吹的压力损失，Pa；

ϕ——阻力减少系数，一般取 0.8；

H——颗粒层厚度，m；

r_s——颗粒堆积密度，kg/m³。

2. 移动式颗粒床除尘器

根据气流方向与颗粒滤料移动的方向，一般可将移动床颗粒层除尘分为平行流式和交

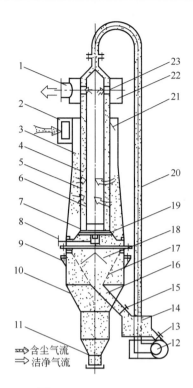

**图 6-64　YXKC-8000 型
除尘器工作原理**

1—洁净气流出口管；2—含尘气流进口管；3—旋风体上体；4—颗粒滤料；5—颗粒床外滤网筒；6—颗粒床内滤网筒；7—调控阀固定盘；8—调控阀操纵机构；9—旋风体下体；10—集灰斗；11—集灰斗出口管；12—滤料输送装置；13—贮料箱出口阀；14—贮料箱；15—溜道管出口阀；16—溜道口管；17—锥形筛；18—反射导流屏；19—调控阀活动盘；20—滤料输送管道；21—气流导向板；22—出风道；23—出风连通道

⇒ 含尘气流
⇒ 洁净气流

叉流式。图 6-64 为江苏大学设计制造的新型移动床颗粒层除尘器，这种除尘器从根本上解决了颗粒层除尘器的运行可靠性问题。与前述常规颗粒层除尘器相比，该移动床颗粒层除尘器实现了如下几方面的实质性技术进步：颗粒料不放在筛网或孔板上，可避免筛网或孔板被堵塞的问题，确保了除尘器的正常运行；在过滤不间断的情况下，可再生过滤介质（即颗粒滤料）；过滤面积的设计值不必超过实际处理风量；变层内清灰为床外清灰，彻底甩掉了包含众多运动部件的耙式反吹风清灰机构，因此除尘器体内的维修几乎是不必要的。

除尘器工作时，含尘气流从输入管路进入具有大蜗壳的上旋风体内，在旋转离心力作用下，粗大的尘粒被分离出来落入集灰斗。而其余的微细粉尘随内旋气流切向进入颗粒滤床（即由内滤网 6、外滤网 5、颗粒滤料 4 所构成的过滤床层），借其综合的筛滤效应进一步得到净化。净化后的洁净气流沿颗粒床的内滤网筒旋转上升，最后经过出风管道 22、23 和 1，再经风机排入大气。

被污染了的颗粒滤料，经过床下部的调控阀门 7 与 19，按设定的移动速度缓慢落入滤料清灰装置 17 与 18，除去收集到的微细粉尘。微细粉尘穿过倒锥形清灰筛 17 落入集灰斗，而被清筛过的洁净滤料沿锥筛孔及其相衔接的溜道流进贮料箱 14，最后通过气力输送装置或小型斗式提升机将其再度灌装到颗粒床内，继续循环使用。

该移动床颗粒层除尘器最显著的结构特点如下。

① 将一个结构极其简单的圆筒状颗粒床除尘器（二级除尘）和普通的扩散型旋风除尘器（一级除尘）有机地组合为一体，巧妙地利用了旋风体内的有限空间。倘若旋风体直径不变，则圆筒状颗粒床除尘器过滤面积远大于水平布置的颗粒层除尘器的过滤面积。

② 移动床颗粒层除尘器颗粒滤料清灰是在颗粒床之外进行的，省去了水平布置颗粒层除尘器复杂的耙式反吹风清灰系统。该除尘器仅在颗粒床下部设置了一个倒锥形固定滤料清灰筛，为改善颗粒料在筛上滚动清灰效果，在筛上部安装了一个伞形反射导流屏，借床下部调控阀门动作可实现在颗粒床过滤不间断的情况下清灰，再生过滤介质。而普通颗粒层除尘器只能在停机状态下，间断清灰。

③ 为了实现清筛过的洁净滤料重新灌注到颗粒床循环使用，除尘器配置了滤料气力输送装置或小型斗式提升机附加设备。

3. 颗粒滤料的选择

对颗粒滤料的材质要求是耐磨、耐腐蚀、价廉，对高温气体还要求耐热。一般选择含二氧化硅 99% 以上的石英砂作为颗粒滤料，它具有很高的耐磨性，在 300～400℃ 下可长期使用，化学稳定性好，价格也便宜。也可使用无烟煤、矿渣、焦炭、河砂、卵石、金属屑、陶粒、玻璃珠、橡胶屑、塑料粒子等。

颗粒大小、过滤速度和颗粒层厚度是影响颗粒层除尘器性能的重要因素。

实践证明，颗粒的粒径越大，床层的孔隙率也越大，粉尘对床层的穿透越强，除尘效率越低，但阻力损失也比较小。反之，颗粒的粒径越小，床层的孔隙率越小，除尘的效率就越高，阻力也随之增加。因此，在阻力损失允许的情况下，为提高除尘效率，最好选用小粒径的颗粒。床层厚度增加以及床层内粉尘层增加，除尘效率和阻力损失也会随之增加。

选择合适的颗粒粒径配比和最佳的床层厚度是保持颗粒层除尘器良好性能的重要因素。对单层旋风式颗粒层除尘器，颗粒粒径以 2～5mm 为宜，其中小于 3mm 粒径的颗粒应占 1/3 以上，床层厚度可取 100～500mm。

颗粒层除尘器的性能还与过滤风速有关，一般颗粒层除尘器的过滤风速取 30～40m/min，除尘器总阻力约 1000～1200Pa，对 0.5μm 以上的粉尘，过滤效率可达 95% 以上。

三、陶瓷微管过滤式除尘器

陶瓷微管过滤式除尘器的核心部分为陶瓷质微孔滤管。陶瓷质微孔滤管采用电熔刚玉砂（Al_2O_3）、黏土（SiO_2）及石蜡等材料制成坯后在高温下煅烧而成，煅烧过程中有机物溶剂燃烧挥发形成微孔。影响陶瓷质滤管性能的因素主要有原料配比、粒度、成型过程的操作条件、料浆的流动性、焙烧温度及其在炉内分布的均匀性等。当其他条件保持不变时，刚玉砂（Al_2O_3）的粒度越粗，则形成的微孔孔径就越大；黏土加得越多，则孔隙率就越小。陶瓷质微孔滤管断面的微细构造见图 6-

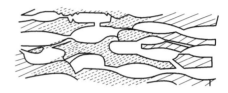

图 6-65　陶瓷质微孔滤管断面的微细构造

65。陶瓷质微孔滤管的管壁内有很多孔洞，它们之间由许多微小的通道相联系，刚开始过滤时便在滤管表面形成一层一次粉尘层。陶瓷微管过滤式除尘器的过滤作用主要依靠这层粉尘层来进行。陶瓷质微孔管在反吹时形状保持不变，所形成的一次粉尘层免遭破坏，故其除尘效率可保持不变。

陶瓷微管过滤式除尘器的工作原理是：引风机吸入的高温含尘气体由上而下进入数根立向串联的滤管内腔，由于惯性作用，一部分较大颗粒的烟尘不会黏附在管壁上，而是直接进入灰斗中，下落的粉尘又削落了黏附于管壁上的粉尘，从而防止粉尘层厚度增加，减小滤管的压力损失。其余微细烟尘由微孔管过滤后黏附在管壁上。经反向清灰后，黏附在管壁上的粉尘被清除落至灰斗中。过滤后的洁净气体经通风机和烟囱排入大气。

陶瓷质微孔管过滤式除尘器具有耐高温、耐腐蚀、耐磨损、除尘效率高、使用寿命长及操作简单等优点，适用于工业炉窑高温烟尘的治理。该除尘器的过滤风速一般为 0.8～1.2m/min，阻力损失约为 (2.74～4.60)×10³Pa，入口烟尘浓度不大于 20g/m³，除尘效率大于 99.5%，可在低于 550℃ 的温度下使用，处理风量可达 6500～200000m³/h。

第五节　电除尘器

电除尘器是含尘气体在通过高压电场进行电离的过程中，使尘粒荷电，并在电场力的作用下使尘粒沉积在集尘极上将尘粒从含尘气体中分离出来的一种除尘设备。电除尘过程与其他除尘过程的根本区别在于：分离力（主要是静电力）直接作用在粒子上，而不是作用在整个气流上，这就决定了它具有分离粒子耗能少、气流阻力小的特点。由于作用在粒子上的静电力相对较大，所以即使对亚微米级的粒子也能有效地捕集（见图 6-66）。

电除尘器的主要优点是：压力损失小，一般为 200～500Pa；处理烟气量大，一般为 105～106m³/h；能耗低，大约 0.2～0.4kWh/1000m³；对细粉尘有很高的捕集效率，可高

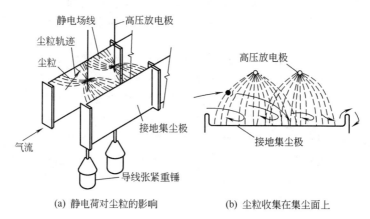

图 6-66　电除尘器原理示意

于 99%；可在高温或强腐蚀性气体下操作。

一、电除尘器的收尘机理

虽然在实践中电除尘器的种类和结构型式繁多，但都基于相同的工作原理。其原理涉及悬浮粒子荷电，带电粒子在电场内迁移和捕集，以及将捕集物从集尘表面上清除等三个基本过程。

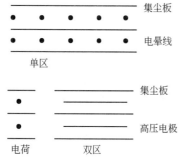

图 6-67　单区和双区电除尘器示意

高压直流电晕是使粒子荷电的最有效办法，广泛应用于静电除尘过程。电晕过程发生于活化的高压电极和接地极之间，电极之间的空间内形成高浓度的气体离子，含尘气流通过此空间时，粉尘粒子在百分之几秒的时间内因碰撞俘获气体离子而导致荷电。粒子获得的电荷随粒子大小而异。一般来说，直径为 $1\mu m$ 的粒子大约获得 30000 个电子的电量。

荷电粒子的捕集是使其通过延续的电晕电场或光滑的不放电的电极之间的纯静电场而实现的。前者称单区电除尘器，后者因粒子荷电和捕集是在不同区域完成的，称为双区电除尘器（见图 6-67）。

通过振打除去接地电极上的粉尘层并使其落入灰斗，当粒子为液状时，比如硫酸雾或焦油，被捕集粒子会发生凝集并滴入下部容器内。

为保证电除尘器的高效运行，必须使粒子荷电，并有效地完成粒子捕集和清灰等过程。

二、电除尘器的类型与组成

1. 电除尘器的类型

电除尘器的种类繁多，有如下几种分类方法。

（1）按气体流向分

① 立式电除尘器　气体在电除尘器内从下向上垂直流动。它占地面积小，但高度较大，检修不方便，气体分布不易均匀，对捕集粒度细的粉尘容易重新扬起。气体出口可设在顶部。通常规格较小，处理气量少，适宜在粉尘性质便于被捕集的情况下使用。

② 卧式电除尘器　气体在电除尘器内沿水平方向流动，可按生产需要适当增加或减少电场的数目。其特点是分电场供电，避免各电场间互相干扰，以利于提高除尘效率；便于分别回收不同成分、不同粒度的粉尘，达到分类捕集的作用；容易保证气流沿电场断面均匀分布；由于粉尘下落的运动方向与气流运动方向垂直，粉尘二次飞扬比立式电除尘器要少；设备高度较低，安装、维护方便；适于负压操作，对风机的寿命，劳动条件均有利。但占地面

积较大，基建投资较高。

（2）按清灰方式分

① 干式电除尘器 除下来的粉尘呈干燥状态，操作温度一般高于被处理气体露点 20～30℃，可达 350～450℃，甚至更高。可采用机械、电磁、压缩空气等振打装置清灰。常用于收集经济价值较高的粉尘。

② 湿式电除尘器 除下来的粉尘为泥浆状，操作温度较低，一般含尘气体都需要进行降温处理，在温度降至 40～70℃再进入电除尘器，设备需采取防腐蚀措施。一般采用连续供水来清洗集尘极，定期供水来清洗电晕极，以降低粉尘的比电阻，使除尘容易进行。因无粉尘的再飞扬，所以除尘效率很高，适用于气体净化或收集无经济价值的粉尘。另外，由于水对被处理气体的冷却作用，使气量减少。若气体中有一氧化碳等易爆气体，用湿式电除尘器可减少爆炸危险。

③ 电除雾器 气体中的酸雾、焦油液滴等以液体状被除去，采用定期供水或蒸汽方式清洗集尘极和电晕极，操作温度在 50℃以下，电极必须采取防腐措施。

（3）按集尘极的结构型式分

① 管式电除尘器 集尘极为圆管、蜂窝管、多段喇叭管、扁管等。电晕极线装在管的中心，电晕极和集尘极的极间距（异极间距）均相等，电场强度的变化较均匀，具有较高的电场强度，但清灰比较困难。除硫黄、黄磷等特殊情况外，一般都用于湿式电除尘器或电除雾器。由于含尘气体从管的下方进入管内，往上运动，故仅适用于立式电除尘器。

② 板式电除尘器 集尘极由平板组成。为了减少被捕集到粉尘的再飞扬和增强极板的刚度，一般做成网、棒、管、鱼鳞、槽形、波形等型式，清灰较方便，制作、安装比较容易。但电场强度变化不够均匀。

（4）按电极在电除尘器内的配置位置分

① 单区式 含尘气体尘粒的荷电和积尘在同一个区域中进行，电晕极系统和集尘极系统都装在这个区域内。在工业生产中已被普遍采用。

② 双区式 含尘气体尘粒的荷电和积尘在结构不同的两个区域内进行，在前一个区域内装电晕极系统以产生离子，而在后一个区域中装集尘极系统以捕集粉尘。其供电电压较低，结构简单。但尘粒若在前区未能荷电，到后区就无法捕集而逸出电除尘器。国外已有多种结构形式。

2. 电除尘器的结构组成

无论哪种类型，其结构一般都由图 6-68 所示的几部分组成。

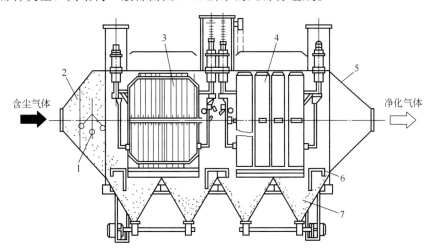

图 6-68 卧式电除尘器

1—振打器；2—均流板；3—电晕电极；4—集尘电极；5—外壳；6—检修平台；7—灰斗

（1）电晕电极 电晕电极型式很多，目前常用的有直径 3mm 左右的圆形线、星形线及锯齿线、芒棘线等（见图 6-69）。电晕线固定方式有两种。一种为重锤悬吊式（见图 6-70），重锤质量 5～10kg。另一种为管框绷线式（见图 6-71）。对电晕线的一般要求是：起晕电压低、电晕电流大、机械强度高、能维持准确的极距以及易清灰等。

（2）集尘极 小型管式除尘器的集尘极为直径约 15cm、长 3m 左右的圆管，大型的直径可加大到 40cm，长 6m。每个除尘器所含集尘管数目少则几个，多则可达 100 个以上。

板式电除尘器的集尘板垂直安装，电晕极置于相邻的两板之间。集尘极长一般为 10～20m，高 10～15m，板间距 0.2～0.4m。处理气量 1000m³/s 以上，效率高达 99.5% 的大型电除尘器有上百对极板。

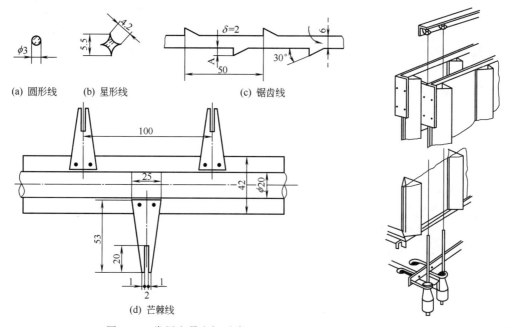

(a) 圆形线 　 (b) 星形线 　 (c) 锯齿线

(d) 芒棘线

图 6-69　常用电晕电极示意

图 6-70　重锤悬吊式电晕电极示意

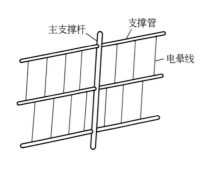

图 6-71　管框绷线式电晕电极示意

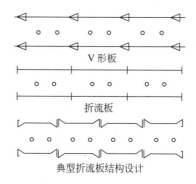

图 6-72　常用板式电除尘器电极排列示意

集尘极结构对粉尘的二次扬起及除尘器金属消耗量（约占总耗量的 40%～50%）有很大影响。性能良好的集尘极应满足下述基本要求。

① 振打时粉尘的二次扬起少；

② 单位集尘面积消耗金属量低；

③ 极板高度较大时，应有一定的刚性，不易变形；

④ 振打时易于清灰，造价低。

集尘极结构型式很多，常用的几种型式见图 6-72。极板两侧通常设有沟槽和挡板，既能加强板的刚性，又能防止气流直接冲刷板的表面，从而降低了二次扬尘。

近年来，板式电除尘器一个引人注意的变化是发展宽间距超高压电除尘器。虽然它起源于欧洲，但已经广泛应用于日本，中国也已经开始研究和应用。现已公认，在某些情况下板间距可比通常增加 50%～100%，但除尘器性能并未改变。为了解释这一现象，已经提出了若干理论，但都还没有完全解释清楚。宽间距电除尘器可使制作、安装、维修等变得方便，而且设备小，能量消耗也少。

（3）高压供电设备　高压供电设备提供粒子荷电和捕集所需要的高场强和电晕电流。为满足现场需要，供电设备操作必须十分稳定，希望工作寿命在 20 年以上。通常高压供电设备的输出峰值电压为 70～100kV，电流为 100～2000mA。目前已广泛应用于可控硅高压硅整流设备。这类装置含有多重信号反馈回路，能够将电压、电流限制在一定水平上，设备运行稳定，能有效地控制火花率。整流设备的输出电压可以是半波或全波脉动电压。

为使静电除尘器能在高压下操作，避免过大的火花损失，高压电源不能太大，必须分组供电。大型电除尘器常采用 6 个或更多的供电机组。增加供电机组的数目，减少每个机组供电的电晕线数，能改善电除尘器性能。但是增加供电机组数和增加电场分组数，必须增加投资。因此，电场分组数的确定必须考虑保证效率和减少投资两方面的因素。

（4）气流分布板　电除尘器内气流分布对除尘效率具有较大影响。为了减少涡流，保证气流分布均匀，在进出口处应设变径管道，进口变径管内应设气流分布板，最常见的气流分布板有百叶式、多孔板、分布格子、槽形钢板和栏杆型分布板等，而以多孔板使用最为广泛。通常采用厚度为 3～3.5mm 的钢板，孔径为 $\phi 30～50$mm，分布板层数为 2～3 层，开孔率需要通过试验确定。

电除尘器正式投入运行前，必须进行测试、调整，检查气流分布是否均匀，对气流分布的具体要求如下。

① 任何一点的流速不得超过该断面平均流速的 ±40%；

② 在任何一个测定断面上，85% 以上测点的流速与平均流速不得相差 ±25%。

图 6-73 给出了因流速分布不均匀导致的电除尘器通过率增大的校正系数 F_v。气流均匀分布时，除尘器的通过率为 P_0；气流分布不均匀时，通过率约为 $P_0 F_v$。

（5）振打装置　电除尘器的集尘电极与电晕电极保持洁净，除尘效率才能更高，因此必须经常通过振打将电极上的积灰清除干净。常用的振打装置有锤击式、弹簧凸轮撞击式、电磁脉冲颤动式三类，其中锤击振打装置是应用最广、清灰效果较好的一种。振打方式和振打强度直接影响除尘效果。振打强度太小难以使沉积在电极上的粉尘脱离，电晕电极就会常处于沾污状态，造成金属线肥大，会减弱电晕放电，使除尘效果变差。振打强度过大，则会使已捕集的粉尘再次飞回气流或使电极变形，改变电极间距，影响电除尘器的正常工作。

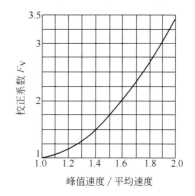

图 6-73　气流分布不均匀时，电除尘器通过率的校正系数

（6）外壳　电除尘器的外壳一般有砖结构、钢筋混凝土结构和钢结构。外壳下部为集灰斗，中部为收尘电场，上部安装绝缘瓷瓶和振打机构。为防止含尘气体冷凝结露、粉尘黏结电极或腐蚀钢板，外壳需敷设保温层。集灰斗内表面必须保持光滑，以免滞留粉尘。电除

尘器灰斗下设排灰装置，较常用的有回转式锁气器及螺旋输送机。排灰装置应不漏风，工作可靠。

三、电除尘器的技术性能与设计计算

1. 电除尘器的性能指标及其影响因素

评价电除尘器性能的主要指标是除尘效率和压力损失。

影响电除尘器效率的主要因素有气体流速、电场强度、粉尘导电性、含尘气体温度及初始含尘浓度等。

通过除尘器正负电极间的气体流速越小，电场越长，除尘效果就越好。通常流速范围取 $0.7\sim1.3m/s$。电场长度不宜过长，一般每个电场的长度取 $2\sim4m$。根据含尘气体通过电场的时间（至少 $4\sim7s$）和所选取的气流速度，确定需要的电场数。

电场强度越大，除尘效果越好，一般电源电压采用 $35\sim70kV$。

粉尘的导电性能好坏，对除尘效率影响极大，这与粉尘层的比电阻有关。粉尘层的比电阻是指对面积为 $1cm^2$、高为 $1cm$ 的自然堆积的圆柱形粉尘层，沿其高度方向测得的电阻值，单位用 $\Omega\cdot cm$ 表示。粉尘比电阻小，导电性好；比电阻大，导电性差。比电阻过小的粉尘与阳极板接触后，很快释放负电荷而带上正电荷，因同性相斥，有可能重新返回气流中影响除尘效果。比电阻过大的粉尘接触阳极板后，电荷不能很快被释放而滞留在这些粉尘上，这就使粉尘层和极板之间出现一个短距离的新电场。随着荷负电粉尘越积越厚，在粉尘层与极板之间的微小距离里，存在着一个越来越强的电场，最终在这个区域内产生所谓"反电晕"的电晕放电，正离子被集尘电极排斥到收尘空间，中和了向极板移动的荷负电粉尘，造成除尘效率下降。电除尘器适于捕集比电阻值在 $1\times10^4\sim2\times10^{10}\ \Omega\cdot cm$ 范围内的粉尘。粉尘比电阻不仅与粉尘本身的性质和分散度有关，还与含尘气体的温度、湿度、组分、粉尘层的孔隙率等因素有关，应以实际操作条件下的粉尘比电阻作为影响电除尘器性能的依据。

含尘气体温度高低对除尘效率也有影响。粉尘比电阻随温度而变，比电阻随温度升高而增加，达到某一极限值后，又逐渐降低。所以，为了使电除尘器有效地工作，必须控制一个适宜温度。这个温度随各种粉尘的比电阻特性而定。

电除尘器可适用于较大范围的粉尘进口浓度，浓度可高达 $40g/m^3$。但初始浓度过高，会减弱电晕放电，影响除尘效果。在这种情况下，含尘气体需先经过一级粗除尘。

如果控制得当，供电正常，操作维护管理良好，电除尘器的除尘效率可高达99%以上，而且能捕集微小粉尘，阻力很小，约为 $98\sim196Pa$，电除尘器运转费用低，可以回收干料。缺点是一次投资较高，占地面积大，维护管理要求严格。

2. 电除尘器的选择和设计计算

到目前为止，电除尘器的选择和设计主要采用经验公式类比方法。表 6-27 概括了通用的电除尘器主要设计参数，同时给出了捕集燃煤飞灰时的取值范围。对于给定的设计，这些参数取决于粒子和烟气性质、需处理烟气量和要求的除尘效率。

表 6-27　捕集飞灰的电除尘器主要设计参数

参　数	符　号	取值范围	参　数	符　号	取值范围
板间距	S	$23\sim38cm$	比电晕功率	P_c/Q	$1800\sim18000W(1000m^3/min)$
驱进速度	ω	$3\sim18cm/s$	电晕电流密度	I_c/Q	$0.05\sim1.0mA/m^2$
比集尘表面积	A/Q	$300\sim2400m^2(1000m^3/min)$	平均气流速度		
气流速度	v	$1\sim2m/s$	烟煤锅炉	v	$1.1\sim1.6m/s$
长高比	L/H	$0.5\sim1.5$	煤锅炉	v	$1.8\sim2.6m/s$

（1）粉尘的荷电量和驱进速度

① 粉尘荷电量　粉尘进入除尘器的电场中即开始荷电，其荷电机理有两种。

a. 碰撞荷电　在电场中沿电力线运动的电子与粉尘颗粒碰撞使粉尘荷电，其饱和荷电量可按下式计算。

$$q_e = 4\pi\varepsilon_0\phi E_0 d^2 \tag{6-50}$$

$$\phi = \frac{3\varepsilon_s}{\varepsilon_s + 2}$$

式中　q_e——饱和荷电量，C；

$\quad\quad\varepsilon_0$——真空的介电常数，F/m，取 8.842×10^{-12} F/m；

$\quad\quad\varepsilon_s$——粉尘的介电常数，可从表 6-28 中查出；

$\quad\quad E_0$——荷电区的电场强度，V/m；

$\quad\quad d$——粉尘粒径，m。

表 6-28　粉尘的介电常数

名　称	陶瓷、石英、硫黄	石膏	金属氧化物	水	良导体
ε_s	4	5	$12\sim18$	80	∞

b. 扩散荷电　由于电子的热运动，电子向粉尘颗粒表面移动并与其接触，在径向力的作用下附着于粉尘颗粒上使粉尘荷电。扩散荷电的荷电量 q(C) 与电子均方根速度有关，理论的计算较烦琐，可用下式近似计算。

$$q = 0.007d \tag{6-51}$$

表 6-29 是分别用碰撞荷电与扩散荷电理论计算出的粉尘荷电量。由此可知，一般粒径大于 $0.5\mu m$ 的粉尘颗粒，以碰撞荷电为主。粒径小于 $0.2\mu m$ 的粉尘颗粒，以扩散荷电为主。但实际上对于工业用的电除尘器而言，粉尘粒径一般大于 $0.5\mu m$，并且进入电除尘器的粉尘颗粒多凝聚成团粒状，它们的当量直径较大，所以常用式（6-50）来计算粉尘荷电量。

表 6-29　粉尘的荷电量

粉尘粒径 /μm	碰撞荷电（电子个数）				扩散荷电（电子个数）			
	荷电时间/s				荷电时间/s			
	0.01	0.1	1.0	∞	0.001	0.01	0.1	1.0
0.1	0.7	2	2.4	2.5	3	7	11	15
1.0	72	200	244	250	70	1100	150	190
10.0	7200	20000	24400	25000	1100	1500	1900	2300

② 驱进速度　荷电粉尘在电场中受到库仑力 qE_p（q 为粉尘的荷电量，E_p 为集尘区的电场强度）的作用，以速度 ω 向集尘极移动，同时又受到与粉尘的驱进速度 ω 成正比的气体的阻力 F 的作用，根据斯托克斯公式，即

$$F = 6\pi\mu d\omega \tag{6-52}$$

式中　F——气体的阻力，N；

$\quad\quad\mu$——气体的黏滞系数，Pa·s，在 20℃，标准大气压下，空气的黏滞系数为 1.8×10^{-5} Pa·s。

当气体对粉尘的阻力 F 与粉尘受到的库仑力 qE_p 达到平衡时，粉尘向集尘极做匀速运动，根据式（6-50）和式（6-52），即得到驱进速度。

$$\omega = \frac{2}{3} \times \frac{\varepsilon_0\phi E_c E_p d}{\mu} \text{（m/s）} \tag{6-53}$$

　　由于各种因素的影响，理论计算与实际测量往往有较大的差异。为此，实际中常常根据在一定的除尘器结构型式和运行条件下测得的总捕集效率值，代入德意希方程式中反算出相应的驱进速度值，并称为有效驱进速度，以 ω_e 表示。可利用有效驱进速度表示工业电除尘器的性能，并作为类似除尘器设计的基础。

　　对于工业电除尘器，有效驱进速度在 $0.02\sim0.2\mathrm{m/s}$ 范围内变化。表 6-30 列出了各种工业粉尘的有效驱进速度。

表 6-30　各种工业粉尘的有效驱进速度

粉尘种类	驱进速度/(m/s)	粉尘种类	驱进速度/(m/s)
煤粉(飞灰)	$0.01\sim0.14$	冲天炉(铁-焦比＝10)	$0.03\sim0.04$
纸浆及选纸	0.08	水泥生产(干法)	$0.06\sim0.07$
平炉	0.06	水泥生产(湿法)	$0.10\sim0.11$
酸雾(H_2SO_4)	$0.06\sim0.08$	多层床式焙烧炉	0.08
酸雾(TiO_2)	$0.06\sim0.08$	红磷	0.03
飘悬焙烧炉	0.08	石膏	$0.16\sim0.20$
催化剂粉尘	0.08	二级高炉(80%生铁)	0.125

　　许多电除尘器效率的实际测量表明，对于粒径在微米区间的粒子，除尘效率有增大的趋势。例如粒径为 $1\mu m$ 粒子的捕集效率为 $90\%\sim95\%$，对粒径 $0.1\mu m$ 的粒子，捕集效率可能上升到 99% 或更高，说明电除尘是去除微小粒子的有效措施。测量表明，在许多情况下最低捕集效率发生在 $0.1\sim0.5\mu m$ 的粒径区间。

　　(2) 比集尘表面积的确定　根据运行和设计经验，确定有效驱进速度 ω_e，按德意希方程求得比集尘表面积 A/Q。

$$A/Q=\frac{1}{\omega_e}\ln\frac{1}{1-\eta}=\frac{1}{\omega_e}\ln\frac{1}{P} \tag{6-54}$$

　　例如，现场测得某电站用电除尘器捕集高比电阻飞灰的有效驱进速度为 $5.22\mathrm{cm/s}$，参考该数据，若给定要求的除尘效率，就可以确定新电除尘器的比集尘表面积。

　　(3) 长高比的确定　电除尘器长高比定义为，集尘板有效长度与高度之比，它直接影响振打清灰时二次扬尘的多少。与集尘板高度相比，假如集尘板不够长，部分下落粉尘在到达灰斗之前可能被烟气带出除尘器，从而降低了除尘效率。当要求除尘效率大于 99% 时，除尘器的长高比至少要 $1.0\sim1.5$。

　　(4) 气流速度的确定　虽然在集尘区气流速度变化较大，但除尘器内平均流速却是设计和运行中的重要参数。通常由处理烟气量和电除尘器过气断面积计算烟气的平均流速。烟气平均流速对振打方式和粉尘的重新进入量有重要影响。当平均流速高于某一临界速度时，作用在粒子上的空气动力学阻力会迅速增加，进而使粉尘的重新进入量亦迅速增加。对于给定的集尘板类型，这个临界速度的大小取决于烟气流动特征、板的形状、供电方式、除尘器的大小和其他因素。当捕集电站飞灰时，临界速度可以近似取为 $1.5\sim2.0\mathrm{m/s}$。

　　(5) 气体的含尘浓度　电除尘器内同时存在着两种空间电荷，一种是气体离子的电荷，一种是带电尘粒的电荷。由于气体离子运动速度（约为 $60\sim100\mathrm{m/s}$）大大高于带电尘粒的运动速度（一般在 $60\mathrm{cm/s}$ 以下），所以含尘气流通过电除尘器时的电晕电流要比通过清洁气流时小。如果气体含尘浓度很高，电场内尘粒的空间电荷很高，会使电除尘器的电晕电流急剧下降，严重时可能会趋近于零，这种情况称为电晕闭塞。为了防止电晕闭塞的发生，处理含尘浓度较高的气体时必须采取一定的措施，如提高工作电压，采用放电强烈的芒棘型电晕极，电除尘器前增设预净化设备等。一般，当气体含尘浓度超过 $30g/m^3$ 时，宜加设预净化设备。

（6）除尘器本体设计　根据粉尘的比电阻、驱进速度、含尘气体的流量以及预期要达到的除尘效率即可进行本体设计。

① 平板形除尘器　设集尘室有 n_p 个通道（每两块集尘极之间为一个通道），则可得到下面计算式。

a. 除尘器断面的气流速度

$$v = \frac{Q}{2bhn_p} \quad (m/s) \tag{6-55}$$

式中　v——除尘器断面气流速度，m/s；

Q——含尘气体的流量，m^3/s；

$2b$——通道宽度（集尘极间距），m；

h——集尘极的高度，m。

b. 除尘器断面积

$$A' = \frac{Q}{v} = 2bhn_p \quad (m^2) \tag{6-56}$$

c. 集尘面积　由式（6-54）可得

$$A = \frac{Q}{\omega} \ln \frac{1}{1-\eta} \quad (m^2) \tag{6-57}$$

或

$$A = 2Lhn_p \quad (m^2) \tag{6-58}$$

式中　L——集尘极沿气流方向的长度，m。

d. 集尘时间和集尘极沿气流方向的长度

$$t = \frac{L}{v} \quad (s) \tag{6-59}$$

式中　t——集尘时间，s。

同时，气流通过电场所用的时间（集尘时间），应大于或等于粉尘颗粒从电晕极漂移到集尘极所需的时间，即

$$t \geqslant \frac{b}{\omega} \quad (s) \tag{6-60}$$

联立式（6-59）和式（6-60），则沿气流方向的长度为

$$L \geqslant \frac{b}{\omega}v \quad (m) \tag{6-61}$$

② 圆筒形除尘器　设除尘器由 n_t 个圆筒集尘极组成，圆筒的长度为 L_t，圆筒的内半径为 R。其计算方法与平板型大致相同。

a. 除尘器断面的气流速度

$$v = \frac{Q}{\pi R^2 n_t} \quad (m/s) \tag{6-62}$$

b. 除尘器断面积

$$A' = \frac{Q}{v} = \pi R^2 n_t \quad (m^2) \tag{6-63}$$

c. 集尘面积［推算方法同式（6-57）］

$$A = 2\pi R L_t n_t \quad (m^2) \tag{6-64}$$

d. 集尘时间和圆筒电极长度［参照式（6-59）与式（6-61）］

$$t \geqslant \frac{L_t}{v} \text{ (s)} \tag{6-65}$$

$$L_t \geqslant \frac{R}{\omega} v \text{ (m)} \tag{6-66}$$

尽管国内外的学者从事了大量的实验研究，但由于电除尘器受到本体结构、电源特性、粉尘物性、气体温度、湿度、压力、气流速度等诸多因素的影响，直到现阶段尚有一些问题没有弄清楚。对于电除尘器的理论计算与设计，还不能达到像其他除尘器那样准确。此处所介绍的设计方法以及所阐述的有关电除尘的一些基本物理现象，仅作为设计和操作人员正确判断和处理实际问题的参考依据。

3. 大风速电除尘器设计

1907 年电除尘器（EP）成功用在接触法硫酸生产线除酸雾尘之后。近一个世纪来，不少科学家在 EP 研究工作方面做了许多可取的研究和贡献。但是在基本理论、结构上没有根本变化，特别是烟气风速还是保持在 $0.8 \sim 1.2 \text{m/s}$，烟尘在电场中停留时间还长达 $3.5 \sim 4.0 \text{s}$。根据多依奇推导出的收尘效率公式 $\eta = 1 - \exp\left(-\frac{A}{Q}\omega\right)$ 可知，要提高收尘效率、降低造价、减少体积，只能提高尘粒驱进速度。

图 6-74、图 6-75 分别为电除尘器的气流分布和边界层中尘粒运动示意图。在实用 EP 中气流均为紊流，尘粒在电场中运动主要是气体紊流产生的流体动力和尘粒电场力共同作用的结果，在电场中心紊流区内驱进速度要比气流速度小得多。从图 6-74 中可见，在边界层厚度 δ 内，由于气体与集尘极壁的摩擦，气流呈层流。从图 6-75（a）中可见，在 EP 的集尘极边界层中，尘粒的合速度 v_p 是气流速度 v 和驱进速度 ω 的向量和。若在时间增量 Δt_p 内，$\delta = \omega \Delta t_p$，在边界层 δ 内所有尘粒都被赶到集尘极上，气体在 EP 中流过距离 $\Delta l_p = v \Delta t_p$ 时，尘粒可被集尘极捕捉收集下来（式中 v 为气流平均速度）。由于受电场的击穿电场强度限制，电场中库仑力几乎处于临界值，尘粒驱进速度只能在很小范围内得以改善。

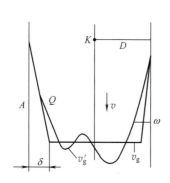

图 6-74　电除尘器内气流分布示意

δ—边界层；v_g—边界层外平均气流速度；
v'_g—实际气流速度；K—电晕极；A—集尘极；
D—均速板；ω—驱进速度；v—气流速度

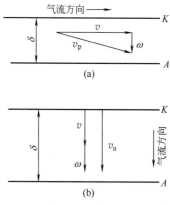

图 6-75　边界层中尘粒运动示意

若把 Ω-2C 型集尘极板从顺气流方向排列改成迎气流方向，如图 6-76 所示。此时在边界层内尘粒向集尘极板运动速度 v_n 是风速 v 与驱进速度 ω 的代数和，如图 6-75（b）所示。尘粒驱进速度方向与气流速度方向一致时，尘粒向集尘极运动，它的运动速度是驱进速度与气流速度的代数和，因而大大提高了尘粒向集尘极的运动速度。此时 $\Delta L_n = \delta = (v + \omega)\Delta t_n$，边界层厚度增大，尘粒被集尘极捕捉所需时间大大减少，$\Delta t_n \ll \Delta t_p$，尘粒在大风速电除尘器（H-EP）中被捕捉时间 Δt_n 远小于常规 EP 被捕捉时间 Δt_p，为 EP 集尘极捕捉尘粒提供了最有利条件，气流风速垂直集尘极板时，尘粒向集尘极运动速度为

$$v_n = v + \omega \qquad (6-67)$$

现在使用的常规 EP 边界层中尘粒向集尘极运动速度为

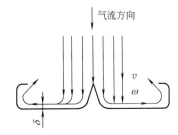

图 6-76　Ω-2C 型集尘极上边界层气流示意

v—气流速度；ω—库仑力的驱进速度；δ—边界层

$$\vec{v_p} = \vec{v} + \vec{\omega} \qquad (6-68)$$

从对捕集粉尘有利角度来看，v_n 有利程度远远大于 v_p，从以往对捕集粉尘十分不利的气流速度变成对捕集粉尘极为有利的气流速度，成为捕集烟尘的主要作用力。风速很大的气流速度大大帮助了由电场库仑力形成的驱进速度，把粉尘推送到集尘极上。因此，提高电场气流速度对电场捕集粉尘极为有利。根据理论推算和实验，表明 EP 电场气流速度在保证收尘效率不降低的条件下，可以提高到 4m/s 以上。以往设计电除尘器时，常把气流速度取在 0.8~1.2m/s 以内（现在气流速度取在 0.8~1.0m/s）。H-EP 的气流速度大于现在 EP 的 4 倍以上，在处理相同风量，取得相同收尘效率的同时，能把常规电除尘器截面积成倍减少。由于大幅度提高风速，以极短时间把烟尘驱赶到集尘极上加以捕集，从通常 5s 左右缩短到 0.5s 就可以捕集在集尘极上，可大大减小电场长度。

由于气流运动，把粉尘推向极板附近，靠电场库仑力捕集在极板上。烟尘质点所受力为

$$F = mv^2/r + kQE_{ar} \qquad (6-69)$$

式中　m——质点质量；

　　　v——气流速度；

　　　r——质点距中心距离；

　　　k——常数；

　　　Q——荷电量；

　　　E_{ar}——集尘极附近电场强度的平均值。

大风速电除尘器（H-EP）的除尘效率公式为

$$\eta = 1 - \exp\left[-\frac{A}{Q} \cdot \omega^* - 2(C\psi)^{1/(2n+2)}\right] \qquad (6-70)$$

式中　C——与极板结构尺寸有关的系数；

　　　ψ——与气流特性有关的系数；

　　　n——速度分布指数。

驱进速度 $\omega^* = \omega + \omega_v$，$\omega$ 是由电场作用力产生的驱进速度，ω_v 是尘粒在强大气流速度

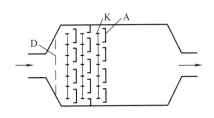

图 6-77　H-EP 断面上视图

D—均速板；A—集尘极板；K—电晕极

v 作用下，在边界层内产生的驱进速度。速度的极限范围是尘粒以高速度奔向集尘极时，不产生二次弹跳为极限。从式（6-69）可知，烟尘质点驱向极板时，除受电场库仑力 KQE_{ar} 外，又增加气流风速作用 mv^2/r，有利于对烟尘的捕集。又从式（6-70）可见，由于 ω^* 的增加、Ω-2C 型极板形状以及风速增大 $\left[-2(C\psi)^{1/(2n+2)}\right]$，使除尘效率大幅度提高。在极限范围内，气流速度越高，越有利于提高 EP 的除尘效率，这样就能大幅度降低 EP 设备一次成本，减少 EP 截

面积及其长度，减少日常维修费和工作量。

大风速电除尘器（H-EP）设计方案如图 6-77 所示。从流体力学角度进行集尘极板设计，图 6-76 所示是 Ω-2C 型集尘极板。集尘极板 C 形角能把沿着集尘极板表面流过没有捕集下来的尘粒，再由气流导向集尘极板表面，加以捕集。极板间开口率为 30%～50%。均速板 D 将风道出口气流进行匀速。均速板后面的集尘极 A 也起着均速作用，因而对 D 的均速要求相对降低。双 C 型极板能把振打时掉下来的粉尘控制在双 C 槽内，再加上电场抑制作用，粉尘不易产生二次飞扬。从图 6-76 上看，气流是沿集尘极表面绕行，大大延长了尘粒运动轨迹，再加上 EP 内气流速度对尘粒的推进作用，能在较短时间内以很大的气流速度把尘粒驱赶到集尘极表面加以捕集。因而成数倍减少 EP 截面积和长度，体积较常规 EP 成倍减少，实现了 EP 小型化。

大风速电除尘器（H-EP）实验过程如下。

H-EP 实验系统如图 6-78 所示，试验用 H-EP 为单室单场，主体长 1.98m，宽 0.48m，高 0.6m，集尘极和电晕极排列如图 6-77 所示。集尘极采用 Ω-2C 型集尘极板，宽 0.2m，C形角高为 25mm，卷入小边为 6mm，有效高度为 0.525m。共排列六排，同极距为 265mm，集尘面积为 4.05m²，入口处设置百叶窗式均速板二层进行匀速，开口率为 40%，电晕极采用 ϕ1mm 不锈钢丝，有效高度 530mm，长度 11.10mm，电晕极不用振打，高流速的烟尘粒子难以附着在电晕极上，它可以自行清灰。集尘极板采用手动振打清灰装置，均速板不均匀度为

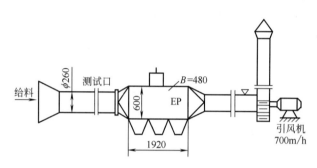

图 6-78　大风速电除尘器实验系统

0.47，远大于 0.15，均速板均速效果较差。从实验数据来看，H-EP 对均速要求不高，在不均匀度高达 0.47 时，还可以取得很好的除尘效果。实验场地在户外，实验数据测试结果如表 6-31 所示。为了便于与常规 EP 进行比较，表达式中引用某部的两院一所联合实验小型卧式电除尘器实验报告的数据。实验用 H-EP 是单室单场，它的截面积为 0.21m²，处理风量为 3193m²/h，烟气速度为 3.5m/s，粉尘在 EP 停留时间仅为 0.54s，从表达式中可见，H-EP 的气流速度高达 3.5m/s，因而处理烟气量是常规 EP 的 3 倍。从图 6-78 可见，EP 尺寸接近通风管路尺寸。粉尘在 EP 中的停留时间为 0.54s，H-EP 可以用单电场，它的除尘效率相当于常规的 4 个电场的除尘效率，因而 EP 可以减小 2 倍以上长度。

表 6-31　H-EP 与常规 EP 性能比较表

序号	项 目		常规 EP	H-EP	差值	比值
1	电场风速/(m/s)		1.13	3.50	+2.37	+3.1
2	风量/(m³/h)		2030	3193	+1163	+1.57
3	电场内停留时间/s		4.25	0.54	-3.71	-7.87
4	比表面积/(m²/kg)		32.4	3.7	-28.7	-8.76
5	阻力损失/Pa		798	1623	+824.6	+2.03
6	同极距/mm		250	265	+15	1.06
7	电场数/个		4	1	-3	4
8	电压/电源/(kV/mA)	1	50/2.5	65/2	+15/-0.5	+1.3/1.25
		2	50/2.5	—	—	—
		3	52/9.0	—	—	—
		4	52/9.0	—	—	—
9	电场有效长度/m		4.8	1.9	-2.9	-2.53
10	集尘极型式		小双 C 型	Ω-2C 型	—	—

续表

序号	项 目	常规 EP	H-EP	差值	比值
11	集尘极面积/m²	13.68	4.05	−9.63	−3.38
12	电晕极型式	单向芒棘	φ1mm	—	—
13	电晕极长度/m³	43.2	11.1	−32.1	−3.89
14	有效截面积/m²	0.5	0.21	−0.29	−2.38
15	驱进速度/(cm/s)	17.7	110.3	+92.6	+6.23
16	烟尘浓度/(mg/m³)				
	入口	6010.0	10023.1	+4013.1	+1.67
	出口	20.7	22.5	+1.8	+1.07
17	除尘效率/%	99.66	99.77	+0.11	+1.001

依据电场、流场理论推证与计算，H-EP 能大幅度提高其性能。实验结果表明，在处理相同烟气量、相同除尘效率条件下，H-EP 体积成倍减小，成本明显降低，烟气速度可提高到 3m/s 左右，烟尘在电场通过时间可以减至 1s 以下。

H-EP 对均速要求较低；降低了烟尘二次飞扬和运行费用。

4. 其他

电除尘器设计中还必须考虑的一些辅助设计因素列于表 6-32。

表 6-32　电除尘器的辅助设计因素

电晕电极：支撑方式和方法
集尘电极：类型、尺寸、装配、机械性能和空气动力学性能
整流装置：额定功率、自动控制系统、总数、仪表和监测装置
电晕电极和集尘电极的振打机构：类型、尺寸、频率范围和强度调整、总数和排列
灰斗：几何形状、尺寸、容量、总数和位置
输灰系统：类型、能力、预防空气泄漏和粉尘反吹
壳体和灰斗的保温，电除尘器顶盖的防雨雪措施
便于电除尘器内部检查和维修的检修门
高强度框架的支撑体绝缘器：类型、数目、可靠性
气体入口和出口管道的排列
需要的建筑和地基
获得均匀的低湍流气流分布的措施

第六节　新型除尘器

随着人们生活水平的提高和安全环保意识的增强，以及安全卫生标准的日益严格，对粉尘治理技术与装备的要求也越来越高，高效、新型除尘技术层出不穷。下面主要介绍复合式除尘器、高梯度磁分离除尘器、电凝聚除尘器、高频声波助燃除尘器等新型除尘器。

一、复合式除尘器

所谓复合式除尘器，是指将不同的除尘机理联合使用，使它们共同作用，以提高除尘效率。复合式除尘器型式较多，如静电旋风除尘器、静电水雾洗涤器和静电文丘里管洗涤器、惯性冲击静电除尘器、静电强化过滤式除尘器等。如图 6-79 所示为惯性冲击静电除尘器示意图，图 6-80 所示为静电旋风除尘器结构示意图，图 6-81 所示为静电增强纤维逆气流清灰袋式除尘器结构图。

电袋复合式除尘器通常有串联复合式、并联复合式、混合复合式三种类型。

串联电袋复合式除尘器都是电区在前，袋

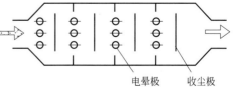

电晕极　收尘极

图 6-79　惯性冲击静电除尘器示意

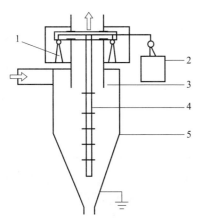

图 6-80　静电旋风除尘器结构示意
1—绝缘子；2—高压电源；3—出气管；
4—放电极；5—收尘极

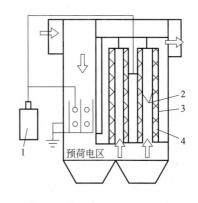

图 6-81　静电增强纤维逆气流清灰袋式
除尘器结构示意
1—电源；2—骨架；3—滤料；4—金属网

区在后，如图 6-82 所示。串联复合也可以上下串联，电区在下，袋区在上，气体从下部引入除尘器。

　　图 6-83 为电区、袋区并联复合式除尘器，电区通道与袋区每排滤袋相间横向排列，气流经分布板进入电区各通道，烟尘在电场通道内荷电后随气流流向孔状极板，部分荷电粉尘沉积在极板上，未被捕集的粉尘进入袋区，过滤后的气体从滤袋内腔流入上部的净气室经净气管排出。

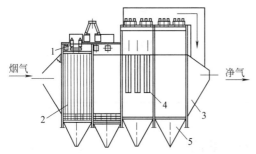

图 6-82　电场区与滤袋区串联排列
1—电源；2—电场；3—外壳；4—滤袋；5—灰斗

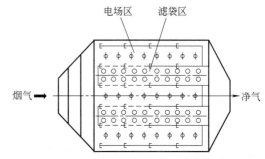

图 6-83　电场区与滤袋区并联排列

　　图 6-84 为混合电袋复合式除尘器，电区、袋区混合配置。在袋区相间增加若干个短电场，气流在袋区水平流动，粉尘反复从电场流向袋场，增强了粉尘的荷电量和捕集率。

二、高梯度磁分离除尘器

　　高梯度磁分离除尘器是一个松散地填装着高饱和不锈钢聚磁钢毛的容器，该容器安装在由螺旋管线圈产生的磁场中，当液体中的污染物对钢毛的磁力作用大于其重力、黏性阻力及惯性力等竞争力时，污染物被截留在钢毛上，分离过程可连续进行；直到通过该分离器的压力降过高或钢毛上过重的负荷降低了对污染物的去除效率为止。然后切断磁路，将钢毛捕集的污染物用干净的流体反冲洗下来，使分离器再生，从而达到从流体中除去污染物的目的。

　　高梯度磁分离除尘技术在处理磁性粉尘中的应用中显示了巨大的优越性和广阔的应用前景，如氧气顶吹转炉烟尘治理中采用高梯度磁滤器，磁介质为钢毛，充填率为 5%～10%。磁感应强度为 2000～8000Gs，气体流速为 7.3～8.2m/s，过滤器厚度 5～10cm，对粒径为

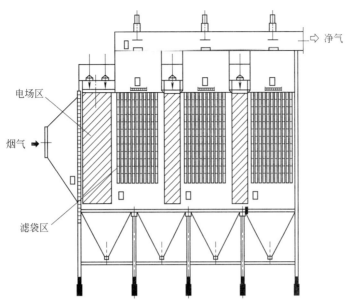

图 6-84　电场区与滤袋区混合排列

$1\mu m$ 以上的粉尘除尘效率达 100%，对粒径为 $0.5\mu m$ 的粉尘除尘效率达 99%，对粒径小于 $0.25\mu m$ 的粉尘除尘效率也在 90% 以上。该除尘器具有体积小、效率高、结构简单、处理量大、维护容易、适应范围广等优点，特别适用于磁性粉尘的除尘。随着超导磁分离技术的发展和完善，将进一步提高磁场强度和梯度，可以更有效地分离弱磁性粉尘和微细颗粒粉尘，扩大分离范围，实现连续工作，大幅度提高粉尘处理量，从而使其应用更加完善。

三、电凝聚除尘器

电凝聚除尘器也称电凝并除尘器。人们在对同极性荷电粉尘在交变电场中的凝并进行研究的基础上，又进行了异极性荷电粉尘在交变电场中的凝并研究。异极性荷电粉尘的库仑凝并除尘器如图 6-85（a）所示，微细粉尘在预荷电区荷以异极性电荷后进入凝并区，在凝并区，带电粉尘在库仑力作用下聚集成较大的颗粒，然后进入收尘区被捕集。同极性荷电粉尘在交变电场中的凝并除尘器如图 6-85（b）所示。粉尘在预荷电区荷以同极性电荷后被引入到加有高压电场的凝并区，荷电尘粒在交变电场力作用下产生往复振动，由于粒子间的相对运动或速度差，使得粒子之间相互碰撞而凝并，最后在收尘区被捕集。异极性荷电粉尘在交

（a）异极性荷电粉尘的库仑凝并除尘器

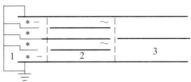

（b）同极性荷电粉尘在交变电场中的凝并除尘器

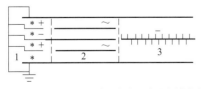

（c）异极性荷电粉尘在交变电场中的凝并除尘器

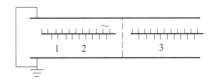

（d）异极性荷电粉尘在交变电场中的双区式电极装置

图 6-85　电凝聚除尘器

1—预荷电区；2—凝并区；3—收尘区

变电场中的凝并除尘器如图 6-85（c）所示，由于采用异极性预荷电方式，加快了异极性荷电粉尘在交变电场中的相对运动，有利于荷电粉尘相互吸引、碰撞、凝并，从而提高了凝并速率。异极性荷电粉尘在交变电场中的凝并还可以采取双区式电极装置形式，如图 6-85（d）所示。研究表明，用图 6-85（b）所示的电凝并除尘器处理 $0.06 \sim 12\mu m$ 的飞灰，收尘效率与常规电除尘器相比提高了 3%，即由 95.1% 增加到 98.1%。

四、高频声波助燃除尘器

声波能促使粉尘互相碰撞，小颗粒碰撞成大颗粒，大颗粒粉尘在含尘气流上升或前进的过程中，依靠本身重力沉淀在锅炉炉膛内。高频声波实现了炉内除尘，故可减少省煤器、空气预热器的堵灰及磨损，也减少了除尘器和引风机的磨损，从而延长了这些设备的使用寿命。对锅炉起除尘消烟作用的主要因素是声压，声压峰值越高，作用越强，作用明显的声压值频率在 $5000 \sim 15000 Hz$。高频声波助燃除尘器已成功应用于工业锅炉，并取得了良好效果，今后有望进一步推广应用于煤粉炉以及工业炉窑中。该技术具有结构简单、安装方便、成本低、使用安全可靠等优点。

第七节　除尘设备的选择与维护

一、除尘设备的选择

选择除尘设备时必须全面考虑有关因素，如除尘效率、压力损失、设备投资、维修管理等，其中最主要的是除尘效率。一般来说，选择除尘器时应该注意以下几个方面的问题。

（1）排放要求　设置除尘系统的目的是保证排至大气的气体含尘浓度能够达到排放标准。因此，排放标准是选择除尘器的首要依据。

对于运行状况不稳定的系统，要注意烟气处理量变化对除尘效率和压力损失的影响。如旋风除尘器除尘效率和压力损失，随处理烟气量的增加而增加；但大多数除尘器（如电除尘器）的效率却随处理烟气量的增加而下降。

（2）粉尘颗粒的物理性质　黏性大的粉尘容易黏结在除尘器表面，不宜采用干法除尘；比电阻过大或过小的粉尘，不宜采用电除尘；纤维性或憎水性粉尘不宜采用湿法除尘；处理磨损性粉尘时，旋风除尘器内壁应衬垫耐磨材料，袋式除尘器应选用耐磨滤料；具有爆炸性危险的粉尘，必须采取防爆措施等。

不同的除尘器对不同粒径颗粒的除尘效率是完全不同的，选择除尘器时必须首先了解欲捕集粉尘的粒径分布，再根据除尘器除尘分级效率和除尘要求选择合适的除尘器。表 6-33 列出了典型粉尘对不同除尘器进行试验后得出的分级效率，可供选用除尘器时参考。实验用的粉尘是二氧化硅粉尘，密度为 $2700 kg/m^3$。

（3）气体的含尘浓度　气体的含尘浓度较高时，在静电除尘或袋式除尘器前应设置低阻力的预除尘设备，去除较大尘粒，以使设备更好地发挥作用。例如，降低除尘器入口含尘浓度，可以防止电除尘器由于粉尘浓度过高而产生电晕闭塞；可以提高袋式除尘器过滤速度；可以减少洗涤式除尘器的泥浆处理量，节省投资及减少运转和维修工作量；可以防止文丘里除尘器喷嘴堵塞和减少喉管磨损等。一般，对文丘里、喷淋塔等湿式除尘器，希望含尘浓度在 $10 g/m^3$ 以下，袋式除尘器的理想含尘浓度为 $0.2 \sim 10 g/m^3$，静电除尘器希望含尘浓度在 $30 g/m^3$ 以下。

（4）含尘气体性质　含尘气体的温度、湿度等性质和气体的组成也是选择除尘设备时必须考虑的因素。对于高温、高湿气体不宜采用袋式除尘器。如果烟气中同时含有 SO_2、NO_x 等气态污染物，可以考虑采用湿式除尘器，但必须注意设备的防腐蚀问题。

表 6-33　除尘器的分级效率

除尘器名称	总效率/%	不同粒径（μm）时的分级效率/%				
		0～5(20%)	5～10(10%)	10～20(15%)	20～44(20%)	>44(35%)
带挡板的沉降室	58.6	7.5	22	43	80	90
普通的旋风除尘器	65.3	12	33	57	82	91
长锥体旋风除尘器	84.2	40	79	92	99.5	100
喷淋塔	94.5	72	96	98	100	100
静电除尘器	97.0	90	94.5	97	99.5	100
文丘里除尘器($\Delta p = 7.5$kPa)	99.5	99	99.5	100	100	100
袋式除尘器	99.7	99.5	100	100	100	100

（5）收集粉尘的处理　有些工厂工艺本身设有泥浆废水处理系统，或采用水力输灰方式，在这种情况下可以考虑采用湿法除尘，把除尘系统的泥浆和废水纳入工艺系统。

（6）其他因素　选择除尘器还必须考虑设备的位置、可利用的空间、环境条件等因素，设备的一次投资（设备费、安装费、基建费）以及日常运行和维修费用等经济因素。表 6-34 给出了常见除尘设备的投资费用和运行费用的比例。值得注意的是，任何除尘系统的一次投资只是总费用的一部分。所以，仅以一次投资作为选择的依据是不全面的，还必须考虑易损配件的价格、动力消耗、维护管理费、除尘器的使用寿命、回收粉尘的利用价值等因素。

表 6-34　常见除尘设备的投资费用和运行费用的比例

除尘器名称	投资费用比例/%	运行费用比例/%	除尘器名称	投资费用比例/%	运行费用比例/%
高效旋风除尘器	50	50	塔式洗涤器	51	49
袋式除尘器	50	50	文丘里洗涤器	30	70
静电除尘器	75	25			

总之，选择除尘器时要结合本地区和使用单位的具体情况，综合考虑各方面的因素。表 6-35 是各种除尘器的综合性能表，可供设计选用除尘器时参考。

表 6-35　常用除尘器的综合性能

除尘器名称	适用的粒径范围/μm	除尘效率/%	压力损失/Pa	设备费用	运行费用
重力沉降室	>50	<50	50～130	少	少
惯性除尘器	20～50	50～70	300～800	少	少
旋风除尘器	5～30	60～70	800～1500	少	中
冲击水浴除尘器	1～10	80～95	600～1200	少	中下
旋风水膜除尘器	>5	95～98	800～1200	中	中
文丘里除尘器	0.5～1	90～98	4000～10000	少	大
静电除尘器	0.5～1	90～98	50～130	大	中上
袋式除尘器	0.5～1	95～99	1000～1500	中上	大

二、除尘器的维护和管理

只有对除尘器进行认真的维护和管理，才能使除尘器处于最佳运行状态，并可延长其使用寿命。

（1）除尘器的运行管理　负责运行和管理除尘器的人员必须经过专门的培训，不仅需要熟悉和严格执行操作规程，而且要具备以下的知识和能力：①熟悉除尘设备进出口气体含尘浓度、尘粒的粒径及其变化范围。②熟悉除尘器的阻力、除尘效率、风量、温度、压力。如采用湿法除尘，还需了解液体的流量、温度、所需压力。③了解各种仪表、设备的性能，并使其处于良好状态。④掌握设备正常运行时的各项指标，如发现异常，能及时分析原因，并能排除故障。

（2）除尘器的维护　运行中的除尘设备经常因磨损、腐蚀、漏气或堵塞等原因致使除尘效率急剧下降，甚至造成事故。为了使除尘器长期保持良好状态，必须定期或不定期地对除尘器及其附属设备进行检查和维护，以延长设备的使用寿命，并保证其运行的稳定性和可靠性。

对机械式除尘器维护的主要项目有：①及时清除除尘器内各处的黏附物和积灰；②修补磨损、腐蚀严重的部分；③检查除尘器各部分的气密性，如发现漏气，应及时修补或更换密封材料。

对电除尘器维护的主要项目有：①定期切断高压电源后对电除尘器进行全面清洗；②随时检查支架、垫圈、电线及绝缘部分，发现问题及时修理或更换；③检查振打装置及传动和电器部分，如有异常及时修复；④检查烟气湿润装置，清洗喷嘴，对磨损严重的喷嘴进行更换。

对洗涤式除尘器维护的主要项目有：①定期清除设备内的淤积物、黏附物；②检查文丘里管、自激式除尘器的喉部磨损、腐蚀情况，对磨损、腐蚀严重的部位进行修补或更换；③对喷嘴进行检查和清洗，及时更换磨损严重的喷嘴。

对过滤式除尘器维护的主要项目有：①修补滤袋上耐磨或耐高温涂料的损坏部分，以保证其性能；②对破损和黏附物无法清除的滤袋进行更换；③对变形的滤袋要进行修理和调整；④清洗压缩空气的喷嘴和脉冲喷吹部分，及时更换失灵的配管和阀门；⑤检查清灰机构可动部分的磨损情况，对磨损严重的部件及时更换。

三、除尘设备的发展

国内外除尘设备的发展主要表现在以下几个方面。

（1）发展高效率除尘设备　由于各国对烟尘排放浓度要求越来越严格，世界各地趋于发展高效率的除尘器。在工业大气污染控制中，电除尘器与袋式除尘器占了压倒优势。日本除尘设备销售额中，电除尘器及袋式除尘器分别占 45.5％及 44％，而湿式除尘器仅为 5.5％，旋风除尘为 2.1％。我国新增发电设备中，主要以 30 万千瓦以上大容量机组为主。为使大容量机组的风机不磨损，保证安全经济发电，要求经除尘后的烟气含尘浓度控制在较低水平。20 世纪 90 年代以后，我国新建火电机组和许多老的改造机组大量配备电除尘器，设计除尘效率也由 98％～99％提高到 99.2％～99.7％。不少国家的排放标准规定，燃煤烟气排放到大气环境中的浓度不得高于 $50mg/m^3$。目前，只有电除尘器和袋式除尘器才能够达到如此高的除尘效率。

（2）发展处理烟气量大的除尘设备　当前，工艺设备朝大型化发展，相应需处理的烟气量也大大增加。如 500t 平炉的烟气量达 $50×10^4m^3/h$ 之多，600MW 发电机组锅炉烟气量达 $2.3×10^6m^3/h$，只有大型除尘设备才能满足要求。国外电除尘器已经发展到 500～600m²，大型袋式除尘器的处理烟气量每小时可达几十万到数百万立方米，上万条滤袋集中在一起形成"袋房"，由于扁袋占用空间少，这种除尘设备正得到迅速发展。

（3）着重研究提高现有高效除尘器的性能　国内外对电除尘器的供电方式、各部件的结构、振打清灰、解决高比电阻粉尘的捕集等方面做了大量工作，从而使电除尘器运行可靠，效率稳定。对于袋式除尘器着重于改进滤料及其清灰方式，使其适宜于高温、大烟气量的需要，扩大应用范围。湿式除尘器除了继续研究高效文丘里管除尘器外，主要研究低压降、低能耗以及污泥回收利用设备。

（4）发展新型除尘设备　宽间距或脉冲高压电除尘、环形喷吹袋式除尘器、顺气流喷吹袋式除尘器等，都是近 20 年来发展起来的新型除尘设备。多种除尘机理共同作用的新型除尘设备也发展迅速，如带电水滴湿式洗涤器、带电袋式除尘器等。此外，还有利用高压水喷射、高压蒸汽喷射的除尘设备。但燃煤电厂的煤越磨越细，煤的含硫量越来越低，排放标准越来越严格，开发高效、低能耗的新型除尘器已势在必行。

（5）重视除尘机理及理论方面的研究　工业发达国家大都建立了一些能对多种运行参数进行大范围调整的试验台，研究现有各种除尘设备的基本规律、计算方法，作为设计和改进设备的依据；另一方面，探索一些新的除尘机理，并逐步应用到除尘设备中去。电子计算机技术也逐步应用到除尘技术领域，使除尘设备的研究和应用提高到一个新的水平。

思　考　题

1. 有一个两级除尘系统，已知系统的流量为 $2.22m^3/s$，工艺设备产生粉尘量为 $2.22g/s$，各级除尘效率分别为 80% 和 95%。试计算该除尘系统的总除尘效率、粉尘排放浓度和排放量。

2. 用旋风除尘器处理热烟气，根据现场实测得到如下数据：除尘器进口烟气温度 $388K$，体积流量为 $9500m^3/h$，含尘浓度 $7.4g/m^3$，静压强为 $350Pa$（真空度）；除尘器出口气体流量为 $9850\ m^3/h$，含尘浓度 $420mg/m^3$。已知该除尘器的入口面积为 $0.18\ m^2$，阻力系数为 8.0。

试求：①该除尘器的漏风率是多少？②该除尘器的除尘效率。③运行时的压力损失。

3. 某锅炉烟气排放量为 $Q=3000m^3/h$，烟气温度 $t=150℃$，烟尘的真密度 $\rho_p=2150kg/m^3$。重力沉降室内流体速度 $v=0.28m/s$，沉降室高度 $H=1.5m$，流体黏度系数 $\mu=2.4\times10^{-5}Pa\cdot s$。若气体密度忽略不计，要求能全部除去 $d_p=35\mu m$ 以上的烟尘，试设计该重力沉降室。

4. 某旋风除尘器的阻力系数为 9.9，进口速度 $15m/s$，试计算标准状态下的压力损失。

5. 已知烟气处理量 $Q=5600m^3/h$，烟气密度 $1.2kg/m^3$，允许压力损失为 $800Pa$，若选用 XLP/A 型旋风除尘器，试确定其主要尺寸。

6. 拟选用逆气流反吹清灰袋式除尘器处理烟气，过滤风速为 $1.0m/min$，烟气的体积流量为 $28260\ m^3/h$，初始含尘量为 $0.6g/m^3$，除尘后含尘量为 $100mg/m^3$，若每条滤袋的直径 $d=15cm$，长度 $l=200cm$。试计算：①粉尘负荷；②除尘效率；③滤袋面积；④滤袋数。

7. 某工厂用涤纶布做滤袋的逆气流清灰袋式除尘器处理含尘气体，若含尘气流量（标准状态）为 $12000m^3/h$，粉尘浓度为 $5.6g/m^3$，烟气性质近似空气，温度为 $393K$。试确定：①过滤速度；②过滤负荷；③除尘器压力损失；④滤袋面积；⑤滤袋尺寸及个数；⑥清灰制度（袋式除尘器压力损失不超过 $1200Pa$）。

8. 某石墨厂拟用袋式除尘器处理含尘气体，气体流量为 $6000m^3/h$，根据车间条件，滤袋直径为 $120mm$，滤袋长度为 $2500mm$，分别按逆气流反吹清灰和脉冲喷吹清灰袋式除尘器计算所需的滤袋数量。

9. 对于粉尘颗粒在液滴上的捕集，一个近似的表达式为

$$\eta=\exp[-(0.018M^{0.5+R}/R-0.6R^2)]$$

其中，M 为碰撞数的平方根，$R=d_p/d_D$，对于密度为 $2g/m^3$ 的粉尘，相对于液滴运动的初速度为 $30m/s$，流体温度为 $297K$，试计算粒径：①$10\mu m$；②$50\mu m$ 的粉尘在直径为 $50\mu m$、$100\mu m$、$500\mu m$ 的液滴上的捕集效率。

10. 设计一个带有旋风分离器的文丘里洗涤器，用来处理锅炉在 1atm（1atm=$101.325kPa$）和 $510.8K$ 条件下排出的烟气。其流量为 $71m^3/s$，要求压降为 $152.4cmH_2O$，以达到要求的处理效率。试估算洗涤器的尺寸。

11. 设计一静电除尘器用来处理石膏粉尘。若处理风量为 $120000m^3/h$，入口含尘浓度

为 $68g/m^3$，要求出口含尘浓度降为 $180mg/m^3$。试计算该除尘器所需集尘板面积。

12. 板间距为 25cm 的板式静电除尘器的分割直径为 $0.9\mu m$，使用者希望总效率不小于 98%，有关法规规定排气中含尘量不得超过 $0.1g/m^3$。假定入口粉尘浓度为 $30g/m^3$，且粒径分布如下。

质量百分比范围/%	0～20	20～40	40～60	60～80	80～100
平均粒径/μm	3.5	8.0	13.0	19.0	45.0

假定德意希方程的形式为 $\eta=1-e^{-kd_p}$，其中 η 为捕集效率；k 为经验常数；d_p 为颗粒直径。试确定：①该除尘器效率能否等于或大于 98%；②出口处烟气含尘浓度能否满足有关法规要求；③能否满足使用者需要。

13. 若用板式电除尘器处理含尘气体，集尘极板的间距为 300mm，若处理风量为 $6000m^3/h$ 的除尘效率为 96.5%，入口含尘浓度为 $9.8g/m^3$，试计算：①出口含尘气体浓度；②有效驱进速度；③若处理风量增加到 $8500m^3/h$ 时的除尘效率。

14. 一锅炉安装两台电除尘器，每台处理量为 $150000m^3/h$，集尘板面积为 $1300m^2$，除尘效率为 98%。试计算：①有效驱进速度；②若只用一台除尘器处理全部烟气，该除尘器的除尘效率为多少？

15. 用一管式电除尘器处理含尘气体，其体积流量为 $350m^3/h$，若管式集尘极的直径为 320mm，烟尘颗粒的有效驱进速度为 12.8cm/s，若保证除尘效率达到 98.2%，那么集尘极管的长度为多少？

第七章 废气净化设备

第一节 吸 收 设 备

一、废气吸收净化机理与吸收液的选用

1. 吸收过程的气液平衡

当混合气体中的可吸收组分（溶质）与吸收剂接触时，部分溶质向吸收剂进行质量传递（吸收过程），同时也发生液相组分向气相逸出的质量传递过程（解吸过程）。在一定的温度和压力下，吸收过程的传质速率等于解吸过程的传质速率，气液两项就达到了动态平衡，简称相平衡。

① 气体在液体中的溶解度　气体的溶解度与气体和溶剂的性质有关，并受温度和压力的影响。降温和加压有利于吸收，而升温或减压有利于解吸。

② 亨利定律　物理吸收时，常用亨利定律来描述气液相间的相平衡关系。当总压不高（一般约小于 $5 \times 10^5 Pa$）时，在一定温度下，稀溶液上方的溶质分压与该溶质在液相中的摩尔分数成正比，即

$$p^* = Ex \tag{7-1}$$

式中　p^*——溶质在气相中的平衡分压，Pa；

E——亨利系数，Pa；

x——溶质在液相中的摩尔分数。

由于互为平衡的气液两相组成可采用不同的表示法，因而亨利定律有不同的表达方式。最常见的另两种表示方式为：$p^* = c/H$ 或 $y^* = mx$，其中 H 称为溶解度系数，单位为 $mol/(m^3 \cdot Pa)$；m 为相平衡常数，无量纲；c 为平衡浓度，单位为 mol/m^3。

在吸收计算时，常需要将一种单位形式表示的亨利系数和浓度换算成另一种单位所表示的亨利系数和浓度。亨利系数由实验测定，常见物系的亨利系数也可以从有关手册中查得。

③ 传质吸收过程的判断　相平衡是传质过程质量传递的动态平衡。若气相中溶质的组分浓度 y 高于气液相平衡时气相组分的平衡浓度 y^*，即 $y > y_i^*$，则传质过程为吸收过程。相反 $y < y_i^*$ 时，则为脱吸过程。若液相中溶质的浓度 x 低于液相中溶质的平衡浓度 x^*，即 $x < x_i^*$ 时，传质过程为吸收过程。反之，$x > x_i^*$ 时，传质过程为脱吸过程。

④ 化学吸收　气体溶于液体时，若发生化学反应，则被吸收组分的气液平衡关系应服从相平衡关系，同时又服从化学平衡关系。这就使得化学吸收的速率关系十分复杂。总的来说，发生化学反应会使吸收速率得到不同程度的提高，但提高的程度又依不同情况有很大差异。当液相中活泼组分的浓度足够大，而且发生的是快速不可逆反应时，溶质组分进入液相后立即反应而消耗掉，则界面上的溶质分压为零，吸收过程速率为气膜中的扩散阻力所控制，可按气膜控制的物理吸收计算。

2. 吸收理论

气液两相间物质传递过程理论较成熟的是双膜理论，它适用于物理吸收及气液相反应。图 7-1 为双膜理论的示意图，气液两相接触时，存在一个相界面。在相界面两侧分别存在着呈层流流动的稳定膜层，溶质必须以分子扩散的方式连续通过这两个膜层。膜层的厚度主要随流速而变，流速愈大，厚度愈小，在相界面上气液两相互成平衡，界面不存在浓度梯度，

浓度梯度全部集中在两个膜层内，这样整个吸收过程的传质阻力就简化为仅由两层薄膜组成

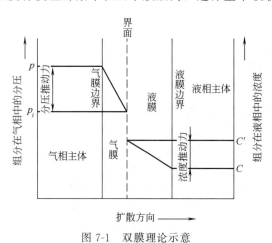

图 7-1 双膜理论示意

的扩散阻力。因此，气液两相间的传质速率取决于通过气膜和液膜的分子扩散速度。气膜阻力和液膜阻力的大小取决于溶质的溶解度系数 H。对于易溶气体，H 较大，总阻力近似等于气膜阻力，这种情况称为气膜控制。对于难溶气体，H 较小，总阻力近似等于液膜阻力，这种情况称为液膜控制，对于中等溶解度气体，气膜阻力和液膜阻力处于同一数量级，两者皆不能忽略。

3. 吸收液的选用

吸收操作的成功与否在很大程度上取决于溶剂的性质，特别是溶剂与气体混合物之间的相平衡关系。评价溶剂优劣的主要依据应包括：溶剂应对混合气体中的溶质有较大的溶解度；应具有较高的选择性；溶质在溶剂中的溶解度应对温度的变化比较敏感；溶剂的蒸气压要低，（即挥发度要小），以减少吸收和再生过程中溶剂的挥发损失。除此之外，溶剂还应满足经济和安全条件。实际上很难找到一个理想的溶剂能满足所有这些条件，因此，应对可供选用的溶剂做全面的评价以做出合理的选择。

二、吸收设备的基本要求与型式

1. 对吸收设备的基本要求

为了强化吸收过程，降低设备的投资和运行费用，吸收设备必须满足以下基本条件。①气液两相之间有较大的接触面积和一定的接触时间；②气液之间扰动强烈，吸收阻力小、吸收效率高；③操作稳定，并有合适的操作弹性；④气流通过时的压降小；⑤结构简单，制作维修方便，造价低廉；⑥针对具体情况，要求具有抗腐能力。

2. 吸收设备的分类

吸收过程发生在气液两相的界面上，界面的状况对吸收过程有着决定性影响。吸收设备的主要功能就在于提供较大的并能迅速更新的相接触表面，对各种吸收设备进行分类时，主要根据气液两相界面形成的原理，依此，吸收设备可以分为三类：①具有固定相界面的吸收设备；②在气液两相流动过程中形成相界面的吸收设备；③有外部能量引入的吸收设备。上述三类吸收设备中所包含的典型设备见表 7-1。

表 7-1 吸收设备的分类

具有固定相界面的吸收设备	在气液两相流动过程中形成相界面的吸收设备	有外部能量引入的吸收设备
陶瓷吸收塔 石英管吸收塔 石墨管吸收塔 列管式湿壁吸收塔	填料吸收塔 湍流塔吸收器 筛板吸收塔 泡罩吸收塔 穿流式孔板吸收塔 泡沫吸收塔	带有机械搅拌的卧式吸收器 喷淋式吸收器

气态污染物吸收净化过程一般处理一些低浓度的组分，且气体量大，因而多选用气相为连续相，湍流程度较高、相界面大的吸收设备。最常用的是填料塔，其次是板式塔，此外还有喷淋塔和文丘里吸收器。

三、吸收塔的选用与计算

1. 填料塔

填料塔是一种重要的气液传质设备。它结构简单，塔内填充一定高度的填料，下方有支撑板，上方为填料压板及液体分布装置，如图 7-2 所示。液体自填料层顶部分散后沿填料表面压板流下而湿润填料表面。气体在压强差推动下，通过填料间的空隙，由塔的一端流向另一端。气液两相间的传质通常在填料表面的液体与气体间的界面上进行。填料塔不仅结构简单，且阻力小，便于用耐腐蚀材料制造等优点，尤其对于直径较小的塔更具优势。处理腐蚀性的物料，填料塔表现出良好的优越性。另外，对于液气比很大的吸收操作，若采用板式塔，则降液管将占用过多的塔截面积，此时应采用填料塔。

（1）填料　填料的种类很多，大体可分为实体填料与网体填料两大类。实体填料包括环形填料（如拉西环、鲍尔环、阶梯环）、鞍形填料（如弧鞍、矩鞍）、栅板填料及波纹填料等。网体填料主要由金属丝网制成的各种填料（如鞍形网、θ 网、波纹网等）。填料的结构特性参数主要有公称直径、比表面积、孔隙率、堆积密度、填料因子等。具体填料的形状和结构特性参数列于表 7-2 中。

为使填料塔发挥良好的效能，填料应符合以下几项要求：要有较大的比表面积、较高的空隙率、良好的润湿性能及有利于液体均匀分布的形状，单位体积的质量要轻，造价低廉，坚固耐用，不易堵塞，有足够的机械强度。另外还要求对于气液两相介质都有良好的化学稳定性等。

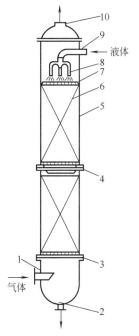

图 7-2　填料塔结构简图
1—气体入口；2—液体出口；3—支撑栅板；
4—液体再分布器；5—塔壳；6—填料；
7—填料压网；8—液体分布装置；
9—液体入口；10—气体出口

填料选择主要是选择填料类型、尺寸和材质。填料的通过能力是指填料的极限通过能力（关系到液泛的空塔气速），各种填料的相对通过能力，可对比其液泛气速求得。根据实验数据，几种常用填料在相同压力降时，通过能力为：拉西环＜矩鞍环＜鲍尔环＜阶梯环＜鞍环。所选填料的直径要与塔径符合一定比例，若填料直径与塔径比过大，容易造成液体分布不良。一般来说，塔径与填料直径之比 D/d 有下限而没有上限。因此，计算所得的 D/d 值不能小于表 7-3 中的最小值，否则应改选较小的填料进行调整。对于一定的塔径，满足直径比下限的填料可能有几种尺寸，因此尚需按经济因素进行选择。填料的材质主要有陶瓷、塑料和不锈钢三种，材料的选择主要依据物系特性，如腐蚀性物料就不能选择钢质材料。

（2）液体分布装置　填料塔的正常操作要求在任一塔截面上保证气液的均匀分布。气速的均匀分布取决于液体的分布均匀程度。因此，液体在塔顶的初始均匀分布是保证填料塔达到预期分离效果的重要条件。液体均匀分布装置的结构型式很多，现将常用的几种介绍如下。

① 管式喷淋器　图 7-3 为管式喷淋器的示意图，其中（a）为弯管式；（b）为直管缺口式；（c）为多孔直管式；（d）为多孔盘管式。前两种分布器分布的均匀性较差，适用于直径在 0.3m 以下的小塔，为避免液体直接冲击填料可在液体流口下方设一溅液板。后两种型式

表 7-2　环形、矩鞍填料结构特性参数（摘录）

类别和材质	公称直径 d_p/mm	高×厚$(H×\delta)$/mm	比表面积 σ/(m²/m³)	孔隙率 ε/(m³/m³)	个数 n/(个/m³)	堆积密度 ρ_p/(kg/m³)	干填料因子 (a/ε^2)/m⁻¹	填料因子 φ/m⁻¹
瓷拉西环	6.4	6.4×0.8	789	0.73	3110000	737	2030	2400
	8	8×1.5	570	0.64	1465000	600	2170	2500
	10	10×1.5	440	0.70	720000	700	1280	1500
	15	15×2	330	0.70	250000	690	960	1020
	16	16×2	305	0.73	192500	720	784	900
	25	25×2.5	190	0.78	49000	505	400	450
	40	40×4.5	126	0.75	12700	577	305	350
	50	50×4.5	93	0.81	6000	457	177	220
	80	80×9.5	76	0.68	1910	714	243	280
钢拉西环	6.4	6.4×0.3	789	0.73	3110000	2100	2030	2500
	8	8×0.3	630	0.91	1550000	750	1140	1580
	10	10×0.5	500	0.88	800000	690	740	1000
	15	15×0.5	350	0.92	248000	660	460	600
	25	25×0.8	220	0.92	55000	640	290	390
	35	35×1	150	0.93	19000	570	190	260
	50	50×1	110	0.95	7000	430	130	175
	76	76×1.6	68	0.95	1870	400	80	105
钢鲍尔环	16	16×0.46	341	0.93	20900	605	424	230
	25	25×0.6	207	0.94	49600	490	249	158
	38	38×0.76	128	0.95	13300	425	149	92
	50	50×0.9	102	0.96	6040	393	119	66
塑料鲍尔环	16	16×1.1	341	0.87	214000	118	518	318
	25	25×1	207	0.90	50100	89.7	284	171
	38	38×1	128	0.91	13600	77.5	170	105
	50	50×1.8	102	0.92	6360	73	131	82
瓷阶梯环	50	30×5	108.8	0.787	9091	516	223	—
	50	30×5	105.6	0.774	9300	483	278	—
	76	45×7	63.4	0.795	2517	420	126	—
钢阶梯环	25	12.5×0.6	220	0.93	97160	439	273.5	230
	38	19×0.6	154.3	0.94	31890	475.5	185.5	118
	50	25×1	109.2	0.95	11600	400	127.4	82
塑料阶梯环	25	12.5×1.4	228	0.90	81500	97.8	312.8	172
	38	19×1.0	132.5	0.91	27200	57.5	175.8	116
	50	25×1.5	114.2	0.927	10740	54.3	143.1	100
	76	37×3	90	0.929	3420	68.4	112.3	—
陶瓷矩鞍环	16	12×2.2	378	0.710	369896	686	1055	1000
	25	20×3.0	200	0.772	58230	544	433	300
	38	30×4	131	0.704	19680	502	252	270
	50	45×5	103	0.782	8710	470	216	122
	76	53×9	76.3	0.752	2400	537.7	179.4	—
塑料矩鞍环	16	12×0.69	461	0.806	365100	167	879	1000
	25	19×1.05	283	0.847	97680	133	473	320
	76	—	200	0.885	3700	104.4	289	96

表 7-3　塔径与料径之比的最小值

填料种类	$(D/d)_{min}$	填料种类	$(D/d)_{min}$
拉西环	20～25	矩鞍环	8～10
金属鲍尔环	8		

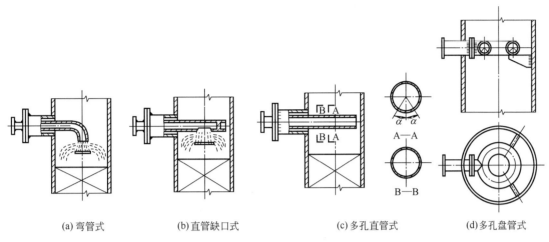

(a)弯管式　　　(b)直管缺口式　　　(c)多孔直管式　　　(d)多孔盘管式

图 7-3　管式喷淋器

均可在管子底部钻 2～4 排直径为 3～6mm 的小孔，并使孔的总面积大致与管截面积相等。多孔直管式用于直径为 0.6m 以下的塔，多孔盘管式用于直径 1.2m 以下的塔。

② 莲蓬头式喷淋器　图 7-4 为常用的莲蓬头式喷淋器。莲蓬头直径 D 通常取塔径的 1/5～1/3；球面半径为 $(0.5～1.0)D$；喷洒角 $\alpha<80°$。喷洒外圈距塔壁 70～100mm，小孔直径为 3～10mm。莲蓬头式喷淋器一般用于直径小于 0.6m 的塔。

③ 盘式分布器　图 7-5 为盘式分布器示意图，液体从进口管加到分布盘上，盘上装有筛孔或溢流管，使液体通过这些筛孔或溢流管分布在整个塔截面上。这种分布器适用于直径大于 0.8m 的塔。

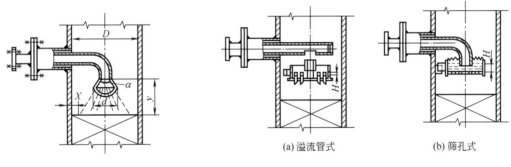

图 7-4　莲蓬头式喷淋器　　　　　　　　(a)溢流管式　　　　(b)筛孔式

图 7-5　盘式分布器

（3）液体再分布器　填料层高度较高时，会出现壁流现象，壁流是因为塔壁的形状与填料形状的差异而导致流动阻力在壁面处小于中心处，液体会向壁面集中。任何程度的壁流都会降低吸收效率。液体再分布器是用来改善塔壁效应的，在每隔一定高度的填料层上设置一再分布器，将沿塔壁流下的液体导向填料层内。图 7-6 为常用的截锥式液体再分布器。（a）图的截锥内没有支撑板，能全部堆放填料，不占空间；（b）图设有支撑板，截锥下一段距离再堆放填料，可以分段卸出填料；（c）图为升气管式支撑板，适用较大直径的塔。

设置液体再分布器的填料高度由经验确定。一般为了避免出现壁流现象，若填料层的总高度与塔径之比超过一定界限，则填料需要分段填装，各填料段之间加装液体再分布器。每个填料段的高度 Z_0 与塔径 D 之比 Z_0/D 的上限列于表 7-4。对于直径在 400mm 以下的小

255

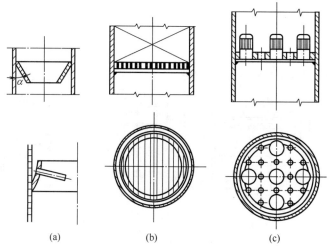

图 7-6 液体再分布器

塔，可取较大的值，对于大直径的塔，每个填料段的高度不应超过 6m，否则将严重影响填料的表面利用率。

表 7-4 填料段高度的最大值

填料种类	$(Z_0/D)_{max}$	Z_0/m	填料种类	$(Z_0/D)_{max}$	Z_0/m
拉西环	2.5～3	≤6	矩鞍环	5～8	≤6
金属鲍尔环	5～10	≤6			

（4）填料的支撑装置　填料支撑结构要有足够的强度、刚度和足够的自由截面，使支撑处不首先造成液泛。

① 栅板　栅板是填料塔中最常用的支撑装置。栅板的结构如图 7-7 所示，设计从以下两点考虑：a. 栅板必须有足够的自由截面，具体应大于或等于填料层的自由截面；b. 根据截面大小，栅板可制成整块的或分块的。对直径小于或等于 500mm 的塔，采用整块式栅板，尺寸可在表 7-5 中选取。表 7-5 的使用条件不符合时，可通过计算确定栅条尺寸，计算依据栅条的强度条件：

$$\sigma = \frac{HL^2 t\rho_s g}{(s-C)(h-C)^2} \leqslant [\sigma] \tag{7-2}$$

式中　σ——栅板承受应力，Pa；

$\quad\quad H$——填料高度，m；

$\quad\quad L$——栅条长度，m；

$\quad\quad t$——栅条间距，m；

$s，h$——栅条的宽和高，m；

$\quad\quad C$——腐蚀裕度，m；

$\quad\quad \rho_s$——填料密度，kg/m^3；

$\quad\quad [\sigma]$——许用应力，Pa。

当已知栅条材料、厚度 s 和腐蚀裕度 C 时，栅条高度 h 按下式计算。

$$h \geqslant \sqrt{\frac{HL^2 t\rho_s g}{(s-C)[\sigma]}} + C \tag{7-3}$$

表 7-5　栅板结构尺寸

(a)整块式栅板结构尺寸

塔径/mm	填料直径/mm	栅板尺寸/mm				支持圈/mm		
		D	$h \times s$	栅条数	t	b	δ 碳钢	不锈钢
400	15	380	30×6	20	18	30	6	4
	25			14	25			
450	25	430	30×6	16	25	30	6	4
500	25	480	30×6	18	25	40	6	4

(b)分块式栅板结构尺寸

塔径/mm	栅板分块数	填料直径/mm	栅板尺寸/mm			栅板Ⅰ/mm			栅板Ⅱ/mm			支持圈数量	支持圈/mm		
			D	$h \times s$	t	l	栅条数	连接板长度	l	栅条数	连接板长度		b	δ 碳钢	不锈钢
600	2	25	580	40×6	25				289	11			50	8	6
		50			45					6					
700	2	25	680	40×6	25				339	13			50	8	6
		50			45					7					
800		25	780	50×6	25				389	15			50	8	6
		50			45					8					
900	3	25	880	50×6	25	270	11	270	303	11	260		50	8	6
		50			45		6			6					
1000	3	25	980	50×8	28	388	14	388	294	10	250	6	50	10	8
		50			48		8			6					
1200		25	1180	60×10	30	388	13	388	388	12	330	6	60	10	8
		50			50		8			7					
1400	4	25	1380	60×10	30	299	10	299	388	12	330	8	60	10	8
		50			50		6			7					
1600		25	1580	60×10	30	388	13	388	388	12	330	8	60	10	8
		50			50		8			7					

　　② 气体喷射式支撑板　气体喷射式支撑板对气体和液体提供了不同的通道，既避免了液体在板上积累，又有利于气体的均匀再分配。气体喷射式支撑板有两种类型：钟罩型和梁型，钟罩型无论在强度还是空隙率方面均不如梁型优越。梁型气体喷射式支撑板可提供超过100％的自由截面，由于支承凹凸的几何形状，填料装入后仅有一小部分开孔被填料堵塞，从而保证了足够大的有效自由截面，此外，凹凸的形状还有助于提高支撑板的刚度和强度。

　　(5) 填料层高度的计算　计算填料层高度的方法很多，但无论什么方法都涉及传质系数的确定，传质系数尽管已有多种关联式，但与实际出入仍较大，因此在设计中取实验数据比较准确。计算填料层高度常用以下两种方法。

　　① 传质单元法　填料层高度 Z＝传质单元高度×传质单元数

　　② 等板高度法　填料层高度 Z＝等板高度×理论板层数

　　具体的传质单元数、传质单元高度、等板高度和理论板层数可参阅相关手册。

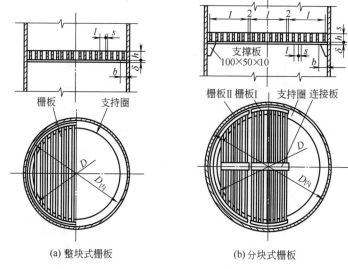

图 7-7　栅板结构

（6）填料塔直径的计算　塔径取决于操作气速，操作气速可由填料塔的液泛速度来决定。液泛速度的影响因素很多，其中包括气体和液体的质量速度、气体和液体的密度、填料的比表面积以及空隙率等。因此，应首先确定泛点气速。目前，工程设计中较常用的是埃克特通用关联图法，此法所关联的参数较全面，可靠性较高，计算并不复杂。图 7-8 所示为埃克特通用关联图，此图适用于乱堆的拉西环、弧鞍形填料、鲍尔环等。图中还绘制了拉西环和弦栅填料两种整砌填料的泛点曲线。

对常用填料，从泛点气速 u_f 计算实际操作气速及压降，可从下列经验数据选取与检验：拉西环填料：$u=60\%\sim80\%u_f$；弧鞍形填料 $u=65\%\sim80\%u_f$；矩鞍形填料 $u=65\%\sim85\%u_f$；花环形填料：$u=75\%\sim100\%u_f$。

塔径的计算公式为

$$D=\sqrt{\dfrac{V}{\dfrac{\pi}{4}u}}=\sqrt{\dfrac{4V}{\pi u}} \tag{7-4}$$

式中　V——气体的体积流量，m^3/s。

泛点气速是填料塔操作气速的上限。填料塔的适宜空塔气速必须小于泛点气速，一般空塔气速可取泛点气速的 $50\%\sim85\%$。选择较小的气速，压降和动力消耗小，操作弹性大，但塔径要大，设备投资高而生产能力低。低气速不利于气液充分接触，使分离效率低，若选用接近泛点的过高气速，则不仅压降大，而且操作不平稳，难于控制。所以，对于泛点率的选择需由具体情况决定。塔径算出后，应按压力容器公称直径标准进行圆整，重新计算泛点率。在算出塔径后，还应知道塔内的喷淋密度是否大于最小喷淋密度，若喷淋密度过小，可采用增大回流比或采用液体再循环等方法加大液体流量，或在许可的范围内减小塔径，或适当增加填料层高度予以补偿，必要时需考虑采用其他塔型。

填料塔的最小喷淋密度与填料的比表面积 σ 有关，其关系式为

$$U_{min}=q_{w,min}\sigma \tag{7-5}$$

式中　σ——填料的比表面积，m^2/m^3；

U_{min}——最小喷淋密度，$m^3/(m^2\cdot h)$；

$q_{w,min}$——最小润湿速度，$m^3/(m^2\cdot h)$。

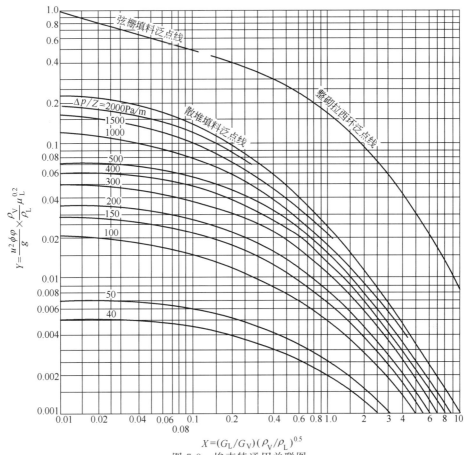

图 7-8　埃克特通用关联图

图中　u——空塔气速，m/s；

　　　φ——填料因子，m^{-1}；

　　　ϕ——液体密度校正系数，等于水的密度与液体密度之比，即 $\phi = \rho / \rho_L$；

G_V、G_L——分别为气相、液相的质量流量，kg/h；

ρ_V、ρ_L——分别为气体与液体的密度，kg/m^3；

　　　μ_L——液体的黏度，mPa·s。

由式（7-5）可以看出，填料的比表面积 σ 越大，所需最小喷淋密度的数值越大，对于直径不超过 75mm 的拉西环及其他填料，可取最小喷淋密度 $q_{w,min}$ 为 $0.08m^3/(m^2 \cdot h)$，对于直径大于 75mm 的环形填料，最小喷淋密度应取 $0.12m^3/(m^2 \cdot h)$。此外，为保证填料润湿均匀，还应注意使塔径与填料尺寸之比在 8 以上。

例 7-1　某矿石焙烧炉送出气体冷却到 20℃ 后通入填料吸收塔中，用清水洗涤以除去其中的 SO_2，已知吸收塔塔内为常压，入塔的炉气气体流量为 $1000m^3/h$，炉气的平均分子量为 32.16kg/kmol，洗涤用水耗用量为 22.6t/h，吸收塔采用 25mm×25mm×2.5mm 的陶瓷拉西环以散堆方式充填。若取空塔气速为泛点气速的 73%，试计算塔径，并核对液体的喷淋密度，并求单位高度填料层的压降。

解： ① 求泛点气速 u_f：

炉气的质量流量为　　　　　$G_V = \dfrac{1000}{22.4} \times \dfrac{273}{273+20} \times 32.16 = 1338$（kg/h）

炉气的密度为　　　　　　　$\rho_V = \dfrac{1338}{1000} = 1.338$（$kg/m^3$）

清水的密度 $\qquad \rho_{L} = 1000$ （kg/m³）

则 $\qquad \dfrac{G_{L}}{G_{V}}\left(\dfrac{\rho_{V}}{\rho_{L}}\right)^{0.5} = \dfrac{22600}{1338}\left(\dfrac{1.338}{1000}\right)^{0.5} = 0.618$

由散堆填料泛点线可查出，横坐标为 0.618 时的纵坐标值为 0.035，即

$$u_{f}^{2}\dfrac{\varphi\phi\rho_{V}\mu_{L}^{0.2}}{g\rho_{L}} = 0.035$$

查表 7-2 得知 25mm×25mm×2.5mm 陶瓷拉西环（散堆）的填料因子 $\varphi = 450\text{m}^{-1}$，液相为清水，液体密度校正系数 $\phi = 1$，水的黏度 $\mu_{L} = 1.005\text{mPa·s}$。泛点气速为

$$u_{f} = \sqrt{\dfrac{0.035g\rho_{L}}{\varphi\phi\rho_{V}\mu_{L}^{0.2}}} = \sqrt{\dfrac{0.035\times9.81\times1000}{450\times1\times1.338\times1.005^{0.2}}} = 0.755 \text{（m/s）}$$

取空塔气速为泛点气速的 73%，即

$$u = 0.73u_{f} = 0.73\times0.755 = 0.551 \text{（m/s）}$$

则 $\qquad D = \sqrt{\dfrac{4\times1000/3600}{\pi\times0.551}} = 0.80 \text{（m）}$

依式 (7-5) 计算最小喷淋密度，因填料尺寸小于 75mm，故取 $q_{w,min} = 0.08\text{m}^3/(\text{m}^2\cdot\text{h})$，则

$$U_{min} = q_{w,min}\sigma = 0.08\times190 = 15.2 \text{ [m}^3/(\text{m}^2\cdot\text{h})]$$

式中，$\sigma = 190\text{m}^2/\text{m}^3$ 由表 7-2 中查得。

操作条件下的喷淋密度为

$$U = \dfrac{22600}{1000}\bigg/\left(\dfrac{\pi}{4}0.8^2\right) = 45 \text{ [m}^3/(\text{m}^2\cdot\text{h})]$$

② 求单位填料层的压降

先计算填料塔操作点的坐标数值。

纵坐标：$u^{2}\dfrac{\varphi\phi\rho_{V}\mu_{L}^{0.2}}{g\rho_{L}} = 0.73^{2}\times0.035 = 0.0187$；

横坐标：$\dfrac{G_{L}}{G_{V}}\left(\dfrac{\rho_{V}}{\rho_{L}}\right)^{0.5} = 0.618$

在图 7-8 中依据两数值确定塔的操作点。此点位于 $30\times9.81\text{Pa/m}\sim40\times9.81\text{Pa/m}$ 两条等压线之间，采用内插法可求单位填料层的压降约为 380Pa/m。

2. 板式塔

板式塔的基本结构（以泡罩塔为例）如图 7-9 所示。塔板上有若干自下而上通气用的短管，用圆形的罩盖上，罩的下沿开有小孔或齿缝。操作时液体进入塔顶的第一层板，沿板面从一侧流到另一侧，越过出口堰的上沿，落到降液管到达第二层板，如此逐板下流。溢流堰使板上液面维持一定的高度，足以将泡罩下沿的小孔淹没。气体从塔底通到最底一层板下方，经由板上的升气管逐板上升。

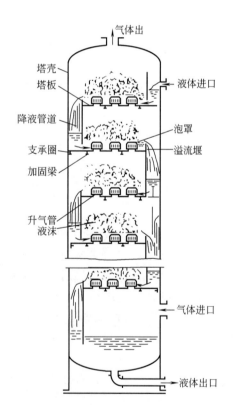

图 7-9　板式塔基本结构

由于板上的液层存在，气体通过每一层分散成很多气泡使液层成为泡沫层，从液面升起时又带出一些液沫，气泡和液沫的生成为两相接触提供了较大的界面面积。并造成一定的湍动，有利于传质速率的提高。

（1）泡罩塔　泡罩塔塔板上的主要部件是泡罩。它呈钟形支在塔板上，下沿有长条形或椭圆形小孔，或做成齿缝状，均与板面保持一定的距离。罩内覆盖着一段很短的升气管，升气管的上口高于罩下沿的小孔或齿缝。塔板下方的气体经升气管进入罩内之后，折向下到达罩与管之间的环形空隙，然后从罩下沿的小孔或齿缝分散成气泡而进入板上的液层。

泡罩的直径通常为80～150mm（随塔径的增大而增大），在板上按照正三角形排列，中心距为罩直径的1.25～1.50倍。泡罩塔板上的升气管出口伸到板面以上，故上升气流即使暂时中断，板上液体亦不会流尽，气体流量减少，对其操作的影响亦小。泡罩塔可以在气、液负荷变化较大的范围内正常操作，并保持较高的板效率。

泡罩塔的结构比较复杂，造价高，阻力大，而气、液通过量和板效率比其他类型的塔低。

（2）浮阀塔　浮阀塔塔板上开有正三角形排列的阀孔。阀片为圆形（直径48mm），下有三条带脚钩的垂直腿，插入阀孔（39mm）中，图7-10为浮阀的一种形式（标准F-1型）。气速达到一定时，阀片被推起，但受脚钩的限制最高也不能脱离阀孔，气速减小则阀片落到板上，靠阀片底部三处突起物支撑住。仍与板间保持1.5mm的距离。塔板上开孔的数量按气体流量的大小而有所改变。

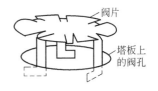

图7-10　浮阀

浮阀的直径比泡罩小，在塔板上可以排列得更紧凑，可增大塔板的开孔面积，同时气体以水平方向通入液层，使带出的液沫减少，而气液接触时间却加长，故可增大气体流速而提高生产能力（比泡罩塔高20%），板效率也有所增加，压力降却比泡罩塔小。浮阀塔的缺点是因为阀片活动，在使用过程中有可能松脱或被卡住，造成该阀孔处气液通过状况异常。

（3）筛板塔　筛板塔气液接触状况见图7-11，筛板塔盘上分为筛孔区、无孔区、溢流堰及降液管等几部分，塔孔孔径为3～8mm，按正三角形排列，孔间距与孔径之比为2.5～5。液体从上一层塔盘的降液管流下，横向流过塔盘，经降液管流入下一层塔盘，依靠溢流堰保持塔盘上的液层高度，气体自下而上穿过筛孔时，分散成气泡，在穿过板上液层时，进行气液间的传热和传质。

筛板塔塔盘分为溢流式和穿流式两类。溢流式塔盘有降液管，塔板上的液层高度可通过改变溢流堰高度调节，故操作弹性较大，且能保证一定的效率。近年来，发展了大孔筛板（孔径达20～25mm）、导向筛板等多种筛板塔。

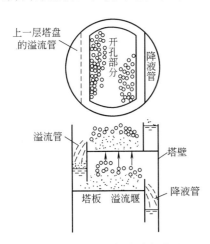

图7-11　筛板塔气液接触状况

筛板塔的优点是结构简单，制作维修方便，塔板压降低，塔板效率高，有较好的操作弹性；缺点是小孔径筛板易堵塞，不宜处理杂质多、黏性大和带固体粒子的料液。

（4）板式塔的设计　各类板式塔的设计原则基本相同，所包括的计算内容亦大同小异，下面以筛板塔为例，说明板式塔的设计要领，在其他塔型的设计中，会遇到少数特有的具体问题，可参阅手册或专著解决。

气液流量与所需的板数是根据生产要求与吸收的原理确定的，设计时在此基础上进一步决定板上液流型式、板间距、塔径以及塔板上各部件的安排方式。首先，按照不发生严重液沫夹带而避免导致液泛的要求，计算操作气速，根据气速来确定塔径；然后定出降液管以及堰的尺寸，要保证液体流量能得到满足；最后计算出压降、液面落差、漏液条件、降液管内的液面高以及液体的停留时间等水力学性能指标，以校核塔的操作条件是否处于适宜的范围之内。

① 板上液流型式　板上液体流动的安排方式，主要根据塔径与液气流量比（或液体流量）来确定。常用的型式有以下几种。

a. 单流型　液体横向流过板面，落入降液管中，到达下层塔板。在下层塔板上沿反方向从一侧流到另一侧。其结构简单，制作方便，且横贯全板，有利于达到较高的板效率。

b. 回流型　降液管和受液盘被安排在塔的一侧，一半作为受液盘，另一半作为降液管，且挡板沿直径将塔板分割成 U 形。来自上一层塔板的液体落到这一层的受液盘上，约绕一圈后，才沿降液管落到下一层板，因而所占板面面积小，流道长，液面落差亦大，适用于液气比和液体流量较低（11m³/h）的操作。

c. 双流型　液体在板上被分为两份，每一份流过半面塔板，若在同一层塔板上从两侧流到中央，落到下一层板上，便从中央分流到两侧。此种安排可使液体的通过量加大，而且液面落差较小，特别适用于液气比或液体流量大（100m³/h 以上）及塔径也大（2m 以上）的场合。

② 板间距　板间距与塔高有关，为了降低塔高，尤其是对安装在厂房内的塔，常希望板间距小，但板间距对液泛与液沫夹带有重要影响，若减小板间距则需降低气速才能避免液泛。于是需要增加塔径来补偿，故可以在其间找到一最适宜的板间距尺寸。根据经济权衡，得知板间距以 600mm 左右为宜，从检修方便考虑，板间亦需要一定距离以便安置手孔或人孔，直径 1.5m 以上的塔板间距应不小于 600mm，以便设置人孔。直径不足 1.5m 的塔，板间距可取 300mm 或 450mm。在设计中常用的板间距有以下几种，300mm、450mm、500mm、600mm、800mm。

③ 塔径　塔径是根据气体的体积流量与气体的空塔流速来计算。体积流量取决于生产要求，气体速度则根据所计算的液泛气速再考虑能否保证操作正常稳定来确定。

液泛气速可按下式求得。

$$u_f = C\sqrt{\dfrac{\rho_L - \rho_G}{\rho_G}} \tag{7-6}$$

式中　C——气体负荷参数；

ρ_L——液体密度，kg/m³；

ρ_G——气体密度，kg/m³。

C 与塔板上的操作条件有关，需要通过液泛实验来确定。图 7-12 为求筛板塔 C 值所用的关联曲线。图中横坐标为 $\dfrac{V_L}{V_G}\sqrt{\dfrac{\rho_L}{\rho_G}}$，此时需要用到板间距 H_T。待塔径算出后验算所选板间距是否合理，若有必要则另选板间距再算。在纵坐标读出气体负荷参数 C_{20}，它仅适用于表面张力等于 20dyn/cm（1dyn＝10^{-5}N）的液体，对于表面张力不同者，用下式校正。

$$C = C_{20}\left(\dfrac{\sigma}{20}\right)^{0.2} \tag{7-7}$$

用上法求得 C 值后，由式（7-6）可计算出液泛速度 u_f，实际操作用的气速 u 应比 u_f 小，对于一半液体，u 可取为 $0.7 \sim 0.8u_f$，对于易起泡的液体 u 应取 $0.5 \sim 0.6u_f$。

注意：上式 σ 的单位为 dyn/cm，若用 N/m，则分母改为 0.02。

塔内因有降液管占去部分截面，故有效截面积 A_n 比实际截面积小，$A_n = A - A_d$，A_d 为降液管面积，约占塔截面积的 10%，气体体积流量除以操作气速即得塔的有效截面积，要折算成塔的实际截面积，然后再求其直径（D），再根据压力容器公称直径来圆整。塔径算出后，应校验液沫夹带量是否超过规定值，若超出时，则应该加大塔径或加大板间距，以作调整。

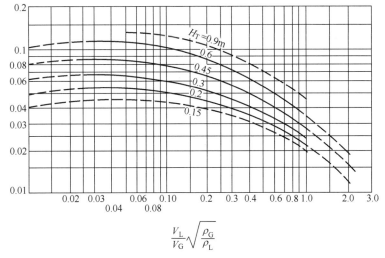

图 7-12　筛板塔气液负荷曲线

④ 板面布置　筛板上降液管、筛孔、堰等的安排细节从略。表 7-6 中列出一些部件尺寸范围的推荐数据，可供参考。

表 7-6　筛板塔尺寸数据推荐范围

项　目	单流程	双流程	项　目	单流程	双流程
塔径 D/m	0.3~2.5	2~4	堰(在两侧)长/塔径 l_{w1}/D	0.68~0.76	0.55~0.63
孔径 d_0/mm	3~8	3~8	堰(在中央)长/塔径 l_{w2}/D	—	0.97
孔中心距/孔径	2.5~4	2.5~4	降液管截面积/塔截面积 A_d/A	0.08~0.12	0.08~0.12
板厚 t_p/mm	3~4(碳钢)，2~2.5(合金)	3~4(碳钢)，2~2.5(合金)	孔总面积/塔截面积 A_0/A	0.12~0.6	0.12~0.6
			塔净截面积/塔截面积 A_n/A	0.88~0.92	0.88~0.92
堰高 h_m/mm	25~75	25~75	塔工作截面积/塔截面积 A_a/A	0.76~0.84	0.76~0.84

设计时规定出面积比 A_d/A 后可利用图 7-13 上的曲线查出 l_w/D 与 W_d/D，从而算出弓形降液管截面的长度 l_w 与宽度 W_d。

⑤ 校验项目　计算结果须对照规定的水力学性能要求（见表 7-7）进行核验，若不能满足，则对已算出的尺寸进行调整，直至合乎要求为止。

表 7-7　筛板塔水力学性能要求

项　目	要　求	项　目	要　求
液泛分率	不超过 0.85（易气泡的物系不超过 0.6）	降液管内泡沫层高 H_d'	小于堰高与板距之和
		降液管内液体停留时间	不少于 3s（易气泡物系不少于 5s）
液沫夹带分率 ψ	不超过 0.15		
液面落差与干板压降之比 Δ/h_0	小于 0.5	堰液头 h_{ow}	大于 6mm
操作气速与漏液气速之比 u_0/u_0'	小于 1.5		

a. 修正气速数值及液泛分率数值

$$u=\frac{V_G}{A_n} \qquad 液泛分率=\frac{u}{u_f}$$

b. 液沫夹带　液沫夹带分率 Ψ 表示每层塔板液沫夹带的量占进入该层塔板的液体流量中的一个分数，液沫夹带会使板效率下降。为了防止液沫夹带而采用低气速，板效率会大大降低，生产中将液沫夹带限制在一定范围内。正常操作时液沫夹带分率最高为 0.15，一般不宜超过 0.10，根据液泛分率及 $(V_L/V_G)(\rho_G/\rho_L)^{0.5}$ 的数值在图 7-14 中读出 Ψ 值。

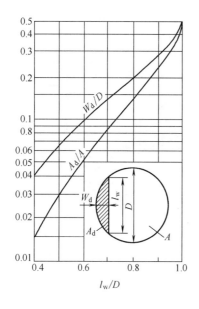

图 7-13　弓形降液管截面的尺寸参数比较

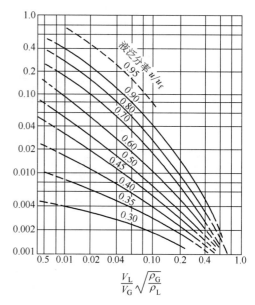

图 7-14　筛板塔液沫夹带分率关联图

c. 气体通过塔板的压降　气体通过一层塔板的总压降为

$$\Delta h_f = h_0 + h_e \tag{7-8}$$

式中　h_e——气体通过泡沫层的压降；

　　　h_0——气体通过筛板的压降。

h_0 由气体通过筛孔时扩大或收缩所引起，可采用流体通过孔板流动的公式表示。

$$h_0 = \frac{1}{2g}\left(\frac{u_0}{C_0}\right)^{0.2}\frac{\rho_G}{\rho_L} \tag{7-9}$$

式中　ρ_G，ρ_L——气体与液体的密度，kg/m^3；

　　　u_0——气体通过筛孔的速度，m/s；

　　　C_0——孔流系数，其值可根据 d_0/t_p（孔径与板厚之比）从图 7-15 中读出。

此压降由气体通过泡沫层时需要克服泡沫层的静压力所引起，其表达式如下。

$$h_e = \beta(h_w + h_{ow}) \tag{7-10}$$

式中　β——泡沫层的充气系数；

　　　h_w——堰高，m；

　　　h_{ow}——超过堰顶上的液头高度，m。

如堰顶是平的，可用下式计算 h_{ow}。

$$h_{ow} = 0.0028 F_w\left(\frac{V'_L}{l_w}\right)^{2/3} \tag{7-11}$$

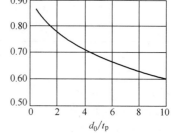

图 7-15　筛板塔的孔流系数

式中　V'_L——液体的体积流量，m^3/h；

　　　l_w——堰长，m；

　　　F_w——对弓形堰的校正系数。

F_w 可在图 7-16 中查得，若为圆形堰，则 $F_w = 10$。泡沫层的充气系数 β 可以根据气体动能因子 $F = u_a\rho_G^{0.5}$，在图 7-17 中读出。图的横坐标中 u_a 为按工作面计算的气体流速（气体体积流量除以工作面面积所得的商），以 m/s 计；ρ_G 为气体密度，以 kg/m^3 计。

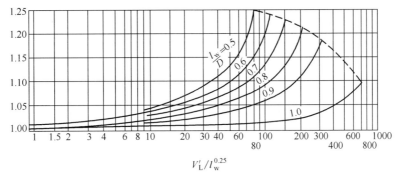

图 7-16　弓形堰的校正系数

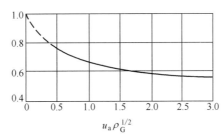

图 7-17　筛板上的充气系数

第二节　催化反应器

一、废气催化净化机理

1. 催化剂

工业催化剂是多种物质组成的复杂体系，按其存在状态可分为气态、液态和固态三类。固体催化剂应用最广泛，它通常由主活性物质、助催化剂和载体组成，有的还加入成型剂和造孔物质，以制成所需的形状和孔结构，净化气态污染物常用的催化剂见表 7-8。

表 7-8　净化气态污染物常用的几种催化剂的组成

主要活性物质	载　　体	用　　途
V_2O_5 含量 $6\%\sim12\%$	SiO_2（助催化剂 K_2O 或 Na_2O）	有色冶炼、烟气制酸、硫酸厂尾气回收制酸等
Pt、Pd 含量 0.5%	Al_2O_3-SiO_2	硝酸生产及化工等工业尾气
$CuCrO_2$	Al_2O_3-MgO	
Pt、Pd、Rh	Ni、NiO、Al_2O_3	烃类化合物的净化
CuO、Cr_2O_3、Mn_2O_3、稀土金属氧化物	Al_2O_3	
Pt 含量 0.1%	硅铝小球、蜂窝陶瓷	汽车尾气净化
碱土、稀土和过渡金属氧化物	α-Al_2O_3、γ-Al_2O_3	

催化剂的性能主要有活性、选择性和稳定性。它们共同决定了催化剂在工业装置中的使用期限。影响催化剂寿命的因素有催化剂老化和催化剂中毒两个方面，因此在选择和使用催化剂时要特别注意避免催化剂的老化和中毒。

2. 催化净化机理

（1）催化剂作用的化学本质　一个化学反应 A＋B ──→AB，当受催化剂 K 的作用时，至少有一个催化剂参与的中间反应发生，可表示为：A＋K ──→AK，AK＋B ──→AB＋K，

265

最终仍得到反应产物 AB，催化剂 K 则恢复到初始的化学状态。催化剂诱发了原反应所没有的中间反应，使化学反应沿着新的途径进行。催化剂加速化学反应速率是通过降低活化能而实现的。

（2）多相催化反应的物理化学过程　一般认为，多相催化反应包括以下六个步骤：①反应物分子从气流中通过层流边界层向催化剂表面扩散；②反应物分子从催化剂外表面通过微孔向催化剂内部扩散；③反应物分子被催化剂表面化学吸附；④反应物分子在催化剂表面上发生化学反应；⑤反应产物脱吸离开催化剂表面；⑥反应产物从催化剂内部向外表面和主气流扩散。

二、气-固相催化反应器的结构类型及选择

工业上常见的气固相催化反应器分固定床和移动床两大类。而以颗粒状固定床的应用最为广泛。固定床的优点是催化剂不易磨损而可长期使用，又因为它的流动模型最接近理想活塞流，停留的时间可以严格控制，能可靠地预测反应进行的情况，容易从设计上保证高的转化率。另外，反应气体与催化剂接触紧密，没有返混，从而有利于提高反应速率和减少催化剂装置。固定床的主要缺点是床分布不均匀。由于催化剂颗粒静止不动，颗粒本身又是导热性差的多孔物体，活塞流的流动又限制了流体径向换热的能力，而化学反应总伴随着一定的热效应，这些因素加在一起，使固定床的传热温度控制问题成为其应用技术的关键。各种床型的反应器都是为解决这一问题而设计的。

1. 固定床催化反应器的类型

（1）单层绝热反应器　单层绝热反应器的结构如图 7-18 所示，反应器内只装一层催化床即可达到指定的转化率。反应体系除了通过器壁的散热外，不与外界进行热交换。因而结构最简单、造价最便宜，结构对气流的阻力也最小，但催化床内温度分布不均，在放热反应中，容易造成反应热的积累，使床层升温。因此，单层绝热床反应器通常用在化学反应热效应小或反应物浓度低等反应热不大的场合。在净化气态污染物的催化工程中，由于污染物浓度低而风量大，温度已降为次要因素，而多从气流分布的均匀性和床层阻力两个方面来权衡选择床层的截面积和高度。

（2）多段绝热反应器　将多个单层绝热床串联起来，在相邻的两个床之间引出（或加入）热量就是多段绝热反应器。多段绝热反应器与单层绝热反应器的本质区别在于它能有效控制反应的温度。

段间的热交换有直接换热和间接换热。间接换热就是通过设在段间的热交换器将热量从反应过程中及时移出（或加入），如图 7-19（a）所示。这种换热方式适用性广，能够回收反应热，对催化反应没有影响，但设备复杂，费用高。直接换热方式则在段间通入冷气流，直接与前一段反应后的热气流混合而降温，如图 7-19（b）所示，这种换热方式流程与操作复杂，催化剂的用量增加。它适用于需要移出反应热不大，而采用换热器间接换热代价太大的场合。

（3）列管式反应器　列管式反应器如图 7-20 所示，它能适应对催化床的温度分布有较高要求或对反应热特别大的催化反应。管式反应器通常在管内装催化剂，而在管外装载热体。载热体可以是水或其他介质，在放热反应中也常用原料气载热体以降低温度，同时预热原料气。管式反应器的轴向温差通过调节载热体的流量来控制，径向温差通过选择管径来控制。管径越小，径向温度分布越均匀，但设备费用和阻力也就越大。一般管径在 $20\sim30\text{mm}$ 以上，最小不小于 15mm。为使气流分布均匀，每根管子的阻力特性必须相同，且有一定长度，以减小进口气流不均匀的影响。

（4）其他反应器　除了以上三种结构类型外，固定床反应器还有径向反应器和薄层床反应器等。如图 7-21 所示，径向反应器把催化剂装在两个半径不同的同心圆多孔板之间，反应气流径向通过催化床，因而它的气体流通截面大、压降小，而这正是气态污染物净化所要求的。

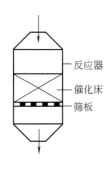

图 7-18　单层绝热反应器的结构

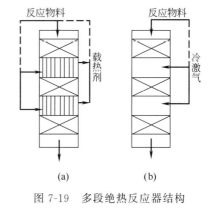

图 7-19　多段绝热反应器结构

图 7-20　列管式反应器

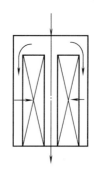

图 7-21　径向反应器

对反应速率极快而所需接触时间很短的催化反应，可采用薄层床反应器，薄层床是一种温度分布最均匀的绝热式固定床，而当所用催化剂价格昂贵时，则具有明显的经济意义。

上述各类反应器一般都离不开辅助设备——预热器。预热器专门用来预热反应气体，通常也通过预热气体来预热催化床（管式反应器的情况不完全如此）。预热器可以设在反应器外部，也可设在反应器的内部，其热源一般是电能、可燃气和蒸汽。在放热反应中，当反应器正常运转之后，则可以通过预热器利用反应热部分或全部代替外部能源。

2. 催化反应器类型的选择

催化反应器的设计，在上述各种类型的基础上可以灵活多变。工程设计中有时会遇到几种可行的方案，必须根据实际情况做出选择。一般选择原则为：①根据催化反应热的大小，反应对温度的敏感程度及催化剂活性温度范围，选择反应器的结构类型，将床温分布控制在一个许可的范围内；②反应的阻力降要小，这对气态污染物的净化尤为重要；③反应器操作容易，安全可靠，并力求结构简单，投资少，运行与维修费用低。

由于污染气体风量大、污染物含量低，因而催化反应热效应小。若要使污染物达到排放标准，就必须有较高的催化反应转化率。因此，选用单层绝热器，对实现气态污染物的催化转化有着绝对的优势。国内的氮氧化物转化、有机蒸气催化燃烧和汽车尾气净化，无一例外地都采用了单层绝热反应技术。

三、气-固相催化反应器的设计计算

1. 气-固相催化反应器的设计基础

反应器的作用主要是提供与维持发生化学反应所需要的条件，并保证反应进行到指定程度所需的反应时间。因此，气-固相催化反应器的设计，即是在选择条件的基础上确定催化剂的合理装量，并为实现所选择的反应条件提供技术手段。

267

（1）停留时间　反应物通过催化床的时间称为停留时间。停留时间决定物料在催化剂表面化学反应的转化率，而其自身又由催化床的空间体积、物料的体积流量和流动方式所决定。因此，停留时间是反应器设计的一个非常重要的参数，它和反应速率共同决定了反应器的催化剂装量。

（2）反应器的流动模型　在工业反应器分类中，气-固相催化反应器属于连续式（连续进、出料）反应器。连续式反应器有两种理论流动模型，即活塞流反应器和理想混合流反应器。在活塞流反应器内，物料以相同的流速沿流动方向流动，而且没有混合和扩散，它们就像活塞那样做整体运动，因而通过反应器的时间完全相同。而在理想混合反应器中，物料在进入的瞬间即均匀地分散在整个反应空间，反应器出口的物料浓度与反应器内完全相同。反应器内的实际物料流动模型总是介于上述两种理论流动模型之间。物料在反应器内流动截面上每一点的流动状态是各不相同的，各物料质点的停留时间也不同。具有某一停留时间的物料在物料总量中占一定的分率，对一种确定的流动状态，不同停留时间的物料在总量中所占的百分率有一个相应的统计分布。显然，这种物料停留时间分布函数，和反应动力学方程一样，也是反应器理论设计计算的基础。

在连续流动状态下，不同停留时间的物料在各个流动截面上难免要发生混合，这种现象称为返混。返混会使反应物浓度降低，反应产物浓度升高，从而降低了过程的推动力，而降低了转化率。通常设计上要增大催化剂的装量以弥补返混的消极影响。

工程上对某些反应器做近似处理，如把连续釜式反应器简化为理想混合反应器，而把径高比大的固定床简化为活塞流反应器。对薄层床以外的其他固定床，包括加装惰性填料层的薄层床，由于气流在催化剂的孔隙或颗粒间隙内流动，把它们简化为活塞流反应器仍有满意效果。固定床的停留时间可按下式求取。

$$t = \frac{\varepsilon V_R}{Q} \tag{7-12}$$

式中　V_R——催化剂体积，m^3；

　　　Q——反应气体实际体积流量，m^3/h；

　　　ε——催化床空隙率，m^3/m^3。

由于 Q 通常是一个变量，式（7-12）的计算很不方便，工程上常用空间速度计算停留时间。

（3）空间速度　空间速度是指单位时间内通过单位体积催化床的反应物料体积，记为 W_{sp}。

$$W_{sp} = \frac{Q_N}{V_R} \tag{7-13}$$

式中　Q_N——标准状态下的反应气体体积流量，m^3/h。

Q_N 有时也可用进口状态下反应气体体积流量表示。显然，空间速度越大，停留时间越短。基于这种关系，把空间速度的倒数称为反应物与催化剂的接触时间，记为

$$\tau' = \frac{1}{W_{sp}} = \frac{V_R}{Q_N} \tag{7-14}$$

用接触时间来表征停留时间，两者虽然并不对等，但有其实用性。工程上甚至实验室，习惯于采用"空间速度-转化率"的方式来处理问题。

2. 气-固相催化反应器设计计算

（1）一般方法　气-固相催化反应器的设计有两种计算方法，一种是经验计算法，另一种是数学模型法。经验计算法将整个催化床作为一个整体，利用生产上的经验参数设计新的反应器，或通过中间试验测得最佳工艺条件参数（如反应温度和空间速度等）和最佳操作参数（如

空床气速的许可压降等），在此基础上求出相应条件下的催化剂体积和反应床截面及高度。经验计算要求设计条件符合所借鉴的原生产工艺条件或中间试验条件。在反应物浓度、反应温度、空间速度以及催化床上的温度分布和气流分布等方面，尽量保持一致。因此不宜高倍放大，并要求中间试验有足够的试生产规模，否则将导致大的误差。数学模型法是借助反应的动力学方程、物料流动方程及物料衡算方程，通过对它们的联立求解，求出指定条件下达到规定转化率所需要的催化剂体积。而这些基本方程的建立，一般要通过对反应的物理和化学过程做必要的简化，最后通过实验测定来完成。实际上数学模型法是建立在对化学反应做深入的实验研究基础之上的。尽管固定床催化反应器很接近理想活塞流反应器，它的数学模型计算得到相对简化，但要建立可靠的动力学方程，获得准确的化学反应基本数据（如反应热）和传递过程数据，一般仍离不开实验测定研究工作。因此，数学模型法的实际应用受到限制，而以实验模拟作基础的经验计算法反而显得简便可靠，因而得到了普遍应用。

（2）催化装置的经验计算　经验法计算催化剂用量的计算过程很简便，因为事先已有生产经验数据或中间试验结果，已掌握所选用的催化剂在一定反应条件参数范围内达到规定转化率的空间速度，设计流量 Q 下的催化剂装量为

$$V_R = \frac{Q}{W_{sp}} \tag{7-15}$$

当然，各种反应条件的设计参数必须与该空间速度所对应的全套反应条件参数相一致。

（3）固定床催化剂装量的数学模型计算　催化剂装量的数学模型计算，可分等温分布和轴向温度分布两种计算类型。

绝热式固定床通常忽略与外界的传热（设计上要有相应的保温措施），而认为径向温度分布是均匀的。对反应热效应小的化学反应，如低浓度气态污染物的催化转化，因其反应热小，一般又采用预热进口气体的方式来提供和维持催化床的反应温度，其轴向温差也可忽略不计，这样的绝热固定床可认为是一种等温反应器。因此，只要对流动体系的速度方程积分，即可得到化学动力学为控制步骤时的催化剂装量。

$$dW_R = N_{A0} \frac{dx_A}{v_A} \tag{7-16}$$

式中　W_R——催化剂量，mol；

　　N_{A0}——反应物 A 的初始流量，mol/h；

　　x_A——反应物 A 的转化率，%；

　　v_A——反应物的反应速率，mol/(m³·h)。

对式（7-16）两边积分，得

$$W_R = N_{A0} \int_0^x \frac{dx_A}{v_A} \tag{7-17}$$

对等温床，v_A 仅仅是转化率 x 的函数。如对单分子反应，有

$$v_A = k_A C_A^n = k_A Q^{-n} [N_{A0}(1-x)]^n \tag{7-18}$$

式中　k_A——反应速率常数；

　　Q——气体的体积流量，m³/h，对恒分子反应，Q 是常数。

就一般情况而言，Q 是变化的，并按理想气体处理，有

$$Q = \frac{RT}{p} \sum n_i \tag{7-19}$$

式中　R——理想气体的气体常数，8.314J/(mol·K)；

　　T——绝对温度，K；

　　P——气体压力，Pa；

$\sum n_i$——反应体系中各种气体（包括反应产物）分子的总的物质的量。

在指定的化学反应中，它与转化率有确定的线性关系。代入相应的动力学方程，即可求得催化剂的装量。

对工业反应器，由于要求有高的转化率，它的温度分布一般有较明显的轴向温差。这时需要借助于热量衡算式，求出转化率与温度的关系，才能求得催化剂的用量。

考虑微元反应体积 dV，设反应物通过微元的转化率为 dx_A，微元内的反应热 Q_r 即为

$$Q_r = r_A dV(-\Delta H_r) = N_{A0} dx_A(-\Delta H_r) \tag{7-20}$$

式中 r_A——反应物 A 的转化量，$mol/(m^3 \cdot h)$；

  ΔH_r——反应热效应，kJ/mol。

反应热的释放，使反应气流通过微元后的温度变化了 dT，当反应体系温度平衡时，有

$$N_{A0}(-\Delta H_r)dx_A = N_0 \overline{C}_p dT \tag{7-21}$$

式中 N_0——总的分子流量，mol/h；

  $\overline{C}_p$——混合气体的平均恒压比热，$kJ/(mol \cdot K)$。

设过程的转化率从 x_0 变化到 x，体系的温度相应地从 T_0 变到 T，对式（7-21）两边积分，对总分子数不变的反应体系，可得

$$T - T_0 = \frac{N_{A0}}{N_0 \overline{C}_p}(-\Delta H_r)(x - x_0) = \frac{y_{A0}}{C_p}(-\Delta H_r)(x - x_0)$$

式中 y_{A0}——物料 A 的初始摩尔分数。

对物质总量变化的反应体系，要根据指定的化学反应求出 N_0 和转化率的关系，再代入式（7-21）进行积分，从而求出温度 T 与转化率的关系。将两者的函数关系代入下面的积分式

$$V_R = N_{A0} \int_0^x \frac{dx}{r_A}$$

并将对转化率的积分变为对温度 T 的积分，从而求出催化剂床层的体积。上面所介绍的催化剂用量的数学模型计算只适用于活塞流反应器。因为关系式

$$N_A = N_{A0}(1-x)$$

只有在活塞流反应器中才成立。另外对于受内外扩散控制的过程，催化剂用量的计算应在前面计算的基础上再除以一个效率因数，即

$$V_R = \frac{N_{A0}}{\eta} \int_0^x \frac{dx}{r_A} \tag{7-22}$$

对内扩散控制过程，η 即为内扩散效率。对外扩散控制过程，有

$$\eta = \frac{1}{1 + k_A/K_G S_e \varphi_a} \tag{7-23}$$

式中 K_G——扩散系数，m/h；

  S_e——单位体积催化剂的外表面积，m^2/m^3；

  φ_a——催化剂有效表面系数，球形颗粒 $\varphi_a = 1$，无定型颗粒 $\varphi_a = 0.9$；

  k_A——反应速率常数。

（4）固定床的阻力计算 各种颗粒层固定床，如颗粒层过滤器、吸附器和催化反应器中的固定床，都有着相同的阻力计算式。但由于催化床内的流动参数是沿床层变化的，故需根据实际变化的程度，采用不同的计算方法来修正。

气流通过颗粒层固定床的流动阻力，可用欧根（Ergun）的等温流动阻力公式估算。

$$\Delta p = f \frac{H}{d_s} \times \frac{\rho v^2 (1-\varepsilon)}{\varepsilon^3} \tag{7-24}$$

其中摩擦阻力系数为

$$f = 150/Re + 1.75 \tag{7-25}$$

而雷诺数为

$$Re = \frac{d_s v \rho}{\mu(1-\varepsilon)} \tag{7-26}$$

式中　Δp——床层阻力，Pa；

　　　H——床高，m；

　　　v——空床速度，m/s；

　　　ρ——气体密度，kg/m³；

　　　μ——气体黏度，Pa·s；

　　　d_s——颗粒的平均直径，m；

　　　ε——床层的空隙率，%。

实际上催化床沿流动方向具有较大温差，气体的流量随化学反应和温度的变化而变化。因此，其阻力计算应根据流量和温度变化的程度，将整个床层分为若干段，每段都视为等温等流量，按式（7-24）求出各段的阻力，而后累加得到整个床层的阻力。对气态污染物净化而言，因其浓度低，化学反应引起的流量变化不大，一般只考虑温度影响即可，甚至整个床层都可作等温处理。

式（7-24）表明，固定床的阻力与床高和空塔速度的平方成正比，即与床层截面积三次方成反比；与颗粒的粒径成反比，与孔隙率的三次方成反比。可见孔隙率对床层阻力影响最大。而其本身主要又由颗粒的大小和形状所决定，因此催化剂的颗粒度与固定床的截面积无疑是影响床层阻力的关键因素。

（5）固定床催化反应器设计的注意事项　固定床催化反应器的设计应考虑并解决下列技术问题。①催化剂装填时自由落下的高度应小于 0.6m，强度高的也不得超过 1m；床层装填一定要均匀；床层厚度一定不能超过其抗压强度所能承受的范围。尤其对下流式操作，底层颗粒所受的总压力一定要小于其抗压强度，对上流式操作还应注意避免启动或非正常操作对床层的冲起和掉落。②物料在进入催化床之前要混合均匀，如对 NO_x 催化还原要设置混合器，使 NO_x 和还原气体 NH_3 等混合均匀，否则将降低反应速率和物料的利用率，对易燃易爆的组分还会埋下事故隐患。③反应床气流分布要均匀，为消除进口侧阀门、弯头和直径变化所引起的气流扰动，在反应器的进口至少应有十倍于管径的直管段；或用惰性填料层、组合丝网、多孔板和导流叶片等气流分布器。出口的位置离床层不能过近，以避免气流通过床层时留下死角。④反应器的材料选择与设计要按有关规范进行；对腐蚀性气体在采用涂层或内衬结构时，设计上要解决好涂层或内衬的修补和更换问题。⑤提供可靠的催化剂活化条件和再生条件。有的催化剂装填后要用氢气或水蒸气在特定的温度下进行活化。催化剂因表面结焦或暂时性中毒也要用水蒸气或空气在一定的温度下进行再生，使结焦汽化，并利用水蒸气与催化剂表面的强亲和力将毒物驱除。最后经加热干燥使活化表面复活。对金属催化剂，在用空气清除覆盖物后应通入氢气进行还原与活化。⑥对正常运行条件下催化剂的逐渐失活，设计上要考虑补偿，或提供适当高度的保护层，或适当提高温度。但要注意避免过量的催化剂催化较慢的副反应而使选择性明显下降。

除此之外，对污染气体还要根据它的实际组成考虑与选择必要的预净化手段，以避免过多的外来物黏聚在催化剂表面。当待净化的气体含催化剂毒物，而且其含量超过催化剂的允许范围时，则必须先予以净化去除，才能保证催化净化过程获得好的效果。

第三节　光催化反应器

以太阳能化学转化和储存为主要背景的半导体光催化特性研究始于 1971 年，1972 年

Fujishima 和 Honda 发现受光辐射的 TiO_2 微粒可使水持续发生氧化还原反应产生氢气。经过 30 多年的研究，光催化作为一种高级氧化技术，在环境领域中占据了重要地位。光催化氧化可在室温下将水、空气和土壤中有机污染物完全氧化成无毒无害的产物。

理论上讲，只要半导体吸收的光能不小于其带隙能，就足以激发产生电子和空穴，该半导体就有可能用作光催化剂。常见的单一化合物光催化剂多为金属氧化物或硫化物，如 TiO_2、ZnO、ZnS、CdS 及 PbS 等，这些催化剂对特定反应各有优点，可根据实际需要选用，如 CdS 半导体带隙能较小，与太阳光谱中的近紫外光段有较好的匹配性能，可充分利用自然光能，但其易发生光腐蚀，使用寿命有限。相对而言，TiO_2 具有抗化学和光腐蚀、性质稳定、无毒、催化活性高、价廉等优点，因而受到人们的重视，具有广阔的光催化应用前景。

一、TiO_2 光催化净化机理

半导体粒子具有能带结构，一般由填满电子的低能价带（vallance band，VB）和空的高能导带（conduction band，CB）构成，价带和导带之间存在禁带。当用能量等于或大于禁带宽度（也称带隙，E_v）的光照射半导体时，价带上的电子（e^-）被激发跃迁到导带，在价带上产生空穴（h^+），并在电场作用下分离迁移到粒子表面。光生空穴因极强的得电子能力而具有很强的氧化能力，将其表面吸附的 OH^- 和 H_2O 分子氧化成 $\cdot OH$ 自由基，而 $\cdot OH$ 几乎无选择地将有机物氧化，并最终降解为 CO_2 和 H_2O。也有部分有机物与 h^+ 直接反应，而迁移到表面的 e^- 则具有很强的还原能力。整个光催化反应中，$\cdot OH$ 起着决定性作用。半导体内产生的电子-空穴对存在分离/被俘获与复合的竞争，电子与空穴复合的概率越小，光催化活性越高（见图7-22）。

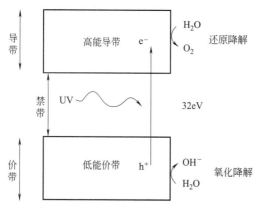

图 7-22　光催化空气净化作用机理示意

光催化净化机理可用以下公式说明：

$$TiO_2 + h_\nu \longrightarrow e^- + h^+$$
$$h^+ + OH^- \longrightarrow \cdot OH$$
$$O_2 + e^- \longrightarrow \cdot O_2^-$$
$$\cdot O_2^- + H^+ \longrightarrow HO_2 \cdot$$
$$2HO_2 \cdot \longrightarrow O_2 + H_2O_2$$

半导体粒子尺寸越小，电子与空穴迁移到表面的时间越短，复合的概率越小；同时粒子尺寸越小，比表面越大，越有利于反应物的吸附，从而反应的概率越大。故目前光催化反应研究绝大部分集中在粒子尺寸极小的纳米级（10～100nm）半导体，甚至量子级（1～10nm）半导体，成为纳米材料应用的一个重要方面。

二、光催化反应器

光催化反应器是光催化过程的核心设备，用于气固相光催化氧化过程的反应器需在高体积流量下操作，同时还要保证反应物、催化剂与入射光能充分接触。目前常见的光化学反应器有流化床光催化反应器（见图7-23）和固定床光催化反应器（见图7-24）。

光催化反应器还可设计成图7-25所示的各种型式。近年来又出现了许多新型的光催化反应器。

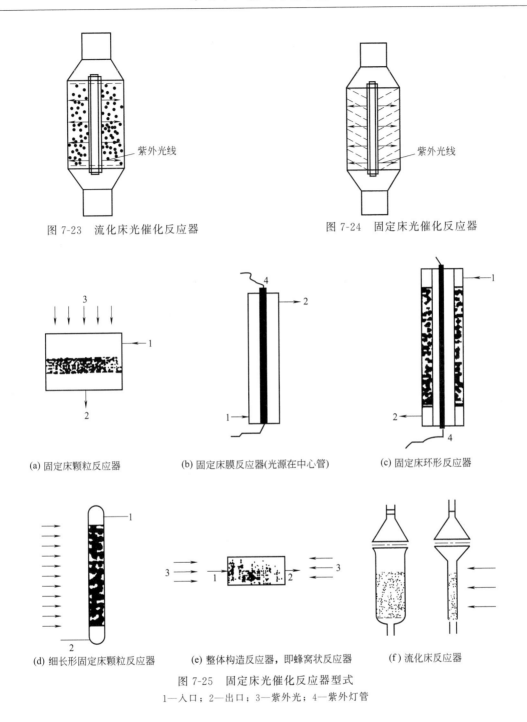

图 7-23　流化床光催化反应器　　　　　图 7-24　固定床光催化反应器

(a) 固定床颗粒反应器　　　　(b) 固定床膜反应器(光源在中心管)　　　　(c) 固定床环形反应器

(d) 细长形固定床颗粒反应器　　　(e) 整体构造反应器，即蜂窝状反应器　　　(f) 流化床反应器

图 7-25　固定床光催化反应器型式

1—入口；2—出口；3—紫外光；4—紫外灯管

1. 光纤为载体的光催化反应器

光纤为载体的光催化反应器见图 7-26。在一般以光纤为载体的光催化反应器中，是将光纤的下端保护层剥去，在其上涂覆光催化剂，并将其置于反应器筒体内。该光催化反应器中每根光纤的一部分是传光区，而另一部分是工作区。光纤越细，在传光区传光效率就越高，然而也使得工作区光的轴向传播距离变短，导致光催化面积变小，制约了对污染物降解的能力；光纤粗，则填充率低，光传输效率低。另外，由于缺乏包层保护，弯曲强度低，抗脆断能力差。

在该光催化反应器中，传光器件通过光纤耦合器与配光器件连接，这就使传光器件与配光器件中的光纤既可以采用相同的光纤，也可以采用不同类别或不同直径的光纤，从而扩大了光纤的选择范围，使用中可根据传光和光催化的不同要求优化配置，以达到最佳传光效果。

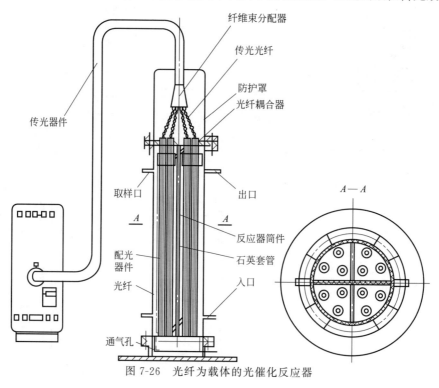

图 7-26　光纤为载体的光催化反应器

2. 自抽气式光催化空气污染处理器

自抽气式光催化空气污染处理器也称自抽气式气流输送装置，该处理器结构简单，见图 7-27。处理器内有一紫外光源，例如紫外灯。光源外围是自抽气式气流输送装置，装置的转

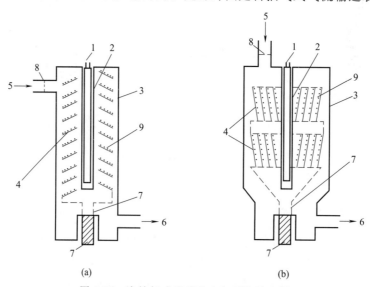

图 7-27　自抽气式光催化空气污染处理器

1—紫外灯；2—灯罩；3—反应器壁；4—转动叶片；5—气流进口；
6—气流出口；7—转动轴；8—过滤网；9—光催化剂

动叶片表面敷有光催化剂；处理器外壳两侧分别是气流入口和出口。接通紫外光源，转动叶片作为载体，其上的光催化剂被激发工作。此时输入的待处理空气与载体上催化剂表面充分接触，其中的污染被氧化分解，处理后的气体经出口排出。

3. 高吸附性光催化空气处理器

高吸附性光催化空气处理器采用的是有高吸附性光催化剂的纤维和中间玻璃隔板的结构，由表面到载体为复合 TiO_2 体积分数<50％的活性炭层，复合 TiO_2 体积分数>50％的活性炭层，纳米厚度的 TiO_2 金红石过渡层和载体本体构成，见图 7-28。该处理器对有机物、臭氧等具有较好的吸附能力和光催化氧化能力，成本较低。其结构如图 7-29 所示。

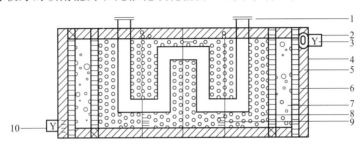

图 7-28 高吸附性光催化空气处理器

1—蛇形紫外灯管；2—进气口；3—进气扇；4—外壳；5—玻璃纤维挡光层；

6—金属筛板；7—活性炭吸附层；8—负载吸附性光催化剂玻璃纤维；

9—表面吸附有复合 TiO_2 薄膜的中间玻璃隔板；10—出气口

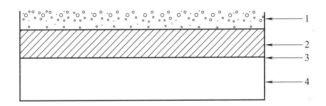

图 7-29 高吸附性光催化空气处理器结构

1—复合 TiO_2 体积分数<50％的活性炭层；2—复合 TiO_2 体积分数>50％的活性炭层；

3—纳米厚度的 TiO_2 金红石过渡层；4—载体（如纤维状、块状、片状玻璃/麦饭石/沸石/碳纤维）

4. 工程应用实例

1998 年美国马里兰州 Indian Head 海军陆战队中心安装了 FSEC（Florida Solar Energy Center）设计的 $1110m^3/h$ 光催化污染控制器，用于处理含有硝化甘油蒸气和其他从推进剂颗粒退火操作中散发的物质所污染的气体。

该光催化器由两个相同的反应仓组成，每个均能处理 $1110m^3/h$ 的废气量，反应箱横断面见图 7-30。废气进入光催化污染控制仓内，到达并充满 A 反应箱的底部，再进入石英管外部与催化剂载体之间的辐射环面。废气通过催化剂筒体时，和具有活性光催化剂充分接触，从而被降解，部分处理后的废气通过 A 反应箱顶部出口孔排出，其余气体通过导管流入 B 反应箱，运行方式和 A 反应箱一样，处理后的气体排入大气。

FSEC 光催化反应器采用低价高效的低压水银灯作为紫外线光源，由冷却空气压缩机提供冷却剂给反应器中的 64 个低压水银蒸气灯。独特的设计和较小的挡光使得 FSEC 光催化反应器具有均匀的

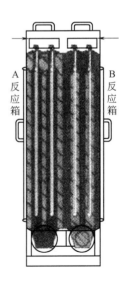

图 7-30 反应箱横断面

光催化剂表面辐射、良好的催化剂活性和表面活性物质浓度。这也使得光催化工艺的效率达到最佳，FSEC 光催化反应器见图 7-31。

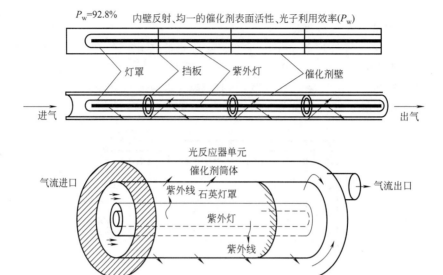

图 7-31　FSEC 光催化反应器

FSEC 的光催化工艺采用可拆卸组件，光催化介质设计简单，独特的设计使安装和运行费用降到最低。FSEC 光催化反应器可广泛应用于环境和工业领域：被 VOCs 污染的土壤和地下水的环境修复以及工业废气治理。

第四节　生物净化器

生物净化技术主要用于有机化工、石油化工、煤化工、建材合成、橡胶再生、油漆生产及机械产品喷涂、出版印刷、污水污泥处理等工业过程排放的低浓度挥发性有机废气及恶臭气体的净化处理。

一、生物净化原理

气态污染物的生物净化过程与废水生物处理技术的最大区别在于：气态污染物首先要经历由气相转移到液相或固相表面液膜中的传质过程，然后在液相或固相表面污染物被微生物吸附净化。

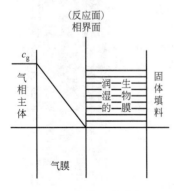

图 7-32　吸附-生物膜新型（双膜）理论示意

Ottengaf 依据传统气体吸收双膜理论提出了生物膜净化的吸收-生物膜理论。该理论认为，在生物膜表面有一层液（水）膜，气体在液膜表面流过，在气液界面处有一附面层（气膜）。在气液界面发生传质过程，气相中的污染物"溶解"（吸收）入液膜，而后又从气-液界面处穿过液膜扩散到液膜与生物膜的界面处并与微生物作用。我国学者在此基础上提出如图 7-32 所示的吸附-生物膜新型（双膜）理论，该理论认为在生物膜表面不存在连续的液膜，生物膜直接与气膜相接。

由图 7-32 可知，生物法净化处理低浓度挥发性有机废气一般需要经历以下几个步骤。

① 废气中的挥发性有机物（及空气中的 O_2）从气相主体扩散，通过气膜到达润湿的生物膜表面。

② 扩散到达生物膜表面的有机物（及 O_2）被直接吸附在润湿的生物膜表面。

③ 吸附在生物膜表面的有机污染物成分（及 O_2）迅速被其中的微生物活菌体捕获。

④ 进入微生物菌体细胞的有机污染物在菌体内的代谢过程中作为能源和营养物质被分解，经生物化学反应最终转化成为无害的化合物（如 CO_2 和 H_2O）。

⑤ 生化反应产物 CO_2 从生物膜表面脱附并反扩散进入气相主体，而 H_2O 则被保持在生物膜内。

由于 NO_x 是无机物，其构成中不含有碳源。因此，微生物净化 NO_x 的原理是：适宜的脱氮菌在有外加碳源的情况下，利用 NO_x 作为氮源，将 NO_x 氧化成最基本的无害的 N_2，而脱氮菌本身获得生长繁殖。其中 NO_2 先溶于水中形成 NO_3^- 及 NO_2^-，被微生物还原为 N_2；NO 则被吸附在微生物表面后直接被微生物还原为 N_2。在此过程中加入有机物作为电子供体被氧化来提供能量，脱氮菌以 NO_3^- 及 NO_2^- 作为电子受体进行呼吸氧化有机物。

生物脱臭也是一个气体扩散和生化反应的综合过程。气体中的恶臭物质溶于水，被附着在填料表面的微生物吸附、吸收，在生物细胞内分解为 CO_2、H_2O、S、SO_4^{2-}、SO_3^{2-}、NO_3^- 等无害小分子物质。

二、生物净化器

生物净化器主要有三种形式：通用的生物过滤器（开放式和输送链式）、生物气体洗涤器、带有聚合物塔板的生物反应器（也称带可洗层的生物滴滤器）。三种净化装置的类型与废气生物处理技术特点比较见表 7-9 和表 7-10。

表 7-9　生物净化装置类型

装置类型	工作介质	冲洗系统	基本净化阶段	供养源
生物过滤器	过滤器——固定于天然载体（草、树皮、混合肥料及土壤等）的微生物	无循环	生物过滤器体积吸附，微生物降解	生物过滤器材料
生物气体洗涤器	水、活性污泥	循环	在吸附器中的水吸附用微生物或活性污泥在曝气池中降解	往水中加入无机盐
带可洗层的生物滴滤器	生物催化剂——固定在合成载体上的微生物	循环	通过水表层扩散，在生物膜中降解	往水中加入无机盐

表 7-10　废气生物处理技术特点比较

处理方式	特点	优点	缺点	应用范围
生物滤池	单一反应器，微生物和液相固定	气液表面积比值高，设备简单，运行费用低	反应条件不易控制，进气浓度发生变化适应慢，占地面积大	适于处理化肥厂、污水处理厂以及工业、农业产生的污染物浓度介于 $0.5\sim1.0g/m^3$ 的废气
生物洗涤塔	两个反应器，微生物悬浮于液体中，气液两相流动	设备紧凑，压力损失低，反应条件易于控制	传质表面积低，需大量提供才能维持高降解率，需处理剩余污泥，投资和运行费用高	适于处理工业产生的污染物浓度介于 $1\sim5g/m^3$ 的废气
生物滴滤塔	单一反应器，微生物固定，液相流动	与生物洗涤塔相比设备简单	传质表面积低，需处理剩余污泥，运行费用高	适于处理化肥厂、污水处理厂以及家庭产生的污染物浓度低于 $0.5g/m^3$ 的废气

1. 生物气体洗涤器

生物气体洗涤器通常由一个装有填料的洗涤器和一个具有活性污泥的生物反应器构成，见图 7-33。洗涤器里的喷淋柱将微小的水珠逆着气流喷洒，使废气中的污染物与填料表面的水充分接触，被水吸收而转入液相，从而实现质量传递过程。

生物气体洗涤器主要特点是毒性物质用水吸收及用微生物进行破坏依次在不同的反应器

中进行。其最重要的基本组成部分是吸收器，在其中排出的污染空气与吸收剂进行传质交换，因此，在设计时应尽可能增加分界面的表面积以提高吸收效率，常用填充式、旋涡式、喷溅式及转子式洗涤器。有毒气体在吸收器中转入液相，空气得到净化，而水则被污染。

如果污染物的浓度较低、水溶性较高，则极易被水吸收，带入生物反应器。在生物反应器内，污染物通过活性污泥中微生物的氧化作用，最终被去除。生物洗涤工艺中的液相（通常带有悬浮微生物）是流动的，在两个分开部分连续循环。这有利于控制反应条件，便于添加营养液、缓冲剂和更换液体，除去多余的产物。其反应的温度和 pH 值等因素也可以监测、控制。

为防止活性污泥沉积，有效降解有机物，活性污泥反应器需要曝气设备，并控制温度、pH值以及碳、氮、磷之间比率等有关条件，以确保

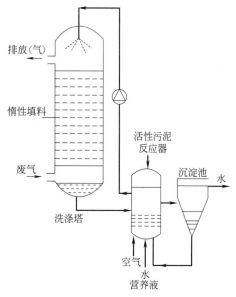

图 7-33　生物气体洗涤器

微生物在最佳条件下发挥作用。

吸收器通常用有活性污泥的生物气体洗涤器再生水，在其中被吸收的物质进行微生物氧化。在沉淀池中水分离出多余的微生物后返回注入吸收器。

生物洗涤器的基本参数有：活性污泥的浓度、水洗涤器的尺寸、洗涤水的 pH 值、气-液体积比、相界面积值及被清洗气体的温度。

生物洗涤器对净化含水溶性挥发有机物的空气非常有效，但对含难溶化合物的废气，如芳香族化合物（苯、甲苯、二甲苯）等，则无特别效果。

2. 生物过滤器

图 7-34 为生物过滤处理系统示意图。废气首先经过预处理，以去除颗粒物并调温调湿，然后经过气体分布器进入生物过滤器。生物过滤器中填充了有生物活性的介质，一般为天然有机材料，如堆肥、泥煤、谷壳、木片、树皮和泥土等，有时也混用活性炭和聚苯乙烯颗粒。填料均含有一定的水分，填料表面生长着各种微生物。当废气进入滤床时，废气中的污染物从气相主体扩散到介质外层的水膜而被介质吸收，同时氧气也由气相进入水膜，最终介质表面所附的微生物消耗氧气而把污染物分解、转化为 CO_2、水和无机盐类。微生物所需的营养物质则由介质自身供给或外加。

图 7-35 为一套用来净化含甲苯废气的生物滤床试验装置，试验采用顺流操作，液体实行间歇喷淋，由循环泵提升至滤塔顶部，由塔顶向下喷淋到填料上，最后经塔底回流至储槽内完成整个循环。循环喷淋液的 pH 值控制在 7 左右，其中含有微生物所需的氮、磷和其他各种微量元素，模拟气体由空气和乙苯混合得

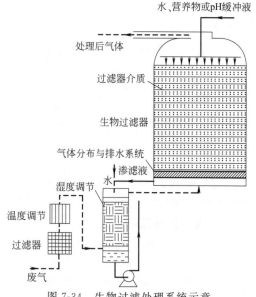

图 7-34　生物过滤处理系统示意

到，然后引入塔顶，在流动过程中与填料表面的生物膜接触，经气液相间的传质，乙苯在固体表面生物层被微生物吸附降解，净化后的气体从塔底部排出。两座滤塔分别采用两种陶粒作填料，其物性参数见表 7-11。生物过滤床反应器由内径 0.1m、高 1m 的有机玻璃管制作而成，填料层高 0.6m，每个反应器分成 6 段，每段 0.1m，滤床中除气体入口和出口有两个采样点外，中间还有 5 个采样点。试验研究结果表明，1#、2# 塔对乙苯浓度为 0.55g/m³、0.58g/m³，停留时间 42.4s，可以得到 100% 的去除率，在入口体积负荷较低时，入口体积负荷与体积去除负荷基本呈线性关系。在温度 25℃、pH 值为 7 时，生物过滤床的去除效率最高；在温度为 15~25℃ 时，乙苯的去除效率随运行温度的升高而升高；在 25~45℃ 时，乙苯的去除效率随温度升高而降低。两种填料的对比试验表明，2# 塔陶粒的去除效果优于1# 塔陶粒。

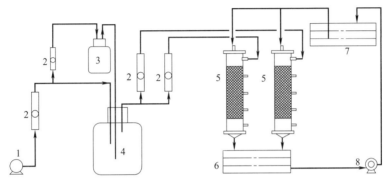

图 7-35 生物滤床试验装置

1—空气压缩机；2—气体流量计；3—有机液体储瓶；4—气体混合瓶；
5—生物过滤塔；6—循环水；7—集水箱；8—循环泵

表 7-11 填料的物性参数

填料	粒径/mm	堆积密度/(kg/m³)	空隙率	比表面积/(m²/m³)
1# 塔陶粒	6~8	870	0.50	590
2# 塔陶粒	3.5(当量直径)	760	0.43	910

生物过滤法可去除空气中的异味、挥发性有机物（VOCs）和有害物质。具体应用范围包括控制、去除城市污水处理设施中的臭味、化工过程中的生产废气、受污染土壤和地下水中的挥发性物质、室内空气中的低浓度物质等。生物过滤法可以降解 $C_4 \sim C_{18}$ 的大多数挥发性和半挥发性的烷烃、烯烃和芳烃，这些物质一般具有可生物降解性和水溶性较大的特点。已被试验可用生物过滤法去除的物质包括：氨、一氧化碳、硫化氢、甲烷、甲醇、乙醇、异丙醇、正丁醇、2-乙基己醇、丙烷、异戊烷、己烷、丁醛、丙酮、甲基乙基酮、乙酸丁酯、乙酸酯、二乙胺、三乙胺、二甲基二硫化物、粪臭素、吲哚、甲硫醇、氯甲烷（一、二、三取代）、乙烯、三氯乙烯、四氯乙烯、氮氧化物、二甲硫、噻吩、苯、甲苯、二甲苯、乙苯、苯乙烯等。

3. 生物滴滤器

生物滴滤器不同于生物过滤器，它要求水流连续地通过有孔的填料，防止填料干燥并精确控制营养物浓度与 pH 值。由于生物滴滤器底部建有水池以实现水的循环运行，所以总体积比生物过滤器大。这就意味着将有大量的污染物质溶解于液相中，从而提高了去除率。因此，生物滴滤的反应器尺寸可以比生物过滤器的小。但生物滴滤器的机械复杂性高，从而增加了投资和运行费用。所以生物滴滤器最适于污染物质浓度高易导致生物过滤器堵塞、有必要控制 pH 值和使用空间有限的场合。图 7-36 为生物滴滤器结构示意图。

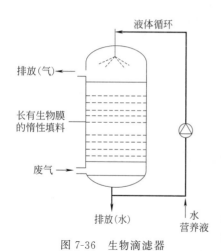

图 7-36　生物滴滤器

三、生物载体

良好的填料会给微生物提供良好的生存环境，因而材料的物理、化学性质对微生物的影响很大。在选择生物气体净化器填料时，一般需符合以下几个条件：

① 填料首先应具有较好的表面性质，适合于微生物的生长，如表面正电荷性质的填料利于微生物的附着；

② 填料必须有较大的比表面积，以尽可能大地提供微生物的附着面积，提高微生物持有量，从而尽可能地提高单位体积的有机污染物降解量；

③ 填料必须具备一定的空隙率，以防止滤床中微生物的快速增长而引起填料堵塞和压降升高，进而引起短流，降低填料的利用率和提高出气口污染物的浓度；

④ 填料若具有一定的持水性，可保持生物滴滤池在间断运行后微生物生存所需的液体环境，使微生物的生物降解能力在重新启动后能较快地恢复；

⑤ 填料必须具备一定的结构强度和防腐蚀能力。

作为生物滴滤池的填料，本身不一定含有微生物新陈代谢所需要的微量元素和营养物质，但以上条件是保证生物滴滤池运行良好的基本条件。

采用不锈钢环、瓷环、陶粒、塑料环、海藻石、轻质陶块、煤渣等作为填料的试验研究，结果表明这七种填料的净化性能顺序为：海藻石＞轻质陶块＞陶粒＞瓷环＞不锈钢环＞煤渣＞塑料环。

思　考　题

1. 简述亨利系数 E、溶解度系数 H 和相平衡常数 m 三者之间的关系。

2. 简述双膜理论的三点基本假设的主要内容。

3. 吸收机理除双膜理论外，还有哪些理论？说明各理论的优缺点。

4. 简述填料塔中气体通过填料层的压降随空塔气速的变化关系。

5. 综合比较板式塔和填料塔的性能特点，说明板式塔和填料塔各适用于何种场合。

6. 催化剂在使用过程中如何防止中毒，中毒后应如何处理。

7. 简述 TiO_2 光催化净化机理。

8. 简述生物净化器的适用范围、装置类型及其特点。

9. 简述生物净化器的净化机理。

10. 简述生物过滤器的系统组成。

第八章　除尘脱硫一体化设备

针对发展中国家投入到烟气脱硫的资金不多，特别是面广量大的中小型锅炉用户，对排烟脱硫费用承受能力有限，又不便于集中统一管理的实际情况，开发一种投资省，运行费用低，便于维护，适合我国国情的除尘脱硫装置，即同一台设备既可除尘又能脱硫，从而降低系统的投资费用和占地面积。对此原则是：首先要求主体设备"低阻高效"，在不增加动力的前提下，对细微尘粒有较高的捕集效率和较强的脱硫能力；其次是采用来源广、价格低廉的脱硫剂，包括可利用的碱性废渣、废水等，从而降低运行费用。

第一节　湿式除尘脱硫一体化装置

根据主体设备结构的不同，现有产品有卧式网膜塔、立式网膜塔、筛板塔、喷射式吸收塔等多种形式。在此仅以网膜塔和喷射式吸收塔为例予以介绍。

一、卧式网膜塔除尘脱硫装置

1. 工作原理

该装置主体设备是一卧式网膜塔，配套设备包括循环水池、水泵等，如图 8-1 所示。

网膜塔内部可分为四部分——雾化段、冲击段、筛网段和脱水段。

雾化段的主要作用是使烟气降温和使微细粉尘凝并成较大颗粒。冲击段主要作用是除尘，同时也有使部分微细粉尘凝并的作用。筛网段由若干片筛网组成，网上端布水，网上形成均匀水膜，烟气穿过液膜，激起水滴、水花、水雾等，造成气液充分接触的条件，该段的作用一是脱硫，二是除去微细粉尘。脱水段主要作用是脱水，防止烟气带水影响引风机正常运行。

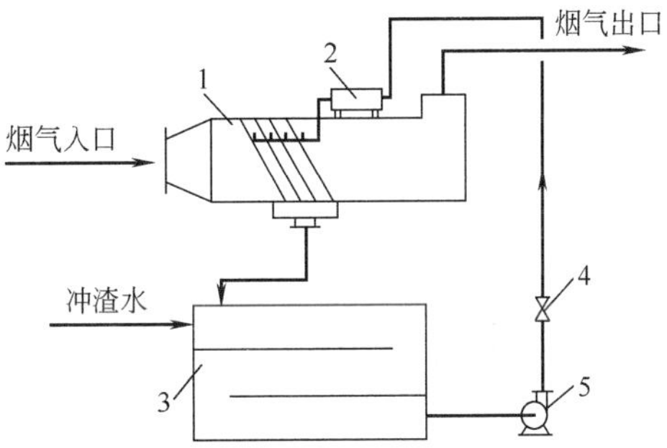

图 8-1　卧式网膜塔除尘脱硫装置工艺流程
1—网膜塔；2—布水器；3—循环水池；
4—调节阀；5—水泵

壳体用普通碳钢板制造，内衬防腐、耐磨、耐热材料；塔内核心部件及脱水部件等全部采取防腐、耐磨措施。壳体除用钢板外，也可以采用无机材料（如麻石）砌筑。为便于维修，核心部件（如筛网等）均为活动的组装件。

上述四段捕集尘（包括脱水）的主要原理是惯性碰撞效应。惯性碰撞效应大小取决于惯性碰撞参数 S_{tk}，其值可按下式计算。

$$S_{tk} = \frac{\rho_p d_p^2 v}{9\mu d_c} \tag{8-1}$$

式中　ρ_p——粉尘的密度，g/cm^3；

　　　d_p——粉尘的粒径，cm；

　　　v——粉尘与捕尘体的相对速度，cm/s；

　　　μ——烟气的黏性系数，$Pa \cdot s$；

　　　d_c——捕尘体的尺寸，cm。

S_{tk} 的大小，决定了除尘效率的高低，由上式可知：S_{tk} 与 v 及 d_p^2 成正比，与 d_c 成反比。所以在设计过程中，应尽量提高烟气与捕尘体的相对速度，降低 d_c 值，同时设法使微细粉尘凝并成较大颗粒，即提高 d_p 值。

2. 除尘脱硫工艺流程

根据锅炉燃煤含硫量、燃烧方式、除渣方式等具体情况，可采用不同的脱硫工艺。采用卧式网膜塔工艺流程，在水力冲渣条件下，主要利用灰渣中的碱性物质脱硫。对于沸腾炉、循环流化床炉及煤粉炉，主要利用粉尘中的碱性物质脱硫。为了提高对灰渣及粉尘中碱性物质的利用率，循环水中可加入催化剂。池中炉渣及粉尘由抓斗定时抓走。为防止腐蚀和磨损，采用陶瓷砂浆泵作为循环水泵，衬胶钢管或耐酸胶管作为循环水管线，阀门衬胶。

3. 主要技术指标及其选用

（1）主要技术指标

① 除尘效率 用于层燃炉和新型抛煤机锅炉，除尘效率＞95%，排尘浓度小于 $100mg/m^3$（符合一类地区标准）；用于沸腾炉及循环流化床炉，除尘效率＞99%，排尘浓度小于 $250mg/m^3$（符合二类地区标准）。

② 脱硫效率 利用冲渣水，锅炉燃用低硫煤，脱硫效率50%～60%；沸腾炉，燃煤硫分2%，灰分35%，CaO与MgO之和占灰分的8%，脱硫效率60%左右。

③ 其他参数 设备阻力800～1000Pa；液气比1～2L/m³；设备寿命10年。

（2）装置的特点及其选用

如上所述，该装置的主要特点是阻力小，对微细粉尘有较高的捕集效率，并且有较强的适用性，既适用于层燃锅炉，又适用于排尘浓度很高的沸腾炉、循环流化床锅炉、抛煤机炉等。表8-1和表8-2分别给出了这种装置的除尘和脱硫效果，可供设计时参考选用。

表 8-1 卧式网膜塔除尘装置除尘效果

燃烧方式	锅炉容量/(t/h)	烟气温度/℃ 入口	烟气温度/℃ 出口	液气比/(L/m³)	尘浓度/(mg/m³) 入口	尘浓度/(mg/m³) 出口	除尘效率/%	装置阻力/Pa	备注
链条加喷煤粉	20	140	52	0.70	11130	291.6	97.4	954	喷粉产汽量约为17t/h
抛煤机炉	20	150	60	0.70	3867	58.0	98.5	900	未经改造的新型抛煤机炉
抛煤机炉	10	120	43	1.0	10450	96.5	98.5	800	燃用低硫分煤
沸腾炉	10	139	40	1.0	20490	189.4	99.10	1080	燃用煤的硫分为2.5%左右
沸腾炉	4	140	60	1.6	32810	244.0	99.24	1000	燃用低硫分煤
链条炉	10	160	60	1.0	—	98.4	—	900	燃用煤的硫分为2.5%左右

表 8-2 卧式网膜塔除尘装置脱硫效果

燃烧方式	锅炉出力/(t/h)	锅炉容量/(t/h)	烟气温度/℃ 入口	烟气温度/℃ 出口	液气比/(L/m³)	循环水温/℃ 上水	循环水温/℃ 下水	循环水 pH 值 上水	循环水 pH 值 下水	SO₂ 浓度/(mg/m³) 入口	SO₂ 浓度/(mg/m³) 出口	脱硫效率/%	备注
链条喷粉	20	20	160	52	0.7	40	40	7.0	6.0	120.1	45.2	61.6	喷煤粉
抛煤机炉	9	10	150	50	1.0	—	10	—	—	191.6	18.0	90.5	加石灰
沸腾炉	9	10	180	50	1.0	—	7.0	—	—	3321.5	1103.5	66.1	冲渣水
链条炉	9.5	10	160	60	1.0	40	40	11.8	6.6	1175	640.3	62.4	冲渣水
链条炉	6.0	10	—	—	1.0	—	35	11.7	6.0	1437	449.9	68.1	循环水

二、SHG 型除尘脱硫装置

1. 工作原理

SHG 型除尘脱硫装置其主体设备为立式塔，塔内兼用了干、湿结合的结构型式，下部为干式除尘段，中部装有筛板，上部是脱水装置，出口处还设有除雾装置。

干式除尘段的主要作用是除去颗粒较大的粉尘，并经干灰斗定时排出。筛板上布吸收液，在烟气的冲击作用下呈沸腾状，其主要作用是脱除 SO_2 和除去微细粉尘。脱水装置的主要作用是脱水，防止烟气带水。除雾器的作用是防止烟气中蒸汽凝成的水珠被带出。塔体为普通碳钢板制成，内衬防腐、耐磨、耐热材料。为主体设备配套的辅助设备包括循环池、循环泵，再生罐等。

由于采用了干湿相结合的结构型式，大部分粉尘被预先除去，因而筛板上粉尘的负荷较小，循环池中沉渣量也相应减少。特别适用于 6t/h 以下小型层燃锅炉配套使用。

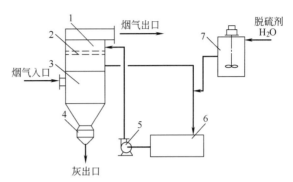

图 8-2　SHG 型除尘脱硫装置工艺流程

1—脱水段；2—筛板；3—干式除尘段；4—干灰斗；
5—循环泵；6—循环池；7—再生罐

2. 除尘脱硫工艺流程

除尘脱硫工艺流程如图 8-2 所示，含尘烟气由塔的中部进入干式除尘段，除去大部分粉尘的烟气由中间芯管上升到筛板段，在筛板段除去微细粉尘和 SO_2。循环池中的沉淀物定时清除，干灰斗中的粉尘定时排出。

图 8-2 流程适用于碱性、双碱法及液相催化氧化法脱硫。

影响除尘脱硫效率的主要因素包括空塔速度、吸收液的 pH 值、液气比等。空塔速度是在设计时确定的，液气比、吸收液的 pH 值等则根据实际需要在设备运行中加以控制。

3. 主要技术指标及其选用

（1）主要技术指标

① 除尘效率：≥95％，可满足一类地区标准。

② 脱硫效率：高硫煤为 70％～80％；中、低硫煤为 80％～90％。

③ 设备阻力：1200～1500Pa。

④ 液气比：0.3～0.5L/m³。

（2）装置的特点及其选用　该装置的主要特点是液气比较小，塔内持液量较大，气液接触充分。因液气比小，循环液量小，因而循环池的容积也小，可节省循环池的占地面积和投资。因气液接触充分，强化了传质过程，所以有较高的除尘脱硫效率。

该装置适用范围：装机容量为 6t/h 以下；燃煤方式为层燃炉，燃煤含硫量为低硫、中硫和高硫煤。表 8-3、表 8-4 为该装置的实用记录，可供选用时参考。前者给出了除尘效果，后者给出了脱硫效果。

表 8-3　SHG 型装置除尘效果

燃烧方式	锅炉容量 /(t/h)	入口烟气量 /(m³/h)	烟气温度/℃		液气比 /(L/m³)	尘浓度/(mg/m³)		除尘效率 /％	阻力/Pa
			入口	出口		入口	出口		
层煤炉	6	19336	140	49	0.5	911	38.5	95.9	1754
层煤炉	6	19460	145	48	0.5	1611	32.6	98.0	1793
层煤炉	2	6002	144	50	0.4	2464	78	96.7	1591
层煤炉	2	6523	170	65	0.42	3677	67	97.8	1450
层煤炉	4	—	—	—	—	1977	104.8	94.7	—

表 8-4　SHG 型装置脱硫效果

燃烧方式	锅炉容量/(t/h)	入口烟气量/(m³/h)	烟气温度/℃		液气比/(L/m³)	循环水温/℃		循环水pH 值		SO₂ 浓度/(mg/m³)		脱硫效率/%	备注
			入口	出口		上水	下水	上水	下水	入口	出口		
层煤炉	6	19336	140	49	0.40	24	37	7.6	2.6	183.5	29.3	83.1	加石灰调 pH 值
层煤炉	2	7377	170	65	0.30	4	20	8.1	5.4	128	34.3	73.2	加石灰调 pH 值
层煤炉	2	6924	144	50	0.31	6	35	7.1	4.0	516	271.7	47.5	清水脱硫
层煤炉	4	—	—	—	—	—	—	—	—	—	—	—	—

三、喷射式吸收塔除尘脱硫装置

1. 工作原理

喷射式吸收塔也是一种新型实用除尘脱硫装置，其工作原理是将气流的动能传递给吸收液并使其雾化，因此气液是同向流动的。喷射式吸收塔的构造如图 8-3 所示，烟气从塔顶进入气液分配室 1，吸收液经环形管进入此段下部，均匀溢入杯型喷嘴 2，沿其内壁呈液膜向下流动。当气流穿过喷嘴时，流速逐渐增大，流出喷嘴突然扩散，将液膜雾化。在吸收室 3 形成极大的气液接触面积。气液混合流体在分离室 4 速度降低，液滴靠惯性力作用落入塔底部，经排液管 5 排出。净化后的烟气经排出管 6 排至烟囱，或者在排出管 6 出口加设脱水除雾装置后直接排入大气。

喷嘴的形式和相对尺寸对喷射式吸收塔的性能影响很大。试验研究表明，圆锥形喷嘴上、下口面积之比、圆锥角以及水气比是影响雾化效果和气流阻力的主要因素。研究结果推荐折线形喷嘴（见图 8-4），它具有吸收效率高和气液阻力低的优点。

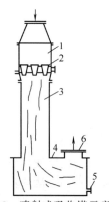

图 8-3　喷射式吸收塔示意图

1—气液分配室；2—杯型喷嘴；3—吸收室；
4—分离室；5—排液管；6—排出管

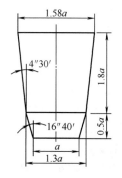

图 8-4　折线形喷嘴及相对尺寸

烟气处理量较大的喷射式吸收塔，需要布置多个喷嘴。为使供液稳定，除采用多管进液外，还可在喷嘴的周围安装挡水环形板。

2. 主要技术指标及其选用

（1）主要技术指标

① 喷嘴下口烟气流速为 26～30m/s；

② 吸收段截面上烟气流速为 5～7m/s；

③ 气液分离段烟气流速低于 1.5m/s；

④ 液气比为 1～2L/m³；

⑤ 吸收段高与塔径比为 5～7；

⑥ 塔的气流阻力为 980Pa 左右。

（2）装置评价及其设计　喷射式吸收塔的优点是烟气穿塔速度高，因此处理同样烟气量塔的体积小；塔的结构简单、没有活动和易损部件；能处理含尘烟气，不易堵塞；维护管理方便；对易溶性气体的净化效率较高。缺点是气流阻力较大。在安装杯型喷嘴时，应保证喷嘴上缘在一个水平面上，以便吸收液均匀溢流，否则将影响雾化效果。

上述内容列出了喷射式吸收塔的设计参考数据，具体设计需根据装置处理量、粉尘性质与浓度、含硫浓度和处理要求等，通过试验或经验确定。可仿效卧式网膜塔的工作原理为主体设备配置循环池、循环泵、再生罐等设施，实现分离段污水的再生和循环使用。

第二节　电子束排烟处理装置

热电厂的排烟脱硫技术以湿式石灰-石膏法为主。但该技术存在设备结构复杂、制约因素多等问题，而且还需设置大规模的排水处理装置。此外，随脱硫处理而产生的副产品石膏虽然目前得到有效利用，但由于石膏销售市场有限，未来情况如何仍难判断。为此，应该确立在技术上和经济上更为可行的无排水的干式排烟处理装置作为将来的燃煤热电厂排烟处理技术的发展方向，而且副产品也需要多样化。

电子束排烟处理装置（以下简称 EBA 法）是向锅炉等排出的烟气照射电子束，同时除去排烟中含有的硫氧化物（SO_x）、氮氧化物（NO_x），并能有效回收氮肥料（硝酸铵及硝酸铵混合物）的无排水型干式排烟处理技术。

一、EBA 法装置及其净化机理

1. 处理工艺流程

图 8-5 为热电厂排烟处理时的处理流程。工艺流程由排烟冷却、氨添加、电子束照射及副产品分离等几部分组成。对 150℃ 左右的排烟，用集尘器先除去大部分飘尘，然后通过冷却塔喷水，将其冷却到适合脱硫、脱硝反应的温度（约 65℃）。排烟露点通常为 50℃ 左右，喷水在冷却塔内完全汽化，所以不产生液体排放。然后根据 SO_x 浓度和 NO_x 浓度将定量的氨注入排烟，再导入反应器，在此用电子束照射排烟。由于电子束照射，排烟中的 SO_x 及 NO_x 在极短的时间内氧化，分别变为中间生成物硫酸（H_2SO_4）及硝酸（HNO_3）。它们与共存的氨进行中和反应生成粉体微粒——硫酸铵（$(NH_4)_2SO_4$）与硝酸铵 NH_4NO_3 的混合粉体。通过干式电集尘器分离，捕集这些粉体微粒后，再将净化后的排烟用抽风机通过烟囱排放到大气。

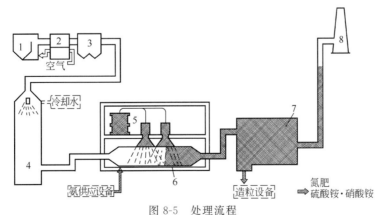

图 8-5　处理流程

1—锅炉；2—空气预热器；3,7—干式电集尘器；4—冷却塔；

5—电子束发生装置；6—反应器；8—烟囱

2. 净化反应机理

工艺流程中，脱硫、脱硝反应是经过以下 3 个反应过程而进行的。

（1）自由基的生成　燃煤等燃料的排烟由氮（N_2）、氧（O_2）、水蒸气（H_2O）、二氧化碳（CO_2）等主要成分及 SO_x、NO_x 等微量有害气体组成。所以当电子束照射排烟时，电子束的能量大部分被氮、氧、水蒸气所吸收，生成富有化学反应活性的自由基。

$$N_2, \; O_2, \; H_2O + e \longrightarrow OH\cdot, \; O\cdot, \; HO_2\cdot, \; N\cdot$$

（2）SO_2 及 NO_x 氧化生成酸　排烟中的 SO_2 和 NO_x 与通过电子束照射生成的自由基进行反应，分别氧化为硫酸（H_2SO_4）和硝酸（HNO_3）。

$$SO_2 \xrightarrow{O\cdot} SO_3 \xrightarrow{H_2O} H_2SO_4$$

$$SO_2 \xrightarrow{OH\cdot} HSO_3\cdot \xrightarrow{OH\cdot} H_2SO_4$$

$$NO \xrightarrow{O\cdot} NO_2 \xrightarrow{OH\cdot} HNO_3$$

$$NO \xrightarrow{HO_2\cdot} NO_2 + OH\cdot \xrightarrow{OH\cdot} HNO_3$$

$$NO_2 + OH\cdot \longrightarrow HNO_3$$

（3）酸与氨反应生成硫酸铵和硝酸铵　前一阶段生成的硫酸及硝酸与电子束照射以前充入的氨（NH_3）进行中和反应，分别生成硫酸铵 $[(NH_4)_2SO_4]$ 及硝酸铵（NH_4NO_3）的粉体微粒。此外，若残存有尚未反应的 SO_2 及 NH_3 时，在上述生成微粒表面进行热化学反应，SO_2 及 NH_3 的一部分生成硫酸铵。

$$H_2SO_4 + 2NH_3 \longrightarrow (NH_4)_2SO_4$$

$$HNO_3 + NH_3 \longrightarrow NH_4NO_3$$

$$SO_2 + 2NH_3 + H_2O + \frac{1}{2}O_2 \longrightarrow (NH_4)_2SO_4$$

3. 处理装置

（1）烟气冷却设备　冷却塔的目的在于将烟气冷却至适合电子束反应的温度。冷却方式分以下两种。

① 完全蒸发型　对烟气直接喷水进行冷却。因为喷雾水完全蒸发，所以不产生排放水。

② 水循环型　对烟气直接喷水进行冷却。喷雾水循环使用，其中一部分在反应器内作为二次烟气冷却水使用。由于二次烟气冷却水完全蒸发，所以不会产生排放水。

（2）反应设备　反应设备由反应器、二次烟气冷却装置及附着物排出装置等组成。

反应器形状利于控制，由于反应器内部壁面产生电子束耗损，应尽量提高电子束的利用效率。

二次烟气冷却装置是为防止因电子束照射而发热及由于反应热排烟温度上升、向反应器内部喷雾的装置。同时也添加脱硫、脱硝所需的氨。

（3）电子束发生设备　由发生电子束的直流高压电源、电子加速器及窗箔冷却装置组成。电子在保持高真空的加速管里通过高电压加速。加速后的电子通过保持局部真空的一次窗箔及二次窗箔（厚度均为 30～50μm 的金属箔）照射排烟。窗箔冷却装置是向一次窗箔及二次窗箔里喷射空气、N_2、He 等气体来进行冷却，控制因电子束透过损失引起的窗箔温度上升的装置。图 8-6 为电子加速器的结构。

（4）集尘设备　由电集尘器及副产品运送装置组成。电集尘器是捕集采用电子束法处理燃烧烟气时发生的副产品（硫酸铵、硝酸铵的混合粉体）的装置。捕集到的副产品通过运送装置送往副产品处理装置。

（5）供氨设备　由氨贮槽、氨汽化器及蓄能器组成。贮槽的液体氨通过汽化器汽化（氨氮气）经过蓄能器供氨。

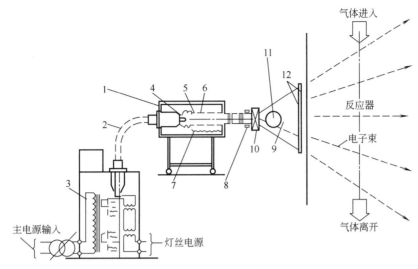

图 8-6 电子加速器的结构

1—绝缘贮槽（φ240×2000H）；2—高压电线；3—电压调节器；4—灯丝；5—加速管（φ120×1000H）；6—加速
电极；7—漏电电阻；8—X 扫描线圈；9—扫描管；10—Y 扫描线圈；11—真空泵；12—照射窗

（6）副产品处理设备 由造粒装置、输送装置及副产品仓库组成。造粒装置是对通过电集尘器捕集到的硫酸铵和硝酸铵为主要成分的粉体副产品进行造粒处理的装置。由电集尘器等连续排出的粉体副产品供给造粒装置，压缩和凝固后再进行碎解、整粒。整粒后的副产品运送到副产品仓库储存。

（7）通风设备 由风机及挡板等组成。

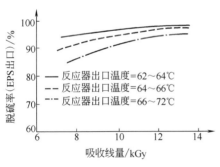

图 8-7 脱硫率和吸收线量

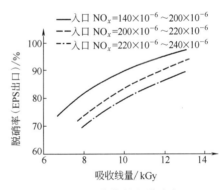

图 8-8 吸收线量和脱硝率

二、EBA 法处理效果及其影响因素

EBA 法具有显著的脱硫、脱硝效果。图 8-7 表示脱硫率和吸收线量的关系。脱硫率主要取决于反应器出口温度和吸收线量，反应器出口温度越低脱硫率越高。图 8-8 表示吸收线量和脱硝率的关系。脱硝率主要取决于吸收线量和入口 NO_x 浓度，入口 NO_x 的浓度越低脱硝率越高。图 8-9 表示入口 SO_2 浓度和脱硫/脱硝性能的关系。脱硫率、脱硝率几乎不受入口 SO_2 浓度的影响，即使入口 SO_2 体积分数近于 2000×10^{-6} 时也能达到 95% 的高脱硫率。

表 8-5 为 EBA 法验证和实际应用记录。

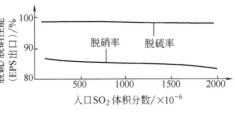

图 8-9 入口 SO_2 浓度和脱硫/脱硝性能的关系

表 8-5　EBA 法验证和实际应用记录

分　类	验 证 设 备	实 用 设 备	
实施(运行)年	1991～1994 年	1996 年	1999 年
项目	中部电力株式会社-原子能研究所-在原制作所共同研究	中国国家计划委员会-电力工业部-四川省电力工业局-连原制作所共同项目	中部电力株式会社
处理气体	燃煤排烟	燃煤排烟	燃烧重油排烟
规模(发电容量)	12000m³/h(NTP)	300000m³/h(NTP)(90MW)	620000m³/h(NTP)(220MW)
SO_2	$(250\sim2000)\times10^{-6}$	1800×10^{-6}	—
NO_x	$150\sim240\times10^{-6}$	400×10^{-6}	—
目的	确认燃烧煤排烟的干式同时脱硫、脱硝	确认燃烧高含硫量煤排烟的干式脱硫	确认燃烧重油排烟的干式同时脱硫、脱硝
性能	$nSO_2\geqslant95\%$ $nNO_x\geqslant80\%$	$nSO_2\geqslant80\%$ $nNO_x\geqslant10\%$	$nSO_2\geqslant92\%$ $nNO_x\geqslant60\%$
实施地点	中部电力株式会社,西名古屋火力发电所厂内	成都热电厂,中华人民共和国四川省成都市	中部电力株式会社,西名古屋火力发电所

三、EBA 法特点

① 能够同时高效地进行脱硫、脱硝。能够以 90％以上的脱硫率和 80％以上的脱硝率同时除去煤炭等各种燃料排烟中的高浓度 SO_x、NO_x。

② 设备结构简单,运转操作容易。机器结构简单,各机器无填充材料等,所以容易维修,对锅炉负荷变动也能顺利适应。

③ 不需要排水设备。工序流程中完全无排水,不需要排水处理设备。

④ 副产品可以作为肥料使用,不产生废弃物。从作为能源的煤炭、石油的排烟中能够回收附加价值高的氮肥。

⑤ 建设费用及运转成本低。由于设备结构简单,不需要昂贵的脱硝催化剂,操作简单,与传统方法相比较,设备经济性高。

四、EBA 法实际应用示例

1. 项目计划

项目为 400MW 煤炭燃烧排烟电子束处理装置,装置主体为一系列处理 1200000m³/h(NTP)排烟的设备,要求脱硫效率为 90％。

2. 排烟条件（见表 8-6）

表 8-6　排烟条件

排烟处理装置入口烟气条件		排烟处理装置出口烟气条件	
排烟量(湿式)	1200000m²/h(NTP)	SO_2(干式)	200×10^{-6}
排烟温度	127℃	脱硫率	90％
排烟组成成分		NO_x(干式)	240×10^{-6}
O₂(干式)	5.5％		
CO₂(干式)	14.0％	脱硝率	80％
H₂O(湿式)	5.1％		
SO_2(干式)	2000×10^{-6}	温度	90℃
NO_x(干式)	400×10^{-6}	NH_3	30×10^{-6}
烟尘(飘灰,干式)	340mg/m³(NTP)	烟尘(干式)	50mg/m³(NTP)

3. 处理工艺流程（见图 8-10）

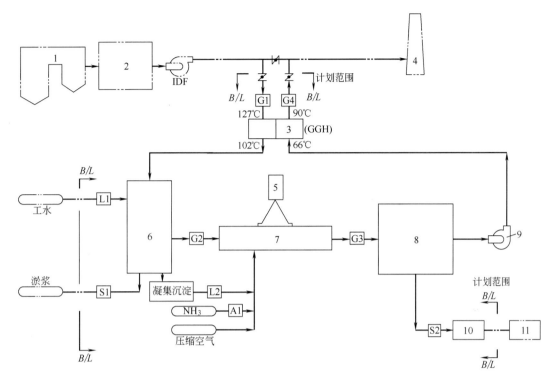

图 8-10　处理工艺流程

1—燃烧锅炉；2,8—电子集尘装置；3—煤气加热器；4—烟囱；5—电子束发生装置；6—冷却塔；
7—反应器；9—升压风机；10—副产品造粒设备；11—副产品储藏仓库

4. 系统设备及其布置

（1）主要机器设备　组成本排烟处理装置的主要设备如下。

① 冷却塔	1 座	⑥ 副产品运送装置	2 台
② 反应器	1 台	⑦ 抽风机	1 台
③ 直流高压电源	5 台	⑧ 供氨设备	2 台
④ 电子加速器	10 台	⑨ 副产品造粒设备	2 台
⑤ 电集尘器	1 台	⑩ 产品储存仓库	1 套

（2）平面布置　图 8-11 为平面布置图。

5. 系统运行动力消耗及副产品

（1）动力消耗（见表 8-7）

（2）副产品组成成分及其生产量（见表 8-8、表 8-9）

表 8-7　系统运行动力消耗

项　目	每小时使用量	年使用量	项　目	每小时使用量	年使用量
电力	6800kW·h/h	(6570h)[3]	氨	3220kg/h	21200t
电子束发生装置[1]	3300kW·h/h		蒸汽[2]	17t/h	112000t
其他	3500kW·h/h	$44.7×10^6$kW·h	供水	85t/h	558000t

[1] 为直流高压电源、电子加速器及其附属机器的消费电力合计。

[2] 蒸汽只作为热源使用。

[3] 按年运转率 75% 算出。

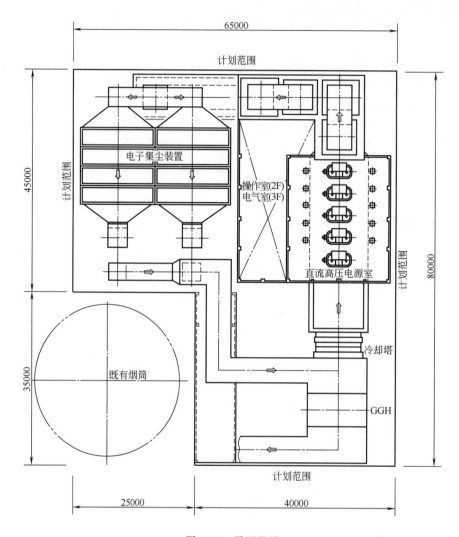

图 8-11　平面配置

表 8-8　副产品组成成分

项　　目	副产品组成成分
硫酸铵	95.3%
硝酸铵	2.6%
飘尘	2.1%
合计	100.0%
副产品中的氮含量	21.1%

表 8-9　副产品生产量

时　产　量
12600kg/h
年产量(6570h)
82800t/a

第三节　电晕放电除尘脱硫装置

在低温常压条件，不加任何化学药品的前提下，应用高能非平衡等离子体技术，可把有害气体 SO_2 分解成无害的氧气（O_2）和单质硫（S），且分解率高、能量消耗低。

一、装置组成及处理工艺流程

实验装置如图 8-12 所示。反应器本体 7 用不锈钢制成，内壁涂有一层以 Ni 为母体的 B

种催化剂，其内径为 120mm，长度为 1500mm。电晕极为不锈钢星形线材，长度为 800mm。根据实验要求，用空气压缩机以及 SO_2 标准气瓶和粉体发生器 2 产生一定浓度的烟尘。根据分解工艺，波形成型器 13 供给分解反应中所需要的等离子体和控制定向反应的反应条件。

实验用气体通过反应器内壁与电晕极之间形成的活化区，气体进行分解反应。气体混合发生器将粉体与 SO_2 及空气模拟烟道外排烟气成分配气。粉体回收器 12 收集电场回收的含有单质 S 微粒的粉尘。超高压脉冲电源 14 输出（V_D+V_C）经波形成型器 13 整型成所需要的脉冲电压加到电晕极 10 上，超高压脉冲电源中直流成分 V_D 可根据分解条件进行调整，脉冲交流电压 V_C 的幅值为 200～250kV，脉宽 1μs，频率 1000Hz，它能提供分解反应中所需要的等离子体和定向化学反应的控制条件。

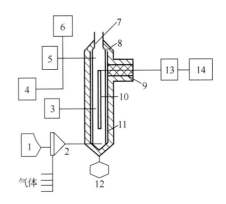

图 8-12　脉冲活化治理烟气实验装置

1—粉体发生器；2—尘混合发生器；3—测温仪；4—红外气体分析仪；5—质谱仪；6—色谱仪；7—反应器本体；8—保温层；9—绝缘子；10—电晕极；11—催化剂层；12—粉体回收器；13—波形成型器；14—脉冲电源

二、SO_2 等有害气体的分解机理

非平衡等离子体（或称冷等离子体）主要采用辉光放电、微波放电、电晕放电等方法产生，放电的电场强度与工作室气压比值较高。通常辉光放电与微波放电中气体压强远低于大气压（约 10^{-6}～10^{-3}atm），因而气体粒子数密度低，粒子间碰撞耦合弱，电子在外电场加速作用下获取的能量不能及时传递给重粒子（原子、离子、自由基、分子等）。结果，低气压等离子体中电子温度远高于重粒子温度，电子温度可高达几十万度，而重粒子温度接近或略高于室温。电晕放电中虽然气体压强较高，但放电的电场强度高，电子温度仍然高于重粒子温度。所以，电晕放电也已用于电除尘器、臭氧生产和离子源等。

图 8-13 为 SO_2 浓度与分解率关系曲线。这是对电晕极施加超高压脉冲，在直流高电压 V_p（20～80kV）上叠加脉冲电压 V_C，幅值为 200～250kV，周期为 20ms，脉冲宽度为 10μs 左右，脉冲前后沿约为 200ns。由于脉冲前后沿陡峭、峰值高，使电晕极附近发生激烈、高频率的脉冲电晕放电，使基态气体获得足够大能量，发生了强烈的辉光放电，空间气体迅速成为高浓度等离子体，使烟气处于活化状态。

烟气中有害气体（SO_2、NO_x、CO_2…）分子的化学性质和物理性质决定于它的原子在分子空间的结构。为了实现分解有害气体分子，必须破坏一个或几个键。由于使用了超高压脉冲电晕放电技术。在纳秒（ns）级内，使空间电场强度发生突然的巨大变化，因而反应器中烟气分子突然获得"爆炸"式的巨大能量（能量可达 20eV 以上），使烟气分子几乎全部处于活化状态，烟气分子瞬间自由能猛增成为活化分子。只有具有高能量的活化分子，才能在发生有效碰撞的瞬间（ns），将动能转化为分子内部势能，破坏旧的化学键（SO_2 结合能为 5.43eV），使一个或几个键断裂。在定向反应作用下产生新的单一原子组成的气体分子和固体单质微粒。

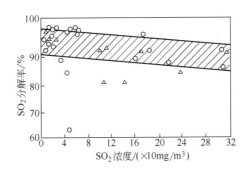

图 8-13　SO_2 浓度与分解率关系曲线

○为静电院检测中心测试数据；△为外单位测试数据

应用物理方法，即采用超高压脉冲电晕放电技术来破坏有害气体分子化学键，脉冲幅值高达200kV以上，作用时间极短（ns），在此时间内完成化学反应。在如此短时间内，由于"爆炸"式巨大能量作用，气体分子几乎全部都成为活化分子，转换成新的生成物。不像普通化学反应，每次只有10%～20%范围的气体分子才能越过"能垒"（活化能），转换成新的化学生成物，可以看出，应用超高压脉冲电晕放电技术来破坏分子化学键是最经济、最简便的方法。

有害气体分子的化学键能很高，为此加入催化剂，它能使分子化学键松动或削弱，使分子处于活化状态。降低了气体分子活化能，加速化学反应。

催化剂具有很强的选择性，选择一些方便、几乎不产生阻力损失、不易中毒的催化剂，采用适当的催化剂，能几倍至几千倍活化能，才能使该项技术具有工业使用意义。

化学反应定向是十分重要的。当气体分子全部都处于活化状态时，化学反应十分活跃，气体分子在进行分解反应的同时，又可能进行化合反应。为了达到分解有害气体的目的，必须使活化了的气体分子只能进行分解反应，才能达到治理有害气体的目的。

综上所述，完全有可能用物理方法来完成有害气体的化学分解反应。

三、SO_2 分解效果及其影响因素

（1）SO_2 分解效果　在低温（9～48℃）、常压（101kPa）实验条件下进行分解，当气体中 SO_2 浓度为 114.5～3259.8mg/m³ 时，SO_2 气体分解率为 81.4%～98.1%，大部分在 90% 以上，如表 8-10 所示。

表 8-10　分解 SO_2 气体检测报告数据

| 序号 | 测试环境条件 | | | 产生等离子体的电参数 | | | | 气体参数 | | | |
	压力 /kPa	温度 /℃	湿度 /%	直流电场强度 /(kV/m)	脉冲参数 幅值/kV	宽度/μs	频率/Hz	通气量 /(m³/h)	入口浓度 /(mg/m³)	出口浓度 /(mg/m³)	分解率 /%
1	101	26	64	450	220	10	50	4.9	114.5	2.3	98.0
2	101	17	39	450	220	10	100	4.9	1421.2	264.5	81.4
3	101	16	62	450	220	10	100	4.9	3259.8	236.8	92.7
4	101	18	48	450	220	10	100	4.9	3134.0	211.5	93.3
5	101	16	54	450	220	10	50	4.9	711.3	13.9	98.1
6	101	18	76	450	220	10	100	4.9	2402.4	343.2	85.7
7	101	18	76	450	220	10	100	4.9	1618.6	109.6	93.2

（2）SO_2 气体浓度对其分解率的影响　SO_2 气体分解率对其浓度的函数关系如图 8-13 所示，从图中曲线可以看出，随着 SO_2 气体浓度的增加其分解率有所下降，大多数分解率在 85% 以上。

（3）气体流量对 SO_2 分解率的影响　气体流量对 SO_2 的分解率影响较大（如图 8-14 所示），实验条件与表 8-10 所示相同。从图 8-14 曲线可见，随着气体流量的增加，SO_2 分解率明显下降。应用图 8-12 所示的实验装置分解 SO_2 气体，只要气体流量保持在 3.2～4.8m³/h 之间，分解率可达 90% 以上。

（4）烟气温度对 SO_2 分解率的影响　为了模拟现场的实际情况，在反应器内通入一定浓度的发电厂锅炉飞灰。用加热装置把反应器内烟气温度控制在 10～200℃ 范围内，实验结果如图 8-15 所示。从图 8-15 曲线可知，烟气温度对 SO_2 分解率影响不大。随着温度的增加，分解率略有下降。

（5）烟气中单质硫等微粒的回收效果　分解 SO_2 过程中产生的单质硫，在定向电场作用下被驱赶到反应器内壁上。从内壁上的附着物取样，测定结果如表 8-11 所示。通入含有 SO_2 的烟气 1h，烟气中 SO_2 含量 7.98g，其中含硫量 3.18g（理论值），从反应器内壁附着

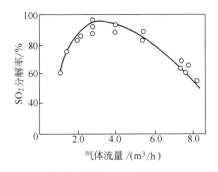

图 8-14　气体流量与 SO_2 分解率关系曲线

气体浓度为 $1200.0\sim2400.8mg/m^3$，脉冲幅值为 267kV

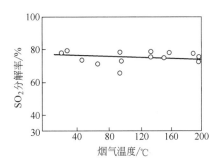

图 8-15　烟气温度与 SO_2 分解率关系曲线

气体流量 $4.09m^3/h$，脉冲幅值 255kV

物中回收硫，两次测试结果分别为 2.27g 和 2.46g。应用该项技术，烟气中硫的回收率可达 $71.4\%\sim77.4\%$。

表 8-11　反应器内壁附着硫量测试数据

压力 /kPa	温度 /℃	直流电场强度 /(kV/m)	脉冲幅值 /kV	脉冲宽度 /μs	脉冲频率 /Hz	气体流速 /(m/s)	反应时间 /h	烟气中 SO_2 含量/g	反应器内壁 硫附着量/g	理论值 /g	差值率 /%
101	48	433	220	10	50	0.15	1	7.98	2.27	3.18	28.6
101	48	433	220	10	50	0.15	1	7.98	2.46	3.18	22.6

（6）脉冲叠加正、负直流电压对 SO_2 分解率及其能耗的影响　从表 8-12 可以看出，把脉冲叠加在正直流电压上产生的等离子体，每消耗 $1kW \cdot h$ 的电能可分解 $1.61\sim1.97kgSO_2$ 气体，分解 1kg 的 SO_2 所消耗的电量仅为叠加负直流电压的 1/10。

表 8-12　脉冲叠加正、负直流电压分解 SO_2 气体能耗和分解率数据

电极性	分解气体	气体浓度 N /(mg/m³)	气体流量 Q /(m³/h)	消耗功率 W /(×10⁻³kW)	气体分解率 η /%	气体分解量 A[1] /[kg/(kW·h)]
正	SO_2	5434.0	3.26	8.8	80.2	1.61
	SO_2	6500.8	3.26	8.8	82.0	1.97
负	SO_2	5820.1	3.26	103.4	88.0	0.16
	SO_2	4692.2	3.26	103.4	88.3	0.18

① 表中气体分解量计算公式：$A=NQ\eta/W$。

因此，可以得出如下结论。

① 通常烟气中除含有空气外，还同时含有 CO_2（$40\sim10mg/m^3$）、SO_2（$300\sim600$ mg/m^3）、NO_x（$800\sim1200mg/m^3$）等有害气体。现在治理烟气中 CO_2、SO_2 和 NO_x 等有害气体的技术和设备都是分开进行的，一种技术和设备只能治理一种气体。而采用电晕放电产生非平衡等离子体使气体分子活化，可同时分解治理 CO_2、SO_2 和 NO_x，当有害气体分子活化后获得的能量大于 CO_2 键能（803kJ/mol）时，几乎 CO_2、SO_2 和 NO_x 的键全部断裂，在定向反应控制下形成单一原子气体分子（O_2 和 N_2）和固体微粒（C 和 S）。由于在极短脉宽时间内气体分子处于活化状态，几乎全部气体分子获得活化能，分解 CO_2、SO_2 和 NO_x 的能力极强，分解率不受有害气体种类和浓度影响，均可达到 80% 以上，如表 8-13 所示。

② 在整个化学反应过程中不需要加入任何一种化学药品，而当前所有治理方法中都需要加入某种化学药品，在反应器内壁上涂一层以 Ni 为母体的 B 种催化剂降低了有害气体的活化能，为该技术的应用铺平了道路。

表 8-13　CO_2、SO_2 和 NO_x 气体分解量测试数据表

实验条件	气体流量/(m³/h)	实验气体	分解气体	气体浓度/(mg/m³)	分解率/%
脉冲幅值 220kV 宽度 $1\mu s$ 频率 100Hz 静电场强 750kV/m 工作压力 1.01atm 温度 7℃ 湿度 37%	0.5	AIR＋CO_2	CO_2	12.5×10^4	87.5
		AIR＋SO_2	SO_2	2210	88.2
		AIR＋NO_x	NO_x	1136	94.5
	0.8	AIR＋CO_2＋NO_x	CO_2	37.0×10^4	87.3
			NO_x	1457.1	94.6
	1.1	AIR＋CO_2＋SO_2＋NO_x	CO_2	66.8×10^4	81.5
			SO_2	1808.3	87.0
			NO_x	953	85.1

③ 在一个十分小的反应器内，可以同时分解 CO_2、SO_2 和 NO_x 气体，对烟气进行一次性、全部的治理所消耗的能量比当前治理任何一种气体和烟尘所消耗的能量都要小得多，为目前全面治理 CO_2、SO_2 和 NO_x 提供了可能。

思 考 题

1. 简述卧式网膜塔除尘脱硫装置的工作原理及工艺流程。
2. 简述 SHG 型除尘脱硫装置的特点及主要技术指标。
3. 简述喷射式吸收塔除尘脱硫装置的工作原理及主要技术指标。
4. 简述 EBA 法装置的特点及其净化机理。
5. 简述影响 EBA 法处理效果的因素。
6. 简述电晕放电除尘脱硫装置的工艺流程、对 SO_2 的分解机理及影响 SO_2 分解效果的因素。

第九章 噪声控制设备

第一节 吸声降噪设计与应用

一、多孔吸声材料

1. 多孔吸声材料的吸声机理

多孔吸声材料的结构特点是，材料表面、内部多孔，孔与孔之间相互连通，并与外界大气相连，具有一定的通气性能。这类材料的吸声机理是，当声波进入空隙率很高的吸声材料时，引起空隙间的空气分子和纤维振动，由于空气与孔壁的摩擦阻力、空气的黏滞阻力和热传导等作用，使相当一部分声能转化为热能而耗散掉。

吸声材料的吸声性能可以用吸声系数来衡量。吸声系数定义为材料吸收的声能与入射到材料上的总声能之比，即

$$\alpha = \frac{E_a}{E_i} = \frac{E_i - E_r}{E_i} = 1 - r \tag{9-1}$$

式中 E_i——入射声能；

E_a——被材料或结构吸收的声能；

E_r——被材料或结构反射的声能；

r——反射系数。

一般材料或结构的吸声系数在 $0 \sim 1$ 之间，吸声系数越大，吸声性能越好。吸声系数的大小，除了材料本身性质影响外，还和材料的安装方式（背后有无空气层、空气层的厚度以及固定方式等）、入射声的频率以及声波的入射角度有关。

鉴于吸声系数与入射声的频率有很大关系，为方便起见，有时用中心频率 $125\mathrm{Hz}$、$250\mathrm{Hz}$、$500\mathrm{Hz}$、$1000\mathrm{Hz}$、$2000\mathrm{Hz}$、$4000\mathrm{Hz}$ 六个倍频程的吸声系数的平均值来表示，称为平均吸声系数 $\overline{\alpha}$。

吸声材料的吸声系数可用实验方法测出，常用的方法有混响室法和驻波管法两种。测量方法不同，所得出的测试结果也不一样。驻波管法测得的是垂直入射吸声系数 α_r；混响室法测得的是无规入射吸声系数 α_0。

吸声系数反映房间壁面单位面积的吸声能力，材料实际吸收声能的多少除了与材料的吸声系数有关外，还与材料的表面积有关。吸声材料的实际吸声量按下式计算。

$$A = \alpha S \tag{9-2}$$

房间中的其他物体如家具、人等也会吸收声能，而这些物体并不是房间壁面的一部分。因此，房间总的吸声量 A 可以表示为

$$A = \sum_i \overline{\alpha_i} S_i + \sum_i A_i \tag{9-3}$$

式中第一项为所有壁面吸声量的总和，第二项为室内各物体吸声量的总和。

2. 多孔吸声材料的声学性能及其影响因素

（1）多孔吸声材料的吸声性能　多孔吸声材料的吸声性能一般地讲对高频声吸声效果好，而对低频声效果差，这是因为吸声材料的孔隙尺寸与高频声波的波长相近所致。典型的多孔吸声材料吸声频谱特性曲线如图 9-1 所示，是一条多峰曲线。

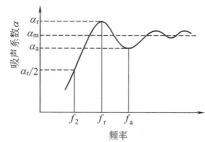

图 9-1 吸声材料的吸声频谱特性曲线

由图可知，在低频段吸声系数一般较低，当声波频率提高时，吸声系数相应增大，并有不同程度的起伏变化。第一个吸声峰值频率 f_r 叫做吸声材料的第一共振频率，相应的吸声系数为 α_r，其他吸声峰值对应于材料的谐频共振。类似地，第一个吸声谷值频率 f_a 叫做第一反共振频率，相应的吸声系数为 α_a。当频率低于第一共振频率 f_r 时，可以取吸声系数降低至 $\alpha_r/2$ 时的频率 f_z 作为吸声材料的下限频率，f_z 与 f_r 之间的倍频程数为下半频带宽度。当频率高于 f_r 时，吸声系数在吸声峰值与吸声谷值之间变化。即 $\alpha_a \leqslant \alpha \leqslant \alpha_r$，随着频率的增高，起伏变化的幅度相应地减少，逐步趋向于一个稳定的数值 α_m。

（2）多孔吸声材料吸声性能的影响因素　多孔吸声材料的吸声性能主要受材料的流阻、孔隙率、结构因子、厚度、容重、材料背后的空气层、材料表面的装饰处理以及使用的外部条件等因素的影响，这些因素之间又有一定的关系，选用多孔吸声材料时应予以注意。

当声波引起空气振动时，有微量的空气在多孔材料的孔隙中流过。这时，多孔材料两面的静压差与气流线速度之比即为材料的流阻。流阻是表征气流通过多孔材料难易程度的一个物理量。流阻的大小一般与多孔材料内部微孔的大小、多少、相互连通程度等因素有关。流阻太高或太低都会影响材料的吸声性能。当流阻接近空气的特性阻抗即 407Pa·s/m 时，可获得较高的吸声系数，因此，一般希望吸声材料的流阻介于 100～1000Pa·s/m 之间。

多孔材料中通气的孔洞容积与材料总体积之比称为孔隙率，它是衡量材料多孔性的一个重要指标。一般多孔材料的孔隙率在 70% 以上，矿渣棉为 80%，玻璃棉为 95% 以上。

结构因子表示多孔材料中孔的形状及其方向性分布的不规则情况，其数值一般介于 2～10 之间，玻璃棉为 2～4，毛毡为 5～10。结构因子的大小对低频吸声影响较大。

多孔吸声材料对中高频吸声效果较好，对低频吸声效果较差，有时可采用加大厚度来提高低频吸声效果。理论上讲，材料厚度相当于入射声波 1/4 波长时，在该频率下具有最大的声吸收。若按此条件，材料厚度往往要大于 100mm，这是很不经济的。除非特殊需要，一般不采取加大吸声材料厚度来提高其吸声性能。工程应用上，推荐多孔吸声材料的厚度为：

超细玻璃棉、岩棉、矿渣棉	50～100mm	软质纤维板	13～20mm
泡沫塑料	25～50mm	毛毡	4～5mm
木丝板	20～50mm		

改变材料的容重，可以间接控制吸声材料内部的微孔尺寸。一般，多孔材料的容重增加时，材料内部的孔隙率会相应降低，因而可改善低频吸声效果，但高频吸声性能可能下降。实验证明，多孔吸声材料的容重有个最佳值。例如，超细玻璃棉为 $15～25kg/m^3$，玻璃棉为 $100kg/m^3$ 左右，矿渣棉为 $120kg/m^3$ 左右。

在多孔材料背后留有一定厚度的空气层，可改善多孔吸声材料的低频吸声性能。研究表明，当空气层厚度近似等于 1/4 波长时，吸声系数最大；而其厚度等于 1/2 波长的整数倍时，吸声系数最小。为了改善中低频声的吸声效果，一般建议多孔吸声材料背后的空气层厚度取 70～100mm。

多孔性吸声材料大多是松散的，不能直接布置在室内或气流通道内。为了增加强度，便于安装维修及改善吸声性能，在实际使用中通常都进行表面装饰处理。如安装护面层、粉刷油漆、表面半钻孔及开槽等。常用的护面层有金属网、塑料面纱、玻璃布、麻布、纱布以及穿孔板等。穿孔率大于20%的护面层,对吸声性能的影响不大,若穿孔率小于20%,由于高频声的绕射作用较弱,高频声的吸声效果会受到影响。

另外,吸声材料使用的外部条件如温度、湿度、气流等,对多孔吸声材料的吸声性能都有一定的影响。

3. 多孔吸声材料及其种类

目前常用的多孔吸声材料主要有无机纤维材料、泡沫塑料、有机纤维材料和建筑吸声材料及其制品。

无机纤维材料主要有超细玻璃棉、玻璃丝、矿渣棉、岩棉及其制品。超细玻璃棉具有质轻、柔软、容重小、耐热、耐腐蚀等优点,使用较普遍,但也有吸水率高、弹性差、填充不易均匀等缺点;矿渣棉具有质轻、防蛀、热导率小、耐高温、耐腐蚀等特点,但杂质多、性脆易断,不适于风速大、要求洁净的场合;岩棉有隔热、耐高温和价格低廉等优点。

泡沫塑料具有良好的弹性,容易填充均匀。但易燃烧、易老化、强度较差。常用作吸声材料的泡沫塑料主要有聚氨酯、聚醚乙烯、聚氯乙烯、酚醛等。

有机纤维材料指的是植物性纤维材料及其制品,如棉麻、甘蔗、木丝、稻草等,均可用作吸声材料。

建筑上采用的吸声材料有加气混凝土、微孔吸声砖、膨胀珍珠岩等。

常用国产吸声材料的吸声系数见表9-1,供设计参考。

表9-1 常用国产吸声材料的吸声系数(驻波管法)

种类	材料名称	厚度 /cm	容重 /(kg/m³)	各频率的吸声系数						备 注
				125Hz	250Hz	500Hz	1000Hz	2000Hz	4000Hz	
无机纤维材料	超细玻璃棉	5	20	0.10	0.35	0.85	0.85	0.86	0.86	
		10	20	0.25	0.60	0.85	0.87	0.87	0.85	
		15	20	0.50	0.80	0.85	0.85	0.86	0.80	
	防水超细玻璃棉	10	20	0.25	0.94	0.93	0.90	0.96		
	熟玻璃丝 (铁丝网护面)	5	150		0.23	0.39	0.85	0.94		4目/cm
		7	150		0.37	0.735	0.991	0.975		
		9	150		0.55	0.94	0.97	0.90		
	沥青玻璃棉毡	3	80		0.10	0.27	0.61	0.94	0.99	
	矿渣棉	5	175	0.25	0.33	0.70	0.76	0.89	0.97	
		7	200	0.32	0.63	0.76	0.83	0.90	0.92	
		8	150	0.30	0.64	0.73	0.78	0.93	0.94	
	岩棉	2.5	80	0.04	0.09	0.24	0.57	0.93	0.97	
		2.5	150	0.04	0.095	0.32	0.65	0.95	0.95	
		5	80	0.08	0.22	0.60	0.93	0.976	0.985	
		5	150	0.115	0.33	0.73	0.90	0.89	0.963	
		10	80	0.35	0.64	0.89	0.90	0.96	0.98	
泡沫塑料	聚氨酯泡沫塑料	3	45	0.07	0.14	0.47	0.88	0.70	0.77	上海产
		4	40	0.10	0.19	0.36	0.70	0.75	0.80	
		5	45	0.15	0.35	0.84	0.68	0.82	0.82	
		6	45	0.11	0.25	0.52	0.87	0.79	0.81	
		8	45	0.20	0.40	0.95	0.90	0.98	0.85	
	聚氨基甲酸酯泡沫塑料	2.5	25	0.05	0.07	0.26	0.87	0.69	0.87	天津产
		5	36	0.21	0.31	0.86	0.71	0.80	0.82	

续表

种类	材料名称	厚度/cm	容重/(kg/m³)	各频率的吸声系数						备注
				125Hz	250Hz	500Hz	1000Hz	2000Hz	4000Hz	
有机纤维材料	工业毛毡	1	370	0.04	0.07	0.21	0.50	0.52	0.57	北京产
		3	370	0.10	0.30	0.50	0.50	0.50	0.52	
		5	370	0.11	0.30	0.50	0.50	0.50	0.52	
		7	370	0.18	0.35	0.43	0.50	0.53	0.54	
	木丝板	4		0.19	0.20	0.48	0.78	0.42	0.70	
		5		0.15	0.23	0.64	0.78	0.87	0.92	
		8		0.25	0.53	0.82	0.63	0.84	0.59	
		3		0.05	0.30	0.81	0.63	0.69	0.91	距墙5cm
		5		0.29	0.77	0.73	0.68	0.81	0.83	距墙5cm
		3		0.09	0.36	0.62	0.53	0.71	0.89	距墙5cm
		5		0.33	0.93	0.68	0.72	0.83	0.86	距墙10cm
建筑材料	膨胀吸声砖	1.5		0.04	0.06	0.22	0.71	0.87		
		5		0.09	0.28	0.77	0.79	0.75		北京产
		7.5		0.21	0.59	0.77	0.67	0.77		
	水泥膨胀珍珠岩板	5	350	0.16	0.46	0.64	0.48	0.56	0.56	北京产
		8	350	0.34	0.47	0.40	0.37	0.48	0.55	上海产
	加气混凝土	15	500	0.08	0.14	0.19	0.28	0.34	0.45	

4. 空间吸声体及其设计

空间吸声体可悬挂在扩散声场中,其降噪量一般为 10dB 左右。常用的几何形状有平面形、圆柱形、棱形、球形、圆锥形等,其中球形的吸声效果最好,因为球的体积与表面积之比最大。空间吸声体可以靠近各个噪声源,具有较高的低频响应,由于声波的绕射,使其平均吸声系数往往大于 1。表 9-2 为最常用的矩形平板式吸声体悬挂在混响室内所测得的吸声系数。空间吸声体加工制作简单、原材料易购、价格低廉、安装容易、维修方便,不妨碍车间的墙面、不影响采光。

表 9-2　矩形平板式吸声体的吸声系数

护面方式	各频率下的吸声系数						平均吸声系数
	125Hz	250Hz	500Hz	1000Hz	2000Hz	4000Hz	
玻璃布	0.37	1.31	1.89	2.49	2.37	2.28	1.78
玻璃布加窗纱	0.15	0.55	1.28	1.99	1.99	1.90	1.31
玻璃布加穿孔板($p=20\%$)	0.46	0.61	0.90	1.40	1.40	1.60	1.06
玻璃布加穿孔板($p=20\%$)	0.46	0.68	1.20	1.22	1.22	0.90	0.93

空间吸声体由框架、吸声材料和护面结构组成,框架上有供吊装用的吊环。在设计空间吸声体时应注意,对于高频声的吸收,其效果随着空间吸声体尺寸的减少而增加;对于低频声的吸收,则随着空间吸声体尺寸的加大而升高。同时考虑到运输和吊装方便,空间吸声体的尺寸不宜过大和过小。吸声材料的选择和填充是决定吸声体吸声性能的关键。目前,国内常用的填充材料为超细玻璃棉,填充密度、厚度应根据噪声频率特性,经计算和实测而定。护面结构对空间吸声体的吸声性能有很大影响,工程上常用的护面材料有金属网、塑料窗纱、玻璃布、麻布、纱布及各类金属穿孔板等。护面材料的穿孔率应大于 20%,否则会降低吸声材料在高频段的吸声性能。此外,选择护面材料时还应考虑使用环境和经济成本。

在设计或选择各型空间吸声体时,不仅要了解单个吸声体的性能,还应掌握悬挂要领,只有正确悬挂，才能取得高吸收、低成本、经济实用的效果。实践和经验表明，面积比和悬挂高度是影响空间吸声体吸声性能的两个主要因素。悬挂空间吸声体应遵循以下原则。

① 吸声体面积与室内所需降噪面积之比一般取 40% 左右，或取整个室内总表面积的 15% 左右，即可达到整个平顶都粘贴吸声材料时的降噪效果。若再增大面积比，降噪量提高很少。

② 如条件允许，吸声体的悬挂位置应尽量靠近声源，在面积比相同的条件下，吸声体垂直悬挂和水平悬挂的吸声特性基本相同。当房间高度<6m 时，水平悬挂吸声体，吸声体离顶棚高度可取房间净高的 1/5～1/7 为宜，也可取距顶棚高度 750mm 左右，吸声体以条形排列为佳。当房间高度>6m 时，则可将吸声体垂直悬挂在靠近发声设备一侧的墙面上。

③ 吸声体分散悬挂优于集中悬挂，特别对中高频声的吸声效果可提高 40%～50%。如在两相对墙面上吊挂吸声体，吊挂面积应尽量接近。垂直悬挂时，各排间距控制在 600～1800mm。

④ 吸声体悬挂后应不妨碍采光、照明、起重运输、设备检修、清洁等，并做到美观、大方、色彩协调。

二、共振吸声结构

多孔材料的高频吸声效果较好，而低频吸声性能很差，若用加厚材料或增加空气层等措施则既不经济，又多占空间。为改善低频吸声性能，利用共振吸声原理研制了各种吸声结构。常用的有薄板共振吸声结构、薄膜共振吸声结构、穿孔板共振吸声结构等。

1. 薄板共振吸声结构

将板材（胶合板、薄木板、硬质纤维板、石膏板、石棉水泥板、金属板等）周边固定在框架上，板后留有一定厚度的空气层，就构成了薄板共振吸声结构。当声波入射到薄板上时，将激起板面振动，使声能转变为机械能，并由于摩擦而转化为热能。当入射声波的频率与结构的固有频率一致时，产生共振，此时消耗的声能最大。薄板共振结构的固有频率一般较低，能有效地吸收低频声。其固有频率可用下式计算。

$$f_0 = \frac{600}{\sqrt{mD}} \tag{9-4}$$

式中　f_0——固有频率，Hz；

　　　m——薄板的面密度，kg/m²；

　　　D——空气层的厚度，cm。

增加薄板的面密度或空气层的厚度，可使薄板振动结构的固有频率降低，反之则提高。常用木质薄板共振吸收结构的板厚取 3～6mm，空气层厚度取 30～100mm，共振频率约为 100～300Hz，其吸声系数一般为 0.2～0.5。若在薄板结构的边缘放置一些柔软材料（如橡皮条、海绵条、毛毡等），或在空气层中沿龙骨四周适当填放一些多孔吸声材料，则可明显提高其吸声性能。

2. 薄膜共振吸声结构

用刚度很小的弹性材料（如聚乙烯薄膜、漆布、不透气的帆布以及人造革等），在其后设置空气层，就构成薄膜共振吸声结构。薄膜结构与薄板结构的吸声机理基本相同，薄板结构固有频率的计算公式同样适用于薄膜结构。一般在膜后填充多孔吸声材料可改善低频吸声性能。膜的面密度比较小，故其共振频率向高频移动。通常薄膜结构的共振频率为 200～1000Hz，最大吸声系数为 0.3～0.4。

3. 穿孔板共振吸声结构

将钢板、铝板或者其他非金属板，如木板、硬质纤维板、胶合板、塑料板、石棉水泥板等，以一定的孔径和穿孔率打上孔，并在板后留有一定厚度的空气层，就构成穿孔板共振吸声结构。穿孔板上每一个孔后都有对应的空腔,相当于许多并联的亥姆霍兹共振腔。穿孔板孔颈中的空气柱受声波激发产生振动,由于摩擦和阻尼作用而消耗掉一部分声能。当入射声波的频率与结构的固有频率一致时将产生共振,空气柱往复振动的速度、幅值最大,此时消耗的声能量最多,吸声最强。共振频率的计算公式如下。

$$f_0 = \frac{C}{2\pi} \sqrt{\frac{p}{L_k D}} \tag{9-5}$$

式中　f_0——共振频率,Hz;

$\quad C$——声速,cm/s,常温下为34000cm/s;

$\quad p$——穿孔率,即穿孔面积在总面积中所占的百分比;

$\quad D$——穿孔板后空气层的厚度,cm;

$\quad L_k$——孔颈的有效长度,cm,当孔径 d 大于板厚 t 时,$L_k = t + 0.8d$;当空腔内贴多孔材料时,$L_k = t + 1.2d$。

穿孔率越高,每个共振腔所占的体积越小,共振频率就越高。可改变穿孔率来控制共振频率。穿孔率应小于20%,否则会大大降低其吸声性能。在工程设计中通常要求共振频率在100~4000Hz,板厚一般取1.5~13mm,孔径ϕ2~15mm,孔心距为10~100mm,穿孔率为0.5%~5%,甚至可达15%,空腔深为50~300mm。穿孔板吸声结构具有较强的频率选择性,仅在共振频率附近才有最佳吸声性能,偏离共振频率,吸声效果明显下降。为增加吸声频带宽度,可在穿孔板背后贴一层纱布或玻璃布,也可在空腔内填装多孔性吸声材料。

4. 微穿孔板吸声结构

微穿孔板吸声结构由具有一定穿孔率、孔径小于1mm的金属薄板与板后的空气层组成。金属板厚 t 一般取0.2~1mm,孔径ϕ取0.2~1mm,穿孔率 p 取1%~4%,p 取1%~2.5%时吸声效果最佳。微穿孔板吸声结构由于板薄、孔径小、声阻抗大、质量小,因而吸声系数和吸声频带宽度比穿孔板吸声结构要好,并具有结构简单、加工方便,特别适合于高温、高速、潮湿以及要求清洁卫生的环境下使用等优点。在实际应用中,为使吸声频带向低频方向扩展,可采用双层或多层微穿孔板吸声结构。

三、吸声降噪的应用

1. 吸声降噪措施的应用范围

吸声处理只能降低反射声的影响,其降噪量一般为3~10dB。吸声降噪的实际效果主要取决于所用吸声材料或吸声结构的吸声性能、室内表面情况、室内容积、室内声场分布、噪声频谱以及吸声结构安装位置是否合理等因素。选用吸声降噪措施时应考虑以下因素。

① 吸声降噪效果与原房间的吸声情况关系较大。当原房间内壁面平均吸声系数较小时,采用吸声降噪措施,才能收到良好的效果。原则上,吸声处理后的平均吸声系数应比处理前大两倍以上,吸声降噪才有明显效果,即噪声降低3dB以上。

② 室内的声源情况对吸声降噪效果影响较大。若室内分散布置多个噪声源(如纺织厂的织布车间),对每一噪声源进行降噪处理比较困难。吸声处理对于接近声源的接受者效果较差,对于远离声源的接受者效果较好,而对周围的环境噪声降低效果更为显著。

③ 房间的形状、大小及所用吸声材料或吸声结构的布置对吸声降噪效果的影响。在容积大的房间内,声源附近近似于自由声场,直达声占优势,吸声处理效果较差。在容积小的房间内,反射声的声能量所占比例很大,吸声处理效果就比较理想。经验表明,当房间容积小于3000m³时,采用吸声处理效果较好。若房间虽大,但其形状向一个方向延伸,顶棚较低,长度或宽度大于其高度的5倍,采用吸声降噪措施,效果比同体积的立方体房间要好。拱形屋顶,有声聚焦的房间,采用吸声降噪措施效果最好。吸声材料和吸声结构应布置在噪

声最强烈的地方。房间高度小于 6m 时，应将一部分或全部顶棚进行吸声处理；若房间高度大于 6m，则最好在声源附近的墙壁上进行吸声处理或在其附近设置吸声屏或吸声体。

④ 吸声材料的吸声性能及价格。选用吸声材料和吸声结构时，首先应有利于降低声源频谱的峰值频率噪声，尤其是中高频峰值频率噪声的降低，对吸声降噪效果的影响最为明显。所用吸声材料和吸声结构的吸声性能应比较稳定，价格低廉，施工方便，符合卫生要求，对人无害，应防火，美观，经久耐用。

实际工程中，对一个未经吸声处理的车间采用适当的吸声降噪措施，使车间内的噪声平均降低 5～7dB 是比较切实可行的。要想获得更高的减噪效果，困难会大幅度增加，往往得不偿失。吸声处理后使噪声降低 5～7dB，已经可以产生良好的减噪效果，主观感觉上噪声明显变小。从而做到技术可行，经济合理。

2. 吸声降噪设计的一般步骤

对室内采取吸声降噪措施，设计工作的步骤与一般噪声控制步骤大致相同。但在具体技术细节上有其特殊性。吸声减噪设计工作步骤简述如下。

① 了解噪声源的声学特性。首先要了解噪声源的倍频程声功率级和总声功率级。其次应了解噪声源的指向特性。在噪声控制工程中，噪声源的几何尺寸一般不大，可将其视为点声源，指向性因数值由噪声源在房间内的位置来确定。

② 了解房间的几何性质及吸声处理前的声学特性。主要了解房间的容积和壁面的总面积。房间内可移动物体（如车间内的机电设备）所占的体积不必在房间总容积内扣除，其表面积也不必计算在壁面总面积内。此外，应注意房间的几何形状，特别应注意房间内是否存在凹反射面，房间的长度、宽度和高度是否可相比拟。即房间的几何形状是否能保证房间内的声场近似为完全扩散的声场。

房间的声学特性一般由壁面无规入射吸声系数 $\bar{\alpha}$ 或吸声量 A 来反映。在吸声处理前，需根据各壁面材料的吸声系数求出房间各倍频程的平均吸声系数 $\bar{\alpha}_1$，或通过现场测量相关参数（如混响时间等）求出 $\bar{\alpha}_1$ 或 A。

③ 确定吸声处理前需进行噪声控制处的实际倍频程声压级 L_{1i} 和 A 声级 L_{A1}。根据噪声的允许标准，确定控制处应达到的倍频程声压级 L_{2i} 和 A 声级 L_{A2}。由实际噪声级数值与容许标准间的差值，即可确定各倍频程所需的降噪量。

④ 根据吸声处理应达到的减噪量，由下式求出吸声处理后相应壁面各倍频程平均吸声系数 $\bar{\alpha}_2$，确定需要增加的吸声量。

$$\Delta L_p = 10\lg\frac{\bar{\alpha}_2}{\bar{\alpha}_1}\ (\text{dB}) \tag{9-6}$$

⑤ 合理选用吸声材料的种类及吸声结构的类型，确定吸声材料的厚度、容重、吸声系数，计算所需吸声材料的面积，确定安装方式。

应注意，房间内可供铺设吸声材料或吸声结构的面积有一定限制。假如做吸声处理后要求达到的平均吸声系数过大（如大于 0.5），实际上就很难实现。表明这时单纯采用吸声处理不能达到预期要求，必须另作考虑。

例 9-1　某车间长 16m，宽 8m，高 3m，在侧墙边有两台机床，噪声波及整个车间。采用吸声降噪措施，使距机床 8m 以外处噪声降至噪声评价曲线 NR-55，试进行吸声处理设计。

解：该吸声降噪设计按如下步骤进行（有关数据见表 9-3）。

① 在设计前现场测量距机床 8m 处噪声各倍频程声压级数值。

② 根据噪声控制目标值，查噪声评价曲线 NR-55，得各倍频程容许的声压级数值。

③ 计算各倍频程声压级所需的降噪值。

表 9-3　吸声设计数据

序号	项　目	各倍频程中心频率下的参数						说　明
		125Hz	250Hz	500Hz	1000Hz	2000Hz	4000Hz	
1	距机床 8m 处噪声声压级/dB	70	62	65	60	56	53	实测值
2	噪声容许标准/dB	70	63	58	55	52	50	NR-55 噪声评价曲线
3	所需降噪量/dB	—	—	7	5	4	3	(1)-(2)
4	处理前的平均吸声系数$\bar{\alpha}_1$	0.06	0.08	0.08	0.09	0.11	0.11	实测或计算
5	处理后应有的平均吸声系数$\bar{\alpha}_2$	0.06	0.08	0.40	0.30	0.34	0.35	
6	现有吸声量/m²	24	32	32	36	44	44	$A_1=S\bar{\alpha}_1$，$S=400$m²
7	应有吸声量/m²	24	32	160.4	113.8	110.5	87.8	$A_2=A_1 \cdot 10^{0.1\Delta L_p}$
8	需要增加的吸声量/m²	0	0	128.4	77.9	66.5	44	(7)-(6)
9	选用穿孔板加超细玻璃棉,α	0.11	0.36	0.89	0.71	0.79	0.75	查表 9-1
10	所需吸声材料数量/m²	0	0	144.3	109.7	84	56	(8)÷(9)

④ 由 $\bar{\alpha}_1=\sum S_i \bar{\alpha}_i / \sum S_i$ 计算吸声处理前各倍频程的平均吸声系数或进行实际测量。

⑤ 根据所需降噪量及 $\bar{\alpha}_1$ 由式（9-6）求出处理后应有的各倍频程的平均吸声系数 $\bar{\alpha}_2$。即 $\bar{\alpha}_2=\bar{\alpha}_1 10^{0.1\Delta L_p}$，如 500Hz 处所应有的吸声系数为

$$\bar{\alpha}_2=0.08\times 10^{0.1\times 7}=0.4$$

⑥ 计算吸声处理前的吸声量 A_1，该房间的内表面积 $S=400$m²，则 500Hz 处的吸声量为

$$A_1=S\bar{\alpha}_1=400\times 0.08=32 （m²）$$

⑦ 计算应有吸声量。如在 500Hz 处的吸声量为

$$A_2=A_1 10^{0.1\Delta L_p}=32\times 10^{0.1\times 7}=160.4 （m²）$$

⑧ 计算所需增加的吸声量。如 500Hz 处为

$$A_2-A_1=160.4-32=128.4 （m²）$$

⑨ 选择穿孔板加超细玻璃棉吸声结构。穿孔板 ϕ5mm，$p=25\%$，$t=2$mm，吸声层厚 5cm。

⑩ 计算所需吸声材料的数量。如在 500Hz 处，需要吸声材料的数量为

$$128.4\div 0.89=144.3 （m²）$$

由计算结果可知，室内加装 144.3 m² 吸声组合结构，即可满足 NR-55 的要求。

第二节　隔声设备的设计与应用

一、隔声基本知识

1. 透声系数与隔声量

（1）透声系数　声波入射到构件上，假设 E_i 为入射声能量，E_a 为构件吸收的声能量，E_r 为反射声能量，E_t 为透射声能量。透射声能 E_t 与入射声能 E_i 之比称为透声系数或透射系数 τ，即

$$\tau=\frac{E_t}{E_i} \tag{9-7}$$

τ 是一个无量纲量，与声波入射角度有关，一般指无规入射时的情况。材料的隔声能力可用透声系数来衡量，τ 值介于 0～1 之间，τ 值越小，表明材料的隔声性能越好。

（2）隔声量　隔声量也称透声损失或传声损失，用 R 表示，单位是分贝。表达式为

$$R=10\lg\frac{1}{\tau} （dB） \tag{9-8}$$

同一隔声构件，对于不同频率的声音，具有不同的隔声性能。在工程中常用各倍频程中心频率处隔声量的算术平均值来表示某一构件的隔声性能，叫做平均隔声量，用 $\overline{R}$ 表示。

2. 单层隔声结构

单层密实均匀板材隔声结构（砖墙、混凝土墙、金属板、木板等）受到声波作用后，其隔声性能主要取决于板的面密度、板的劲度、材料的内阻尼和声波的频率。图 9-2 是单层均质结构的隔声特性曲线。按频率可分为三个区域，即劲度和阻尼控制区（Ⅰ）、质量控制区（Ⅱ）、吻合效应和质量控制延续区（Ⅲ）。

当声波频率低于结构的共振频率时，构件的振动速度反比于比值 K/f，其中 K 为构件的劲度，f 为声波频率，构件的隔声量与劲度成正比，所以这个频率范围称为劲度控制区。在此区域内，构件的隔声量随频率的增加，以 6dB/倍频程的斜率下降。

随着频率的增加，进入共振频率控制的频段，在共振频率处构件的隔声量最小，主要由阻尼控制。共振频率与构件的几何尺寸、面密度、弯曲劲度和外界条件有关。一般建筑构件（砖、钢筋混凝土等构成的墙体）的共振频率很低（低于听阈频率），可以不予考虑。对于金属板等障板，其共振频率可能分布在声频范围内，会影响隔声效果。

随着频率的继续增加，共振的影响逐渐消失，构件的振动速度开始受惯性质量（单位面积质量）的影响，即进入质量控制区。在此区域内，构件面密度越大，其惯性阻力也越大，振动速度越小，隔声量也就越大，并随频率的增加以 6dB/倍频程的斜率增大。通常采用隔声结构降低噪声的传播，就是利用这种质量控制特性。因此，单层均质隔声构件的隔声性能主要取决于构件的面密度和声波的频率，此即质量定律。其隔声量可用以下经验公式计算。

$$R = 18\lg m + 12\lg f - 25 \tag{9-9}$$

式中　　R——隔声量，dB；

　　　　m——面密度，kg/m^2；

　　　　f——声波频率，Hz。

当频率继续上升到一定数值后，进入吻合效应和质量控制延续区，质量效应与弯曲劲度效应相抵消，隔声量下降，出现吻合效应。所谓吻合效应是指某一频率的声波以一定的角度入射到构件表面，当入射声波的波长在构件表面上的投影恰好等于板的弯曲波波长 λ_b，即 $\lambda = \lambda_b \sin\theta$ 时（见图 9-3），构件振动最大，透声也最多，隔声量显著下降而并不遵守质量定律。

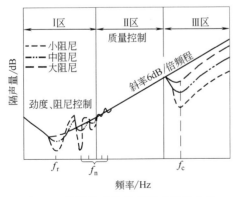

图 9-2　单层均质结构的隔声特性曲线

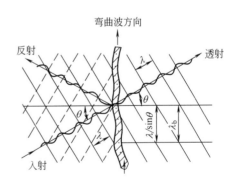

图 9-3　构件产生吻合效应示意

产生吻合效应的入射声波频率称为吻合频率。产生吻合效应的最低频率称为临界频率。临界频率 f_c 与构件本身的固有性质有关，可用下式计算。

$$f_c = \frac{C^2}{2\pi b}\sqrt{\frac{12\rho(1-\mu^2)}{E}} \tag{9-10}$$

式中　f_c——临界频率，Hz；

　　　C——空气中声速，m/s；

　　　b——隔声构件的厚度，m；

　　　ρ——隔声构件的密度，kg/m³；

　　　μ——材料的泊松比，一般取 $\mu=0.3$；

　　　E——材料的弹性模量，N/m²。

3. 双层隔声结构

单层隔声结构的隔声量随面密度的增加而提高，但效果有限。若按质量定律，构件厚度增加一倍（即面密度增加一倍），隔声量只提高 5.4dB。在工程上单靠增加隔声构件的厚度来提高隔声量很不经济，许多情况下也不现实。采用双层或多层墙板，各层之间留有空气层，或在空气层中填充一些吸声材料，由于空气层起到一定的缓冲作用，使受声波激发振动的能量得到较大的衰减，比相同厚度的单层隔声构件具有更好的隔声性能。双层结构的隔声量可用如下经验公式计算。

一般情况下，其隔声量为

$$R=18\lg(m_1+m_2)+12\lg f-25+\Delta R \tag{9-11}$$

当 $m_1+m_2\leqslant100\text{kg/m}^2$ 时，其平均隔声量为

$$\overline{R}=13.5\lg(m_1+m_2)+13+\Delta R \tag{9-12a}$$

当 $m_1+m_2>100\text{kg/m}^2$ 时，其平均隔声量为

$$\overline{R}=18\lg(m_1+m_2)+8+\Delta R \tag{9-12b}$$

式中　m_1，m_2——双层结构的面密度，kg/m²；

　　　ΔR——附加隔声量，dB。

附加隔声量与空气层厚度有关，图 9-4 为双层结构附加隔声量与空气层厚度的关系。在工程应用中，受空间位置的限制，空气层不可能太厚，当空气层取 20～30cm 时，附加隔声量在 15dB 左右，若空气层取 10cm 左右，附加隔声量一般为 8～12dB。

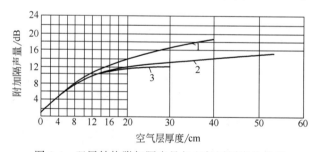

图 9-4　双层结构附加隔声量与空气层厚度的关系

1—双层加气混凝土墙（$m=140\text{kg/m}^2$）；2—双层无纸石膏板墙（$m=48\text{kg/m}^2$）；

3—双层面纸石膏板墙（$m=28\text{kg/m}^2$）

设计双层隔声结构应注意以下几点。

① 双层隔声结构同样存在共振和吻合效应的不利影响。

双层结构发生共振，大大影响其隔声效果。双层结构的共振频率 f_0 可用下式计算。

$$f_0=60\sqrt{\frac{m_1+m_2}{m_1m_2d}} \tag{9-13}$$

式中　m_1，m_2——双层结构的面密度，kg/m²；

　　　d——空气层厚度，m。

一般较重的砖墙、混凝土墙等双层墙体的共振频率大多在 15～20Hz，对隔声量影响不

大。但对于一些轻质结构（$m < 30\text{kg}/\text{m}^2$），其共振频率一般为 $100 \sim 250\text{Hz}$，如产生共振，隔声效果会大大降低。可通过增加两结构层之间的距离、增加质量和涂阻尼材料等措施来弥补共振频率下的隔声不足。

为避免产生吻合效应，常采用面密度不同的构件或选用不同的材质，使二者的临界频率错开，提高整个结构的隔声效果。

② 双层结构中如有刚性连接，一层的振动能量会由刚性连接传到另一层，中间的空气层将起不到弹性作用，这种刚性连接称为"声桥"。声能通过声桥以振动的形式在两层之间传播，使隔声性能下降，严重时可下降 10dB。在设计和施工中，要尽量避免刚性连接。

③ 在双层隔声结构的空气层中可悬挂或填充吸声材料，如超细玻璃棉、矿渣棉等，既可减少共振的影响，也可避免因施工造成刚性连接，有效改善隔声性能。

4. 组合结构的隔声量

由几种隔声能力不同的材料构成的组合墙体，其隔声性能主要取决于各个组合构件的透声系数和它们所占面积的大小。计算该组合墙体的隔声量，首先应根据各构件的隔声量 R_i 求出相应的透声系数 τ_i，然后再计算组合墙体的平均透声系数 $\bar{\tau}$。

$$\bar{\tau} = \frac{\tau_1 S_1 + \tau_2 S_2 + \cdots + \tau_n S_n}{S_1 + S_2 + \cdots + S_n} = \frac{\sum \tau_i S_i}{\sum S_i} \tag{9-14}$$

式中　S_i——组合墙体各构件的面积，m^2。

组合墙体的平均隔声量 $\bar{R}$ 可用下式计算。

$$\bar{R} = 10\lg \frac{1}{\bar{\tau}} = 10\lg \frac{\sum S_i}{\sum \tau_i S_i} \tag{9-15}$$

例 9-2　一组合墙体由墙板、门和窗构成。已知墙板的隔声量 $R_1 = 50\text{dB}$，面积 $S_1 = 17\text{m}^2$，门的隔声量 $R_2 = 20\text{dB}$，面积 $S_2 = 2\text{m}^2$，窗的隔声量 $R_3 = 40\text{dB}$，面积 $S_3 = 1\text{m}^2$。求该组合墙体的隔声量。

解：已知$R_1 = 50\text{dB}$　　　则　　　$\tau_1 = 10^{-\frac{R_1}{10}} = 10^{-5}$

$\qquad\qquad R_2 = 20\text{dB}$　　　则　　　$\tau_2 = 10^{-\frac{R_2}{10}} = 10^{-2}$

$\qquad\qquad R_3 = 40\text{dB}$　　　则　　　$\tau_3 = 10^{-\frac{R_3}{10}} = 10^{-4}$

由公式（9-14）得　$\bar{\tau} = \dfrac{\tau_1 S_1 + \tau_2 S_2 + \tau_3 S_3}{S_1 + S_2 + S_3} = \dfrac{10^{-5} \times 17 + 10^{-2} \times 2 + 10^{-4} \times 1}{17 + 2 + 1} = 0.001$

该组合体的隔声量为　$\bar{R} = 10\lg \dfrac{1}{\bar{\tau}} = 10\lg \dfrac{1}{0.001} = 30\text{(dB)}$

由计算结果可知，该组合墙体的隔声量比墙板的隔声量小得多，主要是由于门、窗的隔声量低所致。若要提高该组合墙体的隔声能力，就必须提高门、窗的隔声量，否则，墙板的隔声量再大，总的隔声效果也不会好多少。一般墙体的隔声量要比门、窗高 $10 \sim 15\text{dB}$。若按"等透声量"的原则设计隔声门、隔声窗，即要求透过墙体的声能大致与透过门窗的声能相等，用公式表示为 $\tau_1 S_1 \approx \tau_2 S_2 \approx \tau_3 S_3 \approx \cdots$，才能充分发挥各个构件的隔声能力。

组合墙体上的孔洞和缝隙对隔声性能影响很大。如声波的波长小于孔隙尺寸（高频声波），声波可全部透射过去；若波长大于孔隙尺寸（低频声波），透射声能的多少则与孔隙的形状及深度有关。在建筑组合隔声结构中，门窗的缝隙、各种管道的孔洞等，会直接引起组合结构隔声量的严重下降，且孔洞、缝隙的面积越大，对墙体的隔声量影响越大。有孔隙的组合墙体平均隔声量可用式（9-14）和式（9-15）估算。

二、隔声间的设计与应用

在噪声源数量多而且复杂的强噪声环境下，如空压机站、水泵站、汽轮发电机车间等，若对每台机械设备都采取噪声控制措施，不仅工作量大、技术难度高，而且投资多。对于工人不必长时间站在机器旁的这种操作岗位，建造隔声间是一种简单易行的噪声控制措施。

隔声间一般采用封闭式结构，它除需要有足够隔声量的墙体外，还需要设置具有一定隔声性能的门、窗等。

隔声间的实际隔声量可用下式计算。

$$R_实 = \overline{R} + 10\lg\frac{A}{S_墙} \tag{9-16}$$

式中　$R_实$——隔声间的实际隔声量，dB；

　　　$\overline{R}$——各构件的平均隔声量，dB；

　　　A——隔声间内总的吸声量，m^2；

　　　$S_墙$——隔声间的透声面积，m^2。

可见隔声间的隔声量不仅与各个构件的传声损失有关，还与整个围护结构暴露在声场的面积大小及隔声间内的吸声情况有关，即取决于修正项 $10\lg(A/S_墙)$。隔声间的实际隔声量一般为 20～50dB。由于门、窗的隔声量对总的隔声量影响很大，因此对于隔声要求比较高的房间，必须重视门、窗的隔声设计。

1. 隔声门

隔声门常采用轻质复合结构。并在层与层之间填充吸声材料，隔声量可达 30～40dB。典型的隔声门扇构造如图 9-5 所示，其隔声性能见表 9-4。

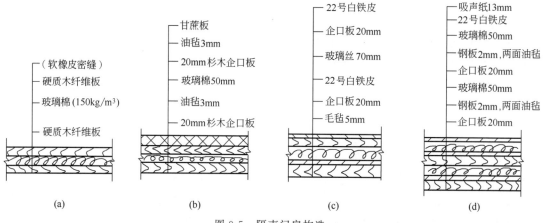

图 9-5　隔声门扇构造

隔声门的隔声性能还与门缝的密封程度有关。即使门扇设计的隔声量再大，若密封不好，其隔声效果也会下降。密封门扇的方法是把门扇与门框之间的碰头缝做成企口或阶梯状，并在接缝处嵌上软橡皮、工业毛毡或泡沫乳胶等弹性材料，以减少缝隙漏声。图 9-6 为几种常用的隔声门密封方法。为提高密封质量，门扇下还可以镶饰扫地橡皮。经以上密封方法处理，门的隔声量可提高 5～8dB。

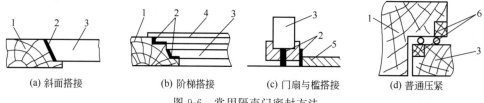

图 9-6　常用隔声门密封方法

1—门框；2—软橡皮垫；3—门扇；4—门的薄漆布；5—门槛；6—压条

表 9-4　常用门的隔声性能

类别	材料和构造/mm	各频率下的隔声量/dB						
		125Hz	250Hz	500Hz	1000Hz	2000Hz	4000Hz	平均
普通门	三夹门:门扇厚45	13.5	15	15.2	19.6	20.6	24.5	16.8
	三夹门:门扇厚45,其上开小观察窗,玻璃厚3	13.6	17	17.7	21.7	22.2	27.7	18.8
	重料木板门:四周用橡皮、毛毡密封	30	30	29	25	26	—	27
	分层木门:见图9-5(a)	28	28.7	32.7	35	32.8	31	31
	分层木门:见图9-5(a),不用软橡皮密封	25	25	29	29.5	27	26.5	27
	双层木板实拼门:板厚共100	16.4	20.8	27.1	29.4	28.9	—	29
	钢板门:钢板厚6	25.1	26.7	31.1	36.4	31.5	—	35
特制门	分层门:见图9-5(c)	29.6	29	29.6	51.5	35.3	43.3	32.6
	分层门:见图9-5(b)	24	24	26	29	36.5	39.5	29
	分层门:见图9-5(d)	41	36	38	41	53	60	43

为使隔声门关闭严密,在门上应设加压关闭装置。一般采用较简单的锁闸,门铰链应有距门边至少50mm的转轴,以便门扇沿着四周均匀地压紧在软橡皮垫上。门框与墙体的接缝处也应注意密封。在隔声要求很高的情况下,可采取双道隔声门及声锁的特殊处理方法。"声锁"也称声闸,即在两道门之间的门斗内安装吸声材料,如图9-7所示,使传入的噪声被吸收衰减。采取这种措施可使隔声能力接近两道门的隔声量之和。

2. 隔声窗

隔声窗同样是控制隔声结构隔声量大小的主要构件。窗的隔声性能取决于玻璃的厚度、层数、层间空气层厚度及窗扇与窗框的密封程度。通常采用双层或三层玻璃窗。玻璃越厚,隔声效果越好。一般玻璃厚度取3~10mm。双层结构的玻璃窗,空气层在80~120mm之间,隔声效果较好,玻璃厚度宜选用3mm与6mm或5mm与10mm进行组合,避免两层玻璃的临界频率接近而产生吻合效应,使窗的隔声量下降。表9-5为几种厚度玻璃的临界频率。安装时各层玻璃最好不要相互平行,朝向声源的一层玻璃可倾斜85°左右,以利于消除共振对隔声效果的影响。图9-8为双层玻璃隔声窗的安装,其平均隔声量可达45dB左右。

表 9-5　几种厚度玻璃的临界频率

玻璃厚度/mm	3	5	6	10
临界频率/Hz	4000	2500	2000	1100

玻璃与窗框接触处,用细毛毡、多孔橡皮垫、U形橡皮垫等弹性材料密封。一般压紧一层玻璃,隔声量约提高4~6dB,压紧两层玻璃则可增加6~9dB的隔声量。为保证窗扇达到设计的隔声量,必须使用干燥木材,窗扇要有良好的刚度,窗扇之间、窗扇与窗框之间的接触面必须严格密封。窗扇上玻璃边缘用油灰或橡皮等材料密封,以减少玻璃的共振。

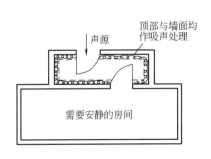

图 9-7　声锁示意

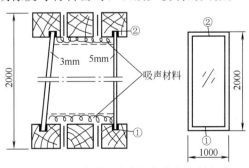

图 9-8　双层玻璃隔声窗的安装与密封方法

工程上常用隔声窗的隔声性能见表 9-6。

表 9-6 常用隔声窗的隔声性能

类　别	材料和构造/mm	各频率下的隔声量/dB						
		125Hz	250Hz	500Hz	1000Hz	2000Hz	4000Hz	平均
单层玻璃窗	玻璃厚 3～6	20.7	20	23.5	26.4	22.9	—	22±2
单层固定窗	玻璃厚 6,四周用橡皮密封	17	27	30	34	38	32	29.7
单层固定窗	玻璃厚 15,四周用腻子密封	25	28	32	37	40	50	35.5
双层固定窗	玻璃厚分别为 3、6,空气间隔层为 20	21	19	23	34	41	39	29.5
双层固定窗	其中一层玻璃倾斜 85°左右,其余同上	28	31	29	41	47	40	35.5
三层固定窗	空气间隔层上部和底部粘贴吸声材料	37	45	42	43	47	56	45

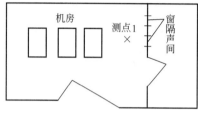

图 9-9 机房与隔声间的平面布置

例 9-3 在某高噪声车间内建一隔声间,机房与隔声间的平面布置如图 9-9 所示。隔声间外(点 1)实测噪声结果如表 9-7 所列。隔声间的设计要求为:在面对机器设备面积为 $20m^2$ 的墙上开设两个窗和一个门,窗的面积为 $2m^2$,门的面积为 $2.2m^2$;隔声间的天花板面积为 $22m^2$,隔声间内打电话及一般谈话不受隔声间外机器噪声的干扰。

解:隔声间设计步骤如下(所有数据列于表 9-7)。

① 确定隔声间所需要的实际隔声量 由隔声间外测点 1 所测的噪声值减去保证通话、交谈的噪声评价数 NR-60 所对应的噪声值,即可得隔声间所需的实际隔声量。

表 9-7 隔声间上隔墙的隔声量计算表

序号	项目说明	倍频程中心频率					
		125Hz	250Hz	500Hz	1000Hz	2000Hz	4000Hz
1	隔声间外声压级(测点 1)/dB	96	90	93	98	101	100
2	隔声间内允许声压级 NR-60/dB	74	68	64	60	58	56
3	实际所需隔声量/dB	22	22	29	38	47	44
4	隔声间吸声处理后的吸声系数 α	0.32	0.63	0.76	0.83	0.90	0.92
5	隔声间内吸声量 $A=\alpha S(S=22m^2)/m^2$	7.04	13.86	16.72	18.26	19.8	20.24
6	$A/S_{墙}(S_{墙}=20m^2,$为隔声面积)	0.35	0.69	0.83	0.91	0.99	1.0
7	$10\lg(A/S_{墙})/dB$	−4.6	−1.61	−0.81	−0.41	−0.04	0
8	$R=R_{实}-10\lg(A/S_{墙})/dB$	26.6	23.61	29.81	38.41	47.04	44

② 确定隔声间内的吸声量 增加室内的吸声量,可以提高隔声间的隔声效果。选用矿渣棉、玻璃布、穿孔纤维板护面对隔声间的天花板作吸声处理,处理后的吸声系数如表中所列。隔声间的其他表面未作吸声处理,吸声量很小,可忽略。隔声间内的吸声量 A 就等于天花板面积乘以吸声系数。

③ 计算修正项 $10\lg(A/S_{墙})$ $S_{墙}$ 是透声面积,在此着重计算面对噪声最强的隔墙,$S_{墙}=20m^2$。

④ 计算隔墙所应具有的倍频程隔声量。

根据式(9-16)可得

$$R=R_{实}-10\lg\frac{A}{S_{墙}}\quad(dB)$$

⑤ 选用墙体与门窗结构　由隔墙所应具有的倍频程隔声量可计算出其平均隔声量为35dB。据此选用相应的墙体与相应的门、窗结构，墙体的隔声量比门、窗高出 10～15dB，即可满足要求。

三、隔声罩的设计与应用

1. 隔声罩结构

隔声罩是用隔声构件将噪声源封闭在一个较小的空间内，使噪声很少传出来的一种噪声控制措施。采用隔声罩可控制其隔声量，使工作所在位置的噪声降低到所需要的程度，且技术措施简单，体积小，用料少，投资少。但将噪声源封闭在隔声罩内，需要考虑机电设备运转时的通风、散热问题；同时，安装隔声罩可能对监视、操作、检修等工作带来不便。

隔声罩的罩壁由罩板、阻尼涂料和吸声层构成。为便于拆装、搬运、操作、检修以及经济方面的因素，罩板常采用薄金属、木板、纤维板等轻质材料。当采用薄金属板作罩板时，必须涂覆相当于罩板 2～4 倍厚度的阻尼层，以改善共振区和吻合效应处的隔声性能。

隔声罩一般分为全封闭、局部封闭和消声箱式隔声罩。全封闭隔声罩不设开口，多用来隔绝体积小、散热要求不高的机械设备。局部封闭隔声罩设有开口或局部无罩板，罩内仍存在混响声场，一般应用于大型设备的局部发声部件或发热严重的机电设备。消声箱式隔声罩是在隔声罩的进气口、排气口安装有消声器，多用来消除发热严重的风机噪声。

2. 隔声罩的实际隔声量

声源未加隔声罩时，噪声是向四面八方辐射扩散的。加装封闭的隔声罩体后，声源发出的噪声在罩内多次反射，大大增加了罩内的声能密度。因此，隔声罩的实际隔声量要小于罩体材料的理论隔声量。隔声罩的实际隔声量可用下式计算。

$$R_{实} = R + 10\lg \bar{\alpha} \tag{9-17}$$

式中　$R_{实}$——隔声罩的实际隔声量，dB；

　　　R——罩板材料的理论隔声量，dB；

　　　$\bar{\alpha}$——隔声罩内表面的平均吸声系数。

式（9-17）适用于全封闭型隔声罩，也可近似计算局部封闭隔声罩及消声箱式隔声罩的实际隔声量。隔声罩内壁的吸声系数大小对隔声罩的实际隔声量影响极大。

3. 隔声罩的设计要点

① 隔声罩的设计必须与生产工艺的要求相吻合，既不能影响机械设备的正常工作，也不能妨碍操作及维护。例如，为了散热降温，罩上要留出足够的通风换气口，口上应安装消声器，消声器的消声值要与隔声罩的隔声值相匹配；为了监视机器工作状况，需设计玻璃观察窗；为便于检修、维护，罩上需设置可开启的门或把罩设计成可拆卸的拼装结构。

② 隔声罩板要选择具有足够隔声量的材料制作，如钢板、铝板、砖和混凝土等。

③ 隔声罩内表面应进行吸声处理，否则，很难达到所要求的隔声量。

④ 防止共振和吻合效应的影响。除了在轻质材料表面涂阻尼材料外，还可在罩板上加筋板，减少振动，减少噪声向外辐射。在声源与基础之间、隔声罩与基础之间、隔声罩与声源之间加防振胶垫，断开刚性连接，减少振动的传递。合理选择罩体的形状和尺寸，一般曲面形体的刚度比较大，有利于隔声，罩体的对应壁面最好不要相互平行，以防产生驻波，使隔声量出现低谷。

⑤ 隔声罩各连接部位要密封，不留孔隙。如有管道、电缆等其他部件在罩体上穿过，要采取必要的密封及减振措施。若是拼装式隔声罩，在构件间的搭接部位应进行密封处理。

⑥ 为满足设计要求，做到经济合理，可设计几种隔声罩结构，对它们的隔声性能及技术指标进行比较，根据实际情况及加工工艺要求，最后确定一种设计方案。考虑到隔声罩工艺加工过程中不可避免地会有孔隙漏声及固体声隔绝不良等问题，设计隔声罩的实际隔声量

应稍大于所要求的隔声量 3~5dB。

例 9-4 某发电机的外形如图 9-10 所示。距机器表面 1m 远的噪声频谱见表 9-8 第一行所列。机器在运转中需要散热。试设计该机器的隔声罩。

解：根据机器的外形和散热要求，设计如图 9-10 所示的隔声罩。设计说明及计算如下。

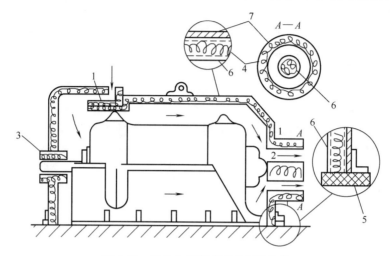

图 9-10　某发电机隔声罩的设计结构

1,2—空气热交换用消声器；3—传动轴用消声器；4—吸声材料；

5—橡胶垫；6—穿孔板或丝网；7—钢板

① 隔声罩上设计两个供空气热交换用的消声器，其消声值不低于该隔声罩的隔声量。

② 隔声罩在与机器轴相接处，用一个有吸声饰面的圆形消声器环抱起来，以防漏声。

③ 隔声罩与地面接触处，加橡胶垫或毛毡层，以便隔振和密封。

④ 隔声罩的壳壁设计计算如表 9-8 所列。

第一步，确定隔声罩所需要的实际隔声量。按我国《工业企业噪声卫生标准》规定，机器旁工人操作处为 85dB（A），即相当于噪声评价数 NR-80。用机器的噪声频谱减去 NR-80 所对应的倍频程声压级，即为隔声罩所需要的实际隔声量（如差值为负或 0，则表示可不进行隔声处理）。

第二步，确定隔声罩内表面所用吸声材料。隔声罩内表面吸声系数的大小，直接影响隔声罩的实际隔声量。为此，在隔声罩的内表面贴衬 50mm 厚的超细玻璃棉（容重为 20kg/m³），并用玻璃布和穿孔钢板做护面。

表 9-8　隔声罩的设计计算

序号	项 目 说 明	倍频程中心频率/Hz							
		63	125	250	500	1000	2000	4000	8000
1	距机器 1m 处声压级/dB	90	99	109	111	106	101	97	81
2	机器旁允许声压级（NR-80）/dB	103	96	91	88	85	83	81	80
3	隔声罩所需实际隔声量 $R_实$/dB	—	3	18	23	21	18	16	1
4	罩内壁贴吸声材料后的吸声系数 $\bar{\alpha}$	0.18	0.25	0.41	0.82	0.83	0.91	0.72	0.60
5	修正项 $10\lg\bar{\alpha}$	−7.4	−6.0	−3.9	−0.86	−0.81	−0.41	−1.41	−2.22
6	罩壁板所应具有的隔声量 R/dB	7.4	9.0	21.9	23.86	21.81	18.41	17.41	3.22
7	2mm 厚钢板的隔声量/dB	18	20	24	28	32	36	35	43

第三步，由式（9-17）可得 $R = R_实 - 10\lg\bar{\alpha}$，由此可计算隔声罩罩壁所需要的隔声量。

第四步，根据需要的隔声量，选用 2mm 厚钢板（板背后有加强筋，筋间的方格尺寸不大于 1m×1m），即可满足该隔声罩的设计要求。

四、隔声屏的设计与应用

隔声屏具有隔声和吸声双重性能，是简单有效的降噪设备。隔声屏常设置在噪声源和需要进行噪声控制的区域之间，对直达声起隔声作用。隔声屏具有灵活方便可拆装等特点，常常是不易安装隔声罩时的补救降噪措施。工程上一般采用钢板、胶合板并在一面或两面衬有吸声材料的隔声屏，也有用 1～3 层密实幕布围成的隔声幕。

根据几何声学理论，可绘制出如图 9-11 所示的隔声屏声级衰减值计算图。该图的纵坐标为噪声衰减值 ΔL，横坐标为菲涅耳数 N。图中虚线表示目前在实用中隔声屏所能达到的衰减量限度。N 是描述声波在传播中绕射性能的一个量，它是由路径差及声波频率（或波长）来确定的。其值可根据图 9-12 用下式计算。

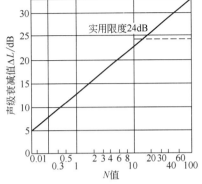

图 9-11　隔声屏声级衰减值计算

$$N = \frac{\delta f}{170} = \frac{2}{\lambda}\delta = \frac{2}{\lambda}(A+B-d) \qquad (9-18)$$

对于在室内或非点声源的情况，隔声屏对噪声的衰减量计算要复杂得多。通常由实际测量来求得隔声屏对噪声的衰减量。

1. 隔声屏的材料选择与构造

隔声屏宜选用轻质结构，便于搬运、安装。一般采用一层隔声钢板或硬质纤维板，钢板厚度为 1～2mm，在钢板上涂 2mm 的阻尼层，两面贴衬超细玻璃棉或泡沫塑料等吸声材料。两侧吸声层的厚度可根据实际要求取 20～50mm。为防止吸声材料散落，可用玻璃布和穿孔率大于 25% 的穿孔板或丝网做护面，如图 9-13 所示。在实际工程中需根据具体情况选择材料及构造。

对于固定不动的隔声屏，为了提高其隔声性能，仍按"质量定律"选择材料，如砖、砌块、木板、钢板等厚重的材料。

2. 隔声屏设计应注意的问题

① 隔声屏主要用于降低直达声。对于辐射高频噪声的小型噪声源，用半封闭的隔声屏遮挡噪声可以收到比较明显的降噪效果。

② 在室内设置隔声屏必须考虑室内的吸声处理。研究表明，当室内形成混响声场，隔声屏的降噪量为零。因此，隔声屏一侧或两侧宜作高效吸声处理。

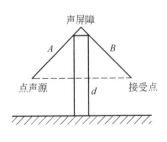

图 9-12　隔声屏示意

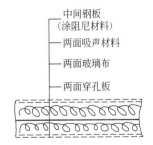

图 9-13　隔声屏构造

③ 为了形成有效的声影区，隔声屏的隔声量要比声影区所需的声级衰减量大 10dB，如要求 15dB 的声级衰减量，隔声屏本身要具有 25dB 以上的隔声量，才能排除透射声的影响。

④ 隔声屏设计要注意构造的刚度。在隔声屏底边一侧或两侧用型钢加强，若是可移动的隔声屏，可在底侧加万向橡胶轮，便于调整它与噪声源的方位，以取得最佳降噪效果。

⑤ 隔声屏要有足够的长度和高度。隔声屏的高度直接关系到隔声屏的隔声量，隔声屏越高，噪声衰减量越大。一般隔声屏的长度取高度的3~5倍时，就可近似看作无限长。

⑥ 根据需要也可在隔声屏上开设观察窗，观察窗的隔声量与隔声屏大体相近。

根据需要，外形上，隔声屏可做成二边形、遮檐式、三边形、双重式等（见图9-14）。

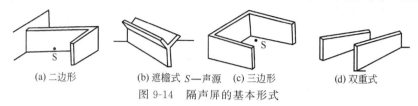

(a) 二边形　　(b) 遮檐式 S—声源 (c) 三边形　　(d) 双重式

图9-14　隔声屏的基本形式

3. 道路声屏障结构形式

图9-15　安装在厂房外墙的吸声型屏障

随着我国高速铁路、高速公路、城市交通干道的快速发展，道路声屏障的开发已成为一个热点。在不增加道路屏障高度的条件下，为降低顶部绕射声波的传播，提高屏障的降噪能力，一方面可在声屏障上端面安置软体或吸声材料，另一方面可改善声屏障的形状。常用的声屏障结构形式简介如下。

① 吸声型屏障　将声屏障面向道路一侧做成吸声系数大于0.5的吸声表面，以降低反射声及混响声。如图9-15所示在道路一侧几十米长厂房墙外表面布置吸声材料，从而减少该墙面对交通噪声的反射，改善了厂房对面社区声环境质量。

② "软表面"结构形式屏障　声学软表面的特性阻抗远远小于空气的特性阻抗，理想的软表面声压几乎为0。因此，在刚性声屏障边缘附着一层或一个带管状"声学软表面"结构，能够阻碍声屏障顶部绕射声的传播。寻找合适"软表面"材料是其技术关键。

③ T型屏障　T型屏障比普通屏障具有更好的声学性能，2003年DefranceJ和JeanP利用射线追踪及边界元法研究了一种T型屏障模型的声学性能（见图9-16）。该屏障顶冠为水泥木屑板，其附加声衰减量视衍射角及声传播路径情况为2~3dB。

④ G型屏障　声屏障顶端按一定角度折向道路内侧以改善降噪效果（见图9-17）。

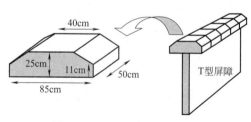

图9-16　T型屏障的顶冠模型

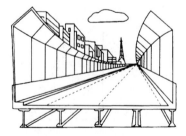

图9-17　G型道路声屏障

⑤ 带管状顶部的屏障　在方形屏障顶部加置一个圆柱形或蘑菇形管状单元，该吸声单元可降低声屏障顶部的声压，从而减小声屏障背后衍射区2~3dB的声压值。因蘑菇形吸声体屏障具有更好的景观效应而成为现代声屏障建设的主流。

⑥ Y型屏障　Y型屏障不仅能提高降噪效果，而且能降低屏障高度使，节省造价，同

时具有良好的排水性能。ShimaH 等人在传统 Y 型屏障的基础上开发了一种声学性能更好的 Y 型屏障（见图 9-18）。他们利用实体模型、边界元对比研究此种声屏障与等高度的普通方形声屏障的插入损失，表明在 1000IIz 频段（交通噪声中心频率）前者的声衰减比后者高 10dB。

⑦ 多重边缘声屏障　在单层障板的基础上增加两道或更多道边板，边板最好置于原主障板的声源一侧，可明显增大屏障的声衰减量，一般可获得 3dB 左右的附加衰减量（高频区的附加衰减量比低频区大）。多重边缘屏障板上一般不加吸声材料。

⑧ 隧道式声屏障　城市交通干道两侧的高层建筑物，形成城市"峡谷"。此时，采用一般的声屏障来控制交通噪声向窗户处的辐射比较困难。掩蔽式声屏障则是解决问题典型方案（见图 9-19），该声屏障又称隧道式声屏障，为了采光，顶部常用透明材料或设置采光罩，造价较高。

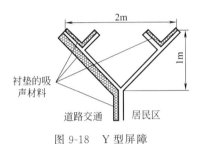

图 9-18　Y 型屏障

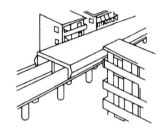

图 9-19　城市高架路隧道式声屏障

第三节　消声器的设计与应用

一、消声器的种类与性能要求

1. 消声器的种类

消声器是一种让气流通过而使噪声衰减的装置，安装在气流通过的管道中或进气、排气管口，是降低空气动力性噪声的主要技术措施。按消声原理分类如表 9-9 所列。

表 9-9　消声器种类与适用范围

消声器类型	所包括的形式	消声频率特性	备注
阻性消声器	直管式、片式、折板式、声流式、蜂窝式、弯头式	具有中、高频消声性能	适用消除风机、燃气轮机进气噪声
抗性消声器	扩张室式、共振腔、干涉型	具有低、中频消声性能	适用消除空压机、内燃机、汽车排气噪声
阻抗复合式消声器	阻-扩型、阻-共型、阻-扩-共型	具有低、中、高频消声性能	适用消除鼓风机、大型风洞、发动机试车台噪声
微穿孔板消声器	单层微穿孔板消声器 双层微穿孔板消声器	具有宽频带消声性能	适用于高温、高湿、有油雾及要求特别清洁卫生的场合
喷注耗散型消声器	小孔喷注型 降压扩容型 多孔扩散型	具有宽频带消声性能	适于消除压力气体排放噪声，如锅炉排气、高炉放风、化工工艺气体放散等噪声
喷雾消声器		具有宽频带消声性能	用于消除高温蒸汽排放噪声
引射掺冷消声器		具有宽频带消声性能	用于消除高温高速气流噪声
电子消声器（有源消声器）		具有低频消声性能	用于消除低频噪声的一种辅助措施

2. 消声器的性能要求

一般对所设计的消声器有三个方面的基本要求。

① 消声性能。要求消声器在所需要的消声频率范围内有足够大的消声量。

② 空气动力性能。消声器对气流的阻力损失或功能损耗要小。

③ 结构性能。消声器要坚固耐用、体积小、质量轻、结构简单、易于加工。

上述三方面的要求是互相联系、相互制约、缺一不可的。根据具体情况可有所侧重，但不能偏废。设计消声器时，首先要测定噪声源的频谱，分析某些频率范围内所需要的消声量；对不同的频率分别计算消声器所应达到的消声量，综合考虑消声器三方面的性能要求，确定消声器的结构形式，有效降低噪声。

二、阻性消声器

1. 阻性消声器消声量的计算

阻性消声器是将吸声材料安装在气流通道内，利用声波在多孔性吸声材料内因摩擦和黏滞阻力而将声能转化为热能，达到消声的目的。阻性消声器结构简单，充分利用中、高频吸声性能良好的多孔吸声材料，具有良好的中、高频消声效果。阻性消声器的消声量与消声器的结构形式、长度、通道横截面积、吸声材料的吸声性能、密度、厚度以及护面穿孔板的穿孔率等因素有关。直管式阻性消声器的消声量可用下式近似计算。

$$\Delta L = \psi(\alpha_0) \frac{P}{S} L \tag{9-19}$$

式中　ΔL——消声量，dB；

$\psi(\alpha_0)$——与材料吸声系数 α_0 有关的消声系数，见表9-10；

P——消声器通道截面周长，m；

S——消声器通道横截面面积，m^2；

L——消声器的有效长度，m。

表 9-10　$\psi(\alpha_0)$ 与 α_0 的关系

α_0	0.10	0.20	0.30	0.40	0.50	0.6~1.0
$\psi(\alpha_0)$	0.11	0.25	0.40	0.55	0.75	1.0~1.5

由消声量计算公式可以看出，阻性消声器的消声量与所用吸声材料的性能有关，即材料的吸声性能越好，消声值越高；其次，还与消声器的长度、周长成正比，与横截面面积成反比。设计消声器时，应尽可能选用吸声系数高的吸声材料，并准确计算通道各部分的尺寸。

2. 各类阻性消声器的特点

阻性消声器的种类和形式很多，把不同种类的吸声材料按不同方式固定在气流通道中，即构成各式各样的阻性消声器。按气流通道的几何形状可分为直管式、片式、折板式、声流式、蜂窝式、弯头式、迷宫式等，如图9-20所示。它们的特点见表9-11。

表 9-11　各类阻性消声器的特点及适用范围

类　型	特　点　及　适　用　范　围
直管式	结构简单，阻力损失小，适用于小流量管道及设备的进、排气口
片式	单个通道的消声量即为整个消声器的消声量，结构不太复杂，适用于气流流量较大的场合
折板式	是片式消声器的变种，提高了高频消声性能，但阻力损失大，不适于流速较高的场合
声流式	是折板式消声器的改进型，改善了低频消声性能，阻力损失较小，但结构复杂，不易加工，造价高
蜂窝式	高频消声效果好，但阻力损失较大，构造相对复杂，适用于气流流量较大、流速不高的场合
弯头式	低频消声效果差，高频消声效果好，一般结合现场情况，在需要弯曲的管道内衬贴吸声材料构成
迷宫式	在容积较大的箱(室)内加衬吸声材料或吸声障板，具有抗性作用，消声频率范围宽，但体积庞大，阻力损失大，仅在流速很低的风道中使用

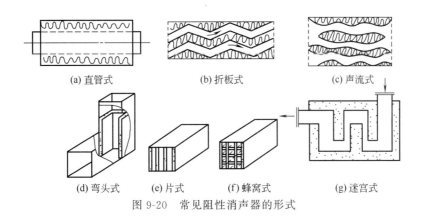

(a) 直管式　　　(b) 折板式　　　(c) 声流式

(d) 弯头式　　(e) 片式　　(f) 蜂窝式　　　(g) 迷宫式

图 9-20　常见阻性消声器的形式

3. 高频失效及解决办法

消声器的消声量大小还与噪声的频率有关。噪声频率越高，传播的方向性越强，对一定截面的消声器来说，当声波频率高至某一频率之后，声波以窄束状从通道穿过，几乎不与吸声材料接触，造成高频消声性能显著下降。把消声量开始下降的频率称为高频失效频率，其经验计算公式为

$$f_{失} = 1.85 \frac{c}{D} \tag{9-20}$$

式中　$f_{失}$——高频失效频率，Hz；

c——声速，m/s；

D——消声器通道的当量直径（通道截面边长的平均值，对圆截面即为直径），m。

当频率高于失效频率 $f_{失}$ 后，每增加一个倍频带，其消声量约下降 1/3，这个高于失效频率的某一频率的消声量可用下式估算。

$$\Delta L' = \frac{3-n}{3} \Delta L \tag{9-21}$$

式中　$\Delta L'$——高于失效频率的某倍频带的消声量，dB；

ΔL——失效频率处的消声量，dB；

n——高于失效频率的倍频程带数。

由于高频失效，所以在设计消声器时，对于小风量的细管道可选择单通道直管式。而对风量较大的粗管道，必须采用多通道形式。如将消声器设计成片式、折板式、声流式、蜂窝式和迷宫式等，可显著提高高频消声效果，但低频消声效果不佳，且阻力损失增加，消声器的空气动力性能变差。因此，要根据现场使用情况来决定所采用消声器的形式。

上述消声量的计算均未考虑气流的影响。在具体考虑消声器的实际消声效果时，还必须考虑气流对消声性能的影响。气流对消声器声学性能的影响主要表现为：一是气流会引起声传播和衰减规律的变化；二是气流在消声器内产生"气流再生噪声"。这两方面同时起作用，但本质却不同。只有在高速气流下才会引起声传播和衰减规律的显著变化。一般工业输气管道中的气流速度都不会很高，气流对消声性能的影响并不明显。一般空调系统的消声器流速不应超过 5～10m/s；空压机和鼓风机的消声器流速不应超过 15～30m/s；内燃机、凿岩机上的消声器流速可选在 30～50m/s；大流量排气放空消声器的流速可选为 50～80m/s。

4. 阻性消声器的设计与应用

阻性消声器的设计步骤与要求如下。

① 合理选择消声器的结构形式　根据气体流量和消声器所控制的流速，计算所需的通流截面，合理选择消声器的结构形式。如消声器中的流速与原输气管道保持相同，则可按输

图 9-21　单通道消声器中加吸声片或吸声芯

气管道截面尺寸确定。一般气流通道截面当量直径小于 300mm，可采用单通道直管式。通道截面直径介于 300～500mm 之间，可在通道中加设吸声片或吸声芯，如图 9-21 所示。通道截面直径大于 500mm，则应考虑选用片式、蜂窝式或其他形式。

② 合理选用吸声材料　选用吸声材料时，除了考虑材料的吸声性能外，还应考虑消声器在特殊的使用环境下，如高温、潮湿和腐蚀等方面的问题。

③ 合理确定消声器的长度　消声器的长度应根据噪声源的强度和现场降噪的要求来决定。一般空气动力设备如风机、电机的消声器长度为 1～3m，特殊情况下为 4～6m。

④ 合理选择吸声材料的护面结构　通常采用的护面结构有玻璃布、穿孔板或铁丝网等。如护面结构不合理，吸声材料会被气流吹跑或者使护面结构产生振动，导致消声器的性能下降。护面结构的形式主要取决于消声器通道内的气流速度。

⑤ 验算高频失效频率。

例 9-5　某厂 LGA-60/5000 型鼓风机，风量为 60m³/min，风机进气管口直径为 ϕ250mm，在进口 1.5m 处测得噪声频谱如表 9-12 所列。试设计一阻性消声器，以消除进风口的噪声。

解：① 确定所需要的消声量　根据该风机进气口测得的噪声频谱，安装消声器后，在进气口 1.5m 处噪声应控制在噪声评价数 NR-85 以内，两者之差即为所需的消声量。

② 确定消声器的形式　根据该风机的风量和管径，可选用单通道直管式阻性消声器。消声器截面周长与截面积之比取 16。

③ 选择吸声材料和设计吸声层　根据使用环境，吸声材料可选用超细玻璃棉。吸声层厚度取 150mm，填充密度为 20kg/m³。根据气流速度，吸声层护面采用一层玻璃布加一层穿孔板，板厚 2mm，孔径 6mm，孔间距 11mm。该结构的吸声系数见表 9-12，并由吸声系数查表 9-10 得消声系数。

表 9-12　LGA-60/5000 型鼓风机进气管口消声器设计一览表

序号	项　　　目	63Hz	125Hz	250Hz	500Hz	1000Hz	2000Hz	4000Hz	8000Hz	A 声级
1	倍频程声压级/dB	108	112	110	116	108	106	100	92	117
2	噪声评价数 NR-85	103	97	92	87	84	82	81	79	90
3	消声器应具有的消声量/dB	5	15	18	29	24	24	19	13	27
4	消声器周长与截面积之比 P/S	16	16	16	16	16	16	16	16	—
5	所选材料吸声系数 α_0	0.30	0.50	0.80	0.85	0.85	0.86	0.80	0.78	—
6	消声系数 $\psi(\alpha_0)$	0.4	0.7	1.2	1.3	1.3	1.3	1.2	1.1	—
7	消声器所需长度/m	0.78	1.34	0.93	1.39	1.15	1.15	0.98	0.74	—

④ 计算消声器的长度　由式（9-19）可计算各倍频带所需消声器的长度。如 125Hz 处，则

$$L_{125}=\frac{\Delta L}{\psi(\alpha_0)}\times\frac{S}{P}=\frac{15}{0.7}\times\frac{1}{16}=1.34\ (\text{m})$$

为满足各倍频带消声量的要求，消声器的设计长度取最大值 $L=1.4\text{m}$。

⑤ 验算高频失效的影响　计算高频失效频率：$f_\text{失}=1.85\dfrac{c}{D}=1.85\times\dfrac{340}{0.25}=2516\ (\text{Hz})$

在中心频率 4kHz 的倍频带内，消声器对高于 2516Hz 的频率段，消声量将降低。所设计 1.4m 长的消声器在 8kHz 处的消声量为 24.6dB，考虑高频失效，按式（9-21）计算，在 8kHz 倍频带内的消声量为

$$\Delta L' = \frac{3-n}{3} \Delta L = \frac{3-1}{3} \times 24.6 = 16.4 \ \text{（dB）}$$

而 8kHz 处所需的消声量为 13dB，即考虑高频失效的影响，所设计的消声器仍满足消声量的要求。

三、抗性消声器

抗性消声器主要是利用管道上突变的界面或旁接共振腔，使沿管道传播的某些频率的声波产生反射、干涉等现象，从而达到消声的目的。抗性消声器具有良好的中、低频消声特性，能在高温、高速、脉动气流条件下工作。适于消除汽车、拖拉机、空压机等进气口、排气口噪声。常见的抗性消声器主要有扩张室消声器和共振腔消声器。

（一）扩张室消声器

1. 扩张室消声器的消声性能

图 9-22 为单节扩张室消声器示意图。其消声性能主要取决于扩张比 m 和扩张室的长度 l，其消声量可用下式计算。

$$\Delta L = 10\lg\left[1 + \frac{1}{4}\left(m - \frac{1}{m}\right)^2 \sin^2 kl\right] \quad (9-22)$$

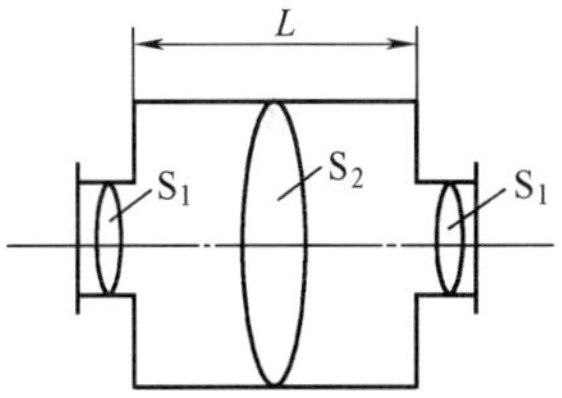

图 9-22　单节扩张室消声器

式中　ΔL——消声量，dB；

m——扩张比，$m = S_2/S_1$；

k——波数，由声波频率决定，$k = 2\pi/\lambda = 2\pi f/c$，$\text{m}^{-1}$；

l——扩张室的长度，m。

从式（9-22）可以看出，消声量 ΔL 随 kl 作周期性变化。当 $\sin^2 kl = 1$ 时，消声量最大。此时 $kl = (2n+1)\pi/2$（$n = 0,1,2,\cdots$），由 $k = 2\pi f/c$，可计算得最大消声量的频率 $f_{\max}$ 为

$$f_{\max} = (2n+1)\frac{c}{4l} \quad (n = 0,1,2,3,\cdots) \quad (9-23)$$

当 $\sin^2 kl = 0$ 时，消声量也等于零，表明声波可以无衰减地通过消声器，这正是单节扩张室消声器的弱点。此时 $kl = 2n\pi/2$（$n = 0,1,2,\cdots$），由此可计算得消声量等于零的频率 $f_{\min}$ 为

$$f_{\min} = \frac{nc}{2l} \quad (n = 0,1,2,3,\cdots) \quad (9-24)$$

单节扩张室消声器的最大消声量为

$$\Delta L_{\max} = 10\lg\left[1 + \frac{1}{4}\left(m - \frac{1}{m}\right)^2\right] \quad (9-25)$$

当 $m > 5$ 时，最大消声量可由下式近似计算。

$$\Delta L_{\max} = 20 \times \lg m - 6 \quad (9-26)$$

因此，扩张室消声器的消声量是由扩张比 m 决定的。在实际工程中，一般取 $9 < m < 16$，最大不超过 20，最小不小于 5。

扩张室消声器的消声量随着扩张比 m 的增大而增加，但对某些频率的声波，当 m 增大到一定数值时，声波会从扩张室中央通过，类似阻性消声器的高频失效，致使消声量急剧下降。扩张室消声器的有效消声上限截止频率 $f_上$ 可用下式计算。

$$f_上 = 1.22\frac{c}{D} \quad (9-27)$$

式中　$f_上$——上限截止频率，Hz；

　　　c——声速，m/s；

　　　D——通道截面（扩张室部分）的当量直径，m。对圆形截面，D 为直径；对方形截面，D 为边长；对矩形截面，D 为截面积的平方根。

由式（9-27）可知，扩张室截面越大，有效消声的上限频率 $f_上$ 就越小，其消声频率范围越窄。因此，扩张比不可盲目选得太大，应使消声量与消声频率范围二者兼顾。

在低频范围内，当波长远大于扩张室的尺寸时，消声器不但不能消声，反而会对声音起放大作用。扩张室消声器的下限截止频率可用下式计算。

$$f_下 = \frac{\sqrt{2}c}{2\pi}\sqrt{\frac{S_1}{Vl}} \tag{9-28}$$

式中　$f_下$——下限截止频率，Hz；

　　　c——声速，m/s；

　　　S_1——连接管的截面积，m^2；

　　　V——扩张室的容积，m^3；

　　　l——扩张室的长度，m。

2. 改善扩张室消声器消声频率特性的方法

单节扩张室消声器存在许多消声量为零的通过频率，为克服这一弱点，通常采用如下两种方法：一是在扩张室内插入内接管；二是将多节扩张室串联。

将扩张室进、出口的接管插入扩张室内，插入长度分别为扩张室长度的 1/2 和 1/4。可分别消除 $\lambda/2$ 奇数倍和偶数倍所对应的通过频率。如将二者综合，使整个消声器在理论上没有通过频率，如图 9-23 所示。

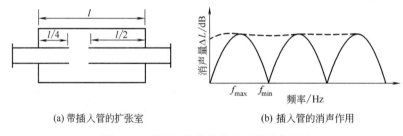

(a) 带插入管的扩张室　　　　　　(b) 插入管的消声作用

图 9-23　带插入管的扩张室及其消声特性

工程上为了进一步改善扩张室消声器的消声效果，通常将几节扩张室消声器串联起来，各节扩张室的长度不相等，使各自的通过频率相互错开。如此，既可提高总的消声量，又可改善消声频率特性。图 9-24 为多节扩张室消声器串联示意图。

由于扩张室消声器通道截面急剧变化，局部阻力损失较大。用穿孔率大于 30% 的穿孔管将内接插入管连接起来，如图 9-25 所示，可改善消声器的空气动力性能，而对消声性能影响不大。

图 9-24　长度不等的多节扩张室串联

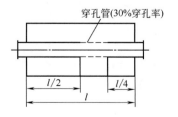

图 9-25　内接穿孔管的扩张室消声器

3. 扩张室消声器的设计步骤

① 根据所需要的消声频率特性，合理地分布最大消声频率，即合理地设计各节扩张室的长度及其插入管的长度。

② 根据所需要的消声量，尽可能选取较小的扩张比 m，设计扩张室各部分截面尺寸。

③ 验算所设计的扩张室消声器的上、下限截止频率是否在所需要消声的频率范围之外。如不符合，则应重新修改设计方案。

例 9-6 某柴油机进气口管径为 $\phi 200\mathrm{mm}$，进气噪声在 125Hz 有一峰值。试设计一扩张室消声器装在进气口上，要求在 125Hz 有 15dB 的消声量。

解： ① 确定扩张室消声器的长度 主要消声频率分布在 125Hz，由式（9-23），当 $n=0$ 时，有

$$l = \frac{c}{4 f_{max}} = \frac{340}{4 \times 125} = 0.68 \ (\mathrm{m})$$

② 确定扩张比及扩张室的直径 根据要求的消声量，由 $\Delta L = 20 \lg m - 6$ 可近似求得 $m=12$。已知进气管径为 $\phi 200\mathrm{mm}$，相应的截面积 $S_1 = \pi d_1^2 / 4 = 0.0314 \ (\mathrm{m}^2)$。

扩张室的截面积

$$S_2 = m \cdot S_1 = 12 \times 0.0314 = 0.377 \ (\mathrm{m}^2)$$

扩张室直径 $\qquad D = \sqrt{\frac{4 S_2}{\pi}} = \sqrt{\frac{4 \times 0.377}{\pi}} = 0.693 \ (\mathrm{m}) = 693 \ (\mathrm{mm})$

由计算结果可确定插入管长度为 680/4、680/2，设计方案如图 9-26 所示。为减少阻力损失，改善空气动力性能，内插管的 680/4 一段穿孔，穿孔率 $p > 30\%$。

③ 验算截止频率 由式（9-27）计算上限截止频率。

$$f_上 = 1.22 \frac{c}{D} = 1.22 \times \frac{340}{0.693} = 598.6 \ (\mathrm{Hz})$$

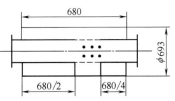

图 9-26 扩张室消声器的设计方案

由式（9-28）计算下限截止频率。

$$f_下 = \frac{\sqrt{2} c}{2\pi} \sqrt{\frac{S_1}{Vl}} = \frac{\sqrt{2} c}{2\pi} \sqrt{\frac{S_1}{(S_2 - S_1) l^2}} = \frac{\sqrt{2} \times 340}{2\pi} \sqrt{\frac{0.0314}{(0.3768 - 0.0314) \times 0.68^2}} \approx 34 \ (\mathrm{Hz})$$

所需消声的峰值频率 125Hz 介于截止频率 $f_上$ 与 $f_下$ 之间，因此该设计方案符合要求。

（二）共振腔消声器

1. 共振腔消声器的消声原理

共振腔消声器是由一段开有若干小孔的气流通道与管外一个密闭的空腔所组成。按几何形状可分为旁支型、同轴型和狭缝型等。小孔与空腔组成一个弹性振动系统，小孔孔颈中具有一定质量的空气柱，在声波的作用下往复运动，与孔壁产生摩擦，使声能转变成热能而消耗掉。当声波频率与消声器固有频率相等时，发生共振。在共振频率及其附近，空气振动速度最大，因此消耗的声能最多，消声量最大。

当声波的波长大于共振腔的长、宽、高（或深度）最大尺寸的 3 倍时，共振腔消声器的固有频率 f_0 可用下式计算。

$$f_0 = \frac{c}{2\pi} \sqrt{\frac{G}{V}} \tag{9-29}$$

式中 f_0——共振腔消声器的固有频率，Hz；

$\quad c$——声速，m/s；

$\quad V$——共振腔的容积，m^3；

      G——传导率，m。

传导率是一个具有长度量纲的物理参量，其定义为小孔面积与孔板有效厚度之比。

$$G = \frac{n\pi d^2}{4(t+0.8d)} \tag{9-30}$$

式中 G——传导率，m；

         n——开孔个数；

         d——孔径，m；

         t——穿孔板厚度，m。

共振腔消声器对频率为 f 的声波的消声量为

$$\Delta L = 10 \times \lg\left[1 + \left(\frac{K}{f/f_0 - f_0/f}\right)^2\right] \tag{9-31}$$

式中 K——与共振腔消声器消声性能有关的无量纲常数；

         f——声波频率，Hz。

$$K = \frac{\sqrt{GV}}{2S} \tag{9-32}$$

式中 S——消声器通道横截面积，m^2。

    式（9-31）是共振腔消声器单频消声量计算公式。实际工程中通常需要计算某一频带的消声量，最常用的是倍频程和 1/3 倍频程。

    对倍频带消声量

$$\Delta L = 10 \times \lg(1 + 2K^2) \quad \text{（dB）} \tag{9-33}$$

    对 1/3 倍频带消声量

$$\Delta L = 10 \times \lg(1 + 20K^2) \quad \text{（dB）} \tag{9-34}$$

为便于计算，不同频带下的消声量与 K 值的关系列于表 9-13。

表 9-13   不同频带下的消声量 ΔL 与 K 值的关系

K 值	0.2	0.4	0.6	0.8	1.0	1.5	2	3	4	5	6	8	10	15
倍频带下的消声量/dB	1.1	1.2	2.4	3.6	4.8	7.5	9.5	12.8	15.2	17	18.6	20	23	27
1/3 倍频带下的消声量/dB	2.5	6.2	9.0	11.2	13.0	16.4	19	22.6	25.1	27	28.5	31	33	36.5

    共振腔消声器的消声频率较窄，为改善其消声性能，设计时应尽可能选择较大的 K 值；在空腔内填充一些吸声材料，以增加共振腔消声器的摩擦阻尼；采用多节共振腔消声器串联。从而可在较宽的频带范围内获得较大的消声量。

2. 共振腔消声器的设计与应用

共振腔消声器的设计步骤如下。

    ① 首先根据降噪要求，确定共振频率及频带所需的消声量。由式（9-33）、式（9-34）或表 9-13 确定 K 值。

    ② K 值确定后，求出 V 和 G。

由式（9-29）及式（9-32）可得 $K = \dfrac{2\pi f_0}{c} \times \dfrac{V}{2S}$

所以，共振腔消声器的空腔容积为

$$V = \frac{c}{2\pi f_0} \times 2KS \quad \text{（m}^3\text{）} \tag{9-35}$$

消声器的传导率为

$$G = \left(\frac{2\pi f_0}{c}\right)^2 V \quad \text{（m）} \tag{9-36}$$

气流通道截面 S 是由管道中气体流量和气流速度决定的。在条件允许的情况下，应尽可能缩小通道的截面积。一般通道截面直径不应超过 $\phi250\text{mm}$。如气流通道较大，则需采用多通道共振腔并联，每一通道宽度取 $100\sim200\text{mm}$，且竖直高度小于共振波长的 $1/3$。

③ 设计共振腔消声器的具体结构尺寸。对某一确定的空腔体积 V，可有多种共振腔形状和尺寸；对某一确定的传导率 G，也可有多种孔径、板厚和穿孔数的组合。在实际应用中，通常根据现场条件，首先确定一些量，如板厚、孔径、腔深等，然后再设计其他参数。

为了使共振腔消声器取得应有的效果，设计时应注意以下几点。

① 共振腔消声器的长、宽、高（或腔深）都应小于共振频率 f_0 时波长 λ_0 的 $1/3$。

② 穿孔位置应集中在共振腔消声器的中部，穿孔范围应小于 $\lambda_0/2$；穿孔也不可过密，孔心距应大于孔径的 5 倍。若不能同时满足上述要求，可将空腔分割成几段来分布穿孔位置。

③ 共振腔消声器也存在高频失效问题，其上限截止频率仍可用式（9-27）近似计算。

例 9-7 在管径为 $\phi100\text{mm}$ 的气流通道上设计一共振腔消声器，使其在 125Hz 的倍频带上有 15dB 的消声量。

解：① 确定 K 值　由式（9-33），$\Delta L = 10 \times \lg(1 + 2K^2) = 15$ 得 $K = 3.913 \approx 4$。

② 确定空腔容积 V，并求出 G　由式（9-35）及式（9-36）分别可得

$$V = \frac{c}{2\pi f_0} \times 2KS = \frac{340}{2\pi \times 125} \times 2 \times 4 \times \frac{\pi}{4} \times 0.1^2 = 0.027\ (\text{m}^3) = 27000\ (\text{cm}^3)$$

$$G = \left(\frac{2\pi f_0}{c}\right)^2 \times V = \left(\frac{2\pi \times 125}{34000}\right)^2 \times 27000 = 14.4\ (\text{cm})$$

③ 确定消声器的具体结构尺寸　设计一个与原管道同心的同轴式共振腔消声器，其内径为 $\phi100\text{mm}$，外径为 $\phi400\text{mm}$，则所需共振腔长度为

$$l = \frac{V}{\frac{\pi}{4}(d_2 - d_1)^2} = \frac{27000 \times 4}{\pi(40 - 10)^2} = 38\ (\text{cm})$$

选用管壁厚度 $t = 2\text{mm}$，孔径为 $\phi5\text{mm}$，根据式（9-30）可求得所开孔数为

$$n = \frac{4G\ (t + 0.8d)}{\pi d^2} = \frac{4 \times 14.4 \times (0.2 + 0.8 \times 0.5)}{\pi \times 0.5^2} = 44\ (\text{个})$$

由上述计算结果可设计如图 9-27 所示的共振腔消声器。其长度为 380mm，外腔直径为 400mm，腔内径为 100mm，在气流通道的共振腔中部均匀排列 44 个孔径为 $\phi5\text{mm}$ 的孔。

④ 验算共振腔消声器的有关声学特性

$$f_0 = \frac{c}{2\pi}\sqrt{\frac{G}{V}} = \frac{34000}{2\pi}\sqrt{\frac{14.4}{27000}} = 125\ (\text{Hz})$$

$$f_{上} = 1.22 \times \frac{c}{D} = 1.22 \times \frac{34000}{40} = 1037\ (\text{Hz})$$

中心频率为 125Hz 的倍频带包括 $90 \sim 180\text{Hz}$，在 1037Hz 以下，即在所需消声的频率范围内，不会出现高频失效问题。

共振频率的波长 $\lambda_0 = c/f_0 = 34000/125 = 272\ (\text{cm})$

$$\lambda_0/3 = 272/3 \approx 91\ (\text{cm})$$

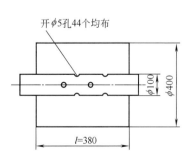

图 9-27　所设计的共振腔消声器

所设计的共振腔消声器各部分尺寸（长、宽、腔深）都小于共振频率波长 λ_0 的 1/3，符合设计要求。

四、其他类型消声器

1. 阻抗复合式消声器

阻性消声器具有良好的中、高频消声性能，抗性消声器具有良好的低、中频消声性能。实际工程中为了在较宽频带范围内取得较好的消声效果，常常将阻性消声器与抗性消声器结合起来，构成阻抗复合式消声器。

常用的阻抗复合式消声器有扩张室-阻性复合式消声器、共振腔-阻性复合式消声器、阻性-扩张室-共振腔复合式消声器，如图 9-28 所示。

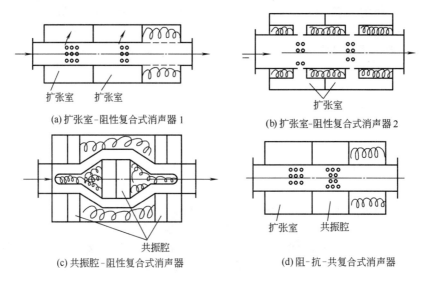

(a) 扩张室-阻性复合式消声器1

(b) 扩张室-阻性复合式消声器2

(c) 共振腔-阻性复合式消声器

(d) 阻-抗-共振复合式消声器

图 9-28　几种阻抗复合式消声器

阻抗复合式消声器的消声量，可近似认为是阻性与抗性在同一频带的消声量的叠加。由于声波在传播过程中具有反射、绕射、折射、干涉等特性，因此，其消声量并不是简单的叠加关系。对波长较长的声波，通过阻抗复合式消声器时，存在声的耦合作用，阻抗段的消声量及消声特性互有影响。在实际应用中，阻抗复合式消声器的消声量通常由实验或实际测量确定。

2. 微穿孔板消声器

微穿孔板消声器是用微穿孔板制作的阻抗复合式消声器。选用穿孔板上不同穿孔率与板后不同空腔组合，可在较宽的频率范围内获得良好的消声效果。

微穿孔板消声器多采用纯金属制造，不用任何吸声材料，其吸声系数高，吸声频带宽且易于控制。微穿孔板的板材一般用厚 0.2~1.0mm 的钢板、铝板、不锈钢板、白铁皮、塑料板、胶合板、纸板等。穿孔孔径在 0.1~1.0mm 范围内，为加宽吸声频带，孔径应尽可能小，但因受制造工艺限制以及微孔易堵塞，故常用的孔径为 0.5~1.0mm。穿孔率控制在 1%~3% 范围内。为进一步提高消声频带宽度，一般选用双层或多层微穿孔板结构。微穿孔板与刚性壁之间以及穿孔板与穿孔板之间的空腔，按所需吸收的频带不同而异，频率越高，空腔越小。一般，吸收低频声，空腔取 150~200mm；吸收中频声，空腔取 80~120mm；吸收高频声，空腔取 30~50mm。前后空腔的比不大于 1:3。前部接近气流的一层微穿孔板穿孔率可略高于后层。为减少轴向声波传播的影响，可每隔 500mm 设一块横向挡板。

微穿孔板消声器最简单的是单层管式消声器，它是一种共振式吸声结构。对于低频消声，当声波波长大于空腔尺寸时，其消声量的计算可用式（9-31）共振腔消声器的计算公式；对于中、高频消声，其消声量的计算可用式（9-19）阻性消声器的计算公式。不过，对高频的实际消声性能比理论估算值要好。

微穿孔板消声器具有许多优点。阻力损失小，再生噪声低，适于高速气流（最大可达80m/s）；没有粉尘和纤维污染，清洁卫生，适于医药、食品等行业使用；可用于高温、高湿、有粉尘与油污等场合；结构简单，造价低廉。但对穿孔工艺要求较高。

3. 排气喷流消声器

排气喷流噪声在工业生产中普遍存在，该噪声的特点是声级高、频带宽、覆盖面积大，严重污染周围环境。排气喷流消声器是利用扩散降速、变频或改变喷注气流参数，从声源上降低噪声的。按消声原理有小孔喷注消声器、节流降压消声器、多孔扩散消声器、引射掺冷消声器、喷雾消声器等。

排气喷流消声器应用最广泛的是小孔喷注消声器和节流降压消声器，约占压力管道排放噪声防治设备的 90% 以上。在工程应用上往往将小孔喷注消声器与节流降压消声器相组合，称为孔群消声器。孔群消声器原理遵守著名声学家马大猷教授等的"小孔喷注"噪声控制理论。"小孔喷注"噪声控制是从声源入手，利用小孔移频原理，将噪声主频从人耳敏感的频率移到人耳不敏感的超声频，总声能保持相当，而人感受声能区噪声能量大幅降低，从而达到降低可听噪声的目的。孔群消声器广泛应用于锅炉、压力容器、压力管道等承压设备排放的消声器，理论上工程应用的孔群消声器消声量可达 20~50dB（A）。

孔群消声器的消声频率受消声器工质状态参数（压力、温度、排量）、消声器结构（消声器节流孔板的层数、孔群的径厚比、孔群布置的节径比）、管道参数（阻尼系数、管径）等的影响，是不确定的。因此消声器的消声特性不以消声频率来评估或计算，而以距消声器喷口垂直方向 1m 处的空管与装备消声器前后排气噪声级的插入损失值来确定消声器的消声特性：

$$L_{a1} = 94 + 20 \times \lg V - 20 \lg D_n \tag{9-37}$$

$$L_{a2} = 71 + \lg \frac{M_0}{M} + 10 \lg \frac{(P_m - P_0)^4}{P_0^2 (P_m - 0.5P_0)^2} + 10 \lg \left[\frac{2}{\pi} \left(\tg^{-1} X_A - \frac{X_A}{1 + X_A^2} \right) \right] + 10 \lg \frac{S_1 P_1}{P_m} \tag{9-38}$$

式中　L_{a1}——空管排放噪声值，dB（A）；

$\quad L_{a2}$——安装消声器后指定测点的噪声值，dB（A）；

$\quad\ \ V$——排气质量流量，kg/h；

$\quad D_n$——排气管末端喷口内径，mm；

$\quad M_0$——空气分子量，28.8；

$\quad\ \ M$——排气分子量，水为 18；

$\quad P_m$——喷注前绝对压力，kgf/cm²；

$\quad\ \ P_0$——环境绝对压力，kgf/cm²，可以取 1kgf/cm²；

$\quad\ \ P_1$——消声器末端筒体排气绝对压力，kgf/cm²；

$\quad\ \ S_1$——第一级节流孔板的通流面积，mm²；

$\quad X_A$——A 声级喷流噪声的相对斯特劳哈尔数，一般 $X_A = 0.165d/d_0$（d 取消声器末端筒体单孔直径，mm；d_0 取 1mm）。

对于常见水蒸气排放管道的孔群消声器，其噪声特性简化如下：

$$L_{a2} = 75 + 20 \lg P_m + \Delta L'_a + 10 \lg \frac{S_1 P_1}{P_m} \tag{9-39}$$

$$\Delta L_a' = 10\lg\frac{4}{3\pi}X_A^3$$

$$\Delta L_a = L_{a2} - L_{a1}$$

式中　$\Delta L_a'$——与 X_A 相关的消声器，dB（A）；

　　　ΔL_a——安装消声器噪声插入损失，即消声量，dB（A）。

例9-8　镇江华东电力设备制造厂有限公司对中国出口某国 1000MW 二代半堆型核电站主蒸汽大气释放阀消声器的选型设计。

主要工况参数：压力 8.5MPa（G），温度 316℃、双阀排放量 945t/h，排气管 2-D219×12.7，变径 D273×12.7。噪声目标值：1m 处 90°方向不超过 115dB（A）。

解：① 按式（9-37）计算压力管道末端空管排放时名义噪声值：

$$L_{a1} = 165.7 \text{ dB(A)}$$

② 消声器目标消声量 ΔL：

$$\Delta L = 165.7 - 114 = 51.7 \text{dB(A)}$$

③ 根据目前经验设计方法，一般高压大排量蒸汽管道消声器的孔群消声器的消声量宜取 20～30dB（A），显然消声器设计消声量 ΔL 远大于孔群消声器的消声值，因此采用孔群喷注消声器与阻抗吸声消声器的复合消声器设计方案。

孔群消声器设计是根据消声器的设计工况参数，设计末端筒体压力 0.12MPa，孔群孔径 5mm，总孔数 52068 个，按式（9-38）计算安装孔群消声器时的噪声值：

$$L_{a2} = 143.3 \text{dB(A)}$$

孔群消声器消声量 $\Delta L_{a1} = 165.7 - 143.3 = 22.4$dB（A）。

④ 孔群消声器后需要采用阻抗消声器进行二次消声。阻抗消声器以阻性消声器为主，在阻性前端或者末端视改善流体分布状态情况要求采用扩张空腔型的抗性消声措施。一般工程设计无须计算抗性消声段的消声量，只计算阻性消声器的消声值，按式（9-19）进行结构设计及计算消声量。设计计算结果见表 9-14。

表 9-14　阻性消声段设计计算结果

第一级阻性段截面积 S_1	3.89m²	第一级阻性段截面周长 P_1	51.84m
第一级阻性长度 L_1	1.52mm	第一级阻性段消声量 ΔL_{a2-1}	23.4dB(A)
第二级阻性段截面积 S_2	5.53m²	第二级阻性段截面周长 P_2	50.27m
第二级阻性长度 L_2	1.22mm	第二级阻性段消声量 ΔL_{a2-2}	12.7dB(A)
阻性段总消声量 $\Delta L_{a2} = \Delta L_{a2-1} + \Delta L_{a2-2}$			36.1dB(A)

⑤ 消声器总消声量：$\Delta L_a = \Delta L_{a1} + \Delta L_{a2} = 22.4 + 36.1 = 58.5$dB（A）$> \Delta L$（消声器目标消声量）。

4. 干涉式消声器

干涉式消声器分无源干涉消声器和有源消声器。

（1）无源干涉消声器　无源干涉消声器是利用声波的干涉原理设计的。在长度为 L_2 的通道上装一旁通管，把一部分声能分岔到旁通管里去，如图 9-29。旁通管的长度 L_1 比主通道管的长度 L_2 大半个波长或半个波长的奇数倍。这样，声波沿主通道和旁通管传播到另一结合点，由于相位相反，声波叠加后相互抵消，声能通过微观的涡旋运动转化为热能，从而达到消声的目的。

干涉消声器的消声频率可由式（9-40）计算。

$$f_n = \frac{c}{2(L_1 - L_2)} \tag{9-40}$$

式中　c——声速，m/s；

L_1——旁通管的长度，$L_1 = L_2 + (2n+1)\lambda/2$，（$n=1,2,3,\cdots$自然数），m。

干涉消声器的消声频率范围很窄，只有频率稳定的单调噪声源，才能获得较好的消声效果。

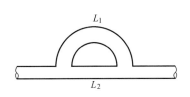

图 9-29　无源干涉消声器

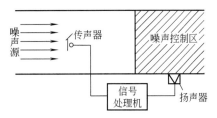

图 9-30　电子消声器工作原理

（2）有源消声器　对一个待消除的声波，人为地产生一个幅值相同而相位相反的声波，使它们在某区域内相互干涉而抵消，从而达到在该区域消除噪声的目的，这种装置称为有源消声器。

电子消声器就是根据上述基本原理设计的，在噪声场中，用电子器件和电子设备，产生一个与原来噪声声压大小相等、相位相反的声波，使在某一区域范围内与原噪声相抵消。电子消声器的工作原理如图 9-30 所示。其工作原理是，由传声器接受噪声源传来的噪声，经过微处理机分析、移相和放大，调整系统的频率响应和相位，利用反馈系统产生一个与原声压大小相等、相位相反的干涉声源，达到消除某些频率的噪声的目的。

电子消声器只适用于消除低频噪声，相互抵消的消声区域也很有限。

电子消声器仍处于研究阶段，随着电子计算机的发展，电子消声器在噪声控制工程中的应用必将越来越广泛。

思　考　题

1. 有一个房间大小为 $4m \times 5m \times 3m$，$500Hz$ 时地面吸声系数为 0.02，墙面吸声系数为 0.05，平顶吸声系数为 0.25，求总吸声量和平均吸声系数。

2. 在 3mm 厚的金属板上钻直径为 5mm 的孔，板后空腔深 20cm，今欲吸收频率为 200Hz 的噪声，试求三角形排列的孔间距。

3. 穿孔板厚 4mm，孔径 8mm，穿孔按正方形排列，孔距 20mm，穿孔板后留有 10cm 厚的空气层，试求穿孔率和共振频率。

4. 某车间内，设备噪声的特性在 500Hz 附近出现一峰值，现使用 4mm 厚的三夹板做穿孔板共振吸声结构，空腔厚度允许为 10cm，试设计结构的其他参数（穿孔按三角形排列）。

5. 某房间大小为 $6m \times 7m \times 3m$，墙壁、天花板和地板在 1kHz 的吸声系数分别为 0.06、0.08、0.08，若在天花板上安装一种 1kHz 吸声系数为 0.8 的吸声贴面天花板，求该频带在吸声处理后的吸声降噪量。

6. 某一隔声墙面积为 $16m^2$，其中门、窗所占的面积分别为 $2m^2$，$4m^2$。设墙体、门、窗的隔声量分别为 50dB、20dB 和 15dB，求该隔墙的平均隔声量。

7. 某隔声间有一面积为 $20m^2$ 的墙与噪声源相隔，该墙透射系数为 10^{-5}，在该墙上开一面积为 $2m^2$ 的门，其透射系数为 10^{-3}，并开一面积为 $3m^2$ 的窗，透射系数也为 10^{-3}，求该组合墙的平均隔声量。

8. 为隔离强噪声源，某车间用一道隔墙将车间分成两部分，墙上装一 3mm 厚的普通玻璃窗，面积占墙体的 1/4，设墙体的隔声量为 45dB，玻璃窗的隔声量为 20dB，求该组合墙的隔声量。

9. 某尺寸为 4m×4m×5m 的隔声罩，在 2000Hz 倍频程的插入损失为 32dB，罩顶、底部和壁面的吸声系数分别为 0.9、0.2 和 0.7，试求罩壳的平均隔声量。

10. 要求某隔声罩在 2000Hz 对具有 42dB 的插入损失，罩壳材料在该频带的透射系数为 $2×10^{-4}$，求隔声罩内壁所需的平均吸声系数。

11. 选用同一种吸声材料衬贴的消声管道，管道截面积为 $2000cm^2$。当截面形状分别为圆形、正方形和 1∶3 及 2∶3 两种矩形时，试问哪种截面形状的声音衰减量最大？哪种最小？两者相差多少？

12. 一个长 1m 外形直径为 400mm 的直管式阻性消声器，内壁吸声层采用厚为 100mm，容重为 $20kg/m^3$ 的超细玻璃棉。试确定频率大于 500Hz 的消声量。

13. 某风机的风量为 $2500m^3/h$，进气口直径为 200mm。风机开动时测得其噪声频谱，从 63～8000Hz 中心频率声压级依次为 105dB，101dB，102dB，93dB，91dB，87dB，84dB。试设计一阻性消声器消除进气噪声，使之满足 NR85 标准的要求。

14. 某声源排气噪声在 250Hz 有一峰值，排气管直径为 100mm，长度为 2m，试设计一单腔扩张室消声器，要求在 250Hz 上有 13dB 的消声量。

15. 某风机的出风口噪声在 250Hz 处有一明显峰值，出风口管径为 25cm，试设计一扩张室消声器与风机配用，要求在 250Hz 处有 18dB 的消声量。

16. 某常温气流管道，直径为 100mm，试设计一单腔共振消声器，要求在中心频率 125Hz 处有 12dB 的消声量。

第十章 环保设备课程设计

第一节 环保设备课程设计的目的和要求

一、环保设备课程设计的目的

环保设备课程设计是培养学生设计能力的重要综合性训练环节，通过课程设计达到以下目的。

① 使学生加深对所学环境污染控制基础理论及控制技术的理解和掌握。

② 使学生能够综合运用所学的基础理论、基本知识和基本技能分析、解决环保设备工程实际问题。

③ 初步培养学生环保设备设计的独立工作能力，树立正确的设计思想，掌握环保设备设计的基本方法和程序，为今后从事环保设备工程设计打下良好基础。

④ 使学生能够熟悉和运用设计资料，如有关国家（或部颁）标准、手册、图册、规范等，以完成作为工程技术人员在设计方面所必备的基本训练。

⑤ 培养学生的设计、计算与绘图能力及计算机辅助设计技能。

⑥ 培养学生的工程素质能力与创新能力。

二、环保设备课程设计的要求

环保设备课程设计应满足以下几点要求。

（1）树立正确的设计思想　结合生产实际，综合地考虑经济、实用、可靠、安全和先进等方面的要求，严肃认真地进行设计。

（2）要有积极主动的学习态度　在课程设计中遇到的问题，要随时复习有关教科书或查阅资料，通过积极思考，提出个人见解，并主动解决。

（3）正确处理好几个关系

① 继承和发展的关系。设计者应在独立思考的同时，使用设计资料和继承前人经验。对于初学设计者来说，学会收集、理解、熟悉和使用各种资料，是培养设计能力的重要途径。因此正确处理好继承和发展条件下的模仿问题，正是设计能力强的重要表现。

② 能查阅有关资料和标准规范并正确使用。环保设备设计非常强调标准规范，但并不是限制设计的创造和发展，遇到与设计要求有矛盾时，则以服从设计要求为主，但非标准件中的参数，一般仍宜按标准选用。

③ 学会统筹兼顾、抓主要矛盾，计算结果要服从结构设计的要求。对初学设计者，最易把设计片面理解为就是理论上的强度、刚度等计算，认为这些计算结果不可更改，实际上，对一个合理的设计，这些计算结果只对零件尺寸提供某一个方面的依据，而零部件实用尺寸一定要符合结构等方面的要求。按几何等式关系计算得到的尺寸，一般不能随意圆整变动；按经验公式得来的尺寸，一般应圆整使用。

④ 处理好计算与画图的关系。设计中要求算、画、选、改同时进行，但零件的尺寸，以最后图样确定的为准。

（4）能运用 AutoCAD 等绘图软件绘制简单装配图和零件图

① 绘制图样应做到规范、清晰、正确，视图选择和配置恰当，尺寸完整，技术要求简洁明确。

② 装配图中需注明施工（制作）尺寸、构件明细表及技术要求；零件图图中需注明施工（制作）尺寸、材质及技术要求。

（5）管道系统的设计、泵与风机的选型等自行查阅资料予以解决。

（6）课程设计成果包括设计计算说明书和图纸。

第二节　环保设备课程设计题目

一、水污染控制设备课程设计题目

1. 辐流式沉淀池设计

（1）设计参数　最大设计流量 $Q_{max} = 2500m^3/h$，池数 $n = 2$，表面负荷 $q_0 = 2m^3/(m^2 \cdot h)$，设计人口 40 万。

（2）设计内容

① 设计中心进水周边出水机械排泥的辐流式沉淀池并绘制装配图；

② 对浮渣箱、橡胶刮板、刮泥机结构分别进行详细设计，并绘制其结构详图。

2. 回流加压溶气气浮装置设计

（1）设计参数　处理废水量为 $200m^3/h$，混凝后水中悬浮固体浓度 $SS = 650mg/L$，水温 40℃；采用回流加压溶气气浮工艺流程。根据试验获得如下基本设计参数：气固比 $A_a/S = 0.02$；溶气压力 $P = 0.32MPa$；水温 40℃时大气压下空气在水中饱和溶解度 $C_a = 18.5mg/L$；气浮池接触时间 $t_2 = 6min$；浮选分离时间 40min；浮选池上升流速 $v_s = 2mm/s$；接触室上升流速 $v_c = 8mm/s$；填料罐过流密度 I 取 $3200m^3/(m^2 \cdot d)$。其余相关参数可参考其他相关文献选定。

（2）设计内容

① 绘制回流加压溶气气浮工艺流程总图；

② 对气浮池、压力溶气罐、溶气释放器等构件分别进行详细设计，并绘制其结构详图。

3. 机械搅拌反应池设计

（1）设计参数

最大设计流量 $Q_{max} = 300m^3/h$（其余相关参数可参考其他相关文献确定）。

（2）设计内容

① 绘制该机械搅拌反应池的装配图；

② 对叶轮进行详细设计，并绘制其结构详图；

③ 对旋转轴进行详细设计，对其进行强度校核，并绘制零件图。

4. 机械加速澄清池设计

（1）设计参数　最大设计流量 $Q_{max} = 400m^3/h$（其余相关参数可参考其他相关文献确定）。

（2）设计内容

① 绘制机械加速澄清池装配图；

② 对澄清池、搅拌设备进行详细设计，并绘制其结构详图。

5. 生物转盘设计

（1）设计参数　最大设计进水量 $Q = 1000m^3/d$，平均进水 $BOD_5 = 200g/m^3$，高峰负荷持续时间为 5h，水温 18℃，要求处理效率为 90%。

（2）设计内容

① 绘制塔式生物转盘的装配图；

② 对盘片进行详细设计，绘制其结构零件图。

6. 塔式生物滤池设计

（1）设计参数　食品废水处理量 $600m^3/d$，BOD_5 浓度 $450mg/L$，经初沉后 BOD_5 去除 25%，然后进入塔滤，要求出水 $BOD_5 \leqslant 30mg/L$（其余相关参数可参考其他相关文献确定）。

（2）设计内容

① 绘制塔式生物滤池装配图；

② 对滤料、格栅、布水器等构件（设备）进行详细设计，并绘制其结构详图。

二、大气污染控制设备课程设计题目

1. 麻石水膜除尘器设计

（1）设计参数　烟气量 $3.6 \times 10^4 m^3/h$，处理含尘气体的耗水量为 $0.2kg/m^3$，除尘效率 90%。

（2）设计内容

① 绘制麻石水膜除尘器结构总图；

② 对扩散管、锥形灰斗、水封池等三种设备（构件）进行详细设计，并绘制其结构详图。

2. 填料塔设计

（1）设计参数　矿石焙烧炉送出的气体冷却至 $20℃$，通入填料塔用清水洗涤除去其中的 SO_2。炉气流量 $1000m^3/h$，炉气平均分子量 $32.16g/mol$，洗涤水耗用量 $2.26 \times 10^4 kg/h$。采用 $25mm \times 25mm \times 2.5mm$ 的陶瓷拉西环以乱堆方式充填。取空塔气速为泛点气速的 73%。

（2）设计内容

① 绘制该填料塔结构总图；

② 对支撑栅板、液体再分布器、液体分布装置进行详细设计，并绘制其结构详图。

3. 20t/h 锅炉的脱硫除尘装置设计

（1）设计参数

① 锅炉基础技术参数　烟气量 $Q = 70000m^3/h$；烟气温度 $160 \sim 180℃$；烟气中含 SO_2 浓度 $1200 \sim 2000mg/m^3$；烟气中含尘 $2000mg/m^3$；锅炉燃煤含硫量小于 1%。

② 废碱液量　漂洗车间排放的废碱液量 $7t/h$，含 $NaOH10g/L$，温度 $80℃$。

③ 锅炉除尘脱硫装置的设计要求　除尘后烟气含尘 $150mg/m^3$ 以下；脱硫后烟气中含 SO_2 低于 $360mg/m^3$。

经分析，该脱硫除尘设备大致有：除尘脱硫设备若干（包括水膜除尘器、脱硫塔、旋液分离器、碱液槽、泵等）；锅炉运行所需设备（包括引风机、烟囱、除尘烟道）；废液处理设备（曝气池，罗茨鼓风机）。

（2）设计内容

① 优化确定该脱硫除尘装置工艺流程并绘图；

② 分别对水膜除尘器、脱硫塔、旋液分离器进行详细设计，并绘制其结构详图。

三、噪声控制设备课程设计题目

课程设计题目为发电机隔声罩设计。

（1）设计参数　外壁使用 $2mm$ 厚钢板制作，钢板的隔声量 $\overline{R} = 29dB$，平均吸声系数 $\overline{\alpha_1} = 0.01$。发电机的噪声频谱如表 10-1 所示。

（2）设计内容

① 绘制隔声罩结构总图；

② 对传动轴用消声器、空气热交换用消声器进行详细设计，并绘制其结构详图。

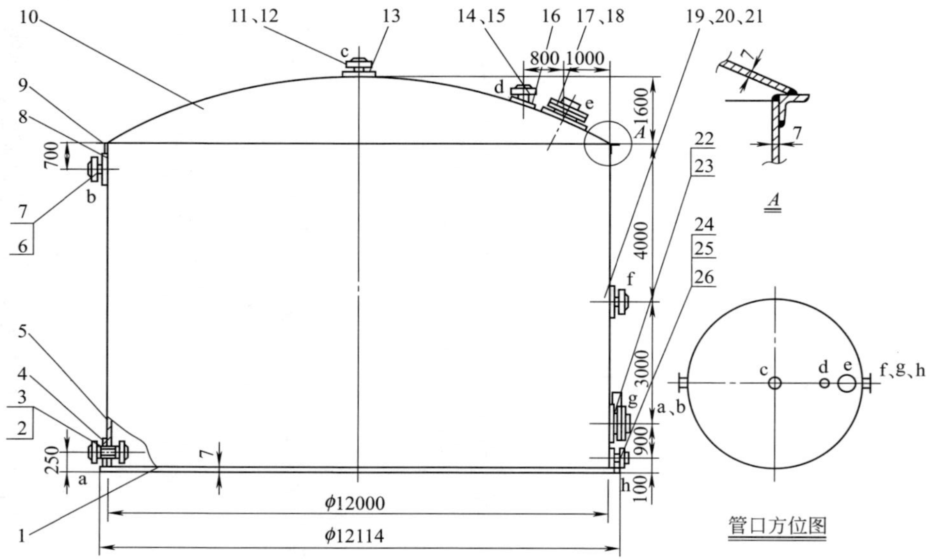

接管表

代号	连接法兰标准	密封面形式	用途
a	HG20592 S0100-0.6FF	平面	进水管
b	HG20592 S0150-0.6FF	平面	出水管
c	HG20592 S0200-0.6FF	平面	沼气出口管
d	HG20592 S0080-0.6FF	平面	呼吸阀
e	HG20592 S0500-0.6FF	平面	上部人孔
f	HG20592 S0150-0.6FF	平面	污泥出口管
g	HG20592 S0500-0.6FF	平面	下部人孔
h	HG20592 S0150-0.6FF	平面	放空管

序号	图号或标准	名称	材料	数量	单重	总重	备注
26	JB/T4736-95	补强圈φ300/φ164 δ=6	16MnR	1		2.35	
25	HG20592-97	法兰S0150-0.6 FF	16MnR	1		5.14	
24	GB8163-87	放空管接管φ159×4.5 L=250	10	1		4.29	
23	JB/T4736-95	补强圈φ840/φ530 δ=6	10	1		15.5	
22	HG21532-95	垂直吊盖法兰人孔DN500 PN0.25	组合件	1		97	
21	JB/T4736-95	补强圈φ300/φ164 δ=6	16MnR	1		2.35	
20	HG20592-97	法兰S0150-0.6 FF	16MnR	1		5.14	
19	GB8163-87	污泥出口管接管φ159×4.5 L=250	10	1		4.29	
18	JB/T4736-95	补强圈φ840/φ530 δ=6	16MnR	1		15.5	
17	HG21532-95	常压旋柄桥开人孔DN500	组合件	1		110	
16	JB/T4736-95	补强圈φ180/φ93 δ=6	16MnR	1		0.88	
15	HG20592-97	法兰S0200-0.6 FF	16MnR	1		2.94	
14	JB/T4736-95	呼吸阀接管φ89×4 L=250	10	1		2.10	
13	JB/T4736-95	补强圈φ400/φ224 δ=6	10	1		4.08	
12	HG20592-97	法兰S0200-0.6 FF	16MnR	1		6.85	
11	GB8163-87	沼气出口管接管φ219×6 L=250	10	1		7.87	
10	GB9787-88	拱顶φ12000 R12000 δ=7	16MnR	1		7286	
9	GB9787-88	包边角钢∠75×75×8 L=37700	Q235-AF	1		342.3	
8	JB/T4736-95	补强圈φ300/φ164 δ=6	16MnR	1		2.35	
7	HG20592-97	法兰S0150-0.6 FF	16MnR	1		5.14	
6	GB8163-87	出水管接管φ159×4.5 L=250	10	1		4.29	
5		罐体φ12000×8000 δ=7	16MnR	1		16573	
4	JB/T4736-95	补强圈φ210/φ112 δ=6	16MnR	1		1.17	
3	HG20592-97	法兰S0100-0.6 FF	16MnR	2	3.41	6.82	
2	GB8163-87	进水管接管φ108×4 L=500	10	1		5.12	
1		底板φ12114 δ=7	16MnR	1		6333	

单位及工程名称

审定	年 月 日	设计项目	UASB反应罐装配图 φ12000×9850 V=1000m³ 设备总重308846kg		
审核	年 月 日				
校对	年 月 日	设计阶段			
设计	年 月 日	重量(kg)			
绘图	年 月 日	比例		第1张 共1张	施工图

技术特性表

序号	项目	指标
1	设计压力	常压
2	工作温度	≤40℃
3	物料名称	PTA废水·沼气
4	总容积	1000.0m³
5	有效容积	847.8m³

管口方位图

技术要求:

(一) 本设备按JB/T4735—1997《钢制焊接常压容器》进行制造，试验和验收。

(二) 焊接材料，对接焊接接头形式及尺寸可见GB985—80的规定，焊缝系数取 $\phi=1.0$。

(三) 焊接采用电弧焊，焊条型号为E5016。

(四) 池体焊缝应进行煤油渗漏试验或盛水试验。

(五) 管口方位见图。

图 10-1 UASB 反应罐的罐体装配图

表 10-1 发电机噪声频谱

序号	说 明	倍频程中心频率							
		63	125	250	500	1000	2000	4000	8000
1	距机器 1m 处声压级/dB	90	99	109	111	106	101	97	81
2	机器旁允许声压级(NR—80)/dB	103	96	91	88	85	83	81	80

四、设备装配图示例

图 10-1 为 UASB 反应罐的罐体装配图，内容包括：

① 设备总装配图；

② 技术要求；

③ 技术特性表；

④ 接管表；

⑤ 材料明细表。

参 考 文 献

[1] 刘宏，张冬梅. 环境物理性污染控制工程. 第二版. 武汉：华中科技大学出版社，2018.

[2] 刘宏. 环保设备——原理 设计 应用. 第三版. 北京：化学工业出版社，2013.

[3] 周迟骏. 环境工程设备设计手册. 北京：化学工业出版社，2009.

[4] 陈家庆. 环保设备原理与设计. 第二版. 中国石化出版社，2008.

[5] 陈家庆. 环保设备原理与设计. 北京：中国石化出版社，2005.

[6] 李明俊，孙鸿燕. 环保设备与基础. 北京：中国环境科学出版社，2005.

[7] 周兴求. 环保设备设计手册. 北京：化学工业出版社，2004.

[8] 中国环保机械行业协会. 环保机械产品手册. 北京：化学工业出版社，2003.

[9] 北京水环境技术与设备研究中心，北京市环境保护科学研究院，国家城市环境污染控制工程技术研究中心. 三废处理工程技术手册（废水卷）. 北京：化学工业出版社，2000.

[10] 周律. 环境工程学. 北京：中国环境科学出版社，2001.

[11] 金兆丰. 环保设备设计基础. 北京：化学工业出版社，2005.

[12] 罗辉. 环保设备设计与应用. 北京：高等教育出版社，1997.

[13] 周迟骏，王连军. 实用环境工程设备设计. 北京：兵器工业出版社，1993.

[14] 蒋展鹏. 环境工程学. 北京：高等教育出版社，1992.

[15] 高廷耀. 水污染控制工程（下册）. 第四版. 北京：高等教育出版社，2015.

[16] 高廷耀. 水污染控制工程（下册）. 北京：高等教育出版社，1989.

[17] 李海. 城市污水处理技术及工程实例. 北京：化学工业出版社，2002.

[18] 杨岳平，徐新华，刘传富. 废水处理工程及实例分析. 北京：化学工业出版社，2003.

[19] 高俊发. 污水处理厂工艺设计手册. 北京：化学工业出版社，2003.

[20] 陈志莉. 医院污水处理技术及工程实例. 北京：化学工业出版社，2003.

[21] Metcalf & Eddy, Inc. 废水工程处理与回用. 第四版. 北京：清华大学出版社，2003.

[22] 储金宇. 臭氧技术. 北京：化学工业出版社，2002.

[23] 丁亚兰. 国内外废水处理工程设计实例. 北京：化学工业出版社，2000.

[24] 金兆丰. 污水处理组合工艺及工程实例. 北京：化学工业出版社，2003.

[25] 刘青松等. 水污染防治技术. 南京：江苏人民出版社，2003.

[26] 马溪平. 厌氧微生物学与污水处理. 北京：化学工业出版社，2005.

[27] 缪应祺. 水污染控制工程. 江苏：东南大学出版社，2002.

[28] 史惠祥. 污水处理设备. 北京：化学工业出版社，2002.

[29] 唐受印等. 废水处理工程. 北京：化学工业出版社，1999.

[30] 徐新阳，于锋. 污水处理工程设计. 北京：高等教育出版社，2003.

[31] 许保玖，龙腾锐. 当代给水与废水处理原理. 北京：高等教育出版社，2001.

[32] 张大群. 污水处理机械设备设计与应用. 北京：化学工业出版社，2003.

[33] 时钧，汪家鼎，余国琮等. 化学工程手册（下卷）. 第二版. 北京：化学工业出版社，1996.

[34] 安树林. 膜科学技术实用教程. 北京：化学工业出版社，2005.

[35] 郝吉明，马广大等. 大气污染控制工程. 第三版. 北京：高等教育出版社，2010.

[36] 郝吉明，马广大等. 大气污染控制工程. 第二版. 北京：高等教育出版社，2002.

[37] 郝吉明，马广大等. 大气污染控制工程. 第一版. 北京：高等教育出版社，1999.

[38] 吴忠标. 大气污染控制技术. 北京：化学工业出版社，2002.

[39] 郭静等. 大气污染控制工程. 北京：化学工业出版社，2002.

[40] 李广超. 大气污染控制技术. 北京：化学工业出版社，2002.

[41] 马中飞等. 工业通风与除尘. 中国劳动社会保障出版社，2009.

[42] 蒲恩奇. 大气污染治理工程. 北京：高等教育出版社. 1999.

[43] 台炳华. 工业烟气净化. 第二版. 北京：冶金出版社，1999.

[44] 金国森. 除尘设备设计. 上海：上海科学技术出版社，1985.

[45] 国家环保局科技标准司. 中小型燃煤锅炉烟气除尘脱硫实用技术指南. 北京：中国环境科学出版社，1997.

[46] 国家环境保护局. 有色冶金工业废气治理. 工业污染治理技术丛书（废气卷）. 北京：中国环境科学出版社，1993.

[47] 国家环境保护局. 钢铁工业废气治理. 工业污染治理技术丛书（废气卷）. 北京：中国环境科学出版社，1992.

[48] 王桂茹. 催化剂与催化作用. 辽宁：大连理工大学出版社，2000.

[49] 陈诵英等. 吸附与催化. 河南：河南科学技术出版社，2001.

[50] 姚玉英. 化工原理（新版）（下册）. 天津：天津大学出版社，1999.

[51] 陈敏恒等. 化工原理（下册）. 第二版. 北京：化学工业出版社，1999.

[52] 傅献彩，沈文霞，姚天扬. 物理化学（下册）. 第四版. 北京：高等教育出版社，1990.

[53] 国家自然科学基金委员会. 等离子体物理学. 北京：科学出版社，1994.

[54] 张翠林. 活性污泥法污水处理厂运行中的几个问题探析. 科技情报开发与经济，2005. 24.

[55] 赵艳，赵英武，李风亭. 一体化污水处理设备的应用与发展. 环境保护科学，2004，30（125）：16-19.

[56] E. 汉森，L. 萨杜拉. 浮动载体生物膜活性污泥工艺-国外现代造纸污水处理技术. 造纸科学与技术，2003. 01.

[57] 曹姝文. 生物-化学一体化装置处理生物污水的研究. 工业水处理，2003，23（6）：23-26.

[58] 陈海涛，王燕枫. 复合式生物膜-活性污泥反应器的应用. 江苏环境科技，2004. S1.

[59] 姜科军，田学达. 一体化污水处理和中水制备装置设计和研究. 环境污染治理技术与设备，2003，4（7）：86-88.

[60] 汪晓军，何健聪. 活性污泥法污水处理应用亲水性填料实验研究. 工业水处理，2004. 6.

[61] 王圣武，马兆昆. 生物膜污水处理技术和生物膜载体. 江苏化工，2004. 04.

[62] 许吉现，张胜，李思敏等. DAT-IAT 工艺污水处理一体化设备的应用. 中国给水排水，2001，17（9）：52-53.

[63] 周增炎，高廷耀. 传统活性污泥法污水厂增加脱氮功能的研究. 同济大学学报（自然科学版），2003. 10.

[64] 陈万金. 移动式颗粒床除尘器的除尘器机理及其影响因素. 江苏理工大学学报，1995，16（4）.

[65] 吕保和. 移动式颗粒床除尘器的除尘效率理论计算及其优化设计. 江苏理工大学学报 1998，19（6）.

[66] 沈恒根等. 单元组合式复合多管除尘器. 中华人民共和国专利（BJ）第 1452 号，1994.

[67] 白希尧等. 大风速电收尘技术研究. 环境工程，1995，13（1）.

[68] 白希尧等. 应用脉冲活化分解烟气中有害气体研究. 通风除尘，1996（4）.

[69] （日）电子束排烟处理装置（EBA）技术材料. 株式会社荏原制作所，1999.

[70] 时彦芳，胡翔，王建龙. 生物流化床反应器脱氮技术的研究与应用进展. 工业水处理，2005，25（3）：9-12.

［71］ 张丽，张小平，黄伟海. 生物膜法处理挥发性有机化合物技术. 化工环保，2005，25（2）：100-103.

［72］ 聂丽君. 烟气干法脱硫技术. 重庆环境科学，2003，2（2）：50-52.

［73］ 童永湘等. 脉冲电晕放电等离子体烟脱硫技术研究. 工业安全与防尘，1996（2）.

［74］ 依成武等. 等离子体分解 SO_2 实验. 环境科学，1996，15（3）.

［75］ 张从智等. 高效旋风分离器分级效率理论计算的新方法. 通风除尘，1996（2）.

［76］ 马大猷. 噪声与振动控制工程手册. 北京：机械工业出版社，2002.

［77］ 洪宗辉. 环境噪声控制工程. 北京：高等教育出版社，2002.

［78］ 周新祥. 噪声控制及应用实例. 北京：海洋出版社，1999.

［79］ 郑长聚等. 环境噪声控制工程. 北京：高等教育出版社，1996.

［80］ 邵汝椿，黄镇昌. 机械噪声及其控制. 广州：华南理工大学出版社，1997.

［81］ 张沛商. 噪声控制工程. 北京：北京经济学院出版社，1991.